笑的文明史

La civilisation du rire

Alain Vaillant

[法] 阿兰·维扬 著

胡茂瑾 译

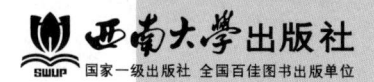

西南大学出版社
国家一级出版社 全国百佳图书出版单位

万墨轩图书
WIPUB BOOKS

此书献给
马里恩、伊莲娜、菲利普和奥利弗

关于笑的名言

[美]马克·吐温：人类确有一件有效武器，那就是笑。

[瑞士]卡尔·斯皮特勒：微笑乃具有多重意义的语言。

[法]雨果：生活就是面对真实的微笑，就是越过障碍注视将来。

[法]雨果：有一种东西，比我们的面貌更像我们，那便是我们的表情；还有另外一种东西，比表情更像我们，那便是我们的微笑。

[美]卡耐基：笑是人类的特权。

[美]卡耐基：要使别人喜欢你，首先你得改变对人的态度，把精神放得轻松一点儿，表情自然，笑容可掬，这样别人就会对你产生喜爱的感觉了。

[英]狄更斯：只有在你的微笑里，我才有呼吸。

[奥地利]卡夫卡：心脏是一座有两间卧室的房子，一间住着痛苦，另一间住着欢乐。人不能笑得太响，否则笑声会吵醒隔壁房间的痛苦。

[中国]齐白石：勿道人之短，勿说己之长；人骂之一笑，人誉之一笑。

[法]拿破仑：我承认我很矮，但如果你因此而取笑我的话，我将砍下你的脑袋，消除这个差别。

[法]左拉：生在这里只有两分半钟的时间：一分钟微笑，一分钟叹息，半分钟爱，因为在爱的这一分钟中间他死去了。

目 录

前 言

不稳定的笑 /I　　本真的笑 /VII　　笑与文明 /XI

第一部分　笑的本质

第一章　笑与人类学

笑时的身体 /003　　人类笑的前提 /007　　笑的初级场景 /013
从游戏到笑 /017　　两种笑 /021　　从非攻击到反抗 /026

第二章　笑的离合

笑的离合与动力 /031　　优越感的笑 /034　　笑的智慧 /044
释压的笑 /051

第三章　自由的精神

笑的梦幻症 /055　　"普通的滑稽"与"绝对的滑稽" /065
美好的笑 /073

第四章　社会人的本义

共同的笑 /081　　笑别亚里士多德 /085

同意的笑与反对的笑 /091　　参与式的笑 /096

笑：一种孤独的快乐？ /103

第五章　笑的三种机制

笑的记忆 /111　　机制 I：突兀性 /117　　机制 II：膨胀性 /126

机制 III：主观化 /133

第二部分　笑的美学

第六章　模仿的笑

术语开篇 /143　　笑和文化 /148

剧院的笑：在游戏的滑稽和嘲讽的滑稽之间 /155

I 或是 Y：嘲讽（satire）或是林神剧（satyre）？ /161

滑稽模仿 /164

第七章　讽刺（1）：躲闪的艺术

持保留态度 /177　　无法被定义的讽刺 /186

矛盾和对立：讽刺的反相工具 /197　　非反相的讽刺 /204

第八章　讽刺（2）：潜在的笑

移情和讽刺 /215　　讽刺者：在世界的爱与恨之间 /222

笑不出来的笑 /228　　讽刺的自恋者 /240

第九章　严格意义上的画面

会笑的画面 /249　　绘画的笑 /259　　连环画的笑 /274

文字背后的笑 /282

第十章　艺术家的笑

是艺术还是垃圾？/291　　去神秘化的笑 /299　　极端的笑 /308

笑的炼金法 /318

第三部分　现代的笑

第十一章　公共的笑

笑和公共空间 /325　　笑和城市革命 /330　　笑与经济 /335

笑的复兴 /339　　拉伯雷：法兰西的笑学大师 /346

第十二章　古典时代的笑的管理

笑和准则 /353　　严肃的笑的顶峰 /359　　"碾碎贱民"/367

被视为重要艺术的精神 /372　　法兰西之恶？/379

第十三章　民主时代的笑

幽默：自由的笑 /385　　很英国范儿 /391　　共同体的笑 /396

法式的笑：在讽刺与幽默之间 /403　　笑的美国化 /411

第十四章　媒体的笑

笑与媒体革命 /419　　滑稽模仿的支配地位 /425

笑的产业 /433　　普遍的笑 /441

参考文献 /447

前言
PREFACE

不稳定的笑

在开始阅读这本必然充满着严谨与严肃之考量的关于笑的作品之前，更为重要的是，每个人都要倾尽所能地去回忆自己正在笑的时刻。它可能唤起的是快乐，是激动的情绪，是无法言喻的幸福，或是强烈的精神释放；要尽可能真诚地，充分地去感受它。笑，可以源自一部电影，一个网络短视频，一张出人意料的图片，或产生于与同事和朋友之间的交谈，一句约会时倾吐真心的话语。笑就如同我们所呼吸着的空气，或者是向任何菜肴里所添加的盐（"sal"这个词，正是古代罗马公民用来命名"精神"时所使用的词汇，有讽刺和玩笑之意）。笑已是如此紧密地与生活纠缠到了一起，以至于我们已经忘记了它因何而与生命如此攸关。

当然，笑是一种时尚。电影、报纸、电视荧屏和广告中无一不充斥着笑，它也已渗入社交网络和数字革命所催生的各类传播媒体之中。它还是那些围绕笑的好坏以及笑的限度和没落等没完没了的争论的主角。这就是大众文化的特质，越是重要的问题，就越会变得平淡无奇。甚至可以说，平庸是其重要性最好乃至唯一的证明。

笑的文明史
La civilisation du rire

笑对人类非常重要，从人类学角度而言，笑甚至是人类的本质问题之一，少了它，我们的生活会变得无法想象——我的意思是从生物学角度而言。笑并非人类独有，从笑的一些原始表现来看，它并不局限于动物界。但可以确信的是，笑对人类而言必不可少，它以绝对排他的形式，与人类息息相关着。基于这一事实，其他任何考量都应该退居其次。

不过，纠结于笑的普遍一致性是徒劳的。笑的强度有不同，笑点也千差万别。对笑（或称为美学情感）的种种思考，其困难正在于此：人们总是将笑视为一个共有的、可客观化且可以同样方式定性的现象。然而，对于那些过于严肃的人来说，他们已然忘却了笑，或从未跨出过敢于自我觉知那一步（他们其实就是被小王子叫作"蘑菇"的人），笑对他们的重要性又该如何证明呢？如果他们身上笑的机制已被卡死或者运行的方式和我们的不同，那又该如何向他们解释笑的机理呢？这里的困难是非常具体的。作为专事于文学研究的学者，长期以来，我一直对波德莱尔、巴尔扎克、雨果和福楼拜笔下的笑进行着研究和著述。我的一些好心的同事们在读过我的书后，经常会向我提出反对意见。他们认为我在文学先贤祠中所反复强调的那些内容固然不错，却一点儿都不好笑。对此我又能说什么呢？这么多年来，我已尽我所能地将这一暗藏的双关性、这一异常狡黠的反讽效果展现了出来，每当我有意反复思索这些记忆时，强烈的兴奋感都会充斥全身。笑的快感与性带给人的快感是非常接近的，而性欲的起伏是神秘而又无法预见的。

更有甚者，我另外的一些读者们，赞同我文中所出现的一些笑话和好笑的词，但认为这并不太重要，认为我花时间在这些无聊的事情上是浪费时间。他们甚至认为，相比于作者脑海中那个显而易见的开玩笑式的想法，于文本中再发掘出点新的意义才是正常的（用他们的话说是"合情合法的"），只要这种意义让他们觉得是更加"深刻"的。纵有千言难敌一例，那我们就以拉·封丹笔下的著名寓言《苍鹭和少女》为例说一说吧。整篇寓言以参照的方式讲述了一个聪明过头的少女，按17世纪的说法，是一位"金贵"的小姐和一只苍鹭的故事。故事中的少女傲慢自负，她无法接受"丈夫仅仅是用来满足妻子的生理需求"的观点（这里暂且不提历史上存在过的恶妇论），以至于最后委身于一介"粗人"（在当时法国社会指病恹恹的男人）。这样一来，或许她只能放弃在夜里与男人缠绵的所有幻想。同样地，拥有一双长腿的高傲的苍鹭，对从其面前游过的鱼儿不屑一顾，最后只能是以蜗牛果腹——这种软绵绵而又动作迟缓的、黏黏的小东西，竟能让人联想到一幅污秽的画面。然而，三个世纪以来，直到今天，法国的小学生们仍然不知其意地阅读，甚至背诵着"长嘴的苍鹭，长着长脖子"……

这正是我所指出的"不稳定的笑"之原因所在。笑，对我们而言习以为常，我们每天都会笑，这种心照不宣的事或许并不值得驻足思考。因此，就像我所提到的，笑首先是一种人类学层面的事实。然而，在对人类学经典著作进行阅读的过程中，我吃惊地发现，亲族关系、饮食、游戏、宗教、艺术等几乎各类问题都有涉及，而笑的实践则几乎一直被简单地遗忘了，就好像对笑的理解不能为人类和人类社会的运行带来任何有意义的教诲。过分的是，人们对动物行为学的研究（动物性的笑和其存在的局限）都要比对人类行为学的还多。

笑的文明史
La civilisation du rire

然而，也不能说关于笑的相关理论和思考是鲜有的，尽管我过去曾这样认为，人们也常常这样断言。其实正相反，一众伟大的哲学家，从古代的柏拉图到后来的学者（包括亚里士多德、笛卡尔、霍布斯、康德、黑格尔、叔本华和尼采等）都曾谈论过笑的问题，也都曾为了揭开笑的神秘面纱而发表过一家之言。文艺复兴之后的几乎所有伟大作家，至少是知名的作家，也亦曾如此。事实上，没有一位创造者——观念形式和理论体系的创造者——不曾透过某个角度被笑所吸引。那些对笑的抵制（掺杂着鄙视、忽视和不解）并非出自他们之口，而来自官方的教育，来自教授们，来自大学的规定，更来自那些以传递知识为己任的机构院校，而这些都与根深蒂固的旧观念脱不了干系。雨果曾精准地戏称他们为"悲哀的学究"①。

不过，由于大学在人文科学相关理论思想的建设问题上占据着主导地位，所以笑已经越来越难以找到属于自己的位置了，至少在法国如此。②在法国，笑至少没能快速地站在正确与严肃的立场上而得到原谅，也没有借用讽刺的外衣：根据普遍而泛泛的哲学观念，讽刺只是一种缩略的笑，是属于那种既无法完全严肃又没有勇气坦率搞笑的人的笑。同样地，伯格森的《笑》成为公认的唯一一本货真价实的关于笑的理论著作也绝非偶然，作者将笑的价值和范围彻底缩减为"镶嵌在活的东西上面的机械的东西"。

---

① 该表述出自雨果著名的铭志诗《对一份诉讼文件的答复》(《静观集》)。
② 在盎格鲁-撒克逊文化体系内（尤其是在美国），切实存在着一种对笑和幽默进行研究的传统，这也鲜明映衬出了法国相关研究的贫乏。

在这一晦涩的理论之下，我看不到时下笑的危机——受到来自喜剧的威胁，而喜剧也可能已变得循规蹈矩，总之，笑已因其平庸而衰败——所引发的种种争吵的价值所在。让我们参照福楼拜在《庸见词典》（或曰《美见名录》）中使用的方式设想一种笑的定义。"笑：缅怀拉伯雷和蒙提·派森①的好的笑，责怪'政治正确'。"不可否认的是，笑同其他领域一样，也曾经历过关键性的演变和波动，未来我们应回归到这一点上。不过，我们也应该永远记住一点，笑是人类的一部分；笑已通过遗传的方式嵌入人类的身体机制中；笑已超越了时间的范畴，并且对这些保持着相对浅表的变化进行过度评估是非常荒谬的。

此外，我们也应该忘掉"好的笑"与"不好的笑"之间所谓的差异。无论从本源、动机还是外在表现来看，笑是唯一的。当然，认为笑站在弱势一方，更会引起好感，这就是所谓的"好的笑"，它并不取决于自身的性质，而取决于笑在社交和人际关系中的使用。已然，有些古典修辞学论著，如西塞罗的《论演说家》或昆提利安的《论演说家的教育》曾指明，在唇枪舌剑的论战过程中（律师或政客的辩论），最好是运用笑这一手段进行自卫和反击，而不是攻击对方，以避免显得具有攻击性（此举缓和气氛但不易引发笑）。黑格尔有对于主人与奴隶关系的论述：奴隶总有一天会战胜他的主人，尤其是当他学会了嘲讽。那么，如皮埃尔·德普罗日所

---

① 蒙提·派森，又译作巨蟒剧团、蒙提巨蟒，是英国的一个超现实幽默表演团体。——译者注

笑的文明史
La civilisation du rire

言："人们可以拿一切开玩笑，但并不是跟谁都可以。"[1]奴隶的嬉笑是否会因此而变得不再那么有趣呢？也许吧，不过我们又是否总能清楚地知道什么样的笑是强势的，什么样的笑又是弱势的？又该如何去进行度量呢？作为国王御用的喜剧家，莫里哀曾借助笑的方式演绎了王权的对手（巴黎的精英人士和他们过于精明的妻子）。此时，莫里哀是强者的盟友。后来，莫里哀又无可奈何地在《伪君子》中指责了在路易十四的亲信中势力如日中天的教士阶层。此刻，莫里哀又站在了弱势的一边。这其实并不打紧，并且莫里哀原本还想与最强者为伍。

尤其是，我们真的认为时下的这些短幕喜剧——已泛滥到有着相同的陈腐剧情和变得老生常谈的地步——整体上要比18世纪那些自命不凡的妙语连珠、19世纪报纸上千篇一律的文字游戏，以及20世纪50年代丑陋的蹩脚喜剧电影更加不堪吗？笑对于人类而言是一如吃饭、喝水一样重要的存在，没有人会因广大民众有吃喝的需求而感到吃惊。我们至多可以承认一点，笑同其他文化产业一样，很早便在西方社会开始了整体上的大众化进程。这是消费资本主义体制一个令人愤懑的悖论，是一种有着细致区分的霸权：最好的和最坏的都会于其中获利，其中，最坏的存在以决定性的方式占据着主流，而最好的以完美的形态趋于崇高。

---

[1] 1982年9月28日，在法国国际频道播出的一档节目《公然狂热者论坛》中（当期嘉宾是让·玛丽·勒庞），这句话曾被一位幽默作家引用。

本真的笑

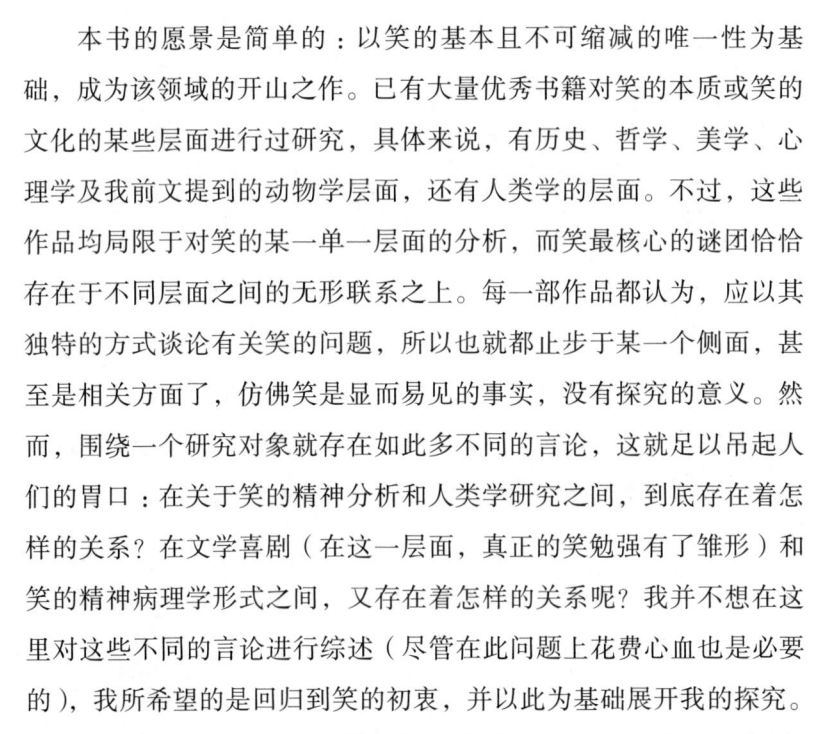

　　本书的愿景是简单的：以笑的基本且不可缩减的唯一性为基础，成为该领域的开山之作。已有大量优秀书籍对笑的本质或笑的文化的某些层面进行过研究，具体来说，有历史、哲学、美学、心理学及我前文提到的动物学层面，还有人类学的层面。不过，这些作品均局限于对笑的某一单一层面的分析，而笑最核心的谜团恰恰存在于不同层面之间的无形联系之上。每一部作品都认为，应以其独特的方式谈论有关笑的问题，所以也就都止步于某一个侧面，甚至是相关方面了，仿佛笑是显而易见的事实，没有探究的意义。然而，围绕一个研究对象就存在如此多不同的言论，这就足以吊起人们的胃口：在关于笑的精神分析和人类学研究之间，到底存在着怎样的关系？在文学喜剧（在这一层面，真正的笑勉强有了雏形）和笑的精神病理学形式之间，又存在着怎样的关系呢？我并不想在这里对这些不同的言论进行综述（尽管在此问题上花费心血也是必要的），我所希望的是回归到笑的初衷，并以此为基础展开我的探究。

　　这就是我为什么选择"笑"作为话题的原因，而不是以"喜剧"作为讨论的对象。不同的名称会引发争议，我很清楚。当我几乎完全投入因意识到可笑之处而发出的笑时，那些因挠痒而自发产生的笑对我又有什么意义呢？许多优秀的作者，他们谈论滑稽模仿、讽刺、幽默和玩笑，会一上来就选择以文化喜剧作为研究范畴，而将有关笑的生理性问题留给别人，以避免研究领域发生撞车。不过，我的方法恰恰相反。无论笑的表现形式有多么复杂，我始终认为应坚持回归（尽可能地让这种回归处于可掌控、引导和规范之中）到笑自身的特性上来，要回归到其文化之内的本初，回归到我们非自然的社会生活当中。这就是笑的悖论：让我们接受这一核心事实，笑就是人类的本性；不过，笑也总能显示出人类动物本能的突然外露，而这种动物性根植于每个人心底，并且，在很大程度上也不为我们所控。笑让人类与自然、与高等哺乳动物的天性相连。

关于笑的特性，尤为需要注意到一点，在法语中一直缺少一个修饰笑的形容词，能对发笑者思维中触发笑的那一部分进行描述。严格来说，我们或许该使用"risible"（可笑的），但该词含有贬义。正如从拉丁语 ridere 派生而来的两个词"ridicule"（荒谬的）和"dérisoire"（嘲讽人的），总会让人错以为在笑的机制中带有可鄙的意味。基于上述缺陷，人们常会用"comique"（滑稽的）进行表达，但事实上，这个词仅涉及笑在表现性和拟态性（源自戏剧领域）方面的含义。而我更喜欢说让人发笑的是"drôle"（好笑的），该词含有笑的最佳部分，让人浮想联翩，将想象力带到了虚拟的世界。因为它正是法国版"troll"（山怪），在偏僻的森林中总是会担心撞见这种长相狰狞骇人的地精，而其外表的滑稽近乎奇幻。不过我们要承认，它发出的笑声是一种好笑的笑——巴尔扎克曾称为"drolatique"（离奇而有趣的）[1]，不过该词并未被沿用。我有时也会借用"comique"（滑稽的），因为实在没有更好的选择了，但我也充分意识到了该词的不当之处。我的这一选择也是为了让读者免遭

---

[1] 巴尔扎克在 1832—1837 年发表了《都兰趣话》。

冗长的释义或晦涩的新词之苦。

笑是难以名状的，而康德借由《判断力批判》[①]一书，在谈到玩笑时精彩地解释了其原因。他非常认同——除此之外别无选择——笑自身包含了一部分智力活动的说法，认为在文字游戏或笑话中暗含着心理活动的表现。反过来，他断定因笑所产生（或者说是发笑者所寻求的）的快感是一种纯粹的官能现象，是由"脏器的运动"[②]导致的：内脏器官的不停运动摇动着人的身体，缓释了呼吸，让全身的肌肉松弛下来，并最终将一种舒服的感觉扩散开，快感正是在这种脏器的运动过程中产生的。根据康德的观点，笑发自人的精神，但最终通往人的躯体：喜剧式的快感是一种单纯的身体现象。有意思的是，这种身体的快感与音乐所带给我们的喜悦感是相似的——但要注意，后者的机制更为复杂。这种机制首先作用于身体（听到音乐），随后到达人的大脑（将听到的声音转化为节奏和曲调），直到最后再次回归到身体上（产生有益于健康的松弛感，这一点可以与笑的效应相比较）。康德认为，喜剧和音乐均不能算作艺术的范畴，而仅仅是消遣。不过这一点还是交由哲学家去讨论吧，我们只要记住在智力活动和机能运动之间，存在着这样一种怪异的冲突，这都是因笑所致。然而，每个人都会有这样一种体验：当我们因为一个笑话而捧腹大笑，并且想把它记在心里以便日后同其他人分享的时候，却发现已经彻底忘了笑话的内容。就好像为了能笑

[①]《判断力批判》（初版发表于1790年），常被称作"第三批判"，是伊曼努尔·康德的一部哲学著作，主要阐明人类在理性与感性之间的判断力。——译者注
[②] 伊曼努尔·康德，《判断力批判》（1790），阿兰·雷诺译，巴黎：巴黎欧毕耶出版社，1995年，第320页（依据弗拉马里翁出版社的《弗拉马里翁文集》而引用）。

得更灿烂，必须要先放空大脑，直到把笑的原因彻底扫除了。

笑拥有一种令人不安的遗忘的力量，这甚至是笑存在的原因。笑能令精神放松，让我们忘却焦虑，并伴随着身体的震颤、急促的呼气、面部的模仿和"大脑的放空"，彻底将苦恼从我们的脑海中擦除。然而，人类自身的文化却反其道而行之，致力于将记忆进行积累和梳理，并一一沉淀，以期坚持不懈地让历史得以传承。我们能理解，面对重审自身存在原因的笑，发表言论时的不安、恐惧和心酸。笑自身保有一些野蛮和倒行逆施的特质，它令人深感不安，让人心智错乱，这均源于笑强大的记忆抹杀效能。我们在谈论喜剧电影或演出时，又会听到多少人恭维（或是辩白？）这演出不只是好笑，同时在整体或者部分上，引发了思考，令人产生了期待，或激发了讨论。艺术作品的初衷，就是为了激发人们在美学层面的情感，但为何喜剧作品在引人发笑之外，还要另外辩白一番呢？为了扫除疑虑，我想说这全然是因为笑的艺术的存在，但这门艺术仅限于令人发笑而已，这是确凿无疑的。从事这门艺术的人同从事其他艺术的人一样，亦因自身的专业能力而受到钦佩，他们正是懂得如何让人发笑的艺术家。

笑与文明

笑的这种原始性，似乎让本书的书名"笑的文明史"更加显得名不副实了。不过请大家理解，我的本义并非想说在历史和地理空间上，果真存在这样一处有关笑的文明，一如大家熟知的"青铜器文明"，或是我曾提到过的"报纸文明"，即从19世纪开始由报纸引入的媒体文明。[1] 以更为极端的方式来说，我的核心论点是，笑与文明是一对共生体，笑是人类文明赖以存在的动力。我后续的全部阐释和结论均建立在这点上。

为了免去故作神秘——但不要忘了，我会动用整整一本书的篇幅进行证明——一言以蔽之：无论我们通过怎样的方式去定义或细化，笑都会让发笑的人感觉到，现实世界对自己而言仿佛就是一幕戏剧；正是基于这种感觉，笑的人才会产生一种自己是现实世界的一名观众的快乐感，而不会被自己所观察到的现实世界所牵连、威胁，更不必因此而过虑。这一点正是人类与动物的核心区别，后者总是试图与周遭的一切进行搏斗。不过，人类的这种将现实世界进行戏剧化的过程——由此产生了客观被感知事物与主观感觉之间的

---

[1] 更加确切地说，这一表述的提出是集体的成果。参见多米尼克·哈利法、菲利普·雷涅、玛丽·埃芙·特朗蒂和阿兰·维扬主编，《报纸文明》，巴黎：新世界出版社，2012年。

根本性差异——还只是对现实世界进行全面呈现的初级形式，而全面呈现则决定了文化。

人类所拥有的动物性面容及器质性的、痉挛性的笑，可以说也是人性和文化的组合体现，它帮助人类从自然相互作用的限制体系中脱身。这种原始的双重性，印证了一切由笑而引发的焦虑的合理性。一半是天使，另一半是野兽。在疑虑之中，基督教将笑归属于魔鬼。然而，错！当中世纪的神权主义在文艺复兴的大潮下不断溃败之时，拉伯雷反驳道："笑是人类的本性。"他当然想指出，拉伯雷多少曾参鉴过的亚里士多德的名言"笑是区分人类与动物的标志"。不过，拉伯雷同样希望能将人类从过于沉重的宗教枷锁中解放出来。在宗教中，上帝以其非物质的永恒性和无尽智慧的高度是不会笑的。不过，还是赋予人类为肉体的、生命的、动物性的力量而欣喜，在人间开怀大笑的自由吧！

笑在人类文明进程中树立了躯体的物质性。不过，这一不安的事实颠覆了从18世纪最初的历史哲学思想诞生以来的普遍历史观。在道德、经济及科学领域均取得进步的大环境下（在当今的生态环境转向之前），人们总是倾向于认为，人类社会的演变表现出一种精神超俗化、自然抽象化和远离并掌控原始自然偶然性的趋势——原始自然指的是我们周遭的大自然或者是我们的天性本身。然而，笑以它的不变性和无处不在的特质，提醒我们要接纳人类自身文化中属于动物性的部分。那部分并不是一种过时状态的残留，而是对原动力的一种激烈见证，尽管它乍一看来似乎无足轻重。人类学的相关研究早已通过各种方法对此问题进行阐释。从人类漫长的历史进程看（与地质现象相比，人类的历史不过昙花一现），文化，就算是最先进的技术发展，也只是人类这种社会性动物的天性的结果。从这一角度出发，哪怕是最先进的计算机，也并不比野蜂群或河狸坝更缺乏自然性。自然与文化之间的断裂——启蒙运动时期厌恶一切形式的野蛮而产生的执念——只是一种纯粹的空想：文化是自然的，对所有能自然产生文化的存在来说（正如人类，以及其他更为原始的物种）。其实这样理解起来并不困难，笑可以同时属于人类原始的官能性和社会组织的范畴。

　　至此，我想应该到了直接谈论我的出发点的时候。在将精力全部投向对笑的研究之前，我的身份是一名文学学者，主攻方向是浪漫主义。不过，无疑是在对这些浪漫主义作家（耶拿派的德国人[①]、英国的拜伦，还有法国的雨果和巴尔扎克）的探究过程中，我认识到文化的精髓（也就是笑）是一种通过哲学语言对主观与客观进行综合的结果，或者说，根据印刻于西方意识形态之中的基督教二元论思想，是对肉体与灵魂、精神与物质进行哲学式综合的结果。维克多·雨果在于 1827 年为自己的剧本《克伦威尔》——法国作家关于笑的两部巨著之一，另一部是波德莱尔于 1855 年出版的《论

[①] 耶拿派出现于 18 世纪末，是德国最早的一个浪漫主义文学流派。这个流派的作家最早提出了浪漫主义的概念，较为详尽地阐述了浪漫主义的文学主张。他们反对古典主义，要求创作的绝对自由，放纵主观幻想，追求神秘和奇异。理论奠基人是施莱格尔兄弟（奥古斯特·威廉·封·施莱格尔和弗里德里希·封·施莱格尔），代表成员还有诺瓦利斯、路德维希·蒂克等。——译者注

XIII

笑的本质并泛论造型艺术中的滑稽》——所作的序言[1]中写道，笑是为了让人们明白人类是"动物和智慧体，是灵魂和躯干；一言以蔽之，是一个交汇点"[2]。至于巴尔扎克这位超级玩笑家，则自视为一个心不在焉的书写者，一方面用红色的墨水写自己的小说，另一方面又用棕色的墨水写下那些严肃的文字[3]。在他的《路易·朗贝尔》（1832）这一奇书中，巴尔扎克同样将精神至上论和唯物论进行了融合，而这一神秘的、玄奥的，同样也是几乎不可能存在的式样，只能印证了作者本人天赋的混合，它既是本能的，同时又是智慧的。我们猜测，巴尔扎克的这种禀赋，依旧是一种笑的禀赋。笑一定是人类的未来（生态学的思想也前所未有地成为一种混合理论）；如果后者没有未来的话，那最好还是付之一笑吧。

由此可见，笑的问题包含着多个方面，涉及生命科学、社会科学和人类科学等多学科的知识。本书旨在随着相关内容的展开将所有这些知识汇总起来，但并不是以矫揉造作、牵强附会的方式捏到一起，恰恰相反，本书意在向读者们说明，每一种知识、每一个视角都只是对整体的一种特殊的、局部的应用，并且这些应用的存

---

[1] 1827年，雨果为自己的剧本《克伦威尔》写了长篇序言，即浪漫派文艺宣言。在序言中，雨果反对古典主义的艺术观点，提出了浪漫主义的文学主张：坚持不要公式化地而是具体地表现情节。他特别宣扬了滑稽丑怪与崇高优美的对照原则。这篇序言则成为声讨古典主义的檄文、浪漫主义运动的重要宣言和浪漫主义文艺理论的经典，在法国文学批评史上占有重要地位。——译者注

[2] 维克多·雨果，《克伦威尔》（1927年）序，《全集》《评论》卷，让·皮埃尔·雷诺（序），《旧卷》，巴黎：拉封出版社，1985年，第7页。

[3] 巴尔扎克在《都兰趣话》的第三个十行诗的开场又延续了这一寓言式的场面。《全集》第一卷，皮埃尔·乔治·卡斯特斯（序），《七星文库》，巴黎：伽利玛出版社，1990年，第314页。

在，也只是为了对与这一真相相关的全部后果予以揭示。本书也不是对多种学科知识进行综合，相反，它致力于实现一种分析，以期对这唯一的、不可分割的真相的多重变化予以多样化的呈现。而为了实现这样的设想，我坚决贯彻了如下两个原则，它们也是我给本书的读者提出的阅读建议。

首先，我近乎偏执地摒弃了所有将问题加以错误地复杂化的方法及相关的概念工具，因为它们虽然表面上看起来极具概括性，但通常只会起到论证一些局部的、抽象的理论的作用。越是投入研究良久，我越相信知识在本质上都是相对的，它们只是对现象及其解释所进行的评定（或者说是一种"平衡"）。任何直觉其本身都谈不上是有新意或重要的，其重要性都是人们赋予的。一个论题旺盛的生命力，来自从它身上得出的结果，以及它所能建立起来的不易察觉的关联性。

其次，我在构建本书时仅仅依靠于"方法"——换言之，从词源学的角度来看，即尽可能地遵循一条既符合逻辑又经得起推敲的路径，遵循从普遍到特殊、从原因到结果的方法论。在这个问题上，有大量理论著作在一个具有无尽变化可能的想法上闪耀出了夺目的光辉。至于我自己，我则是以最为谦恭的方式致力于一步一步向前推进，并且在这一过程中，前进的每一步都是对上一步的接续，同时也是对既有成果的夯实。这样的实现方式同时要求读者们在阅读本书时能稍微积累起一些耐心和信心。当然了，这并不影响他们对本书做出的最终评定。

尽管本书并非集大成之作，但它涉及了不同学科的大量专业知识和学术注解。同时，它也提出了一个实际的问题：如果我对上述

XV

笑的文明史
La civilisation du rire

各领域的知识都细化展开，和今天那些所谓的"严肃"作品一样致力于理论的引用或借名人之名自抬身价，那这本书很快就会变得晦涩难懂。这样就会偏离我的目标，得出笑是简单且必要的存在——因为简单，所以必要。因此，读者们可以在本书的注释和参考文献中找到所有有用的参考。并且，对于一切曾给过我帮助的理论或历史参考，我也都会将它们直接呈现在本书的主体内容中。不过，我也时刻警惕着离题绕圈或过度深入等背离目标的做法。总之，就如我下面这句话所阐明的，如果有什么内容是读者们所期待但我却着墨不深的，那很可能是因为我觉得它们不像其他人所认为的那样重要。

本书所采用的架构，遵照了我的思维逻辑以及在我看来最清晰、最具说服力的顺序。

本书的第一部分内容（《笑的本质》）所探究的是笑的基本原则问题，从"人类学"（第一章）、"哲学"（第二章）、"心理和精神分析学"（第三章）、"社会学"（第四章）几个层面展开，再加上最后对构成笑的三重机制的说明（第五章）。

本书的第二部分内容（《笑的美学》）主要涉及笑的文化及其在艺术层面的应用。首先是对包括"滑稽""讽刺"和"滑稽模仿"在内的模仿的笑的分析（第六章）；其次针对的是广为人知的讽刺的核心问题（第七章）——所有笑不都潜在地具有讽刺性吗？而这样的讽刺在文学作品当中又常常披着悲喜剧的矛盾外衣，并不真正引人发笑（第八章）；再次是关于文本、图形或心理形式的图像的重要角色（第九章）；最后是笑在纯艺术层面尤其是在美学革命和先锋时代的转变（第十章）。

本书的第三部分内容（《现代的笑》）为读者们展现了笑以文艺复兴作为起点的现代的历史。在持续不断演进的过程中，得益于欧洲境内公共空间的发展，笑获得了解放（第十一章）。此外，还有讽刺在旧制度文化内的模糊的角色问题（第十二章），民主时代的笑的问题（第十三章），以及笑在如今大众传媒体制下无处不在的问题（第十四章）。总之，笑的现状也是我们的关切，不过在这之前，我们还有很长的一段路要走。

第一部分

笑的本质

第一章
笑与人类学

笑时的身体

让我们从最显而易见的地方说起：笑的生理表现。爆笑、哈哈大笑、笑弯了腰等常用的表达方式说明了，笑会要求身体介入其中，既体现在情感表现的幅度上，又体现在它时而不为自己所控的特质上。中世纪以后，对人类生理学施压的宗教禁忌开始松弛，人们才开始敢于探索器官的机能，笑的生理学问题曾令处于初创时期的现代医学既好奇又苦恼。从文艺复兴到启蒙运动时期，关于因笑而引起的身体颤抖的大量泛泛而又荒谬的描写竟是书中最精彩的内容，作家们尽情地徜徉在对它的想象与泼墨之中。比如，曾发表了无比严谨的《论与引发笑有关的生理及精神成因》（1768）一文的作者普安希奈·德·希弗里，就曾对因发笑而引起的面部扭曲的变形进行了悉心甚至在外人看来颇有些狡黠的描述：

额头舒展，眉毛下沉，眼皮紧绷到眼角的位置，眼周的皮肤都变得不平整了，布满了笑的涟漪。双眼也因笑而变得局促异常，它们半闭着，只因笑出的泪光才能泛出些光亮。即便再疼都不会掉眼泪的人，都笑出了眼泪。他们紧皱鼻子，鼻头多少都变尖了；双唇紧抿着又伸展开来；牙齿因为笑而再也藏不住；双颊也因肌肉挤压时而扬起、时而舒展，在其变化的间隙以及在折射的作用下，脸上形成了不同的小窝，对一些人而言，这些小窝令人愉悦，而对有些人来说，就显得狰狞了。通过因为笑而张开的嘴能看到悬着的舌头，不停激烈地颤抖着。①

上述描写值得被长期引用，它完美地展现出了那种奇特甚至局促般的感觉，而这种感觉是由与笑相关的全部官能运动所长期激发出来的。面部的可塑性会让我们将其与古老的动物性联系到一起——不过，反过来看，面部的活动性是基于面部肌肉自身的复杂性，而这也是人类特有的形态特征之一。今天，科学家们已识别出了三种表现笑的特征的身体现象：面部动作，身体其他部分的多种肌肉运动，以及由嘴或鼻发出声音。② 当然，根据场景的不同，上述运动的实现及其密集程度显然是因人而异，甚至是因笑而异的。

上述三类身体现象中，面部动作吸引了更多的关注，因为它是最容易被描述并被注意到的特征。在口腔的位置上，牙齿会因笑而露出，而唇角也会向两边延伸并高高扬起（得益于两块高高的颧

---

① 路易·普安希奈·德·希弗里，《论与引发笑有关的生理及精神成因》，阿姆斯特丹：雷伊出版社，1768 年，第 41 页。
② 关于笑的生理表现的简要阐释，参见埃里克·斯玛贾，《笑》，收录于《我知道什么？》，巴黎：法兰西大学出版社，1993 年。关于笑的人类学阐释，亦有非常清晰的介绍：史蒂芬·雷加雷，《笑和幽默的进化根源》，人类学理科硕士论文，蒙特利尔大学，2009 年。

骨及面颊上的两块肌肉）；在晶莹闪亮的眼睛周围，眼睑皱起，眉毛高挑。此外，笑也同样需要肋间肌肉的反复收缩，这是引发笑声的突然性呼气所必要的动作。从病理学上看，这种突然的收缩是痉挛性的，并会对器官带来实质性的影响，甚至会导致昏厥或心脏病症。早在古希腊时期，因笑而死亡的记录便有了（真事还是传说？），死者是因窒息或其他诱因而丧命。比如喜剧诗人腓利门，他是因为看了一场讲述一头蠢驴吃了一盘无花果的演出而毙命的；还有画家宙克西斯，他看到一幅面容奇丑的女人画像而大笑不止，最终暴毙而得到了惩罚。而德谟克利特，他是笑方面著名的哲人（与之相对的是赫拉克利特，悲观且蔑视人类的哲学家），虽没有因笑身亡，不过他无法抑制的笑声却足够令人心生忧虑，人们为此专门请来了同样闻名遐迩的希波克拉底对他进行医治（据说，希波克拉底将德谟克利特称为"智者中的智者"）①。

总之，笑表现为在呼吸时的呼气期间所产生的两种发声运动。我们都对连续发出元音的现象并不陌生。元音字母从张开的嘴里发出，时间或短或长，比方说常见于漫画或者戏剧对白中的啊啊（ahah）、哦哦（ohoh）、嘻嘻（hihi）、嘿嘿（héhé）。声音根据人物的特点、语言范畴以及与笑声相伴的情感差异而有所不同。除此之外，还有其他更加隐秘短暂的笑声类型。它们出现在对话或阅读时，就好像发笑的人无法自持，但很久就会恢复镇定。它们可以是从嘴巴或鼻子里发出的剧烈呼吸声，可以是噗嗤一笑，可以是唇齿

---

① 有关德谟克利特传说的现代史，参见皮耶罗·斯齐亚沃，《现代历史与神话之间的德谟克利特 – 赫拉克利特和德谟克利特 – 希波克拉底》，SJC, no. 1 (2011) 1。

之间的吹放气，或者后咽部的刮擦声。① 人们一直错误地认为笑只是人类最初发出的声音，而忽视了一个本质差异，我们随后就会知悉由此带来的后果。事实上，笑的动作看起来像是通过两个步骤实现的，而这两步也通常合二为一。首先，会有急促的呼气出现，这是一种反射性的放松，一种来自胸腔的振动，从而导致了多少带有响声的排气——这是笑的发端。与此同时或紧随其后，当发笑的人想向周围的人分享喜悦时，不断重复的呼气可以帮助声带振动并促成他与别人进行交谈——此时的笑声就转变成了音位。

从神经学的角度来说，笑与另外两种老生常谈的动作——流眼泪和打哈欠，有着明显的相似性。对于这三种机制而言，它们的产生在部分程度上并不为人的主观意志所控，并且三者都有着一种神秘的传染性。我们知道，只要看到有人打哈欠，我们就会情不自禁地进行模仿。而对于笑或者流泪而言，它们也会在一定范围内传播开（所以剧场内的观众区十分重要），并且同样不受群体内的个人意志所支配。因为这一切与人类在演变进程中获取并刻在基因里的古老机制有关。如果我们忘记了笑本质上是源自一种可追述至中新世（在几千万年前的那个时期，人类已经区分于大型猿类）的系统发生学现象，那我们便全然无法理解笑了，并且会陷入怪诞又无足轻重的假设中。人类在遥远的过去便被赋予了笑、哭和打哈欠的能

---

① 参见马哈德维·L. 阿普特，《人类学研究方法下的幽默和语言》，纽约：康奈尔大学出版社，1985 年；让·A. R. A. M. 范·霍夫，《有关笑与微笑的系统发生学比较研究》，《非语际交流》，剑桥：剑桥大学出版社，1972 年，第 209 至 242 页。

力，对于这一过程的理解属于古人类学的范畴。[1]

然而，笑起源于史前并不意味着它在几千万年后还是一成不变的。从源头上来看，爱情其实就是性的本能，后者对于种群繁衍而言是必需的；而将那些并不严格限于交媾行为的因素从爱情范围内剔除出去也是毫无意义的——没错，对于性交这一本能的升华也是人类文化的重大成果之一。我们也应秉持一种类似的逻辑来看待笑，明确地摒弃将笑的定义局限在承自系统发生学的官能性表现中。在社会运行尤其复杂而又讲究个体化的今天，笑可以具体表现为微笑（从本质上看是非常不同的），或是弯弯的笑眼，或是内心深处一股不为人所见的狡黠的乐趣（"冷面笑匠"[2]或是"心底的笑"），这些都没有失掉笑的本质。一个人可以笑但没有笑的身体表现。这并没有什么，甚至从某种角度来说，反倒证明了人类自身的进步。

人类笑的前提

在探讨有关成年人的笑的问题之前，还有必要关注另外两种相邻的形式，那就是动物的笑和孩子的笑。

---

[1] 参见约瑟夫·波利梅尼和杰弗里·P. 瑞斯，《第一个笑话：探究演化的幽默器官》，《演化心理学》，2006 年第 4 期，第 347 至 366 页。
[2] 冷面笑匠指演说笑话时自身不笑的喜剧演员，这种表演与笑话本身形成一种对比效果。——译者注

有些动物会笑，只要我们有能力识别并认证它们的笑。在现有科技的帮助下，我们在未来的某一天也许会发现植物同样也是会笑的。不过就今天而言，我们所能获知的事实仅限于：一方面，挠痒会使灵长类动物和老鼠产生笑感；另一方面，灵长类动物在嬉戏时也会发出笑声。①

痒感一共分为两种类型：第一种源自与皮肤的接触，并且会产生抓痒的欲望（比如赶走一只附着在皮肤上的昆虫）；第二种是能引发笑的痒感，产生自身体局部持续感知到的压力——对于老鼠而言是超声波。如果感觉到痒的老鼠能笑的话（动物学家们对这一现象有不同的解读），那么其他哺乳类动物很可能也拥有这一能力，只不过我们目前还尚未找到任何迹象。相反，笑对于灵长类动物来说是再显然不过的。大猩猩和倭黑猩猩同人类一样在呼气时笑，黑猩猩吸气和呼气时都可以笑。这里还需要明确的一点是，正如在一些动物实验中经常发现的那样，鼠类与灵长类动物无法自发产生痒感，它们只会对人类的挑逗做出回应，这就极大地削减了对这种感受的理解。

为什么痒的感觉会引发笑？或许是因为触及了敏感脆弱的身体部位，而这些部位在原始的自然中是掠食者最先攻击的地方（比如脖子和腹部）。人类或者动物，即便知道面对的是一个并不具有攻击性的动作，也会具有一种应对潜在危险的本能意识，而这种无形的忧患意识激发出一种刺激，继而引发了笑。我们要记住一点：笑产生于一种变相的焦虑，当人因痒而发笑的时候，会

---

① 参见珍妮弗·甘布尔，《类人猿的幽默》，《幽默》，1961年第14期，第163至179页；雅克·潘克赛普和杰弗里·布格多夫，J.，《"会笑的"老鼠和人类喜悦不断演化的鼻祖》，《心理学与行为》，2003年第79期，第533至547页。

不自觉地感到一种因害怕而产生的快感。因此，痒引发的笑并非如我们想的那样产生于身体的性敏感地带，而是来自身体最易受到威胁的部位。这其实并不矛盾。青春期的女孩面对男孩充满性挑逗意味的、试图靠近自己的把戏时，常常会感到一股痒感，继而会笑出声来，以此表达心中的不安感。而出于同样的原因，她们似乎很快便会因这种感觉而感到不适，因为她们进一步感受到了一种潜在的威胁。

此外，对于灵长类动物来说，尤其是年幼的灵长类动物，当它们在一个群体里嬉戏玩耍时，它们会做出各种表情，或发出近似于笑的叫声。这些笑声本质上是为了表示自己没有敌意并展现玩兴，这样一来，小打小闹就不至于演变成真正的冲突——我们也可以将它们的嘶叫声解读成为增加乐趣而采取的一种极富感染力的煽动。它们笑时典型的面部表情为"玩笑脸"（play face）或"张嘴式表情"（open-mouth display，嘴巴张开，表情松弛，双唇将牙齿露出），这同人类的笑是一致的。微笑与"咧嘴脸"（grin-face，因害怕而露出的怪相）或"沉默的咧嘴表情"（silent bared teeth display，表情沉静，牙齿露出）相对应，而后者可同时被理解为因害怕而发出的苦笑以及屈服的标志。人类也存在这种笑与微笑的区别，尤其是在不同性别的态度的区分上。在仍旧广泛通行的刻板印象中，男人通过笑来缓和作为男性与生俱来的攻击性，而女人则通过微笑表示屈从。不过，人类的面部表情所代表的意义绝非如动物那样固化。一方面，在笑与微笑之间存在着无数细微的差别与混合形式；另一方面，对直白的笑所产生的习惯性偏见，逐渐让笑被微笑替代，以至于这两种笑最后常常相互融合、替代。[1]

通过对孩子的观察，我们也会得到与动物的笑类似的结论[2]，对此不必惊奇。对于婴儿来说也一样，微笑与笑之间有着明显的区别，并且他们很早就学会了微笑。出生后不久，甚至是在出生前，婴儿发出的本能性的微笑可以表明身体的健康和满足感（对婴儿来说就是吃饱了奶）。而在出生6至8周后，婴儿的脸上会随着内心的活动而时不时浮现出短暂的微笑，不过，他们自己对此依旧是一无所知。直到3个月后，他们看到人类的面孔会投之以微笑，此时他们已经能够辨认出由鼻子和双眼构成的两条垂直的线——正如通过对气球进行各种装扮的实验所验证的那样。[3]反过来，婴儿最想得到的、最诱人的东西却丝毫不会让他们发出微笑。这再一次印证了面部表情的沟通功能。人类学家弗朗索瓦丝·埃里蒂耶·欧吉[4]注意到，非洲的婴儿由于大多数时候都被妈妈背在身后，因此与妈妈的表情互动相对较少，相比于西方的婴儿来说，他们学会笑与微笑的时间也更晚，笑的次数也更少。

---

[1] 针对上述一系列问题的科学综述，参见罗贝尔·R.普罗温，《笑：它的生命，它的作为》，让·吕克·菲德尔译，巴黎：拉封出版社，2003年。

[2] 参见：保罗·艾马尔，《幽默的婴儿》，布鲁塞尔：玛尔达伽出版社，1988年；弗朗索瓦丝·巴里欧，《孩子幽默的起源》，巴黎：法兰西大学出版社，1993年；《幽默与孩子的发展》，保罗·E.麦克吉发行，纽约：劳特里奇出版社，2013年（1989年初版）。

[3] 有关对婴儿面部认知的概括，参见特奥多拉·格里拉，《婴儿的面部辨识》，《医学与少年》，2003年11月，第553至564页。

[4] 弗朗索瓦丝·埃里蒂耶·欧吉，《让非洲的孩子笑出来：人类学研究》，引自《你好快乐》，第62页。

婴儿的面部表情会在随后的几个月内逐渐丰富起来。4个月的婴儿会主动朝亲人笑，到了5个月就会对着自己的脸笑了。同样是在第四个月，婴儿会逐渐从微笑学会哈哈大笑。根据儿童精神病学家贝尔纳·格尔斯的观点，儿童的笑是"强烈的，笼统的，产生于认真或严肃的表情之前或之后"[1]。笑总是源于一种愉悦与恐惧相混合的心理（愉悦感又与恐惧的消退有关）。家长应该都懂得运用亲密的肢体动作让孩子一下笑出来的方法，比如用膝盖把孩子抬高，陪他一起起哄或者挠他痒痒（或任何带有"挑斗嬉闹"性质的身体游戏），突然露出遮住的脸，相互捉人，等等。在亲密、安心的家庭范围内，从害怕到重新找回信任的过程既是可预见的，又是非常迅速的，甚至有点儿程式化。总之值得注意的是，孩子的笑是一种与生俱来的系统发生学行为，因人与人之间的相互作用而发展，但并非源于这些互动。举个例子，笑及其全部的行为特质也可以出现在天生失明的孩子或者在动物中长大的孩子身上。

至于孩子在感到害怕时为什么会异常开心，总的说来，这是因为他们整体上还是与身边的世界存在一种幸福的联结，他们还不知道该对此感到恐惧。孩子在探知世界并感受自身力量的过程中所获得的快乐感，也尚未被与现实世界的种种摩擦所消磨掉，而这一点正异于大人的笑，大人的笑还夹杂着些许失望与苦涩。作家波德莱尔在《论笑的本质并泛论造型艺术中的滑稽》中对孩子们身上这种爱笑的快乐感进行了描述："孩子的笑有如盛放的花。那是吸收的

---

[1] 贝尔纳·格尔斯，《小孩子的微笑、笑和快乐》，引自《你好快乐》，第27页。

快乐，呼吸的快乐，绽放的快乐，凝望的快乐，是活着、成长的快乐。那是一种植物的快乐。同样，他们的微笑近似于小狗摇动尾巴或者小猫的咕噜声。"[1] 我们或许能读出几分轻蔑，也可能错了，或许只是出于嫉妒。波德莱尔意图通过此书对"绝对的笑"进行定义，为此他还做了一番细致的论证。"我所说的绝对的笑，应当对此保持谨慎。到达最终的绝对，就只有快乐了。"[2] 而唯一的真正、完全的快乐，只有孩子能拥有。顺着同样的逻辑，波德莱尔在《现代生活的画家》一书中进一步认为，"所谓天赋，就是能随心回到童年"[3]。与之相近的是，弗洛伊德也在他的一本有关诙谐的著作中总结道："我们希冀通过这些途径（笑的机制）获得的欢欣感，只不过是我们在人生某个阶段所保有的心态。在那个阶段，我们习惯于用微小的代价面对生活，那就是童年时的心态。童年时的我们不在乎令人发笑的东西，无力掌控情绪，也不需要幽默来感受生命的幸福。"[4] 就这一点来说，路易斯·卡罗[5]、J. M. 巴

---

[1] 夏尔·波德莱尔，《论笑的本质并泛论造型艺术中的滑稽》，收录于《全集》第二卷，克劳德·皮舒瓦发行，《七星文库》，巴黎：伽利玛出版社，1976年，第534页。

[2] 夏尔·波德莱尔，《论笑的本质并泛论造型艺术中的滑稽》，收录于《全集》第二卷，克劳德·皮舒瓦发行，《七星文库》，巴黎：伽利玛出版社，1976年，第536页。

[3] 夏尔·波德莱尔，《现代生活的画家》，收录于《全集》第二卷，克劳德·皮舒瓦发行，《七星文库》，巴黎：伽利玛出版社，1976年，第690页。

[4] 西格蒙德·弗洛伊德，《诙谐及其与潜意识的关系》，德尼·梅西耶译，巴黎：伽利玛出版社，1988年（1905年初版），第41页。

[5] 路易斯·卡罗，英国作家、数学家、逻辑学家、摄影家，《爱丽丝梦游仙境》的作者。——译者注

利[1]、圣埃克絮佩里[2]和克劳德·旁帝[3]等许多作家的儿童文学大作已迸发出了想象、欢乐、笑容、惊奇和滑稽的火花。

笑的初级场景

接下来，我们可以理所应当地进入我们自身的笑。请先想象一个醉汉东倒西歪的步态。虽然我并不确定酒鬼在当今注重同情和健康的文化中是否能引人发笑，但这是几个世纪以来最司空见惯的滑稽桥段。为了方便论证，就先暂且承认一回。

场景1 临近午夜，在一条昏暗无人的路上，一个醉汉挡住了我的路。我很害怕他会叫住我并朝我走过来，也害怕他会强迫我回答他悲怆又含混不清的酒话。而在这之前，我既有点儿耻于心中想摆脱他的想法，同时又害怕最后不得不把他推开，对他的冒犯行为予以回应。总之，我加快了步子，或者换到了另一边，脸上的神情或慌张，或尽可能地显得若无其事。

场景2 醉汉迈着同样蹒跚的步子向前走着，身形也是同样的不羁，不过这一回的场景却是在一条大街上。而此时的我正在街边

---

[1] 詹姆斯·马修·巴利，英国小说家及剧作家、世界著名儿童文学《彼得·潘》的作者。——译者注
[2] 安托万·德·圣埃克絮佩里，法国作家，代表作《小王子》。——译者注
[3] 克劳德·旁帝，法国当代知名儿童作家及插画家。——译者注

的一家电影院前，排在一条欢快喧闹的队伍里。醉汉的出现稍微引起了大家的注意，接着，一群年轻人中有人最先笑出了声（有一个甚至对醉汉开起了玩笑，而醉汉用沙哑的嗓子回应着），紧接着又是第二声笑。这一场景最终以大家的一哄而笑告终，为这无聊的等待时间平添了一份应景的消遣。

同一个醉汉，同样的醉态，但这两幕场景有什么不同呢？在场景1中，不仅这个醉汉对我来说是真实的，而且我也清楚他可能会骚扰我并迫使我进行反击。因此此时的我是专注甚至紧绷的，做好了随机应变的准备。而在场景2中，尽管这个醉汉还是真实存在的，但我被周遭的人群保护了起来，似乎有一道看不见但无法逾越的界限将我与他分开。我可以放心大笑，神经也完全松弛下来。而且，开玩笑的年轻人和醉汉一唱一和，形成了一种有趣的默契——当然也是不牢靠的，但在我眼里，这使我的笑摆脱了挑衅和轻蔑的意味。

这便是笑的必要条件——适用于所有的笑。笑诞生于人意识到自己与现实之间并无任何危险联系时。人们清楚现实是客观存在的，并且自己置身其中，但在某些时刻也可以确信自己对现实无所畏惧，由此产生的松弛感为笑做好了铺垫。通过对猫、狗、苍蝇和奶牛（以及其他野生动物）的观察，我们可以发现这种安全感和松弛感其实并不寻常。以防遭遇不测，动物们总处于一种紧张的警惕状态。它们会睡觉（甚至比较嗜睡，为了从持续的紧绷状态中恢复体力），但总是睁着一只眼。它们不是在睡觉，就是在保持警惕。在清醒的状态下，它们从未获得过自由和精神上的放松，也就失去了笑的土壤。

更确切地说，动物们也可以获得精神上的放松，但有一个前提，那就是要身处在拥有集体力量和侦查机制的团体内。这也是笑只存在于社会性动物身上的原因。笑产生于遵循程序且按照个体之间的等级差异展开的活动中。孩子的笑同样需要来自家庭内部的安全感作支撑，之后还需要朋友圈带来的安全感。同样地，在人类学家的记录中能发现不少"原始社会"里集体发笑的场景，而至于其诱因，连他们都认为毫无价值甚至根本就不存在。不过对要在长期充满敌意的环境中生存的人类来说，因为生活太过危险，所以能在村子里、在聚会时享受到短暂的安全感，就足以激发出一种集体式的放松，而笑也因此得以传播和延续。①

人类清楚世界是客观存在的，也清楚自己是世界的一部分，需要参与其中。不过在某些情况下，人类会深信自己对这个世界无所畏惧。笑意味着人类拥有部分不受制于环境的能力，能暂停警戒与控制的机制，而正是这种机制将动物与外部环境束缚在一起，禁止它们放松警惕，尽情欢笑。人类是这个世界上唯一懂得放弃的，懂得忘记世界是弱肉强食、危机四伏的——或者说，对此心知肚明却选择视而不见。所以才说笑（近乎）是"人类的本性"。人类学者阿尔贝·皮耶特的论述更加深入，他认为智人的优越性不在于行动力、创造力和思考力，这些能力在某些动物身上或多或少都有，而在于精神的"分心"。在他看来，智人是唯一"在行动过程中休

---

① 让·杜维尼奥就此列举了大量例证，提到了"对诽谤和嘲笑的纵容"及"与功能性动作相伴随的快乐的惬意"（《人类的本性：滑稽和嘲笑的历史》，巴黎：阿谢特出版社，1985年，第15至22页）。

息,降低神志的清醒,减弱行动和时刻的重要性"[1]的物种。正是这种放松的能力以及他们在"次级模式"[2]下的生存天赋,使得智人得以对不依赖环境(自然或社会)而自主选择的物件运用思考能力。而神经科学认为这种"休息"[3]是由人类大脑的特殊结构决定的,人类的大脑能分区运作,使得人类拥有同时处理多项任务的能力,比如在史前打磨燧石时或在今天看书时分心走神。不管神经学给出了何种解释,人类这种分心的能力与发笑时感受到的非危险相互作用是有关的。尽管阿尔贝·皮耶特从未提及笑这一现象,这显然是制度性教育的重大疏漏。

然而,要将这种漫不经心的平静感转化为笑,对世界无所惧怕还是不够的,还要求这种状态不能完全抵消危机意识。正是放松和焦虑之间的反差,催生了引发笑的内在刺激。二者必取其一。要么危险一直持续,但并不严重也不迫近——这正对应了挠痒引发的笑,或是面对醉汉时的笑(并不具有威胁性,但也存在风险);要么真正的威胁突然消失了,但其影响仍在。比如巨大的焦虑过后发出的不安的笑,或者当孩子看到爸爸或妈妈盖住的脸突然露出时的笑。

笑是人类用来对抗恐惧,消除危险带来的潜在痛苦的工具。身体能立马感受到笑带来的安逸和松弛。我们之前举的所有例子都与外部的威胁有关,但也有一种可能,威胁来自发笑者,朝向一个外

---

[1] 阿尔贝·皮耶特,《对于纪律重塑的人类学建议》,巴黎:贝塔出版社,2010年,第45页。
[2] 阿尔贝·皮耶特,《对于纪律重塑的人类学建议》,巴黎:贝塔出版社,2010年,第56页。
[3] 参见阿尔贝·皮耶特,《存在行动:一种有关存在的现象学》,马尔基耶讷欧蓬:索克拉特–普罗玛雷克斯出版公司,2009年。

部的目标人物。这个人首先假装（通过语言或者肢体动作）攻击别人，然后用笑突然缓和了潜在的攻击态度。这就是在路边招惹行人的流氓地痞的笑，不会超出玩笑和暴力的范围，但其实只有他们觉得有趣。更宽泛地说，建立在取笑他人缺点的基础上的讽刺文化，都具有暴力倾向。也正因为如此，亚里士多德在他的《诗学》中特别指出，喜剧应该剔除对他人造成实质性伤害和痛苦的想法。否则，笑将不可避免地转变为忧郁或愤怒。

从精神分析层面上看，危险不止出自笑的人本身，还会威胁到他自己。弗洛伊德在谈论诙谐的文章中认为，笑对发笑的人最主要的作用是将充斥在心中的郁结全部发泄出来。开玩笑就是拿自己的困扰取乐。在这种情况下，危险的互动关系是缺失的；反过来说，这种关系不来自与外部世界的互动，而来自自身，或者说来自双重的自我，而这种相异性潜伏于意识之下。精神分析法倒转并内化了人类学机制，在证实它的同时为它赋予了精神生活的全新形式。不过，笑的核心原理依旧不变：与危险和恐惧并存的刺激性调情。

从游戏到笑

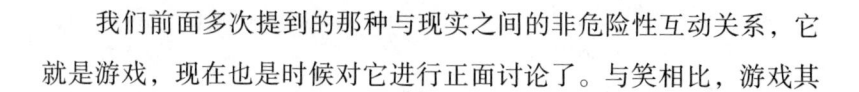

我们前面多次提到的那种与现实之间的非危险性互动关系，它就是游戏，现在也是时候对它进行正面讨论了。与笑相比，游戏其

实吸引了人类学家和社会学家更多的注意,这是因为在各种游戏形式下(室内游戏、体育运动、博弈游戏等)都有易于描述的固定规则。此外,它为社会生活提供了一种模式化的版本。基于这点,约翰·赫伊津哈[1]在他的经典论著《游戏的人》[2]一书中,将游戏视为所有文化(法律、战争、宗教、诗歌、艺术)的模型。不过,这一结论是基于他所捍卫的一个原则:"任何游戏都有规则。规则决定了在游戏创造出的临时世界中具有法律效力的存在。游戏的规则是绝对不可动摇且没有任何探讨余地的。"[3]

不过,当两条小狗、两只猴子或两个小孩儿突然自发地玩闹、推搡,或没有恶意地互相轻咬对方时,游戏的实质在其中已经完全体现了。我姑且称之为小大人或小动物。诚然,游戏的天分会随着年龄的增长而慢慢减弱。动物会逐渐不再喜欢玩闹,成年的大人虽然还会继续玩游戏,但也仅限于他们需要通过赌注和规则达成一致时。哪怕只是象征性的收益也会赋予游戏实质的可靠性,并且从某种角度上看,这种可靠性也能令他们忘记游戏的纯娱乐性质。有多少足球运动员或球迷会认为比赛只是一种简单的消遣呢?随着玩兴的下降,游戏的胜负欲转而会上升。但这种欲望不应变得过强,否则很可能会伤及游戏本身的无害性。此外,不可变更的游戏规则也避免了游戏竞赛转变为实质性的冲突——因为任何游戏参与者都无法逾越规则的边界,除非他们置身于"游戏之外"。事实上,这一

---

[1] 约翰·赫伊津哈,荷兰语言学家和历史学家。 ——译者注
[2] 《游戏的人》是荷兰学者约翰·赫伊津哈在1938年撰写的一本著作,它讨论了在文化和社会中游戏所起的重要作用。——译者注
[3] 约翰·赫伊津哈,《游戏的人:论游戏的社会功能》,巴黎:伽利玛出版社,1951年(1938年初版),第29页。

过程就像游戏不再不言自明时,规则就会站出来进行弥补。

让我们将目光再次回到两只小猴子身上。它们生活得无忧无虑,从一根树枝跳到另一根上互相追赶,或是一起去逗疲倦但宽容的成年猴子。正是得益于这种自由自在、无拘无束的晃荡,这两只小猴子感知到了它们自身的力量。它们充分运用体力和智力,快活地感知着身体和世界,并发出类似于笑的兴奋尖叫。这就是游戏:享受着自身的力量,不用担心环境会对自己不利。游戏促使它们在安全的环境中发展出对于物种延续至关重要的天然好斗性。动物学家发现,公幼猴要比母幼猴更好玩。①

所以说,游戏与自我感知分不开(动物的这种感知是纯粹的本能),也与安全感(或幻觉)后产生的快乐感分不开,因为这种感觉常常完全意识不到危险。这也是为什么在一个小的群体内,大人(常是母亲)要担负起照看孩子的角色。不过,小动物在野外独自玩耍,遭遇其他动物袭击甚至丧命的情况也屡见不鲜。幼狮若怒公狮后也经常变得伤痕累累。究其原因,这是因为小动物在玩耍时并没有意识到自己在玩耍。玩耍时的它们无忧无虑,它们以为大自然没有危险存在,它们的一生也都将这样永远无忧无虑、充满生机。然而,如果它们久久地沉溺在这种幻想中,不幸可能随时降临。这也是为什么游戏是学习的第一个阶段,在这一阶段中,有必要让幼小的生命感知到未来维系生存所必需的力量,不过之后就要马上过渡到评估危险的第二阶段。

---

① 有关游戏的动物行为学和人类学组成,参见《游戏的本质:伟大的类人猿和人类》,安东尼·D.佩莱格里尼和彼得·K.史密斯发行,纽约:吉尔福德出版社,2005年。

家长们应该都经历过这样的过程：不让孩子一如既往地获胜，让他第一次感受到失败，以此告诫他生命并不是一场回回都赢的游戏，胜败具有偶然性，也与对手的实力有关。然后，孩子开始哭，他痛苦地意识到生命其实是一场充满危险的战斗，有输有赢（在数学中就是等概率的）。至此，他彻底丢失了幸福无虑的天真，也就是波德莱尔所说的"欢乐"。创痛过后，他便会重新开始游戏，但他会允许自己被击败，他知道所谓失败其实并不痛，只是一种象征，无足轻重。还有法律进行管控，禁止未成年人参与金钱游戏（也就是说会有实在的输赢）。

　　这就是游戏与笑之间的主要区别（此后我会把与游戏相伴的兴奋尖叫从笑的范畴中排除）。游戏能表现出身体的健康和器官功能的良好，却并不一定涉及对非危险互动状态的觉知，而后者是笑的必要条件。动物的玩耍能力是一种自发行为，并且它们生来就拥有游戏的遗传基因（至少大部分哺乳动物如此），不过，它们不具备笑的天赋。会笑的人知道世界充满危险，但在笑的那一刻，他们并不惧怕。正是面对危险时所获得的安全感催生了笑意。

　　因此，笑很可能会是系统发生学演化的最终落脚点，而这一过程的出发点就是游戏。让我们不妨稍加揣测：和动物一样，人最初在游戏中因感受到的生命力而幸福地忘记了周围的世界。而在其他情况下，人都是充满戒心的。后来，他渐渐地觉察到了一种安全感。他继续玩乐，通过用嗓子越来越大声地呼气表现无忧无虑的快乐。再后来，他明白了游戏所代表的意义，就像面对世界的自由练习，而笑声也变得更加强烈。最终，笑已足够满足他对于幸福的诉求，于是他便停止了游戏，转而去尽可能多地享受笑带来的快乐。

两种笑

　　我会在大街上的人群中笑话这个步履蹒跚的醉汉。如果因此说笑的欲望已经被触发，这是因为在我内心深处认为，他只不过是我眼前的一幕演出。此刻的我差不多成了一名受邀观众，而这个世界成了供我观看的客体。我之所以会笑，是因为我想象着这个世界，并且我意识到这个世界正在我眼前上演。我笑是因为已经觉察到了这一独立于世界的意识的存在——出现在世界中，但又借思想从中挣脱，以便对其展开更好地重现。这种对精神表征再次重现的能力就是我们方才将之简单命名为意识的存在，而认知科学则把它称为"元表征"，只有人类具备形成元表征的能力。[1]

　　哲学家赫尔穆特·普莱斯纳[2]确信，笑同哭一样，是一种人类学的特性，不管它与动物的某些行为是多么相似。"笑和哭实际上都是借用自人类行为的概念。仅仅发现在动物与人类的态度之间存在某些外部的相似性，并不足以做出动物也有着同样能力的结论。"[3]他具体解释道，当人类面对一个毫无其他办法的情境时（比

---

[1] 关于元表征的概念，参见《元表征：多学科视角》，迪尔德丽·斯帕伯雷发行，剑桥：剑桥大学出版社，2000年。
[2] 赫尔穆特·普莱斯纳是德国哲学家和社会学家，也是哲学人类学的主要代表人之一。——译者注
[3] 赫尔穆特·普莱斯纳，《笑与哭：关于人类行为限制的研究》，巴黎：人类科学之家出版社，1995年（1982年初版），第11至12页。

如面对这个失控的醉汉），只能通过笑让身体放松来解决问题。仅从表面来看，笑是一种身体现象，因为只有作为意识主体的人类才能主导动作的发生。正如语言和其他主观意志的表现一样，它们都是由意识主体操控的。然而，在局面超出掌控的情境下，意识主体为了摆脱潜在的危险，会放弃对身体的控制。"在笑或哭的时候，人可能已失去了对身体的控制，但只要身体在某种程度上做出了反应，他便还是他自己。"[①]

笑的运行机制其实有点儿像先进的自动导航系统，它在遭遇紧急情况时会接手飞行员的人工操作，因为机器的反应速度总是远快于人类的。普莱斯纳进一步说道，多亏了笑，人类才能与环境割离，甚至于逃脱，而这种抽离的立场得以通过一声大笑挽回面子。"当自己抛出的问题无人回应时，他依然可以——归功于抽离的立场，避免了完全进入任何情境——找到唯一可能的回应，就是与自己保持距离并脱离开来。而与他划清了关系的身体，取代他做出了反应，此时的身体不再是承载行动、语言、姿势或态度的工具，而就是身体。"[②]

在我看到的对象——也就是被看到的物体，和看的主体我之间，笑建立了一种纯粹的分级关系。亨利·伯格森围绕滑稽——"镶嵌在活的东西上面的机械的东西"构建的理论可以解释这种分级关系。他解释道，他笑，是因为他在他人身上能发现"某种机制

[①] 赫尔穆特·普莱斯纳，《笑与哭：关于人类行为限制的研究》，巴黎：人类科学之家出版社，1995 年（1982 年初版），第 32 页。
[②] 同上，第 77 页。

的生硬，而人们想找到的其实是一种专注的灵巧和生动的灵活"①。他人与我之间的人性关联被打断了。对我来说，这种去人性化的现象令我倍感忧虑，而透过我，则是我所代表的人类社会。不过笑抹去了这种忧虑并将其转化为令人心安的笑意。"它（社会）要直面令它担忧的事物，不过后者只冠上了症状的名头——勉强算是一种威胁，至多是一种姿态。所以社会通过一个简单的姿态作为回应。笑应该属于这一类，属于一种'社会姿态'。"②

不过，上述分析仅适用于观看演出时发出的笑，它是出于对一类现实的回应，而我自己则是置身于这个现实之外，或者说是被排除在外的。奇怪的是，这类笑却几乎是理论学者们唯一关注的形式。除此之外还有另一种笑，它产生于人际交往过程中。在日常生活中，相比于作为观众，我们更多是在社会交往中（朋友间、家庭里、工作场合等）开怀大笑。幸好同事间推杯换盏时开的玩笑要多于在马路上撞见醉汉时。

对这种对话形式的笑的忽视几乎已成常态——弗洛伊德除外，而对笑的哲学研究来说这是一种异常。我们或许会将其归因于亚里士多德主义令人窒息的权威，归因于《诗学》删减版中对喜剧散乱简扼的定义。然而事实上，亚里士多德本人曾专门就喜剧与玩笑之间的问题进行过区分，对此他曾在《修辞学》中进行过明确的阐释，他之后的古典雄辩论著也都对此多所涉及（尤其是西塞罗和昆

---

① 亨利·伯格森，《笑》，《加德里奇》汇编，巴黎：法兰西大学出版社，1989年（1900年初版），第8页。
② 同上，第15页。

提利安）。他们花费了大量笔墨对比剧院内的笑和对话形式的笑，认为前者让人变成小丑，被人轻视，后者则不应逾越文明的界限，不应贬低发笑的人或被笑的对象。事实上，随着滑稽的问题从希腊－拉丁文明的地中海世界转移到基督教西方世界后，两种笑之间的不平衡很可能已显露出来了。自此以后，雄辩不再，只剩严肃。基督教的谦卑和顺从（或多或少带有讽刺挖苦意味的）将玩笑的对话功能排除在外，至少是严格限制了它的使用——直至18世纪，随着亚里士多德的心灵哲学在法国的胜利而得以强势回归。

人类学也区分反射式的笑——面对潜在危险的一种情感反应——与对话式的笑。19世纪的法国医学家纪尧姆·杜兴通过电击实验发现，微笑或者反射式的笑（也叫"杜兴微笑"）会带动眼部肌肉（微微皱起）；至于对话式的笑是半自主的，并带有"更为简单的听觉结构"，则是一种"非杜兴微笑"（眼部不会皱起）。对话式的笑不是反射式的笑，而是"一种达到一定自动程度的自觉性微笑"[1]。它已完全与行为相结合，并最终会脱离意识的掌控。

作为情感反应而产生的笑，其反射性特质可以回溯到人类演变过程中一个更久远的阶段。然而，对话式的笑在很大程度上与身体在游戏中的愉悦反应有着诸多相似之处。通过笑，或用笑话令别人发笑，展现出来的不再是一个人的躯体力量，而是智力天赋和谈话技巧（他已掌握了语言这个强大的武器）。我们是否应该就此做

---

[1] 参见史蒂芬·勒加雷，《笑与幽默的演进根源》，引用自《杜兴微笑》，未编页码，参见纪尧姆·本杰明·杜兴（德布洛涅），《人类面容的机制》，巴黎：雷努阿尔出版社，1862年。

出结论——对话式的笑要比观看一场搞笑演出而发出的笑更为原始（更接近动物的游戏）呢？

可以确定的是，笑一共有两种类型。第一种，我们称之为"重现式的笑"，其中包含了情感元素（忧虑、恐惧或任何一种可致精神波动的因素），并且发笑的人已通过变成观众的方式，对危险进行了预防，因此也斩断了与现实之间的一切互动。第二种笑，我们称之为"沟通式的笑"，是在与另外一个可视为伙伴的人沟通时产生的。它意味着两个发笑的人之间存在着一种有趣的融洽关系，这种关系建立在玩笑的基础上，以及一种排除了潜在危险的切实互动，甚至都无须故意去开玩笑。神经生物学家罗贝尔·普罗温发现，日常聊天中80%到90%的笑都源自内容无聊的对话，没有任何一点儿幽默成分。这种人与人之间的笑有着纯粹的人际关系功能。[1]

不过，对这两种笑进行如此极端的区分，只是为了让陈述变得更加清晰。一方面，观看演出时不会只有一个人在笑，所以对喜剧演出来说没有比面对一个几乎空空如也的剧场更糟糕的了！观众们其实知道演员们在期待他们的笑，他们的笑与台上的喜剧演员之间会产生互动。而在这种情况下，每位观众都扮演起了一个角色，这就剥夺了他们产生笑所必需的内在安全感。如果我无法和同伴一起笑，至少也要让笑在观众内部传染开来。对于笑的产生及增强效果来说，观众的存在是和笑料同样重要的。人们面对可怜兮兮的醉汉发出的笑正是基于这个道理。因为团结就是力量，集体性会增强笑

---

[1] 参见罗贝尔·普罗温，《笑：它的生命，它的作为》，巴黎：拉封出版社，2003年，第44至48页。

的潜在攻击性。笑也可能会被利用为针对少数人的差异和行为的一种残忍的否定和羞辱的工具。另一方面，在聊天的过程中，我会借助于开玩笑的短暂时间向聊天对象的脑海中描绘出一幅画面，而正是对方脑海中重现的这幅景象引发了他的笑。我会带动他通过想象来重塑出一个可笑的事物或一幕滑稽的场景，至于手段，则是对话式的笑所包含的诸多技巧，以及我自己的笑所起到的诱发效果。在实际过程中，所有的笑都具备上述两个要素（重现和沟通），只是占的比重和方式方法有所不同。一名专业的滑稽演员懂得对此灵活运用，能把独角戏演得像时不时在跟观众对话。

从非攻击到反抗

开始总结。笑的人应该意识到自己并没有因某种与外部世界的危险关联而受到威胁，或许是因为自己与任何事物之间均不存在相互作用（重现式的笑），或许是因为这种互动是纯粹娱乐性的（沟通式的笑）。不过，需要强调的是，为了笑的产生，危险应该是切实存在的（或者说曾经存在过），但笑的强度要大于危险。如果聊天中开的玩笑涉及了严肃甚至沉痛的话题，则笑就会被削弱，从攻击性转变为了非攻击性的状态。上述基本模式正是弗洛伊德研究诙谐的著作中的核心，时至今日，它仍是有关于笑的最为坚实的理论贡献。因此，我打算在这一问题上稍作停留。

第一章
笑与人类学

弗洛伊德认为，面对来自现实世界的种种威胁，精神永远处于警惕和紧张状态中（除非是在梦里，弗洛伊德认为梦的运行机制与笑类似）。更加确切地说，这种紧张的压力对于精神而言是必要的，有助于重现世界并于其中进行高效的反应，或者有助于掌控情绪从而避免被情绪吞噬，或有助于抑制住无意识的冲动。而笑能够暂时中断时刻保持的恼人的警惕心，因此也能节约精力。笑就好比是高压锅中的一个安全气门，能在累积的压力过剩时将其排出（虽不是以蒸汽的形式，但吐气还与它有点儿类似）。当他发现认真重现的世界不过是一出没有结果的闹剧，于是便产生了滑稽的笑；当他决定用玩笑的方式来对待无法承受的情感之重，于是便产生了幽默的笑；当他为在无意识中竭力抑制的情绪打开了阀门，于是便产生了"诙谐"（witz）的笑。上述对这三类笑所进行的区分是弗洛伊德在1905年的著作中立论最为薄弱的部分。显然，各类的笑，甚至是滑稽的笑，均要借助于无意识，均要从最内在的心理动机中汲取养料。

不过，弗洛伊德又增加了两条重要的论述。

第一条论述又提及了古代哲学家所获得的诸多发现。压力的释放就像气门的开启，应该是大量且强力的。由此，为了产生出直率的笑，滑稽的手段应该以令人出乎意料的方式尽可能快地发挥作用——短促和意外效果是笑所必需的。甚至于，还有人建议在滑稽元素中加入怪诞的、混乱的东西，只要保证最终效果不陷入晦涩难懂中即可。如果我们花费太多的精力寻找滑稽的话，很可能会卡住笑的完全放松机制。在过于平淡与过于高深莫测之间，好的喜剧演员懂得找到两者之间的平衡。

而弗洛伊德另一个更为原创的发现，或许也是他的诸多真知灼见中最为珍贵的一点。他认为，由笑所带来的快乐是通过两种本能元素构成的。首先是手段（一语双关、文字游戏和讽刺机制等）。如果继续用高压锅打比方的话，它的作用是打开了气门并放开了阀门。然后是压力释放后所带来的快感，而其强度是与由喜剧机制所产生的情感发泄强度成正比的。一种情况是，打个比方，一个小孩子在感到高兴时爱喊"粑粑肠"，这是因为他在对比粑粑和香肠中能感受到一种想象的乐趣。而在孩子们令人动容的天真中，能看到联想智力①（斗胆用"艺术性"形容）的痕迹。不过尤其是，此时的孩子从排泄的沉默中获得了解放，从违抗大人的管教中体验到了乐趣。他是否知道对他来说哪个更重要，是开玩笑调动的技巧，还是这个表达的粗俗——或者说"倾向"？对此，弗洛伊德的回答是否定的，因为如果事先知道就不会笑了。如果能清楚地将笑归因于其中的一个组成部分，笑就不可能会发生了。只要笑能解放无意识，那意识无法掌控过程，也无法告知主观思想就是基本的一点。弗洛伊德甚至提出了一种假说，认为笑自身活力的一个核心功能就是把事情搅乱：

我们不知道是什么让我们感到快乐，又是什么让我们发笑。很可能，正是我们自身判断的这种不确定性——我们可以承认这

---

① 联想智力是一种能够在非顺序关联环境下进行思考的能力，并于其中发现相似、差异、共鸣、意义及关系等问题，最终在旧有事物之上建立新的模式并赋予新的意义。——译者注

是切实存在的，构成了形成诙谐（就字面本义而言）的动力。思想会寻求一种精神层面的乔装，因为这样会引起我们的注意，并且会使我们感觉到它更为显著的重要性和价值，但更重要的是这层外衣收买并扰乱了判断的理智。①

相反，"倾向"的释放则无疑带有一种强烈的攻击性。在没有事先预兆的情况下讲出一个充满敌意或粗俗的笑话（在弗洛伊德看来，这是笑的两种主要倾向），在很大程度上是一种挑衅行为。此外，准确地说，单纯的笑是不存在的，哪怕最为幼稚的文字游戏，也是一种把玩文字的游戏。孩子们最先感受到的压抑，其实正是语言上的，因为大人会要求他们遵守既定的规则。在这一问题上，如果说孩子们喜欢使用双关语和玩文字游戏，这是因为他们还尚处于学习阶段，并且他们比成年人能更加强烈地感受到语言的束缚（语法、句法以及词汇的准确用法）。一切借助笑的机制形成的笑话，均是对日常逻辑的严肃性所进行的反抗。那些恣意改变音素和词语并任凭想象力自由驰骋的孩子们，虽不会遭到惩罚，却触犯了他们每时每刻必须面对的权威："他（孩子）借助游戏逃避理性判断的压力……甚至那些属于想象力活动范畴的现象也要从这个角度来考虑。"（第236页）这也就是为什么在成年人眼中发于双关语的笑总被视为一种退化，因为它所包含的是无比幼稚的狂喜和冒犯。

---

① 西格蒙德·弗洛伊德，《诙谐及其与潜意识的关系》，德尼·梅西耶译，巴黎：伽利玛出版社，1988年（1905年初版），第246页。下文中对该书的引用页码均以括号形式标记在内文中。

因此可以说，笑一直都是一种武器——要么是发笑的人对潜在的冒犯的反击，要么是他自己率先挑起的。或者说，笑像一个斗牛士，不停地挑逗着公牛，直到最后一刻一闪而过。笑重新确立了一种非攻击性的状态，但乐趣意在进一步向攻击性靠拢，并且是最为强烈的攻击性，最后借助笑声来逃避冲突。这使得笑总是具有反抗性，会冲破禁忌，并常常冲得太远，否则它就不再好笑了。这是小丑的笑，他为使人发笑，甚至会付出生命的代价。对喜剧演员来说，如果不让他们逗别人笑，那还不如让他们去死。而他们中很多人因为酗酒、抑郁或自杀而离世了，其实都是因为他们无法再逗笑别人。

基于此，我们可以说违抗与笑是同体的，因为后者直接依托于前者。我们不能要求发笑的人自我审查，或让自己不要做得太过火——正如喜剧演员越过了底线每次都会招来的建议。如果一个喜剧演员动了自我限制的念头，他事实上就难以成为喜剧演了。我们其实应该将这一问题诉诸法律，规定不能逾越的界限。这些界限在不同时期也不尽相同。在过去，它们是政治；而在今天，它们更多是对特定群体污名化的禁止。不过，喜剧总是肩负着尝试走得（稍微）更远的责任，尽管困难和风险俱在。在这场猫鼠游戏中，猫总是多少显得有些傲慢，而老鼠也多少显得机灵调皮。这场游戏永远也不会停止，因为这就是喜剧本身。

第二章
笑 的 离 合

笑的离合与动力

离合器是汽车发动机不可或缺的运行装置。踩下离合器能使发动机轴与变速箱联结并控制车轮转速的机轴分离。在分离模式下，车轮与发动机脱离，此时的发动机尽管依旧在转，但已无法作用于车轮，汽车因此而临近熄火（此时加速会让发动机产生剧烈的轰鸣，几近于空转状态）。驾驶员可以换挡变速，接着重新进行制动（重新将发动机轴与传动轴咬合）。而笑其实与离合机制高度类似。发笑的人通过笑与现实脱离，无须再通过自身的行动来激发或改变什么。面对周遭的世界，他保持着距离或向后退却，再也不会深陷其中。笑为他提供了变速的可能，或者说，同现实之间建立了一种更舒适、对自己更有利的关系。比方说，短促的笑可以打断谈话，让笑的人在玩笑的庇护下占据上风。不过，他也可以选择让自己的车轮一直处在空转状态，也就是让自己一直笑下去，笑到停不下来。

"笑的离合"是笑的基本过程，它与非危险性的互动感相关，而这种互动感是属于发笑者的心理配置。许多笑学方面的专家也对这一观点进行了延展，不过，似乎他们的解读并未精彩到引起人们持续关注的地步。1952年，大卫·维克多罗夫在其专著《笑与滑稽：笑的心理学介绍》一书中，借助"观众状态"这一概念对笑进行了阐释："笑是一种举动，对于一个身处观众状态的人来说，这一举动是对防御反应的管理。"[1] 维克多罗夫在进行上述定义时的用语已经同我对"观众状态"的说法非常接近了。"向外部世界的刺激所敞开的我，对于外部世界的回应却没有那么强烈；并没有什么具体的任务需要完成，自卫的本能也会体现为自我调节，并不排除对反应的控制完全被废除。"[2] 大学学者罗贝尔·艾斯卡尔皮因发表的几部幽默小说引起了公众的关注，他曾在长达四十多年的时间内，一直在《世界报》的最后一页发表题为《日复一日》的幽默短文。在1960年，他也曾提出过"遇安而笑"[3]的说法，认为这是所有笑的形式的基础。

这种喜剧的离合，产生出了一种双重的悖论状态。对于发笑的人来说，他面对着这个世界并观察着这个世界。事实上，几乎所有关于喜剧的理论都会着眼于发笑的人对于世界默示的或明示的判断。然而，这些理论却无法解释发笑者身上所感受到的超脱状态。相反，尽管发笑的人已超然于世界之外，但并不妨碍他具备一种身体上或精神上的活力，而笑就是活力的证明。这样一来，那些仅着

---

[1] 大卫·维克多罗夫，《笑与滑稽：笑的心理学介绍》，巴黎：法兰西大学出版社，1952年，第96页。
[2] 同上，第92页。
[3] 罗贝尔·艾斯卡尔皮，《幽默》，收录于《我知道什么？》，巴黎：法兰西大学出版社，1960年，第112页。

力于笑的放松性和松弛性的学术理论，便没有把笑未受损甚至增长的力量纳入考虑了。不过，离合性却恰恰相反，它关涉到这两个既对称又相关的方面。即便现实世界的一切有效行动都垮掉，发笑的人也始终拥有这种活力。

弗洛伊德于1905年对笑提出"节约成本"的解释，已与离合的概念相距不远了。不过，这一概念的最终提出却历经了一个漫长的理论过程，这个过程甚至超过了两千年。

本章将致力于对从古至今的所有关于笑的重大理论进行综述，并且就与智力或文化背景密切相关的笑的问题进行阐释。上述理论大多数情况下都产生于18世纪后，理论的提出者有哲学家、医学家、心理学家和作家。不过，试图将这些理论家及其理论一一予以细化或详细回顾恐怕是徒劳的，因为我们经常提及的是其中的几个重要思想，每个人只不过是从各自的视野（形而上学、伦理学、心理学）对其进行运用。此外，由于对理论的融合和借用缺乏清晰的认识，许多隶属于西方信念问题的论点都自认为具有原创性。我无意在此强调观点的繁多，而是更着眼于其中的延续性——正如许多前人的尝试和努力。事实上，我们总体上认为三种主要的解释逻辑是连续且相通的。第一种侧重于发笑者自身的优越感（以及对笑的对象的鄙视）；第二种相对更加积极，侧重于笑本身所蕴含的智慧（这些人属于"理智主义者"）；第三种侧重于笑的心理解压效果（也就是离合作用）。

优越感的笑

俗话说："各司其职，各尽其责。"西方的喜剧传统几乎全都源于亚里士多德的《诗学》中简明扼要的箴言。亚里士多德早在致力于研究悲剧和史诗前，就已经点出了喜剧与悲剧之间的核心区别："一个在于模仿恶人，另一个模仿的是比当代人还要优秀的人。"他具体解释道：

> 喜剧，正如我们已经说过的那样，是对并无高尚美德之人的一种模仿。喜剧并非只关注恶习，因为喜剧性是丑陋的一部分。事实上，喜剧性取决于不会带来痛苦和伤害的一种缺点或一种丑行。[①]

对于"喜剧性"的这一定义尽管极为概括，却对美学和心理学产生了无法估量的影响。亚里士多德，"西方的孔子"，他的思想已经通过托马斯主义[②]渗入基督教教理，同时也扩散到世界上其他地区。可以毫不夸张地说，除了亚洲的东方文明，其他文化中的写作传统都曾受到亚里士多德思想的影响，而正是《逻辑学》《修辞学》《诗学》这三本著作，构成了亚里士多德思想的三大理论基础。因

[①] 亚里士多德，《诗学》，米歇尔·马尼安译，巴黎：口袋书出版社，1990年，第91页。
[②] 托马斯主义是指中世纪神学家和经院哲学家托马斯·阿奎那创立的基督教神学学说，是一种将亚里士多德哲学中的消极因素与基督教神学相结合的神学唯心主义体系。——译者注

第二章
笑的离合

此，丑陋的喜剧性迅速成了普世的信条，而其导致的后果对于笑的文化来说却是灾难性的。不过，柏拉图对笑的多个侧面进行了细腻的展示，他在对白中使用了滑稽的场面，有讽刺也有直白的诙谐。而苏格拉底作为擅于嘲讽的"好事者"，在智者的上流社会和雅典游手好闲的青年中承担起了一个"捣乱者"的角色。总之，相较于《诗学》所定义的丑陋式喜剧，笑在柏拉图思想中有着更为广阔的天地。

应立即予以强调的是，亚里士多德的论点所针对的仅仅是喜剧本身，从整体来看，他所做的只是记录了喜剧在那个时代的实际情况，也就是对人性最普遍的缺陷所进行的讽刺性演绎。然而，亚里士多德理论的权威性使得"喜剧性"（在有限的戏剧意涵内）的范畴延展至了"可笑"的领域。这个观点逐渐不由分说地发展为笑的唯一源泉是对丑陋的呈现，并且任何"喜剧性"（引发笑）的作品，只要是对丑陋的模仿，本身也必然是丑的。这样一来便衍生出了一种双重的强制性。一方面，不是所有事物或者说不是所有丑陋的人都是滑稽可笑的。我们应该承认的是，人只会笑别人，并不会去取笑动物或是其他东西，除非它们与人有相似之处。如果说一个在道德层面丑陋的人会引人发笑（比如莫里哀笔下的悭吝人，又或是自命不凡的贵人迷），这是因为他原本想让自己的丑变成美，但到头来还是成了人们的笑料。另一方面，不是所有可笑的人都必然是丑陋的。荒诞的言行常常会引人发笑，不过其吸引力也是不容小觑的——即使我们对其施加的魅力在心中是感到不快的。

稍后我会再回到"可笑的丑"这一问题上来，不过就目前来看，我注意到《诗学》不容争辩地迫使人们接受一个观点，而这个观点后来也被亚里士多德再次提及：美自古以来就被视为严谨艺术的特权，而笑属于处于次级地位的丑态范畴。这一错误的认知长久以来将现实主义与喜剧性联系在一起。如此一来，现实主义艺术家笑对这个世界的原貌，而严肃艺术家面对的是一个理想化的世界。这种讽刺社会的使命在法国旧制度下的现实主义小说（如乔治·索雷尔、斯卡隆、马里沃和勒萨热的作品）中是再明显不过的了，这些小说或多或少都属于喜剧小说的类型。甚至福楼拜在19世纪也曾表示过对现实主义美学的认可，而他借助的手法就是讽刺作品中的人物乃至整个社会。福楼拜的小说艺术在于普遍化的嘲讽，它几乎没有掩盖在严肃现实主义的面纱之下。尤其是，在这种轻蔑中美学价值的丧失占有重要分量，而轻蔑几乎被等同于笑。在将美视为艺术最终落脚点的传统文化看来，对笑的丑化只能让它置身于创作领域的边缘。不过，不同于将喜剧性边缘化的做法，维克多·雨果在《克伦威尔》的序言中首次借助怪诞的类别为喜剧性在艺术和文学领域正了名。不过他的主要论点在于，现代艺术应该对美与丑予以同样的认可。说到底，什么都没变：笑一直都是丑的特性，严肃是美的特性。

人之所以因为丑而发笑，是因为瞧不起丑，并自认为要比它优越。从古代到基督教欧洲，反映美学最初核心关切的亚里士多德思想深入人的心理和道德层面。笑应该已然见证过人类的恶意、对于仇恨的自然倾向，甚至是狭窄的心胸。在1650年前后的六年时间里（由此证明这是时代的潮流），法国的笛卡尔和英国的霍布斯均发表了相似的见解。

在《论灵魂的激情》（1649）中，笛卡尔首先对笑进行了一番

第二章
笑的离合

心理学角度的解读。他认为笑的成因在于人体内一股涌向肺部的血流，它会促使人向体外剧烈地吐气，并由此产生了笑。在他看来，笑主要是一种呼吸现象，其次才是面部活动。"笑的形成过程是这样的：血液通过动脉血管从右心室进入肺部，肺部瞬间充满了气，这样反复多次后，受到压抑的气体通过喉咙剧烈地向外呼出，在喉咙处形成一种响亮又含混不清的声音；而随着肺部的充气和气体的呼出，从肺部隔膜到胸腔、咽喉部位的所有肌肉都被带动起来，而与这些肌肉相关的面部肌肉也会随之运动。这种伴随着响亮又含混不清的声音一并出现的面部运动，正是我们说的笑。"笛卡尔继续补充道，这也就是为什么纯粹的喜悦是无法引人发笑的，因为"沉浸在巨大的喜悦中时，肺部充满了血液，无法再充气了"。

当然，这番解读在今天看来只觉得生动形象。不过，它却让彼时的笛卡尔深信于一点，即笑依赖于流动的血液，并且要达到最大程度的流动性需要"惊讶"的效果，其中以"仇恨"最为显著：

> 后来我只发现了两种让肺部迅速充气的原因：第一个是惊讶的出其不意感。另一个原因则是酒精的混合，减少了供血量的增加。并且我相信，从脾脏中流出的最平缓的那部分血液……是会在仇恨的作用下流向心脏的，并有惊讶的出其不意感作为推动。[1]

由此可知，笑是一种在仇恨或鄙视的滋养中出现的糟糕感受，

---

[1] 勒内·笛卡尔，《灵魂的激情》，第124至127条，收录于《作品及信件集》，安德雷·布里杜发行，《七星文库》，巴黎：伽利玛出版社，1953年，第752至754页。

与今天所谓的共情相对立。1655年，霍布斯在其专著《利维坦》①中再次论及了笑的问题，将其从伪医学中解救出来。在他看来，人笑是出于傲慢心（自我褒扬）。人之所以会笑，是因为需要以此来贬低别人，抬高自己。这也是为什么说强者不需要笑，因为笑只能证明自身的平庸。"瞬间的自我感觉良好能引发出被称为'笑'的怪相。这在天赋平平的人身上尤为明显，他们强迫自己将眼光一直停留在别人的缺陷上。人们常说取笑别人的缺点正是自己心胸狭窄的标志，其原因也正在于此。事实上，品德高尚的人的特征之一，是能走出瞧不起别人的怪圈，并且只向优秀的人看齐。"②此外，对于基督教传统道德观对笑所秉持的成见，经典哲学进行了说明和辩护：智者应该避开笑，亲近被认为具有善意和平静的微笑。而共情式的笑，尽管它有助于人际沟通，并且是一种默契的标志，却从未被提及——就连被驳斥的机会都没有。

卢梭的日内瓦教育背景令他本能地排斥法国旧制度下的嘲讽精神，他在《致达朗贝论剧院的信》（1758）中花费了一定篇幅抨击了喜剧的笑。他的这封信实际上是对《百科全书》中"日内瓦"这一条目的回应，只因达朗贝尔对剧院的态度太过偏执。卢梭首先借鉴了柏拉图在《理想国》中对虚构的控诉。柏拉图震惊于观众们在

---

① 《利维坦》全名为《利维坦，或教会国家和市民国家的实质、形式、权力》（又译《巨灵》《巨灵论》），"利维坦"原为《圣经·旧约》中记载的一种怪兽，在本书中用来比喻强势的国家。该书系统阐述了国家学说，探讨了社会的结构，其中的人性论、社会契约论以及国家的本质和作用等思想在西方产生了深远影响，是西方著名和有影响力的政治哲学著作之一。——译者注
② 托马斯·霍布斯，《利维坦》（1651），吉拉尔·迈雷译，《弗里奥》文集，巴黎：伽利玛出版社，第133至134页。

第二章
笑的离合

看到关于恶行或犯罪的演出时所表现出来的乐趣,而这些行为在正常的生活中只可能招致反感和愤怒。他也解释了这种乐趣是人类再现想象时自然拥有的快乐。这正是亚里士多德在《诗学》中予以理论化的模仿的乐趣。亚里士多德认为,虚构必然催生不道德,尽管这些恶劣的行为应该被予以惩戒,但它们所催生出的快感却始终吸引着观众,而即便最悲情的结局也无法令其消失。对此,卢梭持有同样的观点,他后续在谈到悲剧和喜剧时还对此进行了深入。而这之后,卢梭把莫里哀的戏剧作为目标,他中肯地指出,愚蠢或天真的人物相比不道德的人物更引人发笑。不仅是因为喜剧无法纠正恶行,而且霍布斯所揭示的优越感式的笑是其同谋。压垮《恨世者》中的主人公阿尔塞斯特的正是嘲笑,而这个人物明显就像卢梭的好兄弟。

不过,针对优越感的笑,最为人所知且最具吸引力的部分位于一本理论作品中。该作品有着极高的知名度,在当代法语文化圈内的地位甚至可以媲美亚里士多德的《诗学》——它就是伯格森的《笑》(1899)。虽然这本小书仅仅通过三篇文章集合成卷,但字里行间充满了精妙大胆的分析。不过在我看来,该书所仰赖的基本观点在原则上是错的,更为确切地说,因为过于笼统让这个观点显得非常片面。考虑到该书的受欢迎程度所带来的深远影响,我们不得不在此多做停留。

伯格森开篇就指出了他所认为的笑的三个基本特征:"在真正是属于人的范围以外无所谓滑稽"[1]——或者在通过类比与人类相

---

[1] 亨利·伯格森,《笑》,《加德里奇》汇编,巴黎:法兰西大学出版社,1989年(1900年初版),第2页。下文中对该书的引用页码均以括号形式标记在内文中。

似的部分以外,比如在动物身上能引发笑的姿态;引发滑稽需要"类似让心灵短暂麻醉的状态"并且"直接指向纯粹的智力"(第4页);笑不是孤立的,"笑一直都是群体性的"(第6页)。接着,他直击核心论点,指出笑产生于"某种机制的生硬,而人们想找到的其实是一种专注的灵巧和生动的灵活"(第8页)。他将这一论点总结为一句精练的表述,我们也早已提及:笑产生于人们意识到"镶嵌在活的东西上面的机械的东西"(第29页)时。接下来,伯格森分析了上述观点在不同情况下的应用。人的身体或形象的变形,比如讽刺漫画家笔下的人物,应该可以理解成是"对人的基本消遣"(第19页),是固化心灵运动的物质的增厚。"当一个人的身体让我们联想到一种简单的机械时,它的运动、动作及态度就变得可笑了"(第22至23页)。而基于同样的理论,如果某种情境给人"一种纯粹的机械运动的感受"(第53页),它就是滑稽的。伯格森在这一点上给出了重复的笑(尤其是戏剧中对一个词或一句台词的重复)的例子,并将它类比为"上了发条的淘气鬼"。文字的滑稽性可以看成来自语言运用上的某种呆板性,而特征的滑稽性则是"一种与社会生活格格不入的僵硬"(第102页)。这也是为什么笑一直在寻求概括和简化,哪怕这与生活及艺术所共同追求的那种智慧的灵活性格格不入。"艺术总是面向个体的",而在喜剧中,"普遍性存在于作品本身"(第112至125页)。

针对伯格森的《笑》所进行的反驳大多出自笑学专家,其中尤以大卫·维克多罗夫为代表。它们主要分为以下六点:

1. 没有人会忽略掉笑声中所掺杂的攻击性,甚至是恶意(也就是霍布斯所说的"优越感式的笑")。伯格森所谓的"心灵的短暂麻醉"的说法是无法令人接受的。笑是一种精神的"激情",它蕴含了强烈的情感因素,也涉及人与人的关联,甚至与笑的对象之间存在一种移情式的默契,这一点后续会再提到。试想一下,如果说笑只关涉"纯粹的智力",这就与笑的机制背道而驰了。除非将这个观点缩减为一种文字游戏或一种语言的天赋。

2.生活的机械化和人类的物化是这个复杂社会的两大伤疤。伯格森抛开了以各种口吻(悲剧、喜剧、严肃、悲情、滑稽等)描绘这种社会现实性的小说、电影等艺术作品,而十分随意地将之简化为笑的特殊属性。之所以社会的机械性能够引人发笑,这是因为它依据的是另外一种有待被定性的现象。伯格森立论时所使用的其实只是一种司空见惯的诡辩手段:援引的论据都经过精心选择,它们除了支持论点外毫无其他价值。

3.如果说机械性并不一定都导向笑,反之,笑也并非都是机械性的产物。我们可以发现,在很多情况下,已经上足了油的齿轮发生错乱,或者对机械行为的反抗也能产生滑稽感。这正是拉伯雷的小说的首要之义。在他的作品中,机械性总是站在枯燥和可恨的教士、学究一边,与之相反,充满健康活力的巨人发出的是狂喜的、具有破坏力的笑。关于笑与机械性之间的问题,我们还可以联想到查理·卓别林的《摩登时代》,或者更确切地说,是电影中那个著名的场景——在流水线上排成一排工作的工人高速运转,最终却因为主人公的介入演变成了一场混乱。因此可以说,笑并非来自镶嵌在活的东西上面的机械的东西,相反,是来自于活的东西战胜并摧毁了成为标准的机械的东西。

4.事实上,伯格森的立论建立在一个纯粹的预期理由之上,这一手法已被悄悄地反复使用了多次。很快，随着论证的深入，伯格森又慢慢从笑的机械论定义滑向了一个更为彻底的唯物主义论。任何对物质性和存在性的坚持都是滑稽的，这在伯格森看来就是活的东西机械化的症状。这样一来，"所有将我们的注意力引向一个人的肉体，而精神还被怀疑的事"都变得可笑了，"身体走到了心灵前面"（第 40 页）。总之，作为唯灵论的哲学家，伯格森重拾了犹太基督主义的灵肉二元论思想，并且以灵魂之名谴责肉体。不过，他又以极具锐利的观点对上述思想中有关于笑的部分进行了现代化的演绎，并附上了自己所提出的所谓人类及行为机械化的想法。毫无疑问，笑发自身体，无论是从身体的表现，还是它与无意识之间模糊的关系来看都是如此，笑通常与对现实世界物质深度而产生的一种混乱的吸引力有关。反过来，我们没有任何理由将这种笑的存在性与社会的机械性进行类比。伯格森构建了这种所谓的联结并认为这是显而易见的，但他缺乏严谨的论据予以佐证。因此，这样的论点是随意且谬误的，只需要注意到这点就好，对其进行反驳是没有意义的。

5. 让我们在推论的谬误上再增加一个更为严重的情况。伯格森所想的笑显然是莫里哀喜剧中的，进一步说，是他那个时代盛行的众多歌舞、杂耍表演中的，比如乔治·费多[①]创作的技艺精湛的戏剧。时至今日，我们依然震惊于那个时代的喜剧作品，这不单单是基于其中惊人的情节机制，它们赋予了整个演出跌宕起伏的节奏，

[①] 乔治·费多，法国剧作家、画家、艺术品收藏家，因其创作的歌舞、杂耍表演而得名。——译者注

更在于角色关系中的冷漠甚至恶意。确实在这些作品中,并没有为情绪的缓慢递进与情感的共享留下任何发展余地。正是因为伯格森在《笑》中所引用的例子都来自这些戏剧,所以这个小把戏一直都难以察觉。不过,只要想到拉伯雷或斯特恩的笑,想到缪塞的精神幽默,想到路易斯·卡罗尔的诗意废话,想到查理·卓别林的滑稽佳作,以及先锋派和超现实主义作家在诗歌和艺术领域所展现出来的创造性,还有法国流行喜剧电影巨星(费尔南多、米歇尔·西蒙、布维尔)的光环,我们便不难发现,伯格森的定义只涉及笑的文化一个极为有限的范围。

6.伯格森最后简单回顾了"笑的荒谬性",他认为,其"本质与梦是一致的"(第142页)。这最后几页看上去就像论述的尾巴,仿佛是一名感到懊悔和不安的学生慌乱地陈述被遗漏的观点。伯格森的《笑》本质上就是一篇煞费苦心的论文,正如大体上由华丽辞藻构成的大多数法国大众哲学读物一样。关于荒谬的笑,我们还发现了如下论断:"精神,自顾自的自作多情的精神,其在外部世界中所找寻的,只是用来物质化其想象的借口。"(第143页)再往后翻几页能看到:"喜剧人物通常是那些我们一开始就抱有同感的人。我想说的是我们很快就会将自己放到他们的位置上,接纳他们的动作、话语和做法。如果我们会因为他们身上的可笑之处而乐此不疲的话,我们也会通过想象的方式,邀请他们一起欢笑。"(第148页)这些论断是非常准确的,但这短短几行就毁掉了该书耐心拼凑出来的东西——至少赋予了"荒谬"一个任何理论家都不会满意的特殊地位,而且证明了该书需要在其他基础上进行重新审视。

笑的智慧

不过，另有一条全新的路径在文艺复兴时期便已出现，在这条路径上，笑被看作智慧和自由幻想的标志。该做法的目的在于反对知识领域的墨守成规以及精神层面的经验教条。彼时的人文主义者借此抨击中世纪的神权政治，或者更确切地说，反对中世纪的经院哲学（现代大学及学院传统在宗教领域的鼻祖）。他们挥舞着笑这把绝对的武器，甚至不顾一切风险（面临着作品审查的管制！），以此对抗被当作严肃思想的思想顺从和胆怯。这样一来，笑和同时期重新发现的其他美德（勇气、真诚、自由意志和精神的快乐）的价值与古典文化一样得到了重视。

文艺复兴时期著名的人文主义思想家伊拉斯谟，于1511年发表了鸿篇巨制《愚人颂》，该书以其显著的思想价值迅速在当时的文坛收获了巨大的成功，直至1557年被教廷列为禁书。伊拉斯谟在书中以咄咄逼人的口吻讽刺社会（尤其是针对当时的教士阶层），天马行空地对疯狂、幻想、娱乐、消遣、游戏和笑一一进行了赞颂——他也没有忘记赞扬在反教权传统中与笑紧密相连的酒醉。他继续歌颂古代的神明（"我现在跟您说众神在一次畅饮的宴会结束后会干什么。大力神赫拉克勒斯做的事情之疯狂连我有时都忍不住要笑出来"[1]），国王们的弄臣（"唯一的贡献也正是王子们到处不

---

[1] 伊拉斯谟,《愚人颂》(1511)，克洛德·布隆译，《书》文集，巴黎：拉封出版社，第23页。

第二章
笑的离合

惜用一切代价找到的东西：游戏、微笑、假笑、乐子"），以及配得上被称为作家的人："我团体里的一名作家，行为方式古怪，却幸福得多。他从未度过不眠之夜，他浮想联翩，想到什么就写下什么，甚至是纯属梦想的东西，不过这对他来说需要付出的代价无非就是几张纸罢了。他很清楚，他所写的琐事越是微不足道，欣赏作品的读者就越多，这类人全由无知之辈和愚人构成。即使有两三个据认为是读过这些作品的学者出来指责作者的做法，那又有什么关系呢？估计为数寥寥的几个专家学者，怎能敌得过众多的赞赏者呢？"

笑因此显然与对想象的自由实践相关联，同样与之关联的还有梦幻症和文学创作。最重要的是，它见证了人类全然置身于世俗生活的欢呼雀跃。在16世纪的法国，拉伯雷也进行过与伊拉斯谟一样的抗争。透过其笔下巨人们的奇遇，拉伯雷将这些躯体所焕发出来的欢快健康的状态与忧伤的情绪进行了对比，而躯体则以一种近乎于令人厌烦甚至作呕的方式代表了笑的官能性力量。拉伯雷是一名医生，他高度看重快乐感本身所具有的治愈能力，而拉伯雷也因此成了那个时代图书审查制度的目标，他不得不经常寻求庇护。在《高康大》[1]献给读者的致词中，他以"笑是人的本性"作为总结。但我们可以再细看《第四书》[2]（1552）的开篇，在献给红衣主教沙斯第戎的信中，《第四书》上签署着"医学博士弗朗索瓦·拉伯雷"，并且这封信上的署名是"弗朗索瓦·拉伯雷医生"。可见与所

---

[1]《巨人传》第二部。——译者注
[2]《巨人传》第四部。——译者注

有从意识形态或美学角度进行的辩白相比，拉伯雷一直都以严格的医学理论作为依据，至少看上去如此。医生之于病人，其首要义务便是"在不冒犯神明的前提下让他变开心，并且绝不让他伤心"[①]。因此，要让病人尽可能多笑。

不要以为这只是一种对抗审查的手段，虽然这为拉伯雷免去了被指控为异端时为自己辩护的麻烦。首先，他的论点是严谨的。拉伯雷所接受的人文主义医学教育，尽管只是对古代科学知识的重新利用，但其科学性在当代精神病学层面已经得到了证实。今天，我们知道了笑能促进六种在生理学上具有重要作用的神经递质的运动：多巴胺（能预防和治疗帕金森病）、羟色胺（天然抗抑郁剂）、氨基丁酸（防抽搐）、乙酰胆碱和去甲肾上腺素（这两种物质均作用于肌肉及心脏的运动），以及内啡肽（天然镇痛剂）。整体上看，笑会使人产生舒适感，有助于肌肉运动和智力活动。后来，人文主义以及启蒙哲学坚决站在自然法则这边，以对抗宗教的蒙昧主义。如果说笑是智慧的标志，这是因为它所依靠的是人类的真实本性。此外，既然笑是人类健康的源泉，那么在基督教中，人作为上帝的造物是不可能违背教义的。笑的人能感受到存在的圆满，这是上帝的设计；通过笑声，人能向造物主表达感激，同时也不会惹怒审查官。这是被正统基督教视为异端的哲学家和作家们所坚持的论点，这一论点横贯了整个欧洲的现代思想史。我将列举其中三位最负盛名的人物：斯宾诺莎、雨果和尼采。

[①] 弗朗索瓦·拉伯雷，《第四书》（1552），收录于《全集》，米雷耶·于颂发行，《七星文库》，巴黎：伽利玛出版社，1994年，第519页。

第二章
笑的离合

在斯宾诺莎的《伦理学》中，笑的构想正与"神，或说自然"的理论完美契合。他认为大自然拥有着全能的力量，并且理想状态下的自由和幸福均由此产生。而作为人类在愉悦状态下的天然表现，笑不可能是笛卡尔或霍布斯所谓的恶（鄙视或仇恨）的产物。斯宾诺莎承认"仇恨绝不可能是善的"，一如其他由此产生的疾病（"嫉妒、嘲笑、鄙夷、愤怒、报复"），但笑的"纯粹愉悦"是人类"神圣本性"的证明，不在谴责的范围内。"在嘲笑与笑之间，我认为是有着极大的区别的。因为笑与诙谐都是一种单纯的快乐，只要不过度，本身都是善的。老实说，只有沉闷的、愁苦的迷信才会禁止享乐。为什么满足饥渴比起扫除烦闷更适于需要呢？我所深信不疑的理由如下：没有神或人，除非存心嫉妒的人会把人们的软弱无力、烦恼愁苦当作乐事……反之，我们所感到的快乐愈大，则我们所达到的圆满性亦愈大，换言之，吾人必然地参与精神性中亦愈多。"[①]

作为一名来自鹿特丹的犹太人，斯宾诺莎的思想最终导致他被开除教籍。而维克多·雨果在《克伦威尔》的序言中通过将二者混同的方式对笑与基督教的矛盾进行了调和。该书出版于1827年，天主教会此时正忙于让法国为1789年革命付出悔与泪的代价。不过，在雨果看来，世界上最美好的笑是属于基督教徒的。确实，不同于古代不信教的人，基督教徒已经意识到了这一说法本身所包含的建设性的二元性：即肉体与灵魂的共存，物质性与精神性的共

[①] 巴鲁克·斯宾诺莎，《伦理学》（1677），罗兰·盖卢瓦译，巴黎：伽利玛出版社，1983年，第310至311页。

存——并且不幸的是，还包括美与丑的共存。然而，对于这种二元性而言，因其本身就是上帝所愿，并且耶稣正是它的化身，因此，它是善的，同时也被深深地烙上了基督教的印记。它所展现出来的并非人性的弱点，而是它的复杂性。人，既是肉体又是精神；既是阴暗的，又是光鲜的；既可以重于泰山，也可以轻如鸿毛。总之，人拥有一切价值与尊严的平等。而滑稽作为喜剧与悲剧相混合的产物，则是这一平等性在美学层面的直接后果，因为"混搭"并不意味着将笑与泪放在一起就够了。人是可以边笑边哭的，而这也是伯格森一直没理解的地方。笑酝酿并净化了泪，因为笑让泪变得智慧。

相反，在尼采的《快乐的科学》中，却没有给眼泪、苦行和悲情的顺从留出任何位置。"'快乐的科学'意味着心灵的萨杜恩[①]节，这心灵曾抵御旷日持久的可怕压力，那是一种何等坚忍、严峻、冷酷、不屈不挠而毫无希望的抵御啊；而今突然受到希望的猛烈震撼，健康有望了，被康复陶醉了，于是居然阐发诸多非理性、愚妄之论，抒发孟浪情愫，侈谈外表棘手实则并非如此的种种问题，受到它们的爱抚和吸引，这实在令我惊异。"[②]与尼采相伴的，是伊拉斯谟式的狂热，后者驾着笑、疯狂和无拘无束的快乐这三辆马车，隆隆地回到了欧洲的哲学世界中。与伯格森那蜷缩于反人类机制下

[①] 萨杜恩是古罗马农神，在他和拉梯姆地区的哲纳斯神的统治下，人们度过了黄金岁月，故萨杜恩神的崇拜者对他十分缅怀，每年的12月17日由国家出资举办盛宴，盛宴上主人侍候奴仆。——译者注
[②] 弗雷德里希·尼采，《快乐的科学》（1882），帕特里克·沃特灵译，巴黎：弗拉马里翁出版社，2007年，第25页。

第二章
笑的离合

的笑的理论相比,伊拉斯谟的笑正相反,它是一种彻头彻尾的快乐的笑,充斥着满满的幸福,并且对自身的力量再清楚不过。不过,伊拉斯谟的笑也只是颠倒了伯格森理论所制造出的困境。"镶嵌在活的东西上面的机械的东西"把笑的强烈情感搁在一边。笛卡尔此前已经提醒过我们,由生命力所焕发出的快乐感是不足以产生出笑的。那么问题来了:笑到底因何而生?

我们倒是可以评估一下雨果,或者站在更为宏观的角度说,欧洲的浪漫主义在这一问题上取得的进步。雨果认为,笑产生于身体与精神之间的相互碰撞,或者说,是这两大对立面之间的冲突的觉知,而笑则能够暂时平息这种矛盾性。黑格尔在《美学》中就这一观点进行了说明。此外,他还进一步就"经典"喜剧与"浪漫"喜剧的关系问题做出了决定性的区分。在"经典"喜剧(黑格尔特指莫氏喜剧)中,发笑的人会意识到外部世界与自身思想之间的冲突,正是这二者之间的差异——明显对自己有利——产生出了笑,也就是我们之前提到过的自以为是的笑。而在"浪漫"喜剧(黑格尔奇怪地在阿里斯托芬的作品中找到了原型)中,发笑者所笑的,是作为存在主体自身的矛盾性;笑是因为知道,得益于"天赋,任何事物在天赋面前都只是一种失去了本质的创造"[1],任何事物都可以被肯定,也都可以被否定。正如耶拿派[2]哲学家们在《雅典娜神

---

[1] 格奥尔格·威廉·弗里德里希·黑格尔,《美学》(1818—1829),夏尔·贝纳尔译,博努瓦·蒂梅尔芒及帕奥洛·扎卡里亚修订,巴黎:口袋书出版社,1997年,第124页。
[2] 耶拿派是18世纪末德国最早的一个浪漫主义文学流派。这个流派的作家最早提出了浪漫主义的概念,较为详尽地阐述了浪漫主义的文学主张。他们反对古典主义,要求创作的绝对自由,放纵主观幻想,追求神秘和奇异。因创办《雅典娜神殿》杂志而得名。——译者注

庙》杂志中所阐释的那样，浪漫式的讽刺本质上都是基于这种"存在"与"非存在"的共生性，都是基于主体内部的"认定"与"否定"。这种冲突性也是叔本华《作为意志与表象的世界》一书的理论根基。这一冲突性在此具体表现为对现实的抽象观念与直观觉知之间的矛盾，一言以蔽之，就是附着在具象之上的抽象："笑只是一种在观念与相关真实客体之间突然察觉的失调，不管具体方式如何；具体来说，笑是对这种反差性的表达。"[1]19世纪，矛盾的笑的说法大行其道，并且成了一种被广泛认同的解释。1862年，路易·杜蒙在名为《笑的起因》的小书中，对这一话题的种种论点进行了通盘分析后也赞同了此种解读："可笑的东西可定义如下——精神在面对它时不得不同时对同一件事物进行肯定与否定；它也就是决定了能够同时形成两种矛盾关系的智力的东西。"[2]

让我们记住矛盾性或对立性作为笑的发端因素这一原则，但这绝不意味着，笑的意义及其作用范围全都归因于它。在亚瑟·库斯勒出版《中午的黑暗》25年后，他又推出了另一部能极大地激发读者求知欲的学术著作——《创造的艺术》(1964)。该书问世后虽然几乎不为人所知，但它在笑的成因的问题上承载了最为重要的理论扩展。库斯勒的着眼点既不在于矛盾性，也不在"一系列的干扰"上，他关注的是"异类联想"[3]：当同一个想法分属于两种"内

---

[1] 阿图尔·叔本华，《作为意志与表象的世界》(1819)，奥古斯特·比尔多译，《加德里奇》汇编，巴黎：法兰西大学出版社，1966年，第93页。
[2] 路易·杜蒙，《笑的起因》，巴黎：杜郎出版社，1862年，第48页。
[3] 这是库斯勒在该书中所独创的词汇及概念，指将两种先前无关的思维模式中的元素混合成一种新的模式。——译者注

在逻辑不同并且通常无法兼容"①的模式中时,这便是异类联想。不过,库斯勒同时认为,异类联想(将不同的逻辑汇集到同一个想法的能力)其实就是一种直觉能力,与科学发现、艺术创造和喜剧创意中使用的能力是一致的,并且这三者在心理活动层面严格来说是对等的:"一边是艺术,一边是科学,这条界限并不存在""在发现与喜剧创意之间的界限也不是固定不变的"②。可以说,还从未有哪个理论学者走到智力对笑的影响这么深刻的程度。

释压的笑

但是所有矛盾性都会产生笑么?当然不是。这里还需要最后一个条件,而早在1790年,康德便已经在《判断力批判》中进行了明确的阐释。康德认为,所谓对立性,它不应只建立在两个对立的概念上(A或非A,存在或虚无),而是应该让多与少、满与空这样的对立关系交替出现,直到最后突然化为乌有,压力也随之得以释放。这样一来,瞬间的松弛感便会制造出笑的离合效应:"在开玩笑时,人的知性一下子得以放松。当一种等待的紧张感突然消失

---

① 亚瑟·库斯勒,《创造的艺术》,巴黎:嘉尔曼·勒维出版社,1965年,第21页。
② 同上,第14页。

时，笑便因此而产生了。"① 从此以后，我们对笑有了整体的图景，对它的描述将不再只关注各种次要的变化。笑首先涉及在价值方面对立的关系之间的矛盾，意味着有两种相反的价值判断：对矛盾性的感知同时伴随着智力层面的愉悦满足感，它能轻而易举地将舒适感填满主体。不过，这种矛盾性应该发生在一个尽可能短的时间序列内，并于此完成从正极向负极的转变。我们能猜想到，对这些正负极的评估，须同时基于矛盾性的性质本身以及其所作用的外部环境。由此而产生的突然逆转进一步创造出了一种释压的心理状态，而与之相伴的肌肉及呼吸机制则共同构成了笑的组成部分。

笑的这种表现形式还有着可以与生理学相结合的优势。英国哲学家赫尔博特·斯彭瑟于1860年发表了一篇名为《笑的生理学》的文章。他认为，笑是随着重复进行的肌肉运动（"近乎痉挛的收缩"②）而产生的神经释压。斯彭瑟是达尔文理论的追随者，不过仅就这一问题而言，他的观点相较于达尔文更为深入。达尔文基于比较灵长类动物和人类行为的相似性，大致上将笑解释为一种内在的快乐状态，这一观点集中反映在他于1872年发表的名为《人和动物的感情表达》一书中。至于斯彭瑟，他认为"当意识从重要客体转向细微客体时，笑便自然产生了——换言之，笑只会在被称为

---

① 伊曼努尔·康德，《判断力批判》（1790），阿兰·雷诺译，巴黎：奥比耶出版社，1995年，第320页（依据弗拉马里翁出版社的选集定卷而引用）。
② 赫尔博特·斯彭瑟，《笑的生理学》，收录于《精神、科学及美学论著集》第一卷，《成就集》，巴黎：热尔梅·巴里埃出版社，1877年，第311页。

'下行'的失调①情况下才会发生。"从康德所主张的"压力的消失"到"'下行'的失调",这中间其实只有一步的距离。1933年,心理学家乔治·杜马在对笑的生理学及临床心理病理学进展进行了一番批判式的概括分析之后,也对斯彭瑟的理论予以了支持,并将笑的痉挛性(与胸腔胀大相对的呼气肌肉群痉挛)解释为一种"阻力最小的行进方向"②。

说实话,在19世纪下半叶,关于笑的文章和著述都显著激增。这些作品大多来自上层社会的喜剧评论家,他们善于用堆砌的辞藻和滑稽可笑的细枝末节博人眼球,那些浮夸的文字大都是肤浅且平庸的,所以没必要于此一一提及。不过,由描述性心理分析向科学过渡的过程中出现了一批极具抱负的作品,它们通常将笑放入对情感的系统性分析中。在英美文化界,哲学家亚历山大·班的《情感与意志》(1859)长久以来都被视作该领域的经典。作者在书中耐心地梳理了笑的相关核心理论,尤其是亚里士多德与霍布斯的学说。不过,他以"喜剧气质"一论作为结尾,而该理论却基于斯彭瑟的神经力量的分配观点:"当身体与精神处于高压状态下时,这种力量便会在某一个方向上寻找出路,并且在某些特定的情况下,它会变成笑。"③亚历山大在他的推论中加入了一定程度的区分和细

---

① 赫尔博特·斯彭瑟,《笑的生理学》,收录于《精神、科学及美学论著集》第一卷,《成就集》,巴黎:热尔梅·巴里埃出版社,1877年,第311页。
② 乔治·杜马,《心理学新论》,卷三,《感觉—运动性联合》,巴黎:阿尔冈出版社,1933年,第244页。
③ 亚历山大·班,《情感与意志》,巴黎:阿尔冈出版社,1885年(英文版:1859年),第254页。

化，在他看来，与释放性的笑相伴的永远是已知世界的退化。在纯粹的生理学层面，笑的机制如果没有伴随精神层面的表现是无法自洽的，至少对人类来说，它们是笑能存在的条件。

　　弗洛伊德对笑的阐释，恰好处于19世纪到20世纪之间进行的那场有关于狂笑的声势浩大的研究运动之中。作为精神分析学者，弗洛伊德对此做过诸多影射，甚至特意引用了斯彭瑟的言论。通过此前的回顾我们知道，在斯彭瑟看来，笑之所以会发生，是因为精神突然间决定要节制精力的支出，并且在肉体上，它也需要摆脱这种意外的过剩情况。这里，笑同样属于压力消失的情况。其实弗洛伊德绝非这一论点的首倡者，尽管人们通常都这样认为。事实上，他所做的只是对这一始具权威性的笑学理论予以了承认，并将其引入自己的学术范畴内。弗洛伊德与亚历山大·班一样，他们所面对的真正挑战并非笑的心理和生理学机制问题，而是它的表现内容以及它引起的精神活动的问题。简而言之，笑是处于压力状态下的人所具有的一种反射（或被动接受，或主动寻求，只为了找到想要的乐趣），并且人会借助于我此前所谓的"笑的离合"作用来摆脱这种压力状态。不过，这种离合作用对于另一种精神活动而言只是个开始，而那其实才是真正吸引弗洛伊德的地方。我们将在接下来的一章中对此进行探讨。

第三章
自 由 的 精 神

笑的梦幻症

弗洛伊德在他关于诙谐的论著中花了长长一章的篇幅进行开篇。他通过极为精细的遣词用字，对那些在他看来已被应用到各类笑话中的方式和方法进行了描述。弗洛伊德同样对修辞学教材中所使用的对修辞方法进行定性的传统分类方式加以利用，并且分别从对语言材料的操纵（文字游戏）以及语言所表达的思想（确切地说就是诙谐）的角度对上述内容进行了区分。对于前者而言，弗洛伊德指出了词汇"凝缩"现象的重要性——尤其是首尾缩合词，为此，他还特别引用了诗人海涅当年所创造出来的合成词"亲密富翁"（famillionnaire），这也许是这一方面最为著名的一个例子："（海涅）让他笔下的一个人物——贫穷的赌场检票员赫希·海森斯——自吹自擂，称罗斯柴尔德男爵是以平起平坐的方式对待自己的，完全就是一副'亲密富翁'的做派。"[1] 通过"亲密的"

---

[1] 西格蒙德·弗洛伊德，《诙谐及其与潜意识的关系》，德尼·梅西耶译，巴黎：伽利玛出版社，1988年（1905年初版），第49至50页。

（familier）和"百万富翁"（millionnaire）这两个词的合二为一，我们就清楚了其中的讽刺意味，罗斯柴尔德男爵尽管表现得很亲切，但也只是以百万富翁的姿态。从修辞法的角度看，我们可以从中理出五重等级："移置、诡辩、无意义、间接表现和反向表现。"不过，弗洛伊德发现，上述这些机制"都存在于梦的技巧中"。举个例子，旨在通过暗示或象征的方式间接阐明一种想法的"间接表现"，具体说来就是一种"把梦的表达模式从清醒状态下的思维中区分出来的方法"。这样一来，结论自然就形成了："像诙谐与梦的形成所使用的手段之间的一致性之深，并不是偶然的结果。"（第175页）基于这种类比，弗洛伊德通过对睡眠症患者所进行的观察以及对梦所进行的解析，决定扩大其在诙谐领域的研究范围。

乍一看起来，这一研究方法着实令人困惑。一个进入梦乡的人和一个在热烈交谈过程中被抛出来的笑话，到底能有什么联系呢？这一问题的答案正在于笑的离合作用，这是因为精神此时已经与来自外界的压力断开，尽管是在一个很短的时间内；同时，笑解开了想象的束缚，使得它能够进行自由组合，并将隐藏在无意识中的区域通通浮现到语言层面。在这些瞬间，真实似乎悬而未决，它依旧是清晰可见的，能够被意识证实的，但悬在远处。这一切就如最难以言说的变得能够被描述，而笑让这个场景染上了欣快的不真实的光彩。笑的价值不只体现在其自身以及由它所产生的松弛效果之上，也体现在因它而得以开启的全新体验中，新的体验也将以多变的强度调动起全部的情感资源。

优秀的儿童文化作品同样处在这一不稳定的交汇点上，也一直受到喜剧与梦幻的威胁。我们从中选取了三个最佳样本：路易斯·卡罗尔的《爱丽丝梦游仙境》(1865)，莫里斯·桑达克的《野兽国》(1963)，以及高产作家克劳德·旁帝的《树上的探险家》(1992)。这三部儿童文学作品有着诸多共同点。首先，它们的故事情节很相近，并且都有一段启蒙的旅程（专为儿童设计的学习成长小说类型）：在爱丽丝的故事中，睡着的爱丽丝为了追一只白兔而经历了一系列奇遇和变形，直到最终醒来；在《野兽国》中，麦克斯饿着肚子睡在床上，来到了野兽岛上并在那里成为国王，最后他又回到了家中，发现饭菜还冒着热气；在最后一个故事中，小伊波尔在祖母去世后变成一滴眼泪飞了起来，她去到了各种地方，经历了重重考验，回家后已经成长为一个成熟的大姑娘。在这三部作品中，笑均存在于惊奇的幻想之中，它或是以诙谐文学中的文字游戏和造词为基础（路易斯·卡罗尔和旁帝的共同特点），或是基于图画的创新和怪诞（莫里斯·桑达克以及旁帝）。卡罗尔的作品中有更多幽默的胡言乱语，而在桑达克和旁帝那里，我们会发现更多诗意的象征。在他们的作品中，对孩子焦虑情绪的转移是显而易见的，然而，想象与笑的力量的交叠也是无处不在的，并且一个总会孕育并推动另一个。总之，我们可以对此精练地总结为：虚幻与现实似乎已完美地变成了等同且可以替换的存在；人们已分不清主人公到底是睡着的还是醒着的，更分不清幻想与奇遇之间的分别，一切均取决于读者（也许也取决于他们的年龄），并且这其实一点儿也不重要。这些幼稚可笑的奇遇记所能带来的最为强烈的效果，正是对真假的无所谓，一旦那种快乐的幻想气氛形成后，作者们在书中使用的一切把戏最终恐怕都会让读者们深信不疑。

这些为孩子们量身打造的快乐读物，能够以既复杂又和谐的方式将笑与情感揉捏在一起。我不认为在成年人的文学世界里也能有如此十足成功的作品，原因很简单：在谈到游戏时我们就已发现，孩子们会本能地混淆虚幻与现实之间的界限。孩子们会下意识地借助于他们还不太在乎现实性的想象力，表现出对现实世界的去现实化（这是通过笑实现的），以及对于虚拟世界的真实认同，孩子们能对最不可能出现的情境或人物表现出最大程度的移情。而对于艺术家来说，因其拥有可以任意驰骋的创作自由，他们可以在梦与笑、笑与梦之间尽情跳跃，任凭自己随着这部幻想机器的惯性而动，而他们也正是这部机器的发动者。可以说，不接受现实原则几乎就是孩子的天性。成年人的世界却恰恰相反，因为成年人的世界是通过社交及文化的实践而不断发展的，并且在那个世界里，真与假、可信与不可信之间的界限只会暂时变得模糊。其中，有三种存在已被明确地定性，那就是宗教、巫术和虚构，在此之上，我还想把笑纳入进来。为了更好地理解不同领域之间的联系，我们需要再次回到第一章中提到的关于人类学的假说。

让我们先从宗教说起。阿尔贝·皮耶特所认为的"智人"的独特性，与动物或其他类似于尼安德特人的人科种类相比，并不在于智人的思考能力，而在于他们从所处的环境中不时脱离出来的能力，即享受片刻"休息"的能力。在皮耶特的假说中，在史前时代，宗教信仰的形成满足了创造这种放松所需的精神和文化条件。一个社群对一定的神话作品和故事表现出集体的认同，以便进入他所谓的"小调"[①]状态。神奇的宗教体验会让人们将身上所有的焦虑

[①] 指一种小众的宗教化模式，在法文中与音乐领域的"小调"为同一词。——译者注

感统统卸下,而这些焦虑感正来自他们从周围环境感受到的即时威胁。比方说,遇到干旱时,人们向雨神祈愿和祭献能减轻他们身上的痛苦。虽然口渴的感觉并未因此而消减,不过紧绷的神经可以暂时放松,因为他们相信,只要等待祈雨仪式最后的结果就好了,好日子是一定会来的。

阿尔贝·皮耶特由此引出了两个结论。首先,他认为宗教信仰并不是一种前理性思维,也就是说,并不是人类在掌握逻辑推理之前自身演变状态的遗迹。相反,人类在获得"一种允许彼此对立的性质并存的智力"[1]之前,很可能就已经掌握了逻辑。信仰的能力或许是一种进步,一种不同于简单推理的高级智力的标志。皮耶特的第二个结论则更加直接地引起了我们的兴趣。在他看来,真正重要的并不是信仰的性质或者宗教本身,而是信仰这一行为,哪怕是不确信的,也让一切变为了可能:"一种暂停、松手和置于一边的习惯或者心绪。"[2]这样的结果就是,信仰与非信仰之间并不存在赤裸裸的对立关系。我们完全可以信仰但不全信,反之,也可以不信但稍微相信什么一点儿。无论何种宗教信仰,非但我们不可能说清信徒相信的究竟是什么以及信仰的程度,而且这一问题其实也并没有我们所想的那么重要。

而关于巫术,马塞尔·莫斯在《巫术的一般理论》(1902—1903)一书中也已经有了一些相似的发现。在转述澳洲巫师的相关

---

[1] 阿尔贝·皮耶特,《对于纪律重塑的人类学建议》,巴黎:贝塔出版社,2010年,第62页。
[2] 同上,第63页。

人种学记录时，莫斯发现，在这些被认为能够与超自然力量建立联系的仪式中，巫师们实际上运用的只不过是一些纯粹的骗人把戏，而这些手段在我们看来，可能与江湖术士的把戏相差无几。而这些被集体信仰训练出来的巫师们，他们也成了这些花招的牺牲品：

> 只不过是简单的骗术而已。总的来说，这些巫师和患有神经官能症的人一样，从结果上来，他们既是自愿的，又是非自愿的。即便他们一开始是自愿的，后来慢慢地就会变成不自觉的状态，并最终产生出一种完美的错觉。巫师在自欺欺人，就好像一个忘了自己在演戏的演员。[1]

巫术意在把现实世界与对现实的表征混淆在一起，并且使人们相信，只要按照那些画面和象征的指引去做，就足以改变现实。由此可知，巫术绝不是原始社会的特征。莫斯继续解释道："比如，我们现在依旧耳熟能详的好运和厄运的说法，就已经非常接近巫术了。"[2] 在日常生活中，我们其实都有一些小小的迷信行为，它们类似于小型仪式，只是我们并不会承认，而它们的效果并不可靠，但也不至于被全盘否定。

关于古代的虚构故事，我们普遍认为它经历了一个漫长的世俗化过程，尽管现已无从考证精确的起始时间。今天，美国文学评论

---

[1] 马塞尔·莫斯，《巫术的一般理论》，收录于《社会学与人类学》，《加德里奇》汇编，巴黎：法兰西大学出版社，2013 年，第 88 页。
[2] 同上，第 137 页。

家彼得·布鲁克斯已通过令人信服的方式[1]指出,至少从18世纪开始,以爱情小说为手段的西方文化的扩张,正源自宗教想象向世俗生活的大规模转移。在他看来,我们对生活的戏剧化想象,对善恶相争并且邪不压正的美好结局的向往,反映出了基督教理论塑造出来的一种道德范例深深扎根在我们的心中。当我们在消费这些为大众而生产的虚构作品(小说或者电影)时,会不自觉地用善恶的标准对角色进行分类,并且我们知道,善的一方一定会赢。在面对现实时,我们也会抱着同样的期待,不自觉地进行情节化的解读。我们会下意识地深信,最终"天外救星"一定会让正义(当然是我们心中的正义)得到伸张。

宗教与戏剧文化(也可以说"好莱坞文化")之间的这种平行关系,可以帮助我们理解下面这种既熟悉又陌生且经常能体验到的现象:我们已知为虚构的经历能激发出我们身上的共情力。一般来说,我们的情感反应是无关我们对现实的判断的。尽管我们知道这是假的,我们也会把它当成真的。我们会给予自己情感上的激励,但也不会忽视现实的存在,除非存在心理问题。1817年,英国诗人柯勒律治在《文学传记》中用"主动搁置怀疑"这一表述指代了上述现象。读者或观众为了释放情感而自愿放弃评判。然而,为这一奇怪的幻觉状态披上可能性的外衣还是不够的。如果在确信并认同自身的心理能力情况下,知道一切都是假的,我们也不会表现出这种样子,并且,我们的注意力也不会超出心不在焉的程度,就好比是在给孩子讲三只小猪的故事时的状态。在一个简单的故事面

---

[1] 参见彼得·布鲁克斯,《情节化想象》,巴黎:卡尼耶经典出版社,2010年。

前，我们的想象力就不再"转"了。站在现实角度，既然我们已经让这种读者或观众心态带着自己走（通过害怕、希望、仇恨、怜悯等情绪），我们就应当把它视作心理机制的一部分，深藏在我们体内的一部分，这部分的我们真正相信故事是真实的，并会随着下意识的信任感做出相应的反应。[1]

所以，我们其实就处在澳洲巫师的位置上，耍着小把戏，最后却让自己也信以为真。书本和电影电视剧中不断呈现出来的大众化的虚构，看上去就像是介于周遭世界与智人之间的原始宗教狂热的变种，能够让人摆脱现实的操控。让我们进行一番深入的对比：在两种文化实践之间（宗教与虚构），当然存在着巨大的差异，这种差异会颠倒真假占的比重。在宗教里，虔诚意味着对信仰的认同，却不一定非要认为一切都是真的。而现代社会中，杜撰作品的消费者们处在一个相对的位置上。即便他们知道一切只不过是情节上的安排，但还是会坚持认为一切都是真的，至少在意识深处这样认为。不过这中间的过程都是一样的，都要在真实与虚幻之间开辟出一块不确定的空间，让精神在这里驻足，并最大化地享受情感的乐趣。这样一来，问题便不再局限于真真假假上，而在于能在多大程度上令其对在宗教或虚构层面使用想象呈现出来的事物表示认同——这里所指的并不是在一个逻辑论题中的二元性抉择，而是一个标量现象，它可以拥有无穷无尽的量级。

---

[1] 关于对虚构的认同，参见：让·玛丽·舍费尔，《为什么要虚构？》，巴黎：瑟伊出版社，1999年；汉斯·费英格，《"仿佛"的哲学：人类的理论、实践与宗教虚构体系》，C. K. 奥格登译，1924年（原版发行年份：1911年）；肯达尔·沃顿，《使相信的拟态》，剑桥：哈佛大学出版社，1993年。

第三章
自由的精神

这种与现实之间的去联结，造成了智人注意力的懈怠，在阿尔贝·皮耶特看来，这就是"遵行宗教教义"的开端，并且"会赋予人们一种不确定的认同感"①。而我们也已经看过了巫术和虚构的其他外在表现形式。现在只剩下了第四个方面，那就是笑。在选择相信之前，人已经会笑了。在笑的人眼中，行为的激烈已经被娱乐的意愿消减了，然后他因眼前的现实而笑，因为他已决定将之视为一场戏（这里的现实已降级为简单的表征）。发笑的人，正如柯勒律治所认为的读者那样，会自发地搁置怀疑，他明知道剧院里的戏剧都是假的，但还是会全心全意地发笑。不过，他也会"主动搁置相信"。他快乐地大笑，因为他已决定将那些可能被确认的现实视为假的、不存在的（至少是无效的），同时，他也选择不再相信那些由现实引发的对于潜在威胁的疑虑。我的观点是，得益于对笑的实践，从它的最初表现开始，人类就学会了"摒弃现实"。无论这是自觉的还是非自觉的，都在人类的精神和文化层面扮演了重要的角色。尽管笑看起来只是一种纯粹的反应和本能，但它包含了自由想象的种子。长久以来，想象的自由一直都属于宗教和巫术领域，后来才来到了各种形式的大众虚构作品中。

因此，在接纳不可思议的事（自然与超自然以最为自然的方式在此交汇）与笑的天性（在黑格尔看来，讽刺源于接受存在与非存在的一种精神特有的力量）之间，是存在相似性的。在这个强调科学理性的时代，只有孩子，因为受到家长的保护免遭外界侵袭，才

---

① 阿尔贝·皮耶特，《对于纪律重塑的人类学建议》，巴黎：贝塔出版社，2010年，第63页。

能面对合理性原则无条件地保持天真的不在乎。在路易斯·卡罗尔笔下，孩子们还保留着从任一角度穿越镜子的能力；他们可以毫无痛苦地往来于现实与虚幻之间；他们可以因一幅最不可能发生的画面而快乐地大笑。所以才有了那些无与伦比的作品，所以奇幻才能与双关或漫画的笑结合产生出喜剧性和梦幻般的效果。

与之相反，成年人的理性不会让他们轻易放下手中的武器。超我一直保持着警惕，并且不会沉溺于自由自在的想象创造出来的快乐幻想。在这种情况下，就需要对它下保证，或者略施小计，哪怕是稍微作弊一下。弗洛伊德已经注意到了这种"批判理性"所具有的抵抗性，在他看来，这也解释了文字游戏背后的逻辑机制："（应让）批判理性拒绝让快乐感出现的反抗趋于沉寂。为了达到这一目的，只有一条路可走，要让失去原意的词语组合或各种想法的荒诞排列拥有意义。"（第241页）不过，这样也还是不够的，还需要让诙谐或玩笑所拥有的梦幻般的非现实性，能够被真实的对象和满足发笑者"意图"所具有的显著性所补偿。成年人希望通过笑逃避现实，但有一个前提条件就是他也要能对现实进行嘲笑，并且以尽可能放肆的方式。因为他知道嘲笑现实是在短暂的逃离后，尽快回归到现实的最佳途径。

在卓别林的《大独裁者》中有这样经典的一幕，扮演成希特勒的夏尔洛[①]，伴着一个形似地球仪的大气球翩翩起舞。这夸张的一幕引发了观众的笑声，但是他们接受这个荒诞滑稽的场景只是因为它抵消了现实的紧张感。卓别林作为犹太喜剧人在1940年发起了真

[①] 夏尔洛是卓别林系列电影的主角。——译者注

实的挑战，他把嘲讽作为武器，直面骇人的野蛮行径。在这里，梦只不过是一种更有效对抗现实的迂回路径。于是一种倾向（激进、讽刺、下流）的附加物并不只是心理发泄机制的后果（也就是弗洛伊德的论点），它也是笑用来最大限度地解放想象的必要条件。上述所有论点均在夏尔·波德莱尔于1855年出版的《论笑的本质并泛论造型艺术中的滑稽》中有所论述，并且该书也同弗洛伊德的作品一起，构成了西方文化中笑学研究的重要参考书籍。

"普通的滑稽"与"绝对的滑稽"

不过，这本诞生于1855年的作品实属命途多舛，在艰难问世后，也未能引起多少关注，时至今日依旧如此，但是书中对"绝对的笑"或"魔鬼的笑"的影射除外。总之，波德莱尔相关论述的重要性（无论是在哲学、文学还是艺术层面）基本上都被无视了，仿佛对笑（"这种深邃而又神秘的元素，时至今日从未有哪种哲学思想深入其中"[1]）的激情是这位法国现代诗歌史上最受欢迎的作家在美学层面成功的秘密，这一点是令人难以接受的。不过，波德莱尔在该书开篇就已经明确表明了自己的初衷："我只想简单地与读者

---

[1] 夏尔·波德莱尔，《论笑的本质并泛论造型艺术中的滑稽》，收录于《全集》第二卷，克劳德·皮舒瓦发行，《七星文库》，巴黎：伽利玛出版社，1976年，第525页。

们分享我在谈论这个独特话题时的一些思考。这些思考已经成了我的一种执念,而我想获得解脱。"(第525页)这一执念其实也是所有笑学研究者们共有的,一旦我们试图解开这团乱麻,我们便不得不一直顺着那根问题的线而纠结其中,无尽无止。

在解开这团毛线的第一圈时,波德莱尔回顾了一些已然深入人心的概念,也就是我们在前一章节所涉猎过的内容。

同雨果一样,波德莱尔的出发点也是形而上的。笑来自人类自身复杂的天性,而人是具有两面性的,既是灵也是肉,这种二元性的直观表现就是笑。不过,雨果所主张的直率而快乐的笑是人类复杂性的象征。波德莱尔则相反,他认为把人分成两个对立的原则这种本体论的分离,使人远离了本性,阻碍了与万物和谐的交流,并滋养了一种终生不幸的意识("忧郁")。因此,我们不会为"人间天堂"而笑,更想象不出贝尔纳丹·德·圣皮埃尔笔下的维吉妮在那个洒满阳光的热带小岛上微笑的样子[1],"她是绝对纯真与无邪的完美象征"(第528页)。

面对大自然时,人类是不幸的;但作为神明与动物中间的造物,人类认为自己高于自然。笑正产生于这两种对立感受的碰撞:一方面是与神圣的完美性相比所感受到的卑劣感,另一方面是由相对的优越性所产生的幻觉。"笑是魔鬼的,因此根本上是人性的。笑是人的优越感的产物。并且,由于笑在本质上是人性的,所以笑也是矛盾的。换言之,它既标志着无尽的伟大,同时意味着无尽

---

[1]《保罗和维吉妮》是贝尔纳丹·德·圣皮埃尔的代表作,故事情节哀婉动人,描绘了岛上的旖旎风光,对欧洲小说很有影响。——译者注

的渺小。与无尽的渺小相对的是绝对的存在,而无尽的伟大所对应的是动物。正是在这两种无尽的碰撞中,笑便产生了。"(第532页)所以,波德莱尔大体上重新拾起了"优越感的笑"的经典理论,比如笛卡尔和霍布斯的理论,以及其中暗含的道德批判。笑具有双重的恶魔性。首先,它背叛了人类的二元性。如果人类是绝对强势的,就会宽宏大量地享受这种优越性,而不会想着去嘲笑这个世界。其次,也是最重要的,笑会让人类以自欺欺人的方式把二元性当作其优越性的一个证明。这样一来,人类也会认为,精神能对肉体的不足进行补偿。笑能让人从渺小的存在焦虑中得以解脱。不过,抛开这些理论不谈,波德莱尔的观念预示了弗洛伊德的理论。波德莱尔认为,笑能够让人从对自身脆弱性的痛苦觉知中得到暂时解脱,而弗洛伊德认为,笑产生于恐惧感的突然解除,尤其是当与恐惧相应的心理活动得以被减弱或被抑制的时候。

总之,人在笑的时候是自命不凡的。看到这里,本质上也没有什么新鲜的。不过,我们还要弄明白这种优越感所触及的对象到底是什么。波德莱尔在此引出了一个重要的新生事物的取舍问题,也就是说,二者取其一。

人有可能认为自己比其他人更优越。所以一个人笑,是想象着(或看着)比自己更愚蠢、堕落的同类。这正是亚里士多德在《诗学》中所认为的滑稽,波德莱尔将之命为"普通的滑稽"(第535页)。这种滑稽在本质上是低等的,原因有三:首先,"从艺术角度来看,滑稽是一种模仿",且不需要任何创造力。其次,令它更为可鄙的地方在于,它不仅是在模仿,而且在模仿的同时故意出丑,以引人发笑。这不但不会生出美感,反而是在放大丑恶。最后,这种通常被用在讽刺中的滑稽，会间接地——以笑为手段——被用于道德训诫。笑被当成了工具，服务于它最可怕的敌人——严肃思想，这样一来，笑便背叛了它的使命。波德莱尔不假区分地将这种普通的滑稽称为"有意义的滑稽"，并认为它的轻而易举解释了它的成功。波德莱尔还顺便指出了代表这种恶劣的滑稽最著名的两个人物——莫里哀和伏尔泰，可以说他们是法国笑学传统的杰出人士，波德莱尔却对此批判道："法兰西，以清晰的思想和论证闻名的国度，在这里，艺术自然并直接地以功利为目的，喜剧也通常都是有意义的。"（第 537 页）

在扫清了上述障碍后，波德莱尔开始谈及他认为的好的笑。在好的笑中，人能感受到的优越性是与滑稽相对的，而不再是通过与其他人对比后得来的。这一回，终于回归到了自然本身。人表现出这种优越性，同时拒绝模仿自然，但会从自然的元素出发并借助于自身的想象力，得出真正的创造。这种滑稽——波德莱尔一开始和雨果一样称之为"怪诞"，后来，他选用了一个更好的说法，即"绝对的滑稽"——将想象与幻想、梦的力量与笑的力量统统结合到了一起。"那些令人惊异的创造物，那些无法从常理理解其缘由及合法性的存在，常常能够让我们激发出一种疯狂的、过度的快乐感，并会表现为无休止的撕裂感和晕厥。"（第 535 页）

具体来说，"绝对的滑稽"的过程是具有双重性的。首先，从"先于自然而存在的元素"出发，这意味着对自然及其深层次机制有着深刻的理解。其次，创建一个梦的作品，因得益于想象与笑之间的辩证关系，它启动了优越性的本能，只不过其最终目的是创造性的，并且其所期待的结果也是快乐的。这一观点看上去似乎有点儿扭曲，不过波德莱尔对此早有准备："不要认为这个想法过于狡猾，这不足以构成摒弃它的理由。我只是在寻找另一种说得过去的解释。"绝对的滑稽解放了想象，并且让所有敏感的情绪都易受思想的影响，进一步为艺术创造制造了心理条件。波德莱尔甚至都开始做起梦来。确实，笑作为优越性存在的标志，一直都具有人类的二元性特征，它让人永远与童年时代的快乐分离，让这种理想状态一去不复返。不过，如果人能够接近童年的快乐，接近自我统一性恢复的纯粹喜悦，这也只有那些拥有真正的笑的天赋的艺术家才能做到，而真正的笑不同于普通的滑稽："与由普通的滑稽引起的笑相比，在由怪诞引起的笑身上拥有更为深入、更为显而易见且更为朴素的东西，它更接近于简单的生活和纯粹的快乐。"

如果说波德莱尔的观点并没有过于狡猾，那么通过举例的方式将上述论证的最后一步呈现出来可能也不是没有意义的。说实话，《恶之花》中"绝对的滑稽"的笑贯穿了全篇，作为例子来说是很合适的。为此，我特意选取了四首《忧郁》中的一首，它或许也是其中最知名的，即便是对并不那么热衷诗歌的读者而言，其中的象征性也足够清晰了。

>当天空像盖子般沉重而低垂，
>压在久已厌倦的呻吟的心上，
>当它把整个地平线全部包围，
>泻下比夜更惨的黑暗的昼光。
>
>当大地变成一座潮湿的牢房，
>在那里，"希望"就像是一只蝙蝠，

用怯懦的翅膀不断拍打牢房，
又向霉烂的天花板一头撞去。

当雨水洒下绵绵无尽的细丝，
　　仿佛一座牢狱的铁栅栏，
当一群悄无声息的讨厌的蜘蛛
　　来到我们的头脑的深处结网，

这时，那些大钟突然暴跳如雷，
向长空发出一阵阵恐怖的咆哮，
如同那些无家可归的游魂野鬼，
那样顽固执拗，开始放声哀号。

一队长长的柩车队伍，没有鼓乐伴送，
在我的灵魂里缓缓前进；"希望"，
　　失败而哭泣，残酷暴虐的"苦痛"，
　　把黑旗插在我低垂的脑壳上。

　　我们很快就被带入到了这样一幅氤氲着死亡气息的布景里，哀伤流淌而出，阴郁笼罩四下，这一切都让读者沉浸在了漆黑的悲凉中（一如最后一句里的"黑旗"）。文中那些异样的细节必然会引起细心的读者的注意，甚至会让他们产生笑意，如果他们不认为在这样的氛围中笑是不合适的话。第一行里的"盖子"到底是指什么？第二节和第三节里的蝙蝠和蜘蛛会有什么行动呢？第四节里的大钟为何变得"暴跳如雷""放声哀号"?而行走在灵魂里的柩车队伍又指的是什么,为什么"没有鼓乐伴送"呢?最后,又是为什么要把旗子插在脑壳上?

让我们从头来看。这首诗是从"盖子"开始讲起的,但这是个什么样的盖子呢?其实这里所指的并不是一口锅的盖子,而是一口棺材的封盖。这样一来,如果天地共同组成了这副棺木,那么里面所盛的"呻吟的心"所指的,则必然是一个活死人,或是一个吸血鬼。诗中已经写明,他已长久地为厌苦所折磨(这是所有吸血鬼的悲惨宿命)。吸血鬼的出现一下子就解释了蝙蝠的意图,而我们也就不会对吸血鬼与"希望"(与信仰和仁爱并为神学三大美德)放在一起类比而感到奇怪,毕竟吸血鬼是不幸的象征。有一种观念在《恶之花》中被多次提及。在波德莱尔看来,教堂里的神明,除了能让来自虚幻的天国的诱惑在人们眼中熠熠闪光外,也在世间的土地上造就了另一个充满困苦与绝望的地狱。波德莱尔认为,恶源自宗教本身,它用错误的信仰腐蚀了人类的生命。这样想来,一切都说得通了。除了吸血鬼与希望之间的关系,一并提到的还有蜘蛛(讽刺画中常用来代表神职人员的三种动物之一,另外两种分别是猪和乌鸦)。此外,还有第四段中滑稽的大反转,闻所未闻的怪诞场景彻底颠覆了善恶的价值。这一回,冲着死人哀号的不再是狼群,而是圣钟,而它们本是用来保护人们并警示人们勿忘宗教义务的;但这一回,圣钟变成了吸血鬼,变成了"无家可归的游魂野鬼"。到了最后一段,作者将全诗的意涵提炼为一则充满了鲜明讽刺意味的隐喻。灵魂幻化成了一片空旷的开阔地,"长长的柩车队伍"于此缓缓前进,当然了,"没有鼓乐伴送"。鼓乐意味着有死者经过,然而柩车里是空的,只因还在等待着那些"孤魂野鬼"和活死人的躯体。不过,作为主角的那个吸血鬼,也就是"希望",对,还是他,此刻却在哭泣,因为他的悲剧是无休无止的,除非那个反而具有拯救意味的"痛苦"能够将他从死亡中解救出来,并且最终让人类从一切幻象中得以解放。但世上只有一种方法可以杀死吸血鬼,那就是把一根木桩深深地楔进他的心脏。但在这里,鉴于灵魂(对吸血鬼而言)是存在于精神(心理学意涵)中的,因此需要攻击的是他的头颅。"残酷暴虐的'苦痛'/把黑旗插在我低垂的脑壳上。"不用多想也能知道,这将对大脑造成致命的伤害。

让我们将对滑稽元素的简单分析总结为两点。首先,我们要面对的是源自"绝对滑稽"的一种完美幻象。从一个普通的场景(秋日或冬日天空下沉重的悲伤)开始,读者的想象将之转化成了怪诞又滑稽的意象,里面有吸血鬼、暴跳如雷的大钟,还有被插进脑壳里的黑旗(那是一面反抗的旗帜、致哀的旗帜,还是海盗旗?)。在这一变化过程中,笑起到了超脱并否定现实的作用,正符合《论笑的本质并泛论造型艺术中的滑稽》所阐明的观点。其次,我们还要注意到的是,波德莱尔在一个核心点上完全没有遵从他的纲领。有意义的滑稽(反宗教的功用)不仅没有被绝对的滑稽所消灭,反而起到了增强的效果。正是宗教执念般的仇恨让诗显得无比激烈(用波德莱尔自己的话说就是"歇斯底里"),继而放大了想象的张力。这种"趋向性"(挑衅的意图)是波氏滑稽中不可或缺的组成元素(也是最为狂喜的部分)。若想获得这种滑稽的全部公式,我们要寻找的不在《论笑的本质并泛论造型艺术中的滑稽》这本书上,而在手稿上留下的注释和诗人的纸稿上。"两种基本的文学品质：超自然主义和讽刺。一瞥，万物俱收入诗人眼底，进而用撒旦式的笔触进行表达。超自然囊括了全部的颜色和声调，包括时空之中的激烈、声响、明澈、震动、深度，以及回响。"[1] 超自然是绝对的滑稽，是滑稽的想象生来便拥有的禀赋，它让自身与整个世界的感官联结变得歇斯底里，让镜子的彼端摇摆晃荡，并最终通向梦幻和缥缈的空间中去；而讽刺，则是上述超现实滑稽跳跃的内在动力，对于周遭世界里的严肃的现实，波德莱尔抱有根深蒂固的仇恨，这催生出了他笔下的那些挖苦和反讽。总而言之，就是梦幻与倾向，而这也是弗洛伊德的理论。

美好的笑

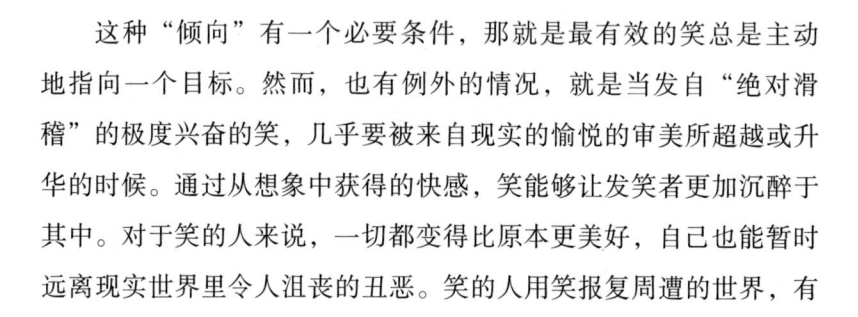

这种"倾向"有一个必要条件，那就是最有效的笑总是主动地指向一个目标。然而，也有例外的情况，就是当发自"绝对滑稽"的极度兴奋的笑，几乎要被来自现实的愉悦的审美所超越或升华的时候。通过从想象中获得的快感，笑能够让发笑者更加沉醉于其中。对于笑的人来说，一切都变得比原本更美好，自己也能暂时远离现实世界里令人沮丧的丑恶。笑的人用笑报复周遭的世界，有

---

[1] 夏尔·波德莱尔，《烟火》，收录于《全集》第一卷，克劳德·皮舒瓦发行，《七星文库》，巴黎：伽利玛出版社，1975年，第658页。

点儿类似孩子的做法,他们说着奇奇怪怪的话,蔑视所谓的一般逻辑。不过,我们前文也说过,成年人总是需要为现实的颠覆找到一个理由。总的来说,成年人这么做正是由于带倾向性的笑本身就具有挑衅性。不过这一次,这个理由却是美的愉悦感。当收获完美的成功时,大笑会伴随着惊叹而发出,以至于眼前的事物看起来相比亲切更美好(倒不如说更显滑稽),而正是这样的感觉,反过来给发笑的人一种情感上的安全感,而这又有利于让人感到产生笑所必不可少的精神的放松。

作为亚里士多德的"丑陋的笑"的对立面,这种"美好的笑"以合理的方式存在于好莱坞梦工厂所创造出来的梦中。"美好的笑"充斥在好莱坞轻巧幽默的"浪漫喜剧"中,捧红了一众知名影星和导演,如加里·格兰特、奥黛丽·赫本、恩斯特·刘别谦和布莱克·爱德华等。在这些电影的情节里,可以几多曲折,但都有一个不现实但又深受观众期待的幸福结局,能够把观众们从真实生活的紧张感中解脱出来。其中的情感是纯粹而又公正的,男主人公们局促紧张又令人怜悯,女主角们则狡黠又动人。滑稽不过是一味额外的配料,帮助制造出一种"失重状态"和无忧无虑感,以现实而复杂的形式重新与原始的笑建立起了联系,而人类学已经能勾勒出其大致的轮廓。

在第二次世界大战前后 20 年的时间里,笑的美学在创造性层面获得了井喷式的发展,一举达到了巅峰。在此期间,一系列杰出的美式音乐喜剧,使得西方观众们在史上最灰暗的日子里(从 1929 年的经济危机到冷战)被带入到一个精心雕琢的时空内。在精美的人造布景中,生动鲜明的色彩为 20 世纪 30 年代末画上了梦幻的一笔,电影在爱情的情节基础上或多或少有些随意地利用浪漫喜剧的成功秘诀,为观众奉上了一场盛大的歌舞庆典,它是诙谐的,充满情感的,或者说是情感喜剧般的。这些作品也为众多好莱坞影星收获了享誉世界的盛名,比如琴吉·罗杰斯、弗雷德·阿斯泰尔、朱迪·加兰和吉恩·凯利以及导演文森特·明内利。

在这里,笑直接来自被演绎的历史本身所具有的非现实性,有两个方面的含义。对于电影里的主人公来说,前一秒,他们还显得无比正常,过着同普通人一样的生活,然而后一秒,他们瞬间又唱又跳。显然,这样的手法就是喜剧性的,观众会明显地感觉到这种有悖常理的突兀感。从19世纪的滑稽剧和小歌剧开始,歌舞表演部分已经习惯被用于表现人物的荒诞,所以出于这一原因,它也成了喜剧的常规组成部分。后来,这种形式也被法国电影广泛采用,比如雅克·德米(《瑟堡的雨伞》《罗什福尔的小姐们》《城里的房间》)、阿兰·勒斯内(《法国香颂》)以及奥利维耶·杜卡斯特尔和雅克·马蒂诺(《找一只丘比特的箭》)执导的作品。此外,这种形式经过人为的改造,并被或多或少地以公开讽刺的方式加以运用。在《王室的婚礼》其中一个著名的桥段里,弗雷德·阿斯泰尔表演了一段脚踩天花板、脑袋朝下的绚烂舞蹈。不过观众们都清楚,在现实中人是不可能双脚踩在天花板上倒立跳舞的,所以在惊讶于舞步的精彩的同时,也会被这种特技而逗笑。喜剧的笑总是多少带些自嘲的成分,这一点我们后续还会进一步讨论。电影中的这种自滑稽的手法只有在音乐喜剧中才得到了如此优美的运用。

不过,音乐电影本身其实也是始于浪漫主义的现场表演传统在大众电影上的一个结果。除了滑稽剧、轻喜剧和小歌剧外,与之有关的还有哑剧、童话剧及芭蕾剧。而在文学领域，我们还要再加上霍夫曼的小说（波德莱尔认为霍夫曼的作品是绝对滑稽的范例）以及其他继承了霍夫曼文风的欧洲作家的作品。在这些作品中，笑总是与特定的文艺情感相联结。在19世纪的法国，笑之美体现在一位著名的怀才不遇的诗人泰奥菲尔·戈蒂耶身上。他提出了"为艺术而艺术"的口号，是巴那斯派[①]诗歌（诗歌史上最为严肃的流派，至少文学史教材给我们留下的印象如此）和英国唯美主义诗歌的鼻祖之一（还有奥斯卡·王尔德）。事实上，作为同样醉心于芭蕾、哑剧和各种舞台形式的作家，戈蒂耶为法国的浪漫主义注入了新的元素，正如波德莱尔在将《恶之花》赠给戈蒂耶时所写，"一种他所缺少的元素……我指的是笑和怪诞的情感"[②]。为了对戈蒂耶作品所拥有的戏谑力量进行阐释，波德莱尔以作家在1835年推出的小说《莫班小姐》[③]作为例子。而此作品也蕴含了本章的所有论点，我们有必要将此作为例证详细展开。

小说的情节依旧围绕着虚幻与现实这一永恒的主题而展开。这是一出关于谎言的喜剧，并且可以想见的是，这样的故事在现实中

[①] 巴那斯派又称"高蹈派"，19世纪60年代法国诗歌流派。以古希腊神话中阿波罗和缪斯诸神居住的巴那斯山称其名。在浪漫派之后，特点是反浪漫派，反对浪漫派的粗率，反对热衷自我表达，主张诗歌是客观的、非主观自我的，而追求纯洁、坚固、美丽，可以说是当时一种新的古典主义。——译者注
[②] 夏尔·波德莱尔，《论泰奥菲尔·戈蒂耶》，收录于《全集》第二卷，克劳德·皮舒瓦发行，《七星文库》，巴黎：伽利玛出版社，1976年，第110页。
[③] 《莫班小姐》是法国作家戈蒂耶在1835年发表的长篇小说。此篇小说序言被公认为唯美主义宣言。他提出"文学可以无视社会道德"的主张，反对文学艺术反映社会问题，认为艺术的价值在于其完美的形式，艺术家的任务在于表现形式美。书中塑造了一位性格叛逆、特立独行、女扮男装、风流倜傥、剑术精湛、勇于冒险的年轻女性形象。——译者注

第三章
自由的精神

并不会让人为之过分感动。故事中，年轻的诗人阿尔贝一直致力于找到心中的完美女性，在此期间，一个名叫萝赛特的姑娘成了他的临时情人。而萝赛特却也安于现状，因为她心中的真正所爱是另一个男人，名叫泰奥道尔。她和泰奥道尔之间是柏拉图式的爱情，因为泰奥道尔实际上是莫班小姐乔装而成的，她掩饰自己真实的性别只为去感受男人对女人的想法。不过，戏剧性的是，阿尔贝拜倒在了泰奥道尔的双性魅力之下，内心因新的性取向而感到混乱。我们暂且放下这些错乱的剧情不谈。故事发生在路易十三时代风格的城堡里，布景中的色彩考究而和谐（就像米高梅出品的音乐电影）："白干了，幸福是白色和粉色，再没有其他更好的诠释了。他自然而然地想到了柔和的色彩。他的调色板上只有水绿、天蓝和麦黄，他的画都是浅淡的，就像中国画一样。"①

整个故事的情节发展都是以一个玩笑的口吻进行的，到了第十一章，可以说一举将这一别出心裁的情感大戏推向了高潮。故事发展至此，三位主人公（阿贝尔、泰奥道尔/莫班小姐、萝赛特）要亲自出演莎士比亚的喜剧《皆大欢喜》，而这样的安排产生了颇具喜感的效果。一个名叫奥兰多的青年遇见了一个名叫罗瑟琳的姑娘，两人一见倾心，然而剧情发展到第三幕时，姑娘以一身男儿装扮化名为加尼莫德斯（希腊神话中宙斯的仆从和情人）。奥兰多对他表白道："美貌的少年，希望我能让你相信我真的爱你。"不难想象，在这出戏中戏里，阿贝尔扮演了奥兰多的角色，而莫班小姐/

---

① 泰奥菲尔·戈蒂耶，《莫班小姐》，收录于《长篇、中篇及短篇小说集》，皮埃尔·罗布雷耶发行，《七星文库》，巴黎：伽利玛出版社，2002年，第414页。

泰奥道尔则充当了罗瑟琳／加尼莫德斯。戈蒂耶也在小说中特意强调道："罗瑟琳总是一副骑士扮相，除了在第一章中，她身着一身女装，涂脂抹粉，紧身褡衣和裙装足够让他（泰奥道尔／莫班小姐）显得雌雄难辨。此时的他还没有蓄起胡须，身材也足够高挑。"① 这出剧中剧的设定产生了三重喜剧嵌入的效果，真真假假不断融合，又不断转换。看过《皆大欢喜》的观众们都会被戏中张冠李戴的剧情而逗笑，奥兰多把自己心爱的女人当成了一个男人。然而当这一幕发生在《莫班小姐》的剧情中时，读者们又会二度发笑，因为戏中的奥兰多认为自己爱上了一个姑娘。但观众们知道，或者确切地说，他们以为自己知道，这个假男人（罗瑟琳）其实背后是一个假女人（泰奥道尔）。因此在他们看来，奥兰多的忧心是没有错的。直到最后，小说的读者们又会第三次笑出来，因为奥兰多认为自己爱上了一个男人，而大家会想象出这个人其实就是一个男人，并且这一回，大家也会恰如其分地明白一点，即我们先前认为是假女人（泰奥道尔扮演的罗瑟琳）的那个男人其实是一个假的男人（乔装成泰奥道尔的莫班小姐）。

不过，既然美、想象和笑都已经就位，真真假假又有什么重要呢？这是该小说想要传达的，尤其是第十一章的精彩片段所彰显的。在阿尔贝（和戈蒂耶）看来，这正是理想的戏剧。接下来过渡到了对表演大厅的冗长描写上，这里绝对是令人发狂的，配得上绝对滑稽中所有的幻象场景，"比鸡蛋内膜更薄的蝶翼帷幕，在三次

---

① 泰奥菲尔·戈蒂耶，《莫班小姐》，收录于《长篇、中篇及短篇小说集》，皮埃尔·罗布雷耶发行，《七星文库》，巴黎：伽利玛出版社，2002年，第404至405页。

铃响后徐徐升起""大厅里挤满了坐在珠色座椅上的诗人们的灵魂,他们透过凝在百合花金色雌蕊上的露珠观看演出"。随后几页,戈蒂耶最终回到了对戏剧本身的描述上来,将读者带到一个癫狂的滑稽世界中,并预示了蒙提·派森式幽默的到来:

所有的戏剧冲突都在一种值得赞叹的无所用心中形成和解决:果并非来自因,因也没有果;最聪明的人说话愚不可及,最蠢的人却说出睿智的见解;少女的言论会使妓女脸红,妓女却滔滔不绝地宣讲道德格言。闻所未闻的奇遇接踵而至却无从解释;高贵的父亲专程乘帆船从中国来,为的是与一个被拐走的小女孩相认;诸神和仙女总是让人们在他们设下的圈套里上下沉浮。剧情沉入大海波涛的黄玉穹顶之下,穿过珊瑚虫和石珊瑚的丛林,游走在大洋深处,或者乘坐云雀和格里凤的翅膀升上太空。对白包罗万象;狮子气吞山河地吼出"嚯!嚯!",墙壁用它的裂缝说话,只要能说出一句尖刻的话、一个谜语、一句俏皮话,每个人都能随意中断这有趣的场景,波顿的驴头和阿丽亚娜金黄色的脑袋同样受到欢迎;作者的才智以各种形式表现出来;所有的矛盾之处恰如多面的棱镜,反映着事物的不同侧面,增添了棱柱的色彩。

戈蒂耶梦想中的场景甚至无视戏剧的幻想原则,它只是精神化的笑的美学变体:烟火、宝石或珍珠看起来就唯有角度、曲线和色彩。笑从不会费时费力地批评甚至否定现实,但笑会简单地避开现实。笑改变了被释放的空间,于其中拟造了一个梦幻又迷人的宇宙。读者们知道一切都是假的,戈蒂耶也知道读者们知道,并且所有人都乐在其中。不过，最美妙的幻想也都是要终结的，而《莫班小姐》的故事还有个双重的结局。

演出结束后，心中的郁结让阿尔贝鼓起勇气给泰奥道尔（莫班小姐）写下了一封情书。而在一个激荡的夜晚，泰奥道尔也找到了时机，怀着最为蓬勃的兴致向阿尔贝证明自己其实是女儿身。接着，莫班小姐在天刚蒙蒙亮时就消失了，只给情人留下了一封诀别信，而信的内容甚至都让人怀疑她是否真实存在过："如果失去我让您太难过，就烧掉这封信——这是您曾得到我的唯一证明，您会以为做了一个美梦。谁妨碍您这样做呢？幻象在天亮前，在梦境穿过牛角或象牙做的门返回家的那个时辰就消散了。"不真实感一下子浮现，莫班小姐似乎消失了，只给阿尔贝留下了一份难于估量的梦的记忆，至于留给读者们的，则是极具讽刺意味的情爱魔力。

小说的第二个结局对戈蒂耶来说同样具有欺骗性。1835年，24岁的戈蒂耶正式推出了这部小说。在正文前，他附上了一篇冗长的序言，看上去像是一份关于笑的艺术的宣言。然而，并没有人太拿这部小说当回事，即便是戈蒂耶最好的朋友们也认为这个故事只不过是个加长版的简单笑话，尽管颇具笑料，但并无深度可言。此后，戈蒂耶也不再把精力放在上面，而是转向了其他路径，只不过他并没有完全放弃讽刺剧的梦想。法国文学算是错过了一位现代幽默作家。让我们记住笑的这个永恒诅咒：戈蒂耶的笑是轻飘飘的，里面要么缺少波德莱尔的讽刺所重视的仇恨与轻蔑，要么缺乏路易斯·卡罗尔为孩子写作的这个辩词。

第四章
社会人的本义

共同的笑

笑与内心世界、梦幻症和幻想的愉悦感紧密相连，都是在想象的过程中无意识出现的。不过，笑首先是人作为社会性动物的社会性本质的表现，因为笑能够帮助人类以非冲突的方式处理群体内部的关系。这是笑的核心悖论，弗洛伊德已经对此做出了细致的分析。在他看来，一方面，笑近似于梦，因为二者都是无意识状态下的快感来源；另一方面，笑也还要遵守社会空间内的现行规则：

梦是纯粹的非社会性精神产物，它们彼此之间毫无沟通。梦在一个人的内部发生，是各种精神力量在人体内角力的妥协物。梦对于做梦的人而言永远是无法理解的，正因为这个原因，它对于另外的人来说也是毫无兴趣可言的……而妙语，则是全部精神活动中最为社会性的，它意在获得快感。妙语常常需要三个人的存在，并且为了获得效果，它要求另外的人参与到由说话人所引发出的精神活动中来。因此，这便要求妙语一定要遵从易懂的条件……（第320至321页）。

遵从易懂和易接受的条件，可能就部分导致了对滑稽领域持续不断的鄙视，怀疑它落入了轻易和安抚的俗套，以及对舆论无条件顺从。但也可以换一种介绍：借助一定手段（支配玩笑机制的手段），笑能在公众空间公开地在社会规则核心中构建冲动、困扰和快乐的复合体，它们都来自无意识。甚至以粗鄙的形式（比如一个荤段子），笑能团结起团体外的人；笑包含着一种反抗，而这种反抗绝不是微不足道的，因为它代表的是一个人在面对必须屈从的集体意志时微弱的不同意见。在个体与大众之间，笑引发了一种冲突，而公共空间的规则愈是具有强迫性，这种冲突就愈显激烈。粗鄙下流的玩笑总是会出现在对专制的抗议中，人们用自身拥有的东西来进行抗议，而这些东西必然属于私人范畴，因为公共领域已处于权力的控制之下。

不管引发笑的个人动机是什么，人们之所以笑，首先是为了享受一起笑的快乐，是为了分享这种共同的感官快感。我在前文已经提到过笑能拉近人与人的距离。即便存在一定距离，共同的笑也能产生一种强烈又原始的身体亲近感；而笑产生的幸福感具有很强的感染力，所以笑往往能感染别人。就算是完全不认识的陌生人，一起观看喜剧表演的观众一起哈哈大笑也是很平常的。几百位观众来自四面八方，互不相识，拥有各自的生活经历，但他们齐聚一堂。他们来到这里是为了享受相似频率的肌肉震动，为了感受同样的惬意在身体内扩散，作用于内脏、呼吸系统和面部，为了同时放松下来，发出笑声。这有点儿类似于一场混乱、不安，甚至有点儿下流的聚会。过后，带着这种从集体的放松中获得满足的身体，每个人又会回归到各自严肃的生活中。不过，要达到这种效果，最好要能看到别人的身体，听到一阵阵不断爆发的哈哈大笑。笑一旦被释放，它的传播相比起因其实更有赖于自身的感染力，有些类似于体育场内的加油声，笑的独特能量让人很难做到完全不被影响。从与大脑"镜像神经元"有关的反射机制来看（尤其在情感交互和模仿现象中）[1]，看到别人笑，尤其是听到别人的笑声，就像是按下了笑的启动器和放大器。

在聚会的场合中（朋友聚会或专家会议）还能经常看到这种过程。在那种场合下，集体性的笑会持续较长时间，甚至人们还会争相开起玩笑。在场的每个人都通过各自的玩笑循序渐进地加入集体性的放松中，在最理想的状况下，最后所有人都哄堂大笑。与这一共同的笑相伴的一个释放天性的过程，在通常情况下，可以借助于其他因素（尤其是酒精）加快进程。这种群体性的笑遵循着一个提前获得一致的惯例。就像在其他社交活动中一样，笑的可预见性是核心因素。在朋友聚会中，大家知道要找到点儿笑料才行，每个人对此都有所准备，每个人也都为此而绞尽脑汁。只有笑声能填补聊天中的空白，也只有笑声能维系一场成功聚会的愉悦氛围。而在专业团体内，高层与会者中的一员会向大家发出笑的信号（可能是一个词，可能是眨眨眼）。在这样的环境中，笑其实是领导者的特权，他并不一定是指负责维持会议秩序、时刻保持严肃的主持人，而可能是团队内部一位拥有相当权限，并且同领导者的关系相当亲近的与会人，这样的话，笑看起来才不会挑战到领导者的权威。

---

[1] 参见贾科莫·里佐拉蒂和科拉多·西尼加格里亚，《镜像神经元》，玛丽莱娜·莱奥拉译，巴黎：欧迪勒－雅各布出版社，2007年。

笑的感染力遵从两条不变的规律。第一条是角色分配。在一个群体内，总有那么几个大家都认可的爱开玩笑的人，他们嘴里总会蹦出几句风趣话，这一点不必再赘言。这种笑的关键在于期待感，处在"搞笑人"的位置上，既是一种责任（必须要好笑），也是一种便利。因为一旦被公认为是搞笑的人，那就更容易变得好笑。常说借钱只借有钱人，要逗笑已经准备好笑的人并不是什么难事。儒勒·雷纳尔[1]就拿公认的幽默家阿尔丰斯·阿莱[2]在出席公开会议时的样子寻开心："他向前走，一只手插在左边的袋子里。能感觉到众人已经觉得这很滑稽了。"[3] 逗笑自愿成为观众的朋友们，对专业人士和业余爱好者来说情况都一样。而观众此时唯一目的是感受最大程度的快乐，而包含在内的好处是可以暂时忘却身份。由此，便产生了笑的第二条规律：一旦笑被第一个笑话激发出来后，那么接下来只需让场面维持，因为接下来的笑将更多地依靠现场的整体氛围，后续要讲的笑话就比较容易糊弄过去了。很多咖啡店里都有弹珠机，这个游戏的规则是用弹珠来赢取尽量多的分数，同时借助两个弹臂（用于把落下来的弹珠抛回到游戏盘上方），防止弹珠从游戏盘内落出。玩家也可以通过摇晃游戏盘的方式来调整弹珠的移动路线，但如果摇过了头，机器就会"停摆"（处于故障状态），弹珠就会掉落。不过，由于机器内部对碰撞非常敏感的配重系统，机器一旦停摆一次，接下来就会变得更加容易停摆。笑其实与弹珠机

---

[1] 皮耶尔-儒勒·雷纳尔，法国小说家、散文家。——译者注
[2] 阿尔丰斯·阿莱，法国作家、幽默家、记者。——译者注
[3] 儒勒·雷纳尔，《日记》，雷昂·吉夏尔和吉尔贝尔·西戈发行，《七星文库》，巴黎：伽利玛出版社，1965 年，第 564 页。

的原理一样，一旦出现了一次，只要不马上恢复平静，继续为笑提供能量并且让它重新爆发就会变得更加容易。

笑别亚里士多德

无论是真实的还是扮演的，这种默契感是笑提供的主要乐趣，也是笑存在于社会空间内的首要原因。笑方面的专家很长时间以来都在运用喜剧的这一首要功能。在古代，喜剧的开场通常是独白或叫卖，一个人物突然打破了戏剧的设定，开始呵斥观众。他不但毫不客气地对剧情乃至剧中的诡计进行各种自以为是的讲解，并且还会揭露其中矫揉造作的惯用手法。阿里斯托芬和普劳图斯的作品中也能看到这种手段。第四面墙①的设定在这里暂时消失，揭露戏剧创造的假象加强了观众笑的快感，再加上共为同谋所引发的情感上的快乐。到了19世纪末，在林荫道喜剧②之外，参照"黑猫"（1881年在巴黎蒙马特开业的一家夜总会，是剧院咖啡厅的鼻

---

① 第四面墙是一面在传统三壁镜框式舞台中虚构的"墙"，观众透过这面"墙"可以看到戏剧设定的世界中的情节发展。即在大多数的写实和自然主义戏剧中，演员假装观众不存在，自己演自己的；观众死板地坐在观众席观看演出，台上台下没有任何互动。第四面墙的概念由德尼·狄德罗阐明，随着戏剧现实主义的发展，此概念在19世纪剧场当中流传开去，延伸了虚构作品和阅听者之间的虚构界限的这一想法。——译者注
② 林荫道戏剧，法国商业戏剧的代名词，是以娱乐为主的通俗喜剧。——译者注

祖）的模式，"单人喜剧"风行一时。在这种表演模式下，喜剧演员面向观众讲述的都是多少有些狂妄荒诞的内容。当然了，表演稿大都是由文学家写的（比如夏尔·德·西弗里[①]和夏尔·克罗[②]），与演员真正的心声相去甚远。不过，这种表演形式为喜剧演员们带来了十足的人气和名望。在黑猫夜总会和巴黎各式沙龙表演夏尔·德·西弗里剧本的著名演员小科克兰，他一个人就足以代表这种表演类型。

不久之后，美国滑稽电影（闹剧）登上荧屏，并获得了世界性的成功。这一成功在很大程度上得益于一众影星身上的超级光环（麦克·辛那、老瑞、哈迪、卓别林和巴斯特·基顿），他们身上的喜剧魅力远远超出了电影台词中没完没了的低级笑话。观众们也清楚，正是因为有了基顿或卓别林的演出，他们才能笑得如此开心；或者说，观众们不想忘记，影片的趣味离不开认出演员的愉悦和对这些伟大的无声电影演员的钦慕。最后，我们要说的是"二战"后风靡法国夜总会和歌舞剧场的幽默短剧，它建立在与观众的默契互动上。哪怕喜剧演员是在饰演一个人物（比如费尔南·雷诺、布尔维尔、让·雅南等），他引出的笑依赖于演员自身的好感以及他在观众眼中的形象。比如在观众看来，雷诺是个可爱的笨蛋，布尔维尔是个呆萌的人，而雅南是个粗鲁但不坏的大块头。

可以说除极少数人外，几乎所有喜剧演员都会饰演（过于？）

[①] 夏尔·德·西弗里，法国作曲家、演奏家，19世纪末法国蒙马特派艺术家。——译者注

[②] 夏尔·克罗，法国幽默作家。——译者注

善良的角色。尽管他们的方式各有千秋，但善良能产生对于笑必要的一种无辜感。此外，在观众与喜剧之间所构建起来的这种默契也会随着一种亲密感的建立而被惊人地加以放大，这背后要得益于视听新媒体的人气：首先是广播，接着是电视，然后就是今天的互联网。在1968年五月风暴的抗议背景下，在电视和当时一股反资本主义慈善之风的推动下（1985年爱心餐厅开设），喜剧演员克劳奇获得的名望完美地体现了笑与情感默契的结合。在当今的民主与媒体文化环境下[1]，幽默为19世纪浪漫抒情诗中所颂扬的"灵魂的契合"提供了一个诙谐和流行的版本。源自美国的单口喜剧（standup，顾名思义，演员站着演出，假装同观众直接对话，并自然地向他们讲述自己的生活）最终让虚幻与现实之间以及角色与演员之间的界限变得模糊。喜剧演员对观众来说是无比亲近和热情的。

在刻意的虚幻与真实的共鸣之间，当代喜剧人颠倒了二者的比重。不过，他们在演出时公开呈现的类型与风格的这种融合并不是纯属虚构的，因为在完全虚构的幽默电影中，这种尝试早已被付诸实践。事实上，喜剧演员所揭示出来的只是所有喜剧中共存的模糊性，因为它对于制造笑而言是必要的。为了理解这一重要机制，我们需要再次回归到亚里士多德的名言上。不过，我们要注意他的名言在极大程度上误导了我们对喜剧现象的整体理解。

亚里士多德认为，喜剧源于人类自身的丑陋和缺陷。不过，人为什么要笑话丑恶呢？在现实生活中，谁会在不近人情的吝啬鬼（如莫里哀的《悭吝人》）、性反常的伪君子（《伪君子》）或者利用

---

[1] 本书第十三和十四章将对此进行细致分析。

无知少女的糟老头子(《太太学堂》)面前笑得出来呢?显然,面对他们,我们感受到的是愤怒、不适、气馁或愤世嫉俗,绝不会是开心。在《理想国》中,柏拉图早已思考过史诗和悲剧中的犯罪让人产生的复杂混乱的情感。为何要通过虚构的方式感受恐惧或同情并从中获得乐趣呢?为了摆脱这个问题的困扰并为自己辩解,亚里士多德引入了情感宣泄的概念。然而,情感宣泄并不能将恐惧逆转成希望,也不能将恻隐之心倒置成轻蔑。它能做的只是于其中加入一种从模仿的快感中生出的反常的愉悦。在剧院中,观众乐于体验到演出带给他们的恐惧或怜悯,他们会从中感到快乐,但所获得的快乐并不会置换内心的恐惧或怜悯。而滑稽感则要深入得多,因为它能彻底颠覆情感效应,一个本应引起观众厌恶、仇恨或同情的情况却会引起快乐的哄笑。对此,伯格森自以为通过"内心的间歇性麻醉"一说解决了问题,但事实上,他只是看到了现象本身,并没有做出真正的解释。

因此,我们可以这样总结,滑稽还是无法被完全解释清楚。也就是说,对事实的呈现突然出现了歪曲,并被引向了荒谬的方向,这就让滑稽自身变得无法再被理解了。比如,观看《悭吝人》演出的观众们笑的并不是剧中的角色,而是饰演这个角色的演员,并且他们也清楚,演员其实并不是吝啬鬼(如果是的话,那也只是巧合)。不过,这种显而易见性改变了两个方面:一方面,面对这样一个已知的虚构设定,观众就不必再积极调动起同理心了;另一方面,面对饰演吝啬鬼角色的演员,他们最想对他说的其实是一句感谢,感谢演员的慷慨演绎(为了让观众开心而丑化自己)和用心出演(剧中角色被呈现得越是卑鄙可恨,演员自身的心理基本功就越要过硬)。因此,滑稽的笑并不是一种拒绝的笑或轻蔑的笑,相反,它恰恰是一种心照不宣的笑,由想象中的存在付出代价(虚构的人物),而由真实的存在(喜剧演员)获取好处。这才是问题的核心。滑稽的笑同时也是一种欣快的笑(同其他笑一样),由令人安逸的场景所激发。在这些场景所代表的世界里,罪恶与不幸只在滑稽的模式下存在,一切都可能只是一场表演。在那里,坏人(如路易·德菲内斯[1])都是可笑的,蠢材(如费南代尔[2])都幸福无比,而流浪汉(如卓别林)也会坠入爱河。因此,笑并非(并不只是且并非首先)诞生于对悲惨现实的讽刺演绎,而是来自现实的悲惨与虚构的美好之间的鸿沟。鸿沟愈深,笑愈加强烈。如果这还不足以推翻亚里士多德的论点,那么我想还有如下论据:认为滑稽意味着"痛苦"或"遗憾"的缺失,这个想法是错误的。(古代和古典文学时代的)戏剧常年饱受这条禁令的压迫,但只是为了遵从当时的社会风气、道德或宗教准绳。当今,以塔伦蒂诺[3]为范本的喜剧电影对恐怖题材的涉猎毫无禁忌,尤其是最为恐怖的犯罪题材,只要最终的呈现不会混淆虚构和现实即可。

这里便引出了我称之为"喜剧演员悖论"的问题。为了尽可能制造出笑声,喜剧演员就更不能与角色完全融为一体,反而要注意

---

[1] 路易·德菲内斯,法国演员、喜剧大师,以其活泼的演技、丰富的表情而闻名,代表作有《虎口脱险》等。——译者注
[2] 费南代尔,法国演员,擅长拍喜剧,名作包括1956年的电影《八十日环游世界》。——译者注
[3] 昆汀·塔伦蒂诺,美国男导演、编剧、监制和演员。他的电影以非线性叙事的剧情、讽刺题材、暴力美学以及新黑色电影风格为特色。——译者注

绝不要把滑稽的幻象全然呈现出来。对于戏剧来说是这样，对于电影而言也是如此，或许更甚。观看费南代尔、布尔维尔、路易·德菲内斯、杰拉尔·朱诺①、克里斯蒂安·克拉维尔②和丹尼·伯恩③出演的电影，我们笑的原因具体说来，是能够在荧幕上认出他们并重新看到他们。基于这些喜剧影星的知名度，观众们提前就知道他们肯定要比剧中的角色好一万倍。对于喜剧演员而言，快乐是一柄双刃剑。没有一个"严肃的"喜剧演员能激发出和伟大的喜剧一样真诚深刻的情感，因为观众对他们产生的真挚的默契感，是远超过对其他电影明星的。不过，这种默契感在某种程度上也说明了喜剧演员的难点，因为他的价值在于无法做到完全与角色融为一体，而这其实是戏剧工作的基本要求。从这个角度来说，要想成为一名伟大的喜剧演员，得先成为一名不合格的喜剧演员，因为滑稽并不顺应它所认为服务于的虚构，而以过度和出其不意的特点背叛于虚构，而这也立即为其带来了辨识度。循着这样的逻辑，可以说一名喜剧演员越是有人气，他就越能制造笑点（因其人气效应所致）。然而不幸的是，今日的大众喜剧已经没法再让观众笑出来了，人们对笑的失兴，正如其他所有失兴一样，突然而至，一切都无法将其挽回。

对滑稽所做出的上述重新定义能够让我们从另一个看似正确无疑、实则是谬误的逻辑中挣脱出来。在滑稽的概念下，一方面存在

---

① 杰拉尔·朱诺，法国演员、编剧、导演、制片人，代表作有《放牛班的春天》等。——译者注
② 克里斯蒂安·克拉维尔，法国喜剧演员、导演、制片人。——译者注
③ 丹尼·伯恩，法国著名喜剧演员和导演。——译者注

着由喜剧演员引发的笑，对此，他本人是自知的，并且对效果也心知肚明；另一方面，也包含着由喜剧角色所引发的笑，其笑点在于人物本身的愚蠢和天真。因此就有了两种截然对立的笑的形式，这要么让笑有了表里不一的双重性，要么显示出了笑的无知。不过要看到的是，只有忘掉戏剧（或者电影）的基础，我们才能做出喜剧演员"扮演"了一个角色的假设。在通常情况下，一个滑稽的角色并不是一个讽刺的人，不过前者要比后者好，讽刺是人格化的，有血有肉的。讽刺是建立在表层和深层含义的对立上的，而滑稽是建立在饰演的角色和真实个人之间的对立上的。在上述两种情况下，笑源自矛盾（康德之后形成的共识）。法语中的"hypocrite"（伪君子）源自希腊语中指代演员的单词"hypokritès"看来并不是巧合。而讽刺的原意，也只是舞台滑稽双重性在齐性空间内的对等物而已。在这两种条件下，发笑的人因一个故意要逗笑他的人而笑。这是被逗笑的笑与现实生活中无意或违背本人意愿发出的笑的根本区分。

同意的笑与反对的笑

因此，笑是发笑的人之间在共情的基础上分享喜悦的时刻。不过同时，笑越是显得具有攻击性——至少是潜在的攻击性，笑的强度就表现得越大。而被攻击的对象是第三方，是两个发笑的人联合起来要反对的人。严格来说，这种情况与其说是滑稽三重奏（引出笑点的人、发笑的人及前二者的受害者），不如说是两种不同现象的叠加，它们亦分属于不同的范畴：一方面，笑引发了一种共鸣性的交流；另一方面，笑需要一个明确的目标。然而，二者的结果却是唯一的，人既要同别人一起笑，也要一起去笑别人（或别的事物。尽管如此，在这"别的事物"背后，也总有人的因素或社会的因素存在），这两者是可以同时发生的。这就导致了笑在结构上的双重性，而且这是无法被消除掉的。需要指出的是，此处并不存在什么好的笑和坏的笑。从整体来看，所有的笑都应该同时具有好与坏这两个性质。根据定义，笑所体现的正是人类感同身受的自然天性，尽管这会带给被笑的第三方挑衅性的风险。不过，对他人（被排除在笑之外的人）的羞辱是笑的一个内在危险。

笑的羞辱性只有在被笑话的对象本人在现场，并且意识到自己正在被针对的时候才能体现出来。长久以来，由于地理和社会因素所导致的隔绝，喜欢笑话或戏谑的人们彼此之间的直接冲突，在很大程度上都已经被规避掉了。白人在演出大厅里嘲弄黑人，前提是黑人不被允许进入；报纸上的笑话专栏里多是关于女人的荒唐事的文章，因为报纸的受众都是男性。但到了今天，全球范围内的人员流动和演出交流日渐增多，而且它们都具有大众文化和民主文化的色彩，这便将以往那些将笑分流的堤坝统统击溃了。随着情境的变化，每个人对别人来说都可以是谈话的对象或陌生人，是自己或者他人。对笑的羞辱性所表现出的日渐强烈的批判，与其说是"政治正确"[①]的效应，其实更多是社会交流所取得的进步的间接结果，因

---

① 此处的"政治正确"是指态度公正，避免冒犯和歧视社会弱势群体。——译者注

为社会交流已然变得更加开放、自由和即时了。在过去，如果不想让笑给别人带来不适，人们只要做到不要过于肆无忌惮，并且仅限在一个与外部相对隔绝的组织内。比如，残疾人和同性恋者（在同性恋被认为是一种病症的时代）经常遭到歧视性的嘲笑，因为他们要么游离在世俗生活之外，要么在社会中保持着沉默。但从此以后，我们笑的对象可能也会是同我们一起笑的人，他们身上也有能让我们笑出来的点。这就要求我们在笑的同时要有所保留，甚至是理解，但也突然间让笑变得严肃了起来，并且最终降低了笑的兴致。

之所以这样说，是因为笑一直都需要一种心照不宣的默契。我只有同别人一起才能笑出来。我所选择的对象仅仅是我的笑料；反之，分享快乐则是笑存在的原因。让我们设想一下，三个人在一起聚会时，通常情况下都会有两个人联合起来（友善地）笑话第三个人的时候。而为了不显得冒犯，他们会马上再抛出另一个笑料，并且此时要由新的两个人组团针对第三个人，而被笑的第三个人之前还是联合起来笑别人的其中一个。通过这样的角色交换和目标同盟关系的转换，通常情况下能避免对自尊心造成伤害。但千万不要忘了，笑一直都是假挑衅的结果。如果一个人始终都是被针对的目标，那他便成了笑所折磨的对象，这样一来，与众人的笑声相伴的只有他的痛苦。这种情况通常更容易发生在孩子们身上，由于孩子大都接触不到现实世界的真实暴力，因此，他们常常也分辨不出游戏与挑衅之间的区别。在他们不自知的情况下，他们之间的嘲笑通常要显得更为伤人，更加暴力，尽管他们并不会意识到这一点，并且也不是他们的本意使然。

而如果把上述情境换成只有两个人的情况，就得爽快地做非做不可的事。既然笑总是需要有人作陪，那么即使对方是我笑的目标，暗地里，我也还是希望他在被我笑话的同时，能跟我一起分享笑。这样一来，不管愿不愿意，对方都成了自愿的受害者，这也就是我们所说的"苦笑"。开玩笑的人要注意玩笑的分寸，避免过于尖锐。笑的共同性于是变得模糊了起来，并且难以操纵。笑所模拟的是一种力量关系，如果这种关系在两个人之间重复发生，它所反映出来的是一种服从或约束的形式。这种现象在夫妻之间最为普遍，丈夫通常扮演的是发笑者的角色，而妻子尽管表面上波澜不惊，却要承受来自丈夫习以为常的大男子主义。不过，即便双方是夫妻的关系，如果笑的共同性原则不存在了，那笑本身也是不可能发生的。开玩笑的一方即使讲了一个没品的笑话，他也要相信对方是由衷地笑的，不仅仅是为了不破坏自己的笑意。在一些爱开玩笑的人的设想中，最能让人满意的终极做法就是两个人互为目标，互相取笑，然后双方都一笑了之。在一方充分感受到笑的快乐后，就轮到另一方欢笑，并体会这个过程的平衡和克制。

笑的双重性在"群体的笑"和"排外的笑"这对对称的二者身上可以说得到了完美的体现。在第一种情况下，处在一个更大集体范围（民族或国家）内的一个群体，会通过一种自嘲式的滑稽来进行身份的确认，他们会主动指出群体自身一些可笑的地方，以此增进社群内部的联结。犹太人的幽默，就特别能体现这种身份认同的功能（尤其是对19世纪起散居各国的犹太人来说）。此外，还有乡下人的幽默的例子。在第二种情况下则不然，它发生于一个社群或一个国家内部，并且严厉针对的目标是另一个社群或国家的代表，有时甚至经常带有种族主义色彩。需要看到的是，排外主义与种族主义之间的界限并不明晰，在大多数情况下，排外主义（指排除外国人）会自然地演变成种族主义，尤其是当外国人在殖民或移民等多种因素的影响下已经融入了当地族群并因此部分程度丧失了原有的外国人身份的时候。

乍一看来，"群体的笑"和"排外的笑"是完全对立的。排外主义指的是群体对某一个人或少数群体嘲讽式的排斥，它是霍布斯所指的傲慢的笑最为激烈的表现形式。而群体的笑则相反，它属于少数群体特有的防御机制，能够发挥出团结人心的额外功能。不过，对于"少数"和"多数"的定义，其实也具有波动性。比如说，乡下人的笑长期以来就被视作一种对低下的社会地位进行补偿的手段，并且在一些情况下可以成为一种支配模式，甚至是象征性的暴力。这样一来，群体的笑就开始转向排外的笑了（对被认为乡下以外的人群展现出敌意）。与其他类型的滑稽相比，群体的笑拥有一个绝对的优势，即它是毫无冒犯性的。一个社群通过自嘲进行自我保护，不对群体以外的人或物进行攻击。犹太人的幽默以其专业性和知名度，几乎成了笑的全部种类的代名词。对其质量，我们既无可指摘，也无法忽视，它从不恶意针对任何人。实际上，群体的笑具有双重性。首先，群体通过笑加强了内部的凝聚力；其次，群体也通过自嘲的方式进行防御，尽其所能地通过自我戏谑的方法对排外因素进行压制和禁止。

然而，即便群体的笑不具冒犯性，但如果过度使用，也会失去效果。笑是一种相异性的体验，这种相异性既来自一起笑的人，也来自被笑的那个人。如果一下子禁止取笑别人，那么群体的笑就会逐渐转变为唯我论或自我陶醉。这样一来，每个社群都会在民族文化的大环境内，根据自身的身份标榜各自的招牌笑点，而民族文化这个整体也会日渐被分割成一个个群体性的亚文化。幽默的群体主义能够再度引发人们对笑的最初角色的讨论，尤其是笑的入侵性，它能将社会的各种壁垒一一击破。这样说来，群体的笑正好与狂欢式的笑是相反的。在中世纪，人们在狂欢节的场合中可以随意取笑任何人（不幸的人和底层的百姓可以取笑富人和有权有势的人），各种内容的笑话都是被允许的，甚至是那些最粗鲁、最侮辱人的笑话，因为在这个临时的社会场合的前提条件下，这些笑话都只是说说罢了。现实生活总有许多拘束，只有狂欢节是个例外，因此人们也就恣意而为了。作为对群体生活的发泄阀门，狂欢式的笑是一种绝对的放纵，毕竟它有时间限制，也不会有持续的影响。我们可以进行如下总结："政治正确"和群体主义作为用于减轻滑稽的冒犯性的补充手段，是笑在当下无处不在且永恒存在的必然结果。从此以后，我们可以一直笑下去，但不分方式和对象的做法却再也行不通了。

参与式的笑

笑并不只意味着共鸣或移情，还牵涉到与笑有关的双方（逗笑的人和爆笑的人）的实际参与。共同的语言表达能够更加清晰地显示出这一点。对于一个被认为搞笑的人——我称他为"逗笑的人"来说，他所制造出来的笑只有在我的身上才能充分实现。对我而言，这些由别人传递给我的笑点直接激发出了我的笑。而如果这个逗笑的人自己也在笑的话，那么这个传递现象就具有了传染性。别人在笑的身体，通过模仿机制能引发我们自身的笑。至于在一群人中负责逗笑的那个人，他通过动作或话语引起其他人的哄笑，他在这一过程中的作用并非让自己笑，而是启动笑的第一步，至于后面的事，交给其他人完成就可以了。这也是为什么社交礼节手册不建议逗笑者被自己的笑话逗笑，因为如果自己先笑了出来，那他享受到了笑的快感，却排斥了他人的参与。这样一来，其他人一下子就被排除在外了，而这种只顾自己满足的情况是有失妥当的。

从脑力层面而非仅仅生理的角度来看，笑声的爆发（当然除因痒而发出的笑外）与发笑者的能力息息相关，具体指的是迅速破译出各种逗笑的方法和暗示的能力。因此，笑需要一个共享的参照系，有了它，笑的两个主要参与者（逗笑的人和被逗笑的人）就可以自发地进行参照。一方面，负责逗笑的人需要借助参照系构想出所期望的喜剧效果；另一方面，被逗笑的人也需要用它来破译出逗笑者的心思。这也就是为什么笑，无论是不是"群体性"的，都理应从属于一个同样的标准、价值体系和克制机制，因而也就是笑的发泄机制。比如说，过去流行的调侃女性的笑话，大部分都是混合了大男子主义和压迫性的社会文化的产物。时至今日，这些笑话大部分已经失去了滑稽的效果，甚至不被理解，当然程度根据不同的社会群体而异。

一般来说，一旦在笑的交互过程中，喜剧价值的基石消失，那发笑者与观众之间不可或缺的文化默契就很好地解释了喜剧（表演、台词、喜剧演员）迅速过时的原因。法国著名喜剧明星费尔南·雷诺[1]就曾经在"黄金三十年"[2]中经历了人气的滑铁卢。对普通人也一样,翻开几年前的老式讽刺漫画,我们已经无法理解上面的漫画和文字,或者即使理解了其中的意图,也再难以体会到其笑点。喜剧飞快地消失在集体记忆中,它就是一种快消品,就像海边沙滩上的沙堡。这并不是说喜剧自身在艺术层面的品质和能力减退了,而是在很大程度上,其社会价值处于被低估的状态。与之相反的是,莫里哀一直竭诚于提升"道德"喜剧的地位,这些作品的构思均基于一些道德问题,如吝啬、虚伪、虚荣和两性关系等,这让它们至少收获了几个世纪的盛名。然而今天,抛开对于其建树的敬意和纯粹的闹剧效应不谈,我并不敢确定莫里哀的喜剧还能真的让人笑出来。

通常说,笑是对逗笑者的笑话或喜剧演员的表情动作的一种回应。不过,这种将发笑者视为一种附属角色,并认为笑独立于发笑者之外且因此得以被放大的观点,曲解了事实的真相。笑产生于笑的人身上,而不在他处。即便是在一场精心设计的演出中,观众也是站在观看者的角度,将演员同角色区分开,玩味其差别从而笑出来的。当然,在玩文字游戏或讲笑话的情况下,发笑者的角色更为瞩目。逗笑者奉上笑的食谱里的各种食材,最终还是由发笑者把它们烧制成菜肴。举例来说,《波利厄克特》[3]中有一句诗"当效果减

---

[1] 费尔南·雷诺,法国著名单口喜剧演员,在20世纪五六十年代是法国家喻户晓的明星。——译者注
[2] 黄金三十年或辉煌三十年,是指"二战"结束后,法国在1945年至1975年这段时间的历史。——译者注
[3] 《波利厄克特》,法国古典主义悲剧作家皮埃尔·高乃依的代表作。——译者注

退，欲望就上升"（Et le désir s'accroît quand l'effet se recule），被淘气的初中生重组音节后变成了"当屁股后退，欲望就上升"（Et le désir s'accroît quand les fesses reculent）[1]。这里，笑的人的乐趣并不只是在能够领会到这一双关语上，而且还因为这是自己制造出的而感到满足。逗笑者的小伎俩，或者说喜剧演员的工作，就在于把发笑者和喜剧表演关联起来，给他们制造出一种笑是由自己而生的错觉，并让他们对于自己的成功感到兴致盎然（至少是象征性地）。发笑的人会因自己的智慧带来的这种满足感而自恋地大笑，甚至于真正地相信他们笑的对象就是这个笑话本身。这也就是为什么一个搞笑的故事或者一个双关语会有和谜语一样的效果（甚至就像猜谜）。换言之，这就像一支伸向观众或读者的杆子，他们要抓住它，接着完成后半部分工作。另外，来回的过程必须非常迅速、"针锋相对"，这也正是喜剧机制中对简明扼要的要求。开玩笑是一种在两人或多人之间进行的反射游戏。

由此可见，在我们前面所讨论的发笑者的笑的范畴内，笑的终极艺术就在于尽可能不让发笑者发现笑点在哪里，并且在传递给他们的讽喻信息中，最大化地减少直接可见的标语。由于缺少了这些明显的标语，发笑者们只能同作者、喜剧演员或者对话人一起，努力地在自身找到那种最为强烈的默契关系的源泉或是欲望，并去想象出这些人在背后暗藏的意图，无论自己猜的是对还是错。英国人

---

[1] 各独立的音节与该诗的原句相同，但通过将音节重新组合，从而在朗读效果上形成了不同的单词，串联起来后便形成了完全不同，甚至带有污秽色彩的句意，并产生了令人发笑的效果。——译者注

会用"脸颊上的舌头"（tongue in cheek）这一说法来指代这种完全掩盖讽刺意图的做法：舌头会在面颊里面上下运动，并会从里面顶出一个不明显凸起——只有舌头能把说话者的狡黠意图给暴露出来。这个动作游戏具有双重意味：我们认真地说话，同时让别人相信我们在用舌头顶着腮帮；或者更坏的是，我们装出一副试图让别人相信我们正在装着用舌头顶住腮帮但实际上并没有的样子，只不过事实上，我们确实这样做了。类似这种打幌子的游戏还有很多：另一个同样出现在18世纪的英文词是"puff"（吸入），指的是吸烟的人所发出的声音。具体说来，就是一个人先是不慌不忙地嘬几口烟斗，而后便用最为严肃的口吻开始滔滔不绝地讲起笑话来的样子。法文中"tongue in cheek"和"puff"这两个词汇对应的翻译分别为"pince-sans-rire"（冷面笑匠）和"fumisme"（玩世不恭），但它们所指的意涵都是一致的。顺便要提到的是，我们注意到了"puff"和"fumisme"这两个词都是和"fumeur"（吸烟的人）有关的：在"吸入"和"玩世不恭"之间，只需要加上一个烟袋①即可。由此可见，在曾经的英吉利海峡两岸，笑都是绝对专属于男性世界的存在（在那个抽烟还只是男人的专属行为的年代）。不过还要提到的一点是，"fumiste"（玩世不恭的人，含"逗笑的人"之意）这个词的出现可以追溯到1840年时公演的一部成功的滑稽剧《烟囱工之家》（*La Famille du fumiste*）。在这里，"fumiste"这个词特指"通烟囱的人"，说的是安装或维修烟道的工人——从字面来看，同烟草的烟气并没有什么关系。不过我们也清楚，民间俚语

---

① 在法文中，"烟袋荷包"同"笑话"一词的拼写一致，均为 blague。——译者注

应该要迅速地在人们的脑海中重复一些事情（甚至是错的），至于它们的源头，其实一直是混杂的。

　　回到我们的笑的三重奏上面来：逗笑的人、与之同谋的发笑人、被笑的对象。对于那些"玩世不恭的人"来说，最幸福不过的事就在于能在第三人的见证之下偷偷地捉弄某一个被盯上的目标，而这也是"故弄玄虚"一词（mystification，同样是一个源自 18 世纪的词）的核心所在：以最一本正经的态度，用愚弄的方式捉弄一个被针对的对象——尤其是，我们知道还有不少人在等着笑话他呢。当然了，其他的人其实也在憋着，他们都在等着那个能够爆发出来的时机。并且他们忍的时间越长，他们的笑声就越会恣意激烈。这样一来，这种"故弄玄虚"的做法其实更像是一个入教仪式的滑稽版本。在这个过程中，爆笑的人们能够感受到一股将他们联合起来的看不见的力量，而这一切的代价则是那些被针对的无辜的小天真。巴黎的放荡艺术家们曾恣意地给那些可笑的资本家们设下圈套，以此来不断地证明自身的群体凝聚力。在他们中间，波德莱尔之所以能在巴黎的记者中和大道咖啡厅的小圈子内享誉盛名，都要归功于其头上的那个虚张声势的恶魔光环——据说，波德莱尔曾公开地吹嘘说自己用人皮给书做封皮，并且说他吃过小孩的脑子，甚至于，他还说自己帮过巨人和身高仅有七十二厘米的小矮人的忙，如是云云。而到了 19 世纪时，这种"故弄玄虚"的做法也同样被称作"笑话"，或许，这也曾参照了（士兵的）烟袋（blague）的说法？——人们用空气来填充烟袋，让人相信它已经被填满了：故弄玄虚总是能让可笑的事显得一本正经，也总是能把空的说成是满的。而在这之后，"笑话"（blague）一词才最终有了它当代的本

笑的文明史
La civilisation du rire

意——可笑的事。一个可笑的故事在发挥作用时总是会有两层意思：当我们在讲一个看起来平淡无奇的故事时，通过一个突然的分岔（文字双关、滑稽的画风突变、剧情的搞笑颠覆）就会收获到一个可笑结局，一如所期待的那样。一个可笑的故事意在先把那些将要被逗笑的人"骗上船"，而后，则会用一个玩笑一下子把此前的所谓神秘感给戳破：可笑的故事，其实只是一种被文字化和虚构化了的"故弄玄虚"而已。

之后不久，在19世纪末法国高师的文科预备班生和师范生中，又流行起了"恶作剧"这个词。后来，这个词成为人们的日常用词。儒勒·罗曼就曾干过几次恶作剧，其中最为争议的一次在当时甚至引发了一场小型丑闻。1913年，他自导自演地给当时的穷文人让·皮埃尔·布里塞特——其天赋后来被超现实主义作家们所发觉——颁发了所谓的"思想者王子"奖。[1] 不幸的布里塞特从家乡赶到了巴黎，隆重地接受了一众开心的愚弄者们颁发给他的奖项。直到1919年去世，他都始终相信自己曾经接受的是来自国家的荣誉。另一个高师毕业生罗贝尔·艾斯卡尔皮，则在1953年

---

[1] 1913年4月13日，时年77岁的作家让·皮埃尔·布里塞特从昂热前往巴黎蒙帕纳斯车站，并在那里受到了儒勒·罗曼带领的一众作家的欢迎。此前，布里塞特曾寄给儒勒两本自己写的书，并指出青蛙是人类的祖先，它们会说法文。儒勒·罗曼认为这是一种荒唐的说法，便想捉弄他一下。他构思了一个恶作剧骗局，邀请布里塞特前往巴黎接受"思想者王子"奖的颁奖。布里塞特欣然前往，但至死也不清楚这件事背后的恶作剧真相。布里塞特的超现实主义天赋后来被文学界所发现，儒勒·罗曼后来也曾在其回忆录中指出，布里塞特是一个"很有逻辑的疯子""一个学识渊博的人"。
——译者注

导演了所谓的纪念让·塞巴斯蒂安·慕什的活动[1]，并称后者为塞纳河上慕什游船的发明人，同时还是警察内部"密探组织"的创始人！这之后，由弗朗西斯·维贝尔于1993年搬上舞台并接着在1998年拍成电影的《晚餐游戏》为人们提供了这种故弄玄虚手法的当代版本：一群朋友邀请一个笨蛋过来，并想在他不知道的情况下捉弄他。这部法国喜剧电影史上票房冠军之一的电影——主角"傻瓜"由雅克·维勒雷饰演，而达尼埃尔·普雷沃斯特和蒂埃里·莱尔米特则分别扮演他身边的两个朋友——曾让观众对这种捉弄式的玩笑陷入了深深的迷恋，而后者也在过去数十年中，见证了隐蔽摄像机式恶作剧和电话恶作剧在媒体层面上的激增。

笑：一种孤独的快乐？

鉴于笑总是需要一个伙伴的存在（无论是否能与被针对的对象相分开），这是否意味着笑永远不可能独自发生？是否意味着笑一定要有两人或多人的同时在场呢？这个问题非常关键，因为它事关对另外一个问题的解答：在阅读的时候，我们能够笑出来吗？人们

---

[1] 1953年，在慕什游船公司创始人兼总经理让·布鲁埃尔的默许下，罗贝尔·艾斯卡尔皮出版了一部让·塞巴斯蒂安·慕什的自传，宣称他既是慕什游船发明人的合作伙伴，同时又是特种警察内部"密探组织"的创始人。当时法国政府内阁的一名部长甚至都亲自出席了其荣誉授予仪式。——译者注

笑的文明史
La civilisation du rire

通常会提出反对意见,认为这只是一种纯粹的飞白手法[1]:我们会微笑着享受滑稽、讽刺或是喜剧效果带给我们的快乐感,但我们并没有在笑。在第一章的内容中,我已就这一问题做出了回答——我区分了简单的呼气(由发笑者不由自主地呼出)和更为持久和有声的发音(会导致音调的交换),并且也捍卫了一个观点:相对于先天的遗传,笑完全可以以次先天的、次本能的形式发生在人类身上。在这里,我们需要就此问题稍微向前多追溯一下。

我们先快速回顾一下病理学的笑。我们都知道,对于精神分裂症患者来说,在最严重,甚至有时是最悲剧的情况下,他们的笑会被认定为一种完全脱离于现实的反常的笑,因为它完全是去人格化的,或者说是分裂的。脑部损伤(与脑血管受损、脑浮肿或脑梗有关)同样能让患者在不自知的状态下发出没有理智的笑声,这在医学上被称为"前驱症状的笑"。除了这些神经性疾病的状况,人们也经常会在看电视、看电脑或听广播时笑出来。虽然笑声不长,但我们也要承认,这些声音和画面已足够在头脑中制造一种虚拟的存在感和一种假性共鸣(美国电视节目通过加入录制好的笑声来增强这种互动的默契性)。同样地,我也可以一个人笑。在通常情况下,我可以因过往的某个画面而笑,这个画面是我已经见到过的,我想起它完全是因为自己想笑。同时,我也可以因内心中所闪过的某个搞笑的片段而笑出来。在如是种种的情况下,我无不是通过想象的

---

[1] 明知错误,却故意仿效以达到滑稽、增趣目的的修辞手法叫"飞白"。飞白可以是记录或援用他人的语言错误,也可以是作者或说者本人有意识地写错或说错一些话,以求得幽默效果。——译者注

方式重新创设出一种沟通和互动的关系，我在内心之中独自折射出了一幅交互状态的画面。此外，笑同样可以成为一种使人脱离孤独状态的无意识的工具：我笑着，观察着自己孤独时惬意的样子，最终让自己相信，我其实并不是那么的孤单——我听见自己在笑，笑自己笑得总是有点儿勉强。听见自己的笑声，感受着它在颅腔内的共振，享受着由此带来的身体的松弛感……这是一种十足的乐趣。然而，在这种种的例子里，笑都拥有一种反射机制、一种让自己成为自己的观众的两重性：与其说是自相矛盾，倒不如说孤单的笑对笑进行了分享。

而阅读则不然，它在如下两个角度都违背了笑的普遍活力性。一方面，阅读并不仅仅是一种孤单的行为，它更多的是阅读者在面对书香时享受自身独处的一个过程。阅读能够暂时中断阅读者本人同他人之间的沟通——他的乐趣同样也成为对他的约束——这就是独裁者会惧怕读书的原因：读书者的内在性会让他摆脱一切的外力控制。另一方面，阅读要求思维的主动参与，这是一种实实在在的脑力劳动，比听人讲话或是观看演出要强烈得多。阅读不像笑那样需要精神的松弛感。面对自己时刻跟进的字里行间的内容，阅读者必须要让注意力保持紧张。如果说阅读能给人带来快乐，这是因为阅读者始终让自己用于理解文字内容的精神机制处于工作状态。整体看来，阅读分别在如下两个方面与笑相区别，让我们对此逐一进行解读。

我将从个人观察开始说起。我曾经在与别人聊天时多次问出一个问题——他们是否有过自己独自一人发笑的经历。根据他们反馈给我的回答，毫无例外地，大家的体验与我的个人体会都是一样的。是的，一个人可以自顾自地笑，大家也都回忆起自己曾在地铁上或是在乘坐其他公共交通工具时笑出来的样子。换句话说，当一个有趣的事突然闪过脑际的时候，人们都会自顾自地笑起来。这是一种本能的行为，不过这时候的笑是有周边其他人在场的。如此一模一样的体验——甚至连情境的细节都大同小异，就好像是所有人都共同经历过的一幕——让我在与他们对话的过程中不禁生起了一个疑问，进而变成了确信：当我们在地铁里笑的时候（比如说读着一份讽刺报纸的时候），我们知道别人会看着我们。这样一来，下意识地，我们的笑其实也是笑给别人看的，并且内心还会因为笑的这种双重的出其不意的效果（一定是特别滑稽的）而沾沾自喜，毕竟在通常情况下，地铁的车厢内的氛围都是死气沉沉的。这样看来，笑的共鸣性的原则也没有因此而被违背。

我刚刚提到了讽刺报纸。确实，在视听媒体层面上的幽默开始入侵到我们的生活中之前，笑话文字的主要载体还是报纸、期刊，这是从19世纪时就形成的惯例：尤其是在"美好年代"的岁月里，各种"笑话报纸"和各大主流报刊的幽默专栏纷纷出现，让人应接不暇：一周内总有那么几次，大众读者们会迫不及待地翻开报纸（在咖啡店里、公共汽车上或是其他的地方）并贪婪地寻找着阿尔丰斯·阿莱的幽默专栏。需要指出的是，笑与报纸之间的这种联结并不是偶然的或毫无意义的。期刊自身所具有的重复性和串行性有助于构建起一个期待的过程，而后者与笑是共生共存的。报纸因此就成了人们再次发觉的朋友（至少在新媒体和网络出现之前时是这样），在读它之前，我们就知道它一定能给我们带来快乐。它就像是一个我们分享某一瞬间时的存在——其化身就是那些已为我们所熟知的文字印记。每当想到在同一天里会有众多同我们一样的读者们在读着同样的笑话，我们就会感到自己已经加入了这个看不见的群体中来，这样一来，我们也就愈加能够发自内心地笑出来。

同样的现象也能够在阅读一本幽默书籍的过程中被发现，尽管其程度可能会有所减轻。该现象的存在得益于笑自身的活力性，因此，发笑者的存在也成为必需，以便与笑之间建立起一种默契。这些幽默书籍即便是独自一人读过后，也会带动起一个想象的过程。设想着这些文字的背后正站着一个负责幽默的人，并且是一个十足的人物的形象。与单纯的文字虚构相比，笑建立起来的与读者间的默契联系要强烈得多，它需要倚仗读者在还原这一虚拟形象时所付出的努力，以此来最大化地确保自身的稳固性。这也就是与那些通常具有强烈倾向性（攻击性、嘲讽性）的剧院式幽默或电影式滑稽相比，为什么阅读的笑更易于在读者与作者之间建立起共鸣感和感同身受的快乐体验：字里行间的那些影射性的讽刺（文字式的笑的主要形式）并不意在给读者们揭露被讽刺对象自身的缺陷，更多地，它想让读者们对书中精心策划的幽默的企图进行揣测。

然而要认识到的是，在引人发笑方面，阅读活动和无法完全放松注意力确实带来了问题。我们不得不承认，在面对书本的情况下，笑其实更容易被勾勒出来，而不是直接地表现出来；阅读者很容易就能做出简单的呼气动作和微笑，但不会无拘无束地大声爆笑。原因很简单，读者们心中想尽快知道下文的内容，因此会对笑的爆发进行抑制，除非这种由笑引起的阅读中断并不妨碍对前后文字内容的理解。这也是阅读时的笑与演出时的笑之间的另一个核心区别：后者需要凭借大量夸大和夸张的方法来达到效果；而幽默的文字则相反，它所侧重的是简洁性（比如笑话、俏皮话、文字游戏、搞笑的废话），以此让读者们可以无损地暂时中断对文章的阅读，并通过畅快地呼气来表现出惬意的感觉。针对这一情况（无法对笑加以放大），作家们通常会运用一种像是写作程式的手法：用大篇幅的、夸张的方式，以及故意呈现出来的粗犷的笔法，向读者们展现出一幅一群人开怀大笑的场景（对某个现实—滑稽的作品分支来说，这是必需的手法，我们可以在雨果、福楼拜、保尔·瓦莱，以至于稍后的20世纪的作家塞利那①、格诺②和达尔③的小说中找到大量的运用）。读者们会因为能够参与到这一群人的大笑瞬间中而感到很快乐，他们甚至会生出一种幻觉，认为自己已经体会到了书中人真实的快乐。但事实上，这些笑未有一刻能够超脱出虚构的框架之外，只不过是为了与读者的体验相结合罢了。不过，这些书籍背后真正的幽默作家们更倾向于创作那些短小激烈的、充满了新式讽喻手法和尖锐讽刺意味的随笔散文（比如福楼拜和维尔贝克④的文风）——如是手法的作品不胜枚举，在想象的自恋式虚幻和孤独梦幻的无声快乐之间，轻快的笑声往来穿梭。最后，尽管弗洛伊德为了让笑回归真正的本源（无意识）做出了巨大的努力，但

---

① 路易·费迪南·塞利那，法国作家、医生。1932年出版了《茫茫黑夜漫游》，此后一举成名，当年获得勒诺多文学奖。
② 雷蒙·格诺，法国诗人、小说家。——译者注
③ 弗雷德里克·达尔，法国作家，作品多描写警长圣·安托万在他的助手贝吕耶辅助下的冒险经历。——译者注
④ 米歇尔·维尔贝克，法国当代作家、电影制作人、诗人。——译者注

令人吃惊的是，他最终的结论也只停留在了"妙语"的层级（简单来说，就是日常聊天过程中提到的趣事）。不过，同文字幽默一样，这个词也保有了笑的快乐中最为内在深刻的版本——哪怕是悄悄地。

第五章
笑的三种机制

如今,很多理论学者都将笑的机制视为一种基础的活力,他们认为它是滑稽的形式之一,并强加给了它一种矩阵式的价值。不过本章的目的却相反,我将要向读者们阐明,笑的机制并非只有一种,它事实上有三种——它们属于共生共存的关系,但会依据情景的不同而互有倚重。从这个角度来说,我们需要在脑海中明确一点,即笑是三种不同滑稽成分的特殊混合,这也正解释了笑拥有变化万千的表现形式的原因。受上述分析的影响,我们在这里就必须要暂时地将如上三种机制进行强制区分,但事实上,它们并不是由发笑人所支配的具有竞争关系的工具,而是同一个现象的三大组成构件。

笑的记忆

另外,笑的机制与大仲马笔下的三个火枪手有点儿类似,不过这里的火枪手实际上有四个——这第四个就是达达尼昂,他的存在就是为了彰显出其他三位火枪手的价值。对笑来说,这个关系同样也是成立的。不过,对笑进行的所有解释(无论其分析是巧妙的、严密的还是审慎的)都会碰到同样的钉子:我们刚刚细致分析的笑的过程,同样能够在一个让人完全笑不出来,甚至是十足的悲剧场合中发生。这是一个致命的反例,没有人会就此提出任何异议。为什么会这样?这是因为我们忘记了其中的核心问题:人们之所以会笑,是因为他们知道,或是认为自己知道他们应该笑。人们之所以知道自己应该笑,是因为他们面对的场景已经激发出了他们的笑意。笑永远都是这样一个认识的过程,这一回也不例外。

怎么会有例外呢?我们都还记得,笑诞生于对非危险的互动过程的感知,以及对自身身为观众(面对的是纯粹的演出场景)这一定位的觉察,并不包含任何的危险。不过,如果一开始时,我在没能识别出任何我认识的事物的情况下,就已自发地将我所面对的情境归为不具攻击性的笑料的话,如果这时候我还不去启动自身的生理和精神防御机制,我又如何能承担得起这个(立即的、反射的、无意识的)责任呢?这种对事物的瞬间识别是笑的必要前提,它为笑提供了最初的推动力:对于下意识的笑来说,任何不能从这一角度出发的理论都是缺乏核心事实的。与该事实相比,任何正式的、技术的描述都显得没那么重要了。

我们需要再一次就如下两种笑进行区别:一个亲临某场滑稽"演出"(一场真正的演出,或是和朋友聊天过程中提到的一个笑话)现场的人所发出的自发的且期待式的笑,以及在日常生活中不经意间突然发出的笑。对于笑所进行的大部分分析都习惯于在幽默文化(文学的、戏剧的、电影的)中寻找范例,从而得出那些一般

第五章
笑的三种机制

性的结论。这样做是出于一种便利上的考虑：毫无疑问，这些例子都是搞笑的（它们之所以被创造出来，就是为了能引人发笑的），也能够很快地被读者们识破（省去了漫长的演绎）。然而，通过这样的分析所得出的结论可以说提前就被判处了死刑，因为它们忘记了一点，即这些例子本身就属于人人都知道的滑稽范畴，并且它们同样忘记了，笑发自一开始对滑稽所进行的识别，缺少后者，任何条件都无法再创造出一个类似的引人发笑的场景了。

这样说来，那些经常提到的平常事就不算是什么笑料了，比方说一个人踩到了香蕉皮后摔倒了（引人发笑！）。不过，什么样的事算是平常事呢？在现实生活中，如果真的看到哪个不认识的人摔倒了，我一般不会认为这是什么能惹人笑的事情：摔伤的危险，以及摔倒在地后多少有些脸上无光的样子，都会激起人们的同情心，更何况正常事物的突然中断首先引发的就是人们的忧虑（他/她为什么跌倒了？是患病了吗？是意外吗？还是有什么口角发生？）当然了，如果一群朋友中有个人突然跌倒了，那么倒在地上的这个人倒是会瞬间成为大家的笑点，更何况哄笑声也会巧妙地冲淡由此带来的尴尬气氛。此外，我也确实没见到有谁因为踩到了香蕉皮而摔倒过——在人行道上基本见不到这样的状况，并且我也怀疑，一块香蕉皮是否真的能让人滑倒。事实上，尽管我们大都认为这种事在现实生活中可能会发生，但其实这只不过是存在于电影或连环画上的某个桥段而已。自从来自殖民地地区和拉丁美洲的香蕉从 20 世纪下半叶开始大量涌入西方国家的商店后，香蕉皮能让人摔倒的结论就被深深地印在了人们的集体记忆当中。就我自己来说，我脑海里还一直记着《丁丁在苏联》——1930 年发表于《20 世纪报》——

中这样的一个场面：勇敢的记者丁丁往一个坏人的脚底下扔了块香蕉皮。其实，香蕉皮的故事只是一种滑稽的虚构，尽管每个人都说能在现实当中找到其出处。相反，我自己倒是常常在海边长满青苔的石板路上摔倒，并且也见到别人在那里摔倒过，只不过遇到这样的事，我是从来不会笑的。

在一场滑稽演出中——抛开观众们专程买票只为求一笑的事实不谈——编剧和喜剧演员（或幽默演员）们（精妙地）致力于运用各种程式、动作、情节，以及那些可以被观众所辨识出来的情境，以此给所有人带来惊喜。喜剧创作的困难性在于一种双重的责任——潜在角度看，它们彼此之间也是矛盾的——即向一个已经为笑的辨识机制所标示的体系内注入新的内容：由此，借助典型桥段（醉酒、通奸、阴差阳错、谎言等）以及对传统喜剧角色（老头儿、装天真的少女、媒婆、口若悬河的仆人、头脑简单的人等）加以"运用"的做法就有了相当的重要性。事实上，留给一位喜剧作者的真正创作余地是很小的。为了让创作更有效率，他便不得不向那些固有的程式求援，并在此基础上进行重新包装、重新加工，以便让作品显得与众不同。

在舞台演出时，观众们的第一声笑往往是最为简单的，因为喜剧演员只要一登台，就能在潜意识层面瞬间给观众传递出相关的信息，从而让大家笑出来：比方说一个动作、一个步态、脸上的一个神情等。对喜剧而言，这些都是必要的准备工作：它们向观众们传递了可识别的信息，以此提前营造出期待的情感效应。在上述识别的过程中，面部起到了一个核心的作用。一个婴儿之所以会笑，是因为他/她认出了，或者说以为自己认出了一个友善的脸庞。同样地，在戏剧演出中，我们经常能够看到这样一些瞬间：演员注视着大厅，只留下自己的神情待观众们去破译——一如动物们向自己的同类散发出气味一样——以此来宣示自己的意图，或是平和的，或是具有挑衅意味的。在这里，面部所指的并不是伯格森所认为的那种"生命体上的机械运动"，它所呈现的是一种无辜的印象，或者说是一种无害性，一种混杂了放松性、单纯性、极度的可读性及肉体层面的确定性的大集合，而这一切却只不过是一个游戏而已（尽管演员所饰演的是一个坏人，并且其阴谋表现出了十足的悬念）。

现在，我们继续回到日常生活中的笑上来。对于一个笑着的人来说，他必须非常确信自己所面对的情境是可笑的，这一点尤为重要。一个人笑的过程，即他将映入自己眼帘的场景同脑海中自儿时起就存储起来的那些记忆进行比对的过程，从第一声因感到痒痒而发出的笑，同父母捉迷藏时发出的笑，逐渐开始。一个人，无论他正处于婴儿、少年、青年，还是成年的人生阶段，他都不断地将经历过的那些好笑的事储存在脑海中。这种记忆可以是一个完整的序列，但更多的时候，承载这些记忆的都是一些碎片，或声音，或动作，是大脑下意识的累积，正如每个人在自己成长期间不断学习的过程一样（比如记住各种味道，学习如何表达情感，学会如何待人接物，等等）。情感共鸣是人类最深厚的天性，而笑作为这一天性的表现，首先产生于家庭内部，紧接着是朋友们中间。在这之后，它就会普遍出现在个人所参与的各种群体活动当中。同样地，对各类文化产品的消费（图书、漫画、电影、各类视听媒体等），也会让我们在不自知的情况下把许多可笑的事和搞笑的场景储存在记忆当中，即使脱离了好笑的场景，这些记忆也会让我们笑起来。通过讲过的笑话、看过的演出和曾经发出的笑声，我们会本能地用这些记忆中的笑料渲染自己周围的环境。

当然了，这些记忆中的笑料会因时代而异、因国家而异，更准确地说，它们其实是因年龄、性别或社会文化群体不同而有所差别。另外，通过对已识别场景进行类比，我们每个人也都会同时在内心建立起一个更为亲密深刻的笑的记忆库。在那里，所有大笑的瞬间连同引发了这些笑声的笑点们一起，反过来又成为引子，随时都有可能在外部情境的作用下被重新激活。如此看来，笑的记忆库应该包含了笑的成分当中属于个体的且不具连通性的那一部分——除非发笑的人自己能够对其重要程度进行衡量。此外，因同一件事而发笑（属于发笑者自己的记忆储备）并不意味着这种共同的笑必须具有同样的强度，也不意味着它们会产生一致的心理反响。

随着同化作用的继续，每个人的记忆库都会愈加地内心化，并且会与自身的心理运行机制结合起来。更多的时候，与其说是上述识别机制使然，不如说笑的形成另有原因，一如条件反射一样。不过，记忆复现的过程并不只是为笑提供了心理保障，在部分程度上，它也提供了相关动机。能够再次发掘出自身已有的东西并体会到由此带来的安适感，是一种实实在在的快乐，并且是夹杂着惊喜和慰藉的快乐。记忆的重复会在不经意间缓解注意力的负担，而这种松弛感正是所有发笑的人所期盼的：既然已经在同样的场景下笑过了，那只要无所顾忌地去笑就可以了，没必要再去思前想后。事实上，在面对这个多少已经历过的场景之前，人们就已经禁不住开始笑了：笑的记忆性为我们揭示出来的不仅仅是其本身，更重要的，还有它所倚靠的必要条件。

机制Ⅰ：突兀性

这是笑的基本元素和基础机制，应该说其他机制都是在此基础上所进行的叠加。在任何时候，笑都会令人感受到一种突兀性，让人们觉得它是个"愚蠢的行为"，并且拥有令人反感的且无法理解的矛盾性和不当性。正因为人们无法接受这一不正常的现象，笑产生了——正如一个人在被针对的情况下通过大笑的方式予以还击一样。此前，我们已通过各种方式描述和命名了笑的这种突兀性。前文中，叔本华认为，这是"在某一观念及其所关联的现实对象之间存在的适当性的缺失……"；亚瑟·库斯勒将其称之为"异类联想"。至于发生在剧院的应景的笑，伯格森则更倾向于将其命名为"序列干扰"："如果某个情境同时分属于两个不同的事件序列，并且能够以两个完全不同的意味被演绎出来，那么这个情境就是引人发笑的。"[1] 笑诞生于两种现实秩序之间的勾连，当二者相汇的时候，便会形成滑稽的反差。不过，"突兀性"这个词依旧是最为人们所常用的，并且毫无疑问地，它指代的就是由滑稽元素制造出的失调效果。从词源角度来说，适宜性指的是一个整体内各部分之间的协调关系，尤其是对句法规则的尊重。这样的情况一直持续到了1872年，在利特雷主持编译的《法文大辞典》（1762）发行至第四

---

[1] 亨利·伯格森，《笑》，《加德里奇》汇编，巴黎：法兰西大学出版社，1989年（1900年初版），第73至74页。

版时,"不恰当"(incongru)一词首次被收录,并被释义为"语法用词,指有违于句法的讲话内容或说话方式"。笑发自这种突兀性,它会对某个整体进行冒犯,并会以激烈的、令人不快的方式对其基本逻辑加以违背。此外,笑也发自一种反常性,后者会以强烈反差的形式表现出来。

笑的突兀性涉及各种各样的类型、形式和过程。如此一来,对它进行系统归类的想法就变得既没有意义也没有操作性。笑的突兀性可以是一个纯粹的语言现象,它可以通过一个很奇怪的词,比如《扎西在地铁》中主人公加布里埃尔说的"doukipudonktan"[①](格诺,1959年),以及玛丽·波宾斯在电影《欢乐满人间》中发明的那个词"supercalifragilisticexpialidocious"[②](由罗伯特·史蒂文森[③]作品改编的电影版,1964年)或一句很不得体的表达(同样在格诺的《扎西在地铁》中,小主人公扎西的口中出人意料地冒出了一句"扯蛋")对说话的内容进行侵扰。笑满足了人们心中想说脏话、说不入流的话的冲动,这种冲动虽然很幼稚,却可以一直持续到成年的阶段。在由喜剧团体"碌碌之辈"[④](Les Nuls)所出演的电影《恐惧之城》(1994)中,通过双重反差,这种满足感在一

[①] 由法文"D'où qu'il pue donc tant"快速连读而创造出来的拟声词,意为"哪里来的怪味儿?"——译者注

[②] 本词由 super(非常,超越)、cali(美丽)、fragilistic(易碎的)、expiali(补偿)和 docious(可教育的)五个字根组成,大意可以解释为"用易碎的美丽补偿可教育性的缺失"。整体上看,这个词可理解为"胡言乱语的",意思是"奇妙的,难以置信的"。——译者注

[③] 罗伯特·路易斯·巴尔福·史蒂文森,英国小说家、诗人与旅游作家,也是英国文学新浪漫主义的代表人物之一。——译者注

[④] 法国著名喜剧团体,由阿兰·夏巴、多米尼克·法鲁加等喜剧演员组成,活跃于1987年至1992年。电影《恐惧之城》是其代表作。——译者注

个经典桥段里得到了加倍放大的效果。"我就不跟你客气了？"，由阿兰·夏巴扮演的角色满怀殷勤而又不无礼貌地问道。在得到了多米尼克·法鲁加的肯定答复后，他紧跟着就来了一句："你个死胖子。"在搞笑的话中，人们总是会天然地使用那些大白话，这种默契的快乐感与笑是共生共存的。有好多年，"碌碌之辈"的演员们在听到"我就不跟你客气了"这句话时都会乐得人仰马翻，而暗藏在"你个死胖子"这句答复里的批评意味也在很大程度上因为这句话自带的幽默效果而得到了中和。从更广泛的角度来说，语调的变化、不当的遣词造句……一切发生在语言层面上的不正常现象都会侵入到我们的日常对话当中，这也构成了笑的不竭之源。这里尤其还要对纯粹的胡言乱语的现象加以提及：比如在《斯卡潘的诡计》（莫里哀，1671）中，主人公斯卡潘的鬼点子们；比如在电影《城市之光》（查理·卓别林，1931）的开头，一个政客正在洋溢着爱国情怀的氛围中为一组雕像揭幕。在这一幕中，英伦式的晦涩，以及隐约的沙沙声响，都让政客的演讲变得十足的可笑，至少在观众们看来是这样。

通过对比可笑的人的行为和其所处环境（职业环境、全部或部分的布景情况等），笑的突兀性同样也可以表现出来。它通常将一些物体（服饰、机器、工具、家具）作为常用的有效媒介，尤其当这些对象本身就是因观众们想象的要求而专门布置的，比如"黄金三十年"时法国喜剧电影里的汽车：《美国美人》（罗贝尔·德里，1961），《暗度陈仓》（杰拉尔·乌里，1961），等等。无论是在戏剧的传统中还是在马戏的世界里，笑常常都是由两个对立人物的反差效应引发的：其中，一个人相对正常，正是为了凸显出另一个人的可笑之处，这样的一对反差组合通常是由一个白面小丑和一个滑稽小丑一起组成的（还有那些在剧院大厅和晚宴剧场里演出的众多丑角演员）。此外，一强一弱的搭配也是常见的形式之一。弱的那个为什么会惹人笑？因为观众们越是认为他的同伴是足够强大且有能力去保护他的，这种惬意的效应就越发稳固，反之亦然：这也就是为什么，民间文化里的那些英雄们总是会有一个仆人模样的搞笑的小跟班跟着他。

而在电影中，这种强弱搭配早已被用到了极致，尤其是在弗朗西斯·维贝尔同杰拉尔·德帕迪约以及皮埃尔·理查德后续拍摄的相关电影里，比如《霉运侦探》(1981)、《伙伴》(1983)、《难兄难弟》(1986)。无论是独自一人还是有人陪衬，这种真真假假的天真人物形象在电影作品里得到了大批量的塑造：比如说，由巴斯特·基顿、费南代尔、布尔维尔、杰瑞·刘易斯、彼得·塞拉斯和克劳奇所饰演的角色们，无一不是如此。在这里，笑的突兀性继续得到了强化。首先，天真的主人公们蠢蠢的样子与其所处的正常环境形成了反差。随着剧情的发展，面对自身的愚笨与现实之间的障碍，主人公们最终却会显得更为强大，至少是强大到能战胜这一切险阻。这样一来，随着主人公表面上的蠢笨与不期的成功带来的优越感之间的反差，笑的突兀性就再次生成。当然了，一个快乐的笨蛋最终能拥有一个胜利的结局，这会让观众们感到无比的舒服和满足，因为在他们自己的判断中，不会有这样的结果。

笑的突兀性会违背我们日常所遵从的行为逻辑。从这个角度来说，它所违背的其实是现实对人们所施加的限制，而发笑的人正是要对这些限制加以报复。这种突兀性所激发出的笑和其迸发出的宣泄之力是成比例关系的，它释放出了一个充斥着幻想、冲动以及蓬勃的想象力的世界，要知道这个世界通常都是为人们所克制的。就这样，不适宜的笑尤其会被人们调动起来，以便用那些不能为人所接受的话进行发泄（比如前文提到的扎西说过的脏话），人们甚至会因此而说出一些不可思议的话，以期在这稍纵即逝的大笑瞬间能让这些话变得可能。滑稽的主要内容之一就是呈现人们普遍认为不可能的事情：我们要么会看到英雄的主人公若无其事且悠然自得地脱离险境，要么就是故事发生的背景显然让人无法相信：在电影或其他视听作品中，时空错乱就是最常用的手法之一，比如由克里斯蒂安·雅克和费南代尔联合出演的《弗朗索瓦一世》（1937）、由蒙提·派森喜剧团主演的《巨蟒与圣杯》（1975）、由让·雅南执导的《基督耶稣前奏曲》（1982）、由让·玛丽·普瓦雷执导的《时空急转弯》（1993），以及《圆拙奇士》系列（2005—2009），等等。

  我们要多注意存在于上述突兀性和时空错乱性之间的强烈关联。在通常情况下，穿帮的镜头或穿越的剧情会轻而易举地制造出荒唐可笑的效果，这种例子不胜枚举（比如，一个古罗马时代的士兵腕上带着一块手表，或者反过来，一个罗马时代的士兵出现在了21世纪的地铁里）。然而，在类似的桥段已经被用烂的情况下，如果我们无法满足观众们心中那些真实的、不自觉的欲望的话，这种方法也就不再有任何的搞笑能力了。即便是读一本最为严肃的历史书，如果读者不能通过想象将自己投射到过去的时代，那读书也就无从谈起。同样地，如果我们不去想象中世纪的骑士，不去想象路易十四时代的朝臣，不去想象那些革命者，以及拿破仑军团和路易十四至路易十八时代的士兵们，我们也不能说出自己对历史学家们

笑的文明史
La civilisation du rire

的文章不感冒这样的话。不过要认识到的是，这种历史投射所带来的乐趣是被批判的理性紧紧地控制着的，后者会很快占据上风。在读一本历史小说或观看一部历史题材的虚构电影时，人们的想象活动也在同步进行，并且其完成度会更高，除非人们忘了自己到底是处在镜子的哪一边。反过来，我们还记得笑是存在于真与假的等效性的基础之上的，尤其是喜剧演员总能够（或存在障碍）让自己与所扮演的角色完全分开。不过自相矛盾的情况在于，正是演员和角色在同一个人身上（可见）的共存性，才能让观众们在时空错乱的情况下对他们加以辨别：刚才提到的罗马士兵的手表正是演员自己的，他或许忘了该把它穿戴整理好。而循着同样的逻辑，即便我们也能返回古时候旅游，这块表还是我们自己的。换言之，时空错乱的笑代表着我们自己穿越式的幻想，尽管我们也清楚穿越本身是不可能发生的（因此在看到这种穿越的剧情时，我们就会笑出来）。有了它，我们自己也可以在历史中徜徉，一如每个人小时候经常幻想的那样。喜剧中的时空穿越具有返古的倾向，许多最常见到的穿越场景都被设定在了过去的中世纪（比如19世纪时的很多作品就是这样），而这也不是什么偶然的巧合，因为每个人在孩童年代幻想最多的历史时期正是中世纪。上述时空错乱问题所具有的特性同样适用于笑的任何形式的突兀性，后者蕴藏着最令人兴奋的反抗性——它免除了逼真性的原则。

具体来说，笑的突兀性机制存在着两种表现形式的变种。为了让第一种形式更容易被大家理解，我们在这里引用一幅第二帝国时期的讽刺画作为例子：在王朝的末期，拿破仑三世患上了严重的肾结石病，这让他不得不接受灌肠的治疗。而在以拿破仑为对象的讽

第五章
笑的三种机制

刺画中,拿破仑三世经常手持着一根巨大的、灌肠器模样的帝王权杖(参见图Ⅰ):在同一个画面里,两种截然不同的元素——帝王的威严(皇帝本人就是其象征)和污秽的后部(灌肠器)——形成了一个新的组合,笑的突兀性便由此而生。当读者同时觉知到了上述两种用意时,这种鲜明的反差感便会瞬间映入眼帘。不过更多的时候,笑的突兀性是随着两种对立事物的快速交替出现而产生的,尤其是在说话时,一个词会紧跟着另一个出来,或者说一个意图会紧跟着另一个意图出来。这样一来,读者或听众就必须借助想象的方式,同时置身在不同的情境当中。我们还要继续列举一个与污秽物有关的笑话,当然这其实是一个最没有品位的英式笑话。在特拉法尔加大海战中,纳尔逊所在的旗舰中弹了。它被敌舰包围了起来,对方倾尽了火力对它开火,而纳尔逊自己的胳膊也挂了彩。一心想激励部下的纳尔逊将军不想让自己受伤的胳膊被部下们看到,于是他转身对自己的勤务兵命令道:"把我的红色衬衫拿给我!"然而,战斗日渐惨烈,面前的敌人也变得越来越凶残,于是乎,纳尔逊将军再一次对勤务兵下令道:"去把我的栗色裤子拿过来!"

图Ⅰ 拿破仑三世的灌肠器

123

笑的文明史
La civilisation du rire

我得承认,这个小段子是我所知道的最搞笑的笑话之一。为什么呢?因为这是对颠覆了拿破仑神话的那个国家(英国)的回敬和反戈一击吗?不管怎样,笑的突兀性在这里发自于两种颜色——红色(鲜血的颜色,象征着勇士的决心)和栗色(粪便的颜色,象征着害怕和恐惧)——的快速接替,而这也从根本上改变了这段英雄历史的价值意义。对于这种在叙事过程中画风突变的搞笑手法,维奥莱特·莫兰在关于滑稽趣事的论述中首次予以了细致的描述[1],并从严格意义上区分了三个步骤:第一个步骤被称为"正常化",它用来对基本情况进行介绍;第二个步骤叫作"启动",通过这个步骤,有待解决的谜题被抛了出来(在纳尔逊的例子中,人们会好奇将军下一回会给勤务兵下达什么样的命令);至于第三个步骤,它被称作"断裂",即通过强烈"断裂"或分离效应来制造出令人大笑的效果。

这种断裂式的笑,即便是在时间上并不连续的滑稽形式里,也是常常会被用到的,比如一句一语双关的话,同样的字句经过听者的重新理解,便产生了笑料。讽刺画的创作其实也遵循着同样的双重性原则:要么画像本身就包含了一些元素,使得人们对于画面内容的理解也因此发生偏向;要么画中所描绘的传奇故事或豪言壮语被用在了一个值得讽刺的人物身上。因此,对于笑的同时性和接续性而言,更重要的是作用的程度而非性质。为了起到出奇制胜的"笑"果,应该在第一时间里——甚至是越快越好——保证笑的突

---

[1] 维奥莱特·莫兰,《滑稽趣事》,引自《沟通》第八卷,第102至119页。

兀性不会被发觉。在面对一个画面时，我们应该以最短的时间——越短越好——掌握并理解到它所包含的内容。比方说前文提到的拿破仑三世和他硕大的灌肠器的讽刺画中，人们一眼认出的首先是皇帝本人，而后才是他背后的器具。或者说，即便这个硕大的灌肠器能让人一眼就认出来（对今天的人来说应该是这样的情况），画家的意图也是借助于某个细节内容来对突兀性进行放大。最后，让我们用两个部分性的结论来对这一点进行一个总结。一方面，对于笑的突兀性来说，无论这种手法是被立即使用还是延迟使用，都应该起到应有的"一目了然"的效果：观众们的理解速度决定了笑的程度。另一方面，与单纯依托于语言自身的滑稽效应（借助于所读到的文字或听到的话）的方式不同，具有画面感的唐突的笑（比如一幅讽刺画、一个舞台场景，或是一个电影镜头）更接近于是同时发生的。

最后还有一点要认识到的是，显然并非所有的唐突举动都是可笑的。举个例子，如果某个商店的顾客在面对店员热情的招呼时非但没有回礼，反而是掏出了刀子并令店员身首异处的话，毫无疑问，没有什么是比这更唐突、更失当的事了，但这永远不会让人笑出来，因为此时的唐突是通过一个实际的行动表现出来的，而随之引发的反应也是令人恐慌的（尤其在这个例子里，是致命的）。我们平日的生活里充斥着各种各样的怪事，幸好，它们相对而言都是不那么极端的，顶多是一些日常的紧急状况而已。任何唐突的举动，只有在被视为一种特征的条件下才会让别人笑出来。进一步说，它们纯粹被看作一个特征，而不是具有潜在危险性的现实状况。在《蓝莲花》①中，王先生可怜的儿子迪迪总有些稀奇古怪的想法，甚至是令人无法接受的想法，但他依然能够让人笑出来。这是为什么呢？原因在于我们都清楚这只不过是一本给孩子看的漫画书而已，因此也就没什么好较真的了。另外，突兀性本身也足以体现滑稽元素在刻画体态特征方面所具有的价值：拿破仑三世不可能有一个权杖形状的灌肠器，而纳尔逊将军也不可能为了大便失禁而准备一条栗色的裤子，因此在这两个例子里，相关的污秽内容便会立刻引发出人们的笑声。还是要重复一句：我们只有在辨识到了一个致笑的动机时才会笑出来，而无论在何种情况下，我们也都只有在已经熟悉了这个动机的前提下才会对它进行辨认。

机制 II：膨胀性

毫无疑问，拿破仑三世讽刺画里最惹眼的东西就是那跟硕大无比的灌肠器权杖了，而夸张性（反常现象的量变表现）也是突兀性最简单的表现形式。对于那些过度放大的、超出标准的且不成比例的事物来说，它们通常能够一下子就楔入人心，而夸张的手法也由此成为滑稽的一种几近确定的标志。它们可以通过直观的方式和

---

① 《蓝莲花》，经典连环漫画专辑《丁丁历险记》系列中的第五本，描写了丁丁在中国历险的故事。——译者注

巨大的体量表现出来：比如拉伯雷笔下的巨人们（格朗古歇、高康大、庞大古埃），也可以通过其他强调手法得以展现。从词源角度来说，"讽刺画"（caricaturer。意大利语词源：caricare，意为"夸大"）一词指的就是对线条进行放大（首先是对人物的相貌进行呈现），并且极度地放大和强调人物的（面部）特征。因此，讽刺画本质上就是一种夸张的美学。在戏剧角度，滑稽表演也会对放大效应加以系统性的运用，为喜剧演员们提供更多的表现空间：比方说《悭吝人》里的阿巴贡（第四幕，第七场），或者是《风流剑客》①里的西哈诺（第一幕，第四场）。而在电影方面，曾经的无声喜剧中也经常会出现一些宏大的场面，即主人公（查理·卓别林、巴斯特·基顿等影星）被一大群人疯狂地追逐着：实际上，在拍摄期间，这些龙套演员们（尤其是那些假警察们）会在电影公司没完没了地来回跑，以便能够反复出现在电影的镜头里。这种方法其实也是幽默演员的拿手好戏，他们擅长让自己的段子跟着观众的笑声走，只要笑声不停，这些段子们也就不停。更何况，这种不停地讲、不停地笑的体验对于观众们而言，本身就又是一则额外的笑料。

确实，夸大的手法只是一种服务于滑稽表演的次级强调手段和一种简单的夸张效应而已。笑首先是一种生理上的快感。它是一种整体的放松，是一种能够振动躯体、扩张胸腔的肌肉运动和呼吸运动。人类同其他动物一样，能够在力量性和持续性这两个方面本能

---

① 《风流剑客》，1897 年上映的舞台剧，由法国知名剧作家爱德蒙·罗斯丹创作，以 17 世纪的法国为背景，描述法国著名剑客兼作家西哈诺·德·贝尔热拉克的感情生活，后被改编为电影。中文名又译作《大鼻子情圣》。——译者注

笑的文明史
La civilisation du rire

地增强自己的快感。而就笑来说，它从被激发出来的那一刻起，便会延长并增强自身的作用效应。因此，笑的放大过程首先是发生在发笑者自己身上的，而后才是被笑的对象身上。因此，相对于"夸张"或"放大"这样将该现象归结为简单的修辞问题的表述，我们更倾向于将其称之为"膨胀机制"，它与笑的精神活力是共生共存的——从滑稽的形式技巧角度来看，笑的突兀性也是如此。

笑得越长，笑得越好：在戏剧层面，通过对比固定画面的瞬时性和整个演出的持续性，我们再一次感受到了这种差别的存在。讽刺画所具有的夸张性可以立刻呈现出来，但它同时也严格受制于画家所选择的画作尺寸，毕竟，所画之物是不能够超出整个画幅的限制的，对此观众们也会一眼便知。如果说拿破仑三世的灌肠器能让人一直笑个不停，这是因为它成功地激发出了（与身体排泄器官和排泄物有关的）想象的乐趣，而这种乐趣是依赖于画面的。反过来，无论是在舞台上还是在电影中，当某个笑话被放大后，观众们其实并不知道它何时才会结束，而他们绝大部分的哄笑，其实都源于心中这个问号所导致的神经刺激，总结起来就是一个问题：这个演员（或作者）究竟想怎样？一旦心中的界限被突破了，笑便会被引入一个神秘且不可预知的世界里。在那里，对各种限制的完全突破会让人们在面对未知状况时产生快乐的好奇感。

这里有四个例子，它们全部取自流行于 20 世纪末的笑的文化。1974 年，一场注定要被写进回忆录的短幕喜剧表演让克劳奇在媒体上一举成名，那就是《这就是一个爷们儿的故事》。这个演出之所以会惹人发笑，是因为虽然克劳奇对观众讲的本来只是再简单不过的笑话，但他一直在不停地拖延，并且每次拖延后，他都会紧跟着来上一句:"这就是一个爷们儿的故事。"最后,当演出快要结束时,克劳奇终于用两句话就讲完了这个笑话,直到此时观众们才发现,这个所谓的笑话其实巨冷无比。同样的手法(将一个笑话拖长,直到演出结束)在另一场布尔维尔的短幕喜剧表演中——《一个笑到死的故事》——也得到了运用。那么布尔维尔的这个笑话有多长呢?一如这个节目的名字那样,直到最后演员真的把自己笑死了,他也没能说完这个笑话的最后一个字。另一个例子是1983年蒙提·派森剧团的最后一部作品《生命的意义》。在这部作品中,同样也出现了许多夸张的场景。关于信奉天主教的母亲们的多子问题,剧中的一个场景将我们带到了这样一个多子的家庭里:随着镜头对屋内的四下环顾,我们发现,在这间屋子的各个角落,有不下几十个,甚至是几百个孩子映入眼帘(甚至当孩子们的母亲正在厨房里洗碗的时候,一个婴儿从她的两腿之间滑落到地上,但这个妈妈并没有停下手里的活来专心产子)。最后,这家的父亲回到家来看孩子们,并且像带着小白鼠一样带着他们前往一间医学实验室(现代版的《汉姆林的吹笛人》[1]和《小拇指》[2])。"每当这对(天主教)夫妻房事后,啪啦一声,他们就又有了个孩子。"住在对面

---

[1] 源自德国的民间故事,最有名的版本收录在格林兄弟的《德国传说》中。故事发生在1284年,德国有个村落名叫汉姆林,那里鼠满为患。某天来了个外地人自称捕鼠能手,村民向他许诺能除去鼠患的话会给付重酬。于是他吹起笛子,鼠群闻声随行至威悉河而淹死。事成后,村民违反诺言不付酬劳,吹笛人便饮怒离去。过了数周,正当村民在教堂聚集时,吹笛人就回来吹起笛子,众孩子亦闻声随行,结果被诱到山洞内活活困死。——译者注

[2] 17世纪法国著名童话作家查理·贝罗的作品,讲述一个樵夫因生活所困将家里的孩子们丢弃在森林里,而几个孩子最终战胜鬼怪回到家庭的故事。——译者注

笑的文明史
La civilisation du rire

的邻居抱怨道。他是一个新教徒，家里只有两个孩子。"不过哈利，我们不也是一样吗？"他的妻子反驳说。在作品的最后，另一个场景将我们带到了一间高级餐厅里。在这里，一名肥胖过度的客人一直在不停地胡吃海塞，最终自己的胃都被撑爆了：直到观众们也受不了之前，透过影片中的长镜头，我们所看到的是这样的一幕——其他在餐厅内用餐的尊贵客人们，他们身上都被喷满了黏黏的呕吐物和被炸飞了的内脏碎块。最后一个例子是1994年由阿兰·贝阿贝汉执导和"碌碌之辈"喜剧团出演的电影《恐惧之城》。在一个特写镜头中，主演吉拉尔·达尔蒙一副沉默的表情[1]，他正慢慢地把一块儿又一块儿的方糖放进自己的咖啡杯里。随后，镜头突然采取了远景，这时观众们突然发现，刚才那个咖啡杯突然变成了水槽那么大：导演意在制造一种视觉膨胀性的效果，通过不断加方糖的方式产生一种夸大的滑稽效应。

事实上，在上面四个例子中，有一半（笑话和硕大的杯子）都是建立在一种重复性机制之上的，至少部分看来是这样。重复式滑稽——在喜剧层面常常被提及，并且在滑稽剧最为流行的年代里达到了巅峰——只不过是膨胀式滑稽的一个变种。在维奥莱纳·雷罗[2]看来，乔治·费多[3]的表演洋溢着"激动"，并且将他的舞台表

---

[1] 经实际观影后确认，这一场景实际上发生在对遇害电影放映员的妻子的采访过程中，该画面所描述的真正的主人公是正在接受采访的妻子，并非影片主演吉拉尔·达尔蒙，疑为本书作者记忆错误。在此特勘误。——译者注
[2] 维奥莱纳·雷罗，法国巴黎第三大学法文及拉丁语语言文学部教授。——译者注
[3] 乔治·费多，法国剧作家、画家、艺术品收藏家，因其创作的歌舞杂耍表演而得名。——译者注

第五章
笑的三种机制

演方式称为"令人眩晕的机器":"费多认准了观众们对设置惊喜,甚至创造惊喜的表演方式是无比期待的,这让他对不断重复的表演策略始终坚持如一:观众们总是会好奇,好奇演员还敢继续这么重复下去吗?好奇他接下来还能怎么办……这台'上了油的机器'会制造出让人头晕目眩的效果。无须猜测这种效果何时会结束,答案就在它所展示出来的能量里。"[1]

在生日派对上,人们往寿星脸上抹蛋糕的游戏也是一样。尽管多少会显得有点儿粗鲁,但爆笑声的出现并非因为大家在不停地抹蛋糕。准确地讲,此时的大笑声来自人们一种奇妙的心理——一想到所有的蛋糕都被甩到寿星脸上的样子,他们既有点儿担心,又充满了期待。这样一来便形成了一种电影式效应,即笑所传递出来的是一种极富想象力的感受,而它所基于的对象就是那些令他们感到又惊又喜的不真实感,甚至是一种集体式的兴奋感。重复技法的运用有利于提高悬念的程度,同时也能对悬念进行最大化的简化,毕竟观众们很清楚,如果循着事情的常理发展,自己还能够等到什么样的结果出现(期待的过程本身就是笑的放大器)。反过来说,他们也就不再关心这一切到何时才会停下来了:那些观看凌迟这一刑罚行刑的人,估计也是同样的心态。只不过在我们的例子中,大家面对的是一个欢乐的场景。这也就是为什么成功的重复技法一定要给观众制造出一种没完没了的效果,一种可以说是"无穷无尽的持续感"。在此过程中,重复的开始会因为观众的群体效应而让路;而对于演员们来说,最难搞定的技巧就是在不影响节目效果的前提

---

[1] 维奥莱纳·雷罗,《费多——令人眩晕的机器》,巴黎:CGN 出版社,2012 年,第 239 页。

131

下，完美地给这一系列的重复画上句号。这需要演员们在一个恰到好处的瞬间，通过一个不经意的笑话来给观众们制造出分断的效果（在蒙提·派森的音乐剧中，起到该作用的是那对新教徒夫妇的对话；而在《恐惧之城》中，则是那只硕大的碗）。

我们会很理所当然地认为：如果夸张的手法真的已经在大众喜剧和滑稽剧中得到了广泛运用的话，那我们自会不费吹灰之力地在相关作品中找到这些喜剧形式，比如说间接肯定，比如说弦外音，或者是在传统修辞学上被称作"曲言法"的形式，总之都是与夸张的手法相对立的。从定义角度来看，各种形式的讽刺或反话都是建立在一种掩饰的意图之上的。因此，任何能将其背后所隐藏的笑点暴露出来的强调效应都是不被允许的。这样说来，膨胀性就只是笑的一个选项之一了吗？并不会，除非我们承认，在间接肯定层面的"太少"所指的并不是一种相反的含义，而是一个与夸张手法层面上的"太多"相对称的概念。这样的话，做得太少，其实就等同于做得太多，只不过是一种否定形式的表达而已。同样地，在这样的意思下，"缺乏"一词所指的也就是"泛滥"，表示实际上已经有太多了。

在介绍"脸颊上的舌头"时，我们已经提到过这一点：在英式高冷范儿不近常情的做派之下——暂且这样假设——笑的艺术会一直深入视觉所及的无穷细微之处，直到几乎看不出笑的存在。对讽刺式反话的滑稽放大（在"太少"中做到"太多"）是剧院式喜剧的一个常用技术，而重复手法在这里的作用，就是让某个可能没太引起观众们注意的正话反说的点彻底显露出来。在《伪君子》的第一幕里，当奥尔贡和侍女桃丽娜第一回见面时，他嘴里一直在不停地念叨着"可怜的人呐！"①。如果说这声一本正经却又荒唐可笑的叹息还不足以让一切都变清晰的话（至少对观众们来说），那么侍女口中有关那个伪君子健康情况的种种矫饰的细节——他能吃能喝能睡的——也足够令人生起疑心了。在这里，"过多的重复"并不会抵消掉"过少的反话"的效果，反而是将其放大了。而在莫里哀所一并结合起来的这两种形式下，效果也总是"过多"的。

机制 III：主观化

但这个"过多"是相对什么来说的呢？无论怎样，其实它都要参照一个共同的标准，而在社会空间内，人们会将这个标准完全等同于我们日常的现实生活。一方面是看待这个世界的正常视角，另一方面是则是对它进行的滑稽变脸，二者之间的差异（"过多"和"过少"的差异）就是人会笑的原因，因为人在看待事物时会抱有奇特的、不服从的眼光。笑会自然而然地将注意力转移到发笑的人身上，转移到由发笑者的快乐感所展现出来的全然的主观性上。这种快乐感是面对现实时所获得的，并且发笑的人也会努力去与别人

---

① 《伪君子》第一幕第四场。奥尔贡从乡下回来，不关心正在生病的太太，而是一个劲儿地追问达尔杜弗的情况。当侍女桃丽娜向他报告太太的病情时，他一边听，一边追问："达尔杜弗呢？"并不断地重复"可怜的人呐！"达四次之多，形成强烈的喜剧效果，同时把他对达尔杜弗的入迷之深表现得淋漓尽致。——译者注

交流这种感受。把人们的视线从客观已知的世界转移到主观感知的主观性上，我将这一过程称为"主观化"。"主观化"并非笑所独有的：在精神分析学的辞典里，主观化的说法早已有之。不过，笑却是主观化专有的一样工具。当然了，任何对世界的感知都能在将人的注意力引向这个世界的同时，也将它引向自身的主观性。然而，爆笑声的发出——在表相之下引爆内心的动机——却在主观与现实之间制造出了一种暂时的短路，导致了某一个瞬间的停摆。此时，人的思维——必然能够且只能够——将停留在对主观的认知上。前文提到过，赫尔穆特·普莱斯纳基于人类学的大前提，也得到了一个类似的结论：在他看来，在面对一个暂时失控的情境时，笑就成为人类在主观层面上一个自然的应对反应。通过释放人体内的能量，它帮助人们重新获得对事态的控制，与此同时，它也使得人们的主观性在瞬间迸发出来（甚至是以"非自我的自动性"的形式），直至通过理性行为重新与现实建立起联系："在笑的过程中，人们会终结某一个情境。他们会用直接的、普遍的笑的方式进行回应，这就是非自我的自动性状态，但真正的自己是没有笑的。在这种状态下的笑，从某种程度上来说，只是一出戏，只是一个过程中的内容而已。"[1]面对主观性与客观世界之间的持续冲突，笑让自己代替了后者，成为与主观性面对面突然对视的存在。

如上就是"主观化"的基本原理，它拥有多样化的表现形式。在此，让我们再一次将笑首先框定在日常生活的场景中，框定在那

---

[1] 赫尔穆特·普莱斯纳，引自《笑与哭：关于人类行为限制的研究》，巴黎：人类科学之家出版社，1995年（1982年初版），第145页。

些能让我感到好笑（通常情况下是同好多人一起经历）的情境中，这正是为霍布斯所批判的自大且自恋的笑。通过大笑，我显示了主观的判断能力；同时，我也将身边的世界进行了客观化，并将其简化为一场任凭我快乐的演出。反过来，如果笑是由某个段子手、某个幽默演员或某个喜剧演员（最常见的情况）所主动激发出来的，那么逗笑的人和发笑的人就都成了主观化的受益者。发笑的人会感受到自身的主观性，但同时感知程度也与他对逗笑者身上的主观性的领会能力成正比，这取决于发笑者在默契关系上的结合能力，视人际关系方面的特性而定。

在各种笑的专业人士之中，我已经就喜剧演员的悖论策略进行过分析：他们需要彰显出属于自己的个性，甚至不惜以其所饰演的角色为代价。演员的人气越是增加，他们在观众们面前的角色感就越是减退：路易·德菲内斯就是以其对最低限度表演的喜好而闻名的（除了杰拉尔·乌里的电影），以至于观众们只要见到他就觉得好笑，他在镜头里的任何动作都会被自然而然地视为他或坏、或懒散、或可笑的心理状态的写照。此外，如果我没有记错的话，德菲内斯也是唯一一个能把坏蛋形象演得深入人心的法国笑星——就好像在战后几十年的时间里，法国人都是通过他来驱魔的一样。实际上，对于那些深受大众喜爱的喜剧明星们来说，他们通常都会倾向于通过严肃的、感人的角色让观众们产生共鸣：查理·卓别林是第一个在电影中尝试如此转型的演员，他意在着力于情节。卓别林的做法后来也被大部分喜剧名人所效仿（就法国喜剧人来说，其中包括米歇尔·西蒙、费南代尔、布尔维尔、皮埃尔·理查德、克劳奇、杰拉尔·朱诺等）。

笑的文明史
La civilisation du rire

在舞台上，笑的主观化机制并不仅仅借助于演员们的表演，它还要依靠演员的人气、编剧的剧本，同时还有观众们的视角，总之，它需要人为因素的加持。在法国的大道戏剧中，各种灵光妙语层出不穷，其原因也正在于此。"灵光妙语"所指的其实是戏中那些令人印象深刻的台词，它通常会透过极度讽刺的意味对周遭的世界进行评判（常常是玩世不恭的语调）。这些话虽然出自戏中人之口，但观众们在大笑的同时，也会常常附和道："编剧说得很有道理！看，人家的头脑有多清楚！我能明白他对待人和事的想法！"此外，这些灵光妙语与其说是说给戏里其他人的，不如说更多的是说给观众们听的。当某个剧中人准备说出这些话时，他通常会体面地半转身面向观众，仿佛是在等待观众们心照不宣的赞同。纵观莫里哀、缪塞[1]和其他知名大道戏剧作家的作品，灵光妙语的影子总是贯穿其中，其中，萨沙·吉特里[2]对此的运用就是独树一帜的。总之，凭借自身靓丽夺目又精巧细思的外表，这些灵光妙语能够将笑的主观化力量彰显无遗。在所有对第四面墙的戏剧虚构所进行的冲击中，灵光妙语的运用是最具潜伏性的一种。

笑会促使观众们去寻找作品背后的人物，并且在部分程度上，他们甚至会忽略演员自身所饰演的角色。在文学作品中，这样的情况同样也会导致一种潜在的紧张关系的出现，其表现甚至会更为显著一些。我们都听过这样的一个创作原则：作家写作的目的就是向读者倾诉，但是，他们只能让真实的自己隐匿于文字的背后。罗

---

[1] 阿尔弗雷德·德·缪塞，法国贵族、剧作家、诗人、小说作家。——译者注
[2] 萨沙·吉特里，法国剧作家、演员、导演和编剧。——译者注

第五章
笑的三种机制

兰·巴特[①]提出的"作家之死"的观点曾经轰动一时，也让上述矛盾关系更加为人所知，毕竟该观点的提出是基于一个无可争议的事实的：想要真正地读好一篇文章（总之，是各种各样的文章），读者们就得忽略作者本人的存在。他们与作品之间的面对面关系不应该受到来自第三方的干扰——也就是来自作者的干扰。文字是沉默无声的，然而如果一个作者依然坚持要让读者听到自己的声音的话——当然了，作者也注定是拥有话语权的那个人——他就必须要找到显示出自身存在感的方法，也就是说，把自己的声音灌注到文字中去，从而让自己作为创作主体出现在读者面前：文学创作的主观化就是这样一种机制，它让读者们能够在所读文字的背后猜测出作者潜藏的表达诉求，继而辨别出作者的形象。

将作者自己的"我"转移到文章中的做法并不会导致什么特别的问题发生，毕竟作家完全可以以第一人称的身份进行创作（一如旧体制时期的作家们所做的那样，比如蒙田、卢梭）。然而，19世纪的现代文学却将去人称化奉为美学教义。从这之后，主观的表达仿佛就成为被禁止的存在，它们似乎只能秘密四散在文字的间隙里，成为一种隐性的内容，且需要读者们去努力找寻。当我们读到福楼拜的一页作品时——一部福楼拜将去人称化手法运用到极致的小说，我们会认出"这是福楼拜的作品"，因为我们能够从字里行间感受到福楼拜本人的存在——他所借助的就是那些无穷无止的讽刺，尽管没人会特意地指出这是谁的风格。

[①] 罗兰·巴特，法国文学批评家、文学家、社会学家、哲学家和符号学家。——译者注

（讽刺的）笑是作家们在实施主观化时的核心工具：只要读者们能够发现某种具有潜在笑点的唐突内容，他们就会怀疑，作者是不是故意这样精心安排的。通常情况下，读者们会思索作者这样做的意涵是什么、匿藏了怎样的企图，而怀着这样的想法，他们便会尝试去破译这些秘密。自20世纪60年代以来，结构主义兴起，受文本一词多义观的影响，文艺评论界流传着这样一种不由分说的观念：在读者对作品的自由解读方面，作家形象（包括他们被推测的或是已经被证实的意图）的存在是没有特殊合理性的，也就是说，作家形象不应该禁止或限制这一权利。不过，至少有一个创作层面的问题是一词多义观所左右不了的，那就是笑话：如果文章内容里包含一个隐匿的笑话的话——其唐突之处可以一眼看出，并且肯定会导致一个确定性的结尾（同其他任何笑话的结尾一样，这是其结构上的必要性决定的）——那么留给读者的就是两个简单的可能性：他们要么就是看到了这个笑话（并且一如作者所期望的那样，他们也读懂了这个笑话），要么就是毫无察觉。如果是前者，他们就会在思想上同作者一起分享这种快乐感。这就是笑的主观化进程的运行过程。

真正的文学粉丝们总是能在作品的字里行间把这些暗藏的笑料发掘出来。在这里要举一个波德莱尔的例子，一个从他的下流笑话中引用过来的例子，我想仅它一个就足以说明问题了：这个段子也许并没有什么意思，但它也不接受任何可能的辩驳，至少对波德莱尔的忠实读者们来说是这样。1857年，已经引起了巨大争议的《恶之花》中又收录了一首奇怪的拉丁文诗（也是《恶之花》通篇之中唯一的一首拉丁诗）:《法兰西颂》。当时的读者们对此保持了

第五章
笑的三种机制

缄默（出于恶作剧式的默契？），而对于今天的读者们来说，已不再说拉丁语的他们会选择谨慎地绕过这个语言障碍，并把这首诗的出现归结为波德莱尔本人对于语言的癖好，因为除此之外也找不到其他更合适的说辞了。然而，这门已经消失的语言却在诗里藏下了一个充满下流意味的梗，其出处就在那句仿佛是以戏谑语气对宗教祈祷仪式进行模仿的诗文中："Quod debile, confirmasti.[...]Recte me semper guberna"。这句话的意思被翻译过来就是"那些软弱的，你都会让它坚硬……就这样径直地驾驭我吧"。在拉丁语中，"gubernare"（支配、统治、驾驭之意）这个词——"gouvernail"（舵、支配、控制之意）一词即源于此——是一个航海术语，这样一来就不用再多解释什么了吧……因为船舵同解系缆时用到的缆桩一样，都是一种黑话，暗指的是男人的勃起（拉丁文"recte"）。

如果读者们无法理解到这一意图的话，他们就会认为波德莱尔是在天马行空：于是就在1857年时，波德莱尔在该诗前附上了一条按语，公开透露了这首拉丁诗里藏有一个双关语的构思。而对于今天已经熟悉了双关手法的读者们而言，他们的乐趣则在于能够再次领略到波德莱尔的故弄玄虚和戏谑挑衅（恶趣味，如果可以这么说的话）的手法，这也是曾让举世都为之哗然的原因所在：主观化在这里为他所用了。笑藏得越是深，读者们就越是感到惬意，因为这会给他们带来一种似乎正在和波德莱尔一起分享一个秘密的感觉。我们要明白，这个关于船舵的段子虽然充其量只有中学生的水平，但说出来也是足够令人错愕的。不过，波德莱尔却有胆量将它大大方方地放在自己的大作当中，这件事本身就能让人笑得前仰后翻；而在这之上，再想到这个荤笑话让一代又一代的波德莱尔的卫道士们都蒙在了鼓里，人们估计更是会笑到尖叫了。作家的主观性与喜剧演员的主观性是两个相反的过程（但也不要忘了，"过多"和"过少"是等同的）：在荧屏或是舞台上，演员们越是在角色之上添加更多的内容，他就越能加深与观众们之间的感情共鸣；而对于一本书来说，作者在文字内容的背后藏匿得越深，他就越能同读者们建立起秘密的沟通关系：虽然会有几多迂回，但真正的默契会为其带来绝妙的价值。

第二部分

笑的美学

第六章
模仿的笑

术语开篇

　　一直到现在，我都是以一种概括性的方式对笑进行分析。我一直在围绕着笑的现象本身进行描述，包括因此而在生理层面产生的活力。我也主动地将与笑有关的研究——针对笑分别在文化实践层面和文艺形式层面上的表现所进行的研究——暂且搁到了一旁，以便能够将着眼点始终聚焦在笑的原始性表现方面，因为我担心过于在笑的某个类别上着墨，反而会陷入无序的窠臼。关于游戏（有趣的笑），关于滑稽模仿，关于讽刺，相关的研究理论可谓汗牛充栋，它们无不绞尽脑汁地奉自己为真谛，而对于笑的精髓，至少是它最纯粹、最完整的表现，这些理论大作往往都会嗤之以鼻。我则不然，我一直坚定地认为，人类学的相关原理——对人类的笑的特性以及核心重要性进行阐释——一定是优先于笑的种种特质的，它只要求对一些基础性的机能加以应用（笑的突兀性、膨胀性和主观化机制），并且这些机制所依仗的也是人们自身对笑的记忆。不过从现在开始，我们有必要改变接下来要讨论的对象了：相关的原则性问题此前已经得到了充分讨论，结论也已经很清晰。现在，是时候就笑的文化中的那些惯常的分类（滑稽、讽刺、模仿、嘲讽等）给以清晰、明确的定义了。

然而还有两重困难在等待着我。一方面，笑的如上表现形式大都体现在不同的艺术领域当中，比如造型艺术、文学、戏剧、电影，以及多样化的媒体实践。其中，与每个领域相关的理论研究均会倾向于该领域自身的特殊性，而非笑的普遍性特点。比如说，在普鲁斯特[①]的模仿表演和一个跟着收音机或电视机进行滑稽模仿的人之间，二者具有怎样的关系呢？尤其是在对笑的解读方面，文学作品始终占据着一定的优势地位，它自始至终都是一个明显的特例（因为阅读具有迂回的特点，而这也是由文字作品的性质决定的）。因此，我们需要在普遍性和特殊性之间找到一个平衡点，并且对于那些只在局部问题上显得中肯的理论，我们更要以一种相对的眼光加以审视。另一方面，笑虽然是一个集合领域，但这并不意味着我们必须要在其内部对各个方面加以严格区分，让各部分彼此泾渭分明。对于同一个笑料来说，根据我们心中对最终"笑"果的不同设定，它也可以被分别视为滑稽的、嘲讽的、讽刺的，或是模仿的。而对于同一件事情来说，我们也可以通过不同的角度来对它进行解读，其方式可以是竞争性的，甚至是大相径庭的。不过，如果我们坚持要在其中进行区分的话，这些解读的视角就成为补充性的工具，而我们也会对那些可同时被多个理论进行解释的内容提高警惕。因此在理清这些复杂的关系之前，我们有必要对一些核心的概念进行明确的定义。

[①] 加斯帕·普鲁斯特，斯洛文尼亚裔瑞士喜剧演员。——译者注

第六章
模仿的笑

滑稽（comique） 在一般的戏剧层面之外，滑稽在这里所特指的是一切发端于精神层面的呈现的笑（与因为瘙痒而发出的笑是相反的），它指的其实是所有的现实存在，而正是这些现实存在在精神层面所进行的呈现将笑激发了出来。上述定义首次出现在1762年版的《法文大辞典》中，而在其后的各类法文词典中，该定义几乎被原封不动地保留了下来：滑稽是"激发出笑的固有存在"。所有为笑的发生提供了助力的因素，都可以被名正言顺地视作"滑稽"，但前提是它所激发出的笑必须是真实的。因此，讽刺的言行在现实生活中基本上毫无滑稽可言，因为讽刺大体上是建立在模糊性和掩饰性的基础之上的。不过，讽刺也并非完全起不到滑稽效果，比如说，在与自己一伙儿的第三个人眼里，我对其他人进行的讽刺在他看来就是非常之滑稽的（他会"偷偷地笑"）；再比如说，如果讽刺的手法被用到了戏剧舞台上，当然了，这一点大家都已经非常清楚了。此外，人们也可以随便地给某个事物冠以"滑稽"的定性，但这其实并不是在对滑稽进行定义——不过这样的做法却是司空见惯的——而是人们对笑所抱有的错误的态度。

嘲讽（satire） 所指的是对某一所呈现出来的事物所做出的负面的评价。我们因某个事物而发笑，是因为在思想上，我们会觉得它是不好的，而笑在此时所起到的作用正是对上述差评的效果所进行的凸显，至少在部分程度上是这样。因此可以说，嘲讽是具有十足的滑稽意味在里面的（因为从定义上看，嘲讽需要将一种对现实的呈现作为对象，而如果它不能使人发笑，就变成了一种简单的控诉）。但反过来看，滑稽却并不总是包含嘲讽的成分。人们会因为某个戏剧场景所呈现出来的情境而笑出来（因为舞台上的演出是搞

145

笑的），但这时的笑并不牵涉到对故事情节中的（社会的或精神的）现实情况所做出的评判。从传统手法上来看，通奸通常都是滑稽剧以及后来的轻喜剧和大众电影中惯用的主题，因为这个主题常常可以引出丰富的场景，也可以让观众们看到众多的大笑场面（比方说把情人藏在床底下或柜子里）。不过，这样的滑稽也可以拥有嘲讽的元素，如果它意在揭示出妻子的不忠、丈夫的无能，以及资产阶级的伪善的话。事实上，这里所涉及的其实是笑在两个层面上的呈现。首先，是观众们在精神层面对舞台上的虚构情节所进行的呈现（这是滑稽的笑的成因）；其次，这种戏剧式的虚构所呈现的是一种现实，而虚构则引导观众们将现实与自身化为等同（在嘲讽的模式层面）。

游戏的笑（rire ludique）　发自游戏时产生的兴奋，它同滑稽一样，同样也是笑的一个表现方面，也同样将瘙痒的笑视为例外情况。游戏的笑所伴随着的是人在游戏之中所获得的直接的快感，它并非某种呈现现象所导致的结果。一个打牌的玩家在赢牌的时候，可以把最后的底牌重重地砸在牌桌上并开怀大笑，原因没有别的，只是因为他赢了。在通常情况下，这样的大笑也不带有任何洋洋自得的意味（尽管其他的玩家也根本不至于因此而生气）。不过，如果将话题扩展到喜剧演员的"游戏"范畴中，我们便要承认，那些发自简单的舞台游戏或是情节转折里的笑——比如在滑稽剧、即兴喜剧或是电影中——都会自带一些游戏的成分。那些"废话（口水）文学"（双关、遣词造句的伎俩、隐喻）里的文字游戏也是一样，里面的遣词造句都会令人心生联想，但它们最先让人感受到的还都是一种乐趣。而在滑稽的领域内，"游戏"（这是人的本能行为，我们要再次申明这一点）实际上也因此是与"嘲讽"相对立的，一如弗洛伊德认为妙手偶得的灵光妙语与带有倾向性的言辞之间也是互相对立的一样。我们当本着一丝不苟的精神，对纯游戏的笑（因游戏而发出的笑，不具有模仿效果）、趣味的滑稽（笑是建立在滑稽的趣味机能之上的）和嘲讽的滑稽（笑所针对的是由滑稽所呈现出来的现实生活）进行区分。

讽刺（ironie） 指的是一种同其他人沟通和互动的模式。它让人能够以非直接的方式反对他人，而途径就是多少被加以掩饰的嘲讽手段。因此可以说，讽刺是一种实用层面的做法，但它也可以选择是否自带滑稽效果。当然了，我们绝不会公开地嘲讽某个人（如果是这样的话，也就谈不上所谓的讽刺了）。然而，就像我曾经说过的那样，我们却可以把第三方的人逗笑。同样地，我们也常常能够以滑稽的方式把一个被讽刺的对象逗笑，并且还是在他自己感觉不到（讽刺或嘲讽的意味）的情况下。此外，讽刺也可以是简单的游戏性质，或者是拥有嘲讽的意味在其中，这之间的界限其实也是不明显的。说到底，这是一个程度的问题：只有滑稽和讽刺意味而绝无游戏或嘲讽成分的笑，即便有，我们也只能说这是绝对的例外情况。事实上，各种意味究竟孰轻孰重，所取决的也只是每个人不同的感受而已。

滑稽模仿（parodie） 对滑稽模仿的解读，需要我们后续对本章的内容细致阐述。所谓的滑稽模仿，指的是对某个单独的现实存在（某种风格、某个作品、某个作家、某个公众人物）故意进行滑稽临摹的做法。既然是一种（呈现出来的）可见的模仿，那么透过其定义，它一定是与滑稽有关的，不管是游戏趣味的还是嘲讽式的。然而如果深究其定义，我们会发现，这里的模仿是建立在一种特殊的滑稽形式之上的，即模仿者所模仿的必须是一个确定的对象，并且如果观众们认出来了他所模仿的对象，他们便会感到非常开心。最后，关于幽默，我在这里暂且先不提它，因为幽默在学术角度其实是讽刺的一个特有的类型。幽默的人会自带滑稽效应，但又不无同情地同被自己针对的对象联结在一起。他会笑话别人，同时，他所笑话的也是自己。幽默是在特定的历史背景下发展起来的现象，对此我们会在第三部分中进行详细的论述。

笑和文化

现在我们要再次回到讨论的起点：我之所以会笑，是因为当我在面对某个现实状况时，我确信与它之间的互动是不具有危险性的，就好像尽管这个现实的情况真真切切地出现在我眼前，它也只不过是在我视觉里呈现出的一个简单存在而已，或者说是一场毫无冒犯意味的演出罢了。这样的想法足以让我感到惬意。在这里我们还要强调一点，即我们所指的"呈现"，其实与动作意义上的"表现"一词的意涵相差无几，而并不是指某个或多或少显得很可笑的事物。这种在"呈现"和"滑稽"之间存在着的因果关系也印证了"笑的文化"一词的合理性。在这里，"文化"一词应当从最为宽泛的角度加以理解。换言之，这里的"文化"是与人类社会演进过程中所讲的"文化",以及人类社会自身"全部的文化形式"当中的"文化"具有相同的意义的。

亚里士多德在《诗学》中对艺术所进行的分类,实际上也是基于一个基本的起点的。尽管各类艺术形式可以依据所借助的工具、所实现的过程以及所涉猎的主题而在彼此间进行区分,但在亚里士多德看来,它们均要建立在一个唯一的基础之上,那就是"拟态",也就是说对现实进行的模仿或呈现:"[各类艺术]彼此间通过三个方面进行区分:它们或是借助的工具不同,或是模拟的对象不同,或是模仿时的模式不同,基于的方法不同。"①

因此,一部艺术作品所指的其实并不只是该作品本身,它更是一个(多少有些复杂的)符号,并且其价值取决于它对现实世界的呈现能力。在语言的运用层面,"修辞"(赋予了人们说服其他人,并随着事物的发展而具体问题具体对待的能力)与"文学虚构"(在现实世界之外再建一个虚拟的空间,让观众们在清楚虚拟和现实之间的差别的基础上,暂时地摆脱在行动上和应对过程上的束缚,并由此产生出一种独特的快感)之间的核心差异也正在于此。出于宗教因素的影响,亚里士多德笔下的"拟态"一词在传统的西方文化中被解读成了"逼真"(指的是与现实世界的一致性)这一概念,这种解读也将该词的主旨,即艺术模仿所必需的"现实的本体缺失"给去除了,然而这种缺失是显而易见的:从基督教神学的角度来看,艺术家怎么可能创造出现实的作品呢?这样说岂不就是在向唯一的造物主——上帝——进行挑战吗?这是神学角度的

---

① 亚里士多德,《诗学》,米歇尔·马尼安译,巴黎:口袋书出版社,1990年,第85页。

说法。而与之相反的是，在亚里士多德（以及柏拉图）看来，现实世界的一致性这一话题如果被放置到美学的范畴内来看的话，其作用也仅仅只是对非现实世界的原罪进行救赎而已：艺术家都是创造呈现式虚幻的专家，在没有其他道德因素制约的情况下，他们会尽情地展现出自身的道德观念和艺术造诣，而展现的途径，不外乎就是对"写实"手段的忧心（这应该为人所称道）。

由此可见，正是由艺术所产生的虚幻效应，或者也可以说艺术本身作为一种现实呈现的基本身份，导致了笑的必要的放松效果。我们大家都有过相关的体验：当一个人公开模仿另一个人的一颦一笑时，即便模仿的人并不意在制造出讽刺的效果，这也能够产生一种默契式的滑稽。模仿能够将一个现实的情境瞬间带入一个被呈现出来的画面当中，进而引起了笑——这首先指的是它给人们所带来的那种松弛感，进而才是在字面上所讲的那种意味，即模仿其实也是一种主观上自带搞笑成分的行为。笑的情感性，哪怕是在最虚拟、最无意识的状态下，也是人类自身审美情感的一个必要的前提条件。当然了，这并不是说所有的文艺作品都必须是能够惹人发笑的才行，而是说对上述符号（拟态）所具有的价值进行认知的过程本身就有着一种滑稽性的潜力，而此时所需做的也只是对其加以更新而已。面对众多惊为天人的艺术创造，人（无论是拉伯雷还是斯宾诺莎笔下的人）会迸发出一种瞬间的快感，会因能够徜徉于如此炫妙的艺术符号王国中而感到无比幸福；或者，人也会表现得恰恰相反，比如说他们会秉持着一副霍布斯般的鄙夷的神情，装模作样地强颜欢笑道："这东西看上去还不错，但也不过就是个符号而已，除此之外什么都不是！"

第六章
模仿的笑

某些现实的存在之所以有价值,并不在于它们原本是什么,而在于它们能够以什么模样被呈现。人们对该问题的觉知,其实并不仅仅只体现在艺术的范畴内。这个原理其实是文化本身的普遍特征,也就是说,其范围已经超出了严格意义上的物质层面,并上升到了习惯或象征性存在的范畴。正是由于文化的存在,人类方得以与现实生活拉开一定的距离。这并非说人类可以弃现实于不顾,而是说人类需要刻意地远离现实,以此让现实的意义更加深入人心:毕竟发笑的人所做的也只是笑而已。在部分程度上,人类的文化是与笑相关联的,这里指的不是其潜在的内容,而是它在社会体系内所拥有的(在符号层面)呈现现实的功能。这并不是什么时髦的观点,事实上,文学讽刺研究学者菲利普·哈蒙在其相关理论研究的最后阶段就已经总结过,讽刺——建立在各种双重性关系之上,而这样的双重性是由于在艺术符号和其所指代的现实事物之间存在差异而造成的——并不仅仅只存在于被冠之以"讽刺文学"的作品之中,它其实是"所有文学作品"的共性,甚至是"所有人类语言"[1]的共性。为什么这么说呢?因为我们所知道的语言都是具象表现的,而在这一过程中,字面的意思与想象的意思之间的偏差就又为各种模糊的揣测和语言的多义性提供了空间,继而也为讽刺的创作提供了源泉。即使是日常中最普通的话语,也充满了各种隐喻(比如说从想象中的树上掉下来的一"叶"纸[2])。我们常常会不停地

---

[1] 菲利普·哈蒙,《文学讽刺:间接写作形式论文》,巴黎:阿谢特出版社,1996年,第153页。

[2] 法语中用"feuille de papier"表示纸张,其中"feuille"也有"叶子"的意思,此处用"叶子"来隐喻"纸张"。——译者注

笑的文明史
La civilisation du rire

说下去,以此让别人明白我们其实话里有话。在语言的无限循环过程中,说出的话所指代的永远是别的事,这样的替代关系就足以让人笑出来。确实,哈蒙在其理论中并没有具体地提到"象征""讽刺""语言"这样的字眼,但在本书的体系内,它们其实就是我们一直在说的"呈现""滑稽"和"文化"。这样一来,我们就领会到了这一普遍的法则:"文化,作为一种象征系统,可以说就是滑稽的。"而基于此,或许我们的《创世纪》就有了另外一个笑的版本:有史以来第一个会笑的人(有没有可能,夏娃与亚当一起分享的就是这一声大笑呢?)创造了第一个符号,然后在现实世界中注入了这个符号虚幻的副本,而这个副本正是由他在脑海中所虚构出来,并且随即便被投射到文化创造上的画面所制成的。在这之后,人类才真正开始了自己的文明进程。

说笑归说笑,亚当和夏娃毕竟是没有笑过的。事实上在《圣经》的记载中,唯一一次关于笑的记录是发生在亚伯拉罕老迈的妻子撒拉(她当时已经有90岁了!)身上的,起因则是上帝承诺让她在不久后能够诞下一个孩子。这时的撒拉一定是认为上帝的这个玩笑有点儿离谱了,于是笑了出来,不过是在没让上帝知情的情况下。于是"雅威[①]问亚伯拉罕道:'她为什么笑……?'撒拉否认说:'不,我没有笑。'她害怕极了。不过雅威却反击道:'不,你就是笑了。'[②]"事实上,如果说总有一方禁土是容不下笑的存在的

[①] 雅威,犹太教尊崇的最高神名称,另一种发音法为耶和华。这个神名最早可能起源于埃尔神的别名,在以色列王国与犹太王国时期出现。——译者注
[②]《创世纪》,9,12—15。

话,那这块禁地就只能是宗教领域了。笑会将宗教的神圣特质简化为一种虚拟的(可笑的)化身,并且在所有本须严肃对待的内容中清空这种特质。然而,宗教的特质(程式、仪式、典礼、举止),并不仅仅只是一个符号而已,它同样指一种实践,一种需要对神的力量进行契合和彰显的实践过程。这样的实践,均是在一种形而上学的理论框架下进行的。在这里,现实与宗教之间的边界会因为神圣的存在而奇迹般地变得模糊起来。这样说来,笑话这些宗教的特质,实际上也就等同于将宗教直接弱化为了一种符号,并且对于宗教一直认为与其他的文化形式相区别的那些超然存在的部分,笑也是予以否定的。

然而,笑却是人类独有的本领。这也就是为什么,世间所有的主流宗教都会睿智地将笑包容进来,它们会为笑留有一席之地并任其发挥,只要不亵渎到神灵即可。当撒拉和亚伯拉罕生下孩子后,他们给他取名为伊萨克(这个名字在希伯来语中的意思是"上帝笑了"),并且撒拉事后圆滑地解释说:"是神让我喜笑,凡是听见的,也会同我一起喜笑。"[1] 至于犹太文化中为幽默所占据的核心部分,它的成因并不仅仅是犹太民族千年来所遭受的迫害,同时也包括一种信念,即要相信接受全能的、威严的上帝的保护的必要性。在古

---

[1]《创世纪》,21,6。

希腊时代,狄俄尼索斯狂欢仪式[1]可以说是整合了天底下所有狂欢节的娱乐形式(跳舞、游行、林神剧),各种滑稽和淫荡的场景也是屡见不鲜的。而在基督教的中世纪时代,米哈伊尔·巴赫金[2]也对狂欢行为在宗教层面的发泄功能,以及那些对宗教仪式进行滑稽贬损的做法,甚至是把宗教的象征在物质和肉体层面进行扭曲的行为——比如在祝祀的圣坛上胡吃海塞,甚至是做出种种猥亵的动作等[3]——予以了肯定。

---

[1] 古希腊色雷斯人信奉葡萄酒之神,专属酒神的狄俄尼索斯狂欢仪式是最秘密的宗教仪式。该酒神祭祀游行带有狂欢性质,酒神的狂女们抛开家庭和手中的活计,成群结队地游荡于山间和林中,挥舞着酒神杖与火把,疯狂地舞蹈着。这种疯狂状态达到高潮时,她们毁坏碰到的一切。如遇到野兽,甚至儿童,她们会立即将其撕成碎块,生吞下去,她们认为这种生肉是一种圣餐,吃了这种生肉就能与神结为一体。
——译者注
[2] 米哈伊尔·米哈伊洛维奇·巴赫金,苏联现代文艺理论家、文学批评家。——译者注
[3] 米哈伊尔·巴赫金,《弗朗索瓦·拉伯雷作品以及中世纪和文艺复兴时期的大众文化》,《如是》合集,巴黎:伽利玛出版社,1970年,第83页。

剧院的笑：在游戏的滑稽和嘲讽的滑稽之间

在电影出现之前，戏剧可谓一直都是表现得最为彻底的拟态艺术，因为它亲自赋予了人物（具体说就是喜剧演员们）具体的虚构角色。因此从逻辑上来说，正是戏剧艺术赋予了呈现式的笑（即"滑稽"）最完全的形式，以至于来源于戏剧界的"滑稽"一词，最终被用来指代一切可笑的存在。在此原则下，戏剧所指的就是对呈现出来的现象的舞台化演绎，而对于被呈现出来的现象来说，它们的源头就是笑。因此，我们去剧院的目的就是要欣赏一种"呈现"，或者说，就是为了图之一笑的。不过，观众们在观看一场悲剧演出时也会忧心忡忡、生出恻隐之心；他们在面对一场情节剧时，也会不禁为之潸然泪下，这又该怎么解释呢？

某种错误的直觉观认为，喜剧是继悲剧之后而出现的，它其实是悲剧的一种变体、一种滑稽式的模仿，是一种成色不足的悲剧形式；或许是出于对情感用力过度的厌倦，悲情便给笑留下了一席之地。然而实际上，我们或许应该朝着相反的方向理解：在剧院里面，人们一开始笑出来，是因为他们所面对的仅仅只是一场简单的演出而已，并不具备什么可靠的现实基础；接着，大家的笑声会渐渐消失，他们毕竟不可能把所有的时间都花在笑上面。在这之后，观众们似乎就学会了"好像"的艺术，他们会表现出一副对舞台上的言行举止无比当真的样子；再然后，所有人就会向这种认真的情绪中注入真实且深刻的情感。这时，观众们就体会到了柯勒律治所说的"暂时的信以为真"的力量了。喜剧绝不是一种退化的悲剧，相反，悲剧在某种程度上却是一种喜剧——观众们首先会强忍住不笑，直至最终将笑忘记为止。

那么，我们所知道的有关戏剧在古希腊时代的历史起源的知识，能否帮助我们印证上述猜测呢？说实话，我们所掌握的相关知识依旧是不完善的，也多少具有一些猜想的成分在里面。[1]我们唯一可以确定的是，戏剧的起源地是希腊雅典，而更确切地说，公元前6世纪时流行于那里的狄俄尼索斯[2]狂欢仪式就是当代戏剧的缘起：它催生出了两种彼此竞争的演出形式，一个是喜剧，另一个则是悲剧四部曲（每个四部曲都包括三出悲剧和一出林神剧）。对于这所谓的林神剧，我们其实所知不多，仅猜测的话，可能就是将狄俄尼索斯的神话故事以及诸位森林之神们统统搬到了舞台上来吧，当然，其演绎形式可能要比前面的悲剧故事显得欢乐和不羁许多。至于悲剧，亚里士多德在《诗学》中曾反复提到过两个在部分程度上互相矛盾的传统：一方面，悲剧起源于古希腊时代的酒神赞美歌，而喜剧则起源于对"生殖崇拜"的唱颂（这也是狄俄尼索斯狂欢和森林狂欢的源头）；另一方面，悲剧本该以"简明的故事和滑稽的语言"为特质，只不过"很久以后，人们赋予了它完全的庄重"[3]。

---

[1] 该观点可在如下著作中查询：让·夏尔·莫雷蒂，《古希腊时代的戏剧和社会》，巴黎：口袋书出版社，2001年。
[2] 狄俄尼索斯，古希腊神话中的酒神，奥林匹斯十二主神之一。——译者注
[3] 亚里士多德，《诗学》，巴黎：口袋书出版社，1990年，第90—91页。

第六章
模仿的笑

不过这种矛盾性是可以克服的。我们知道，所谓的酒神赞美歌其实也是一种抒情的演出形式，领唱者（既是唱诗班的头领，同时也是主唱人）会唱出一首包含着某种神话色彩（显然是为了赞美神的）的赞歌，而唱诗班的其他人则会以副歌或叠句的形式来应和领唱：这种形式的起源可以追溯到古时候的叙事诗和赞美词。接下来的问题就是要继续搞清楚，为何这种传统的诗歌体裁最终会演绎成一种专属于戏剧的表现手法呢？对此，我抱有一种猜测，这种猜测所延续的是亚里士多德的路线，不过对于其结论，我本人却并没有什么严谨的数据对它进行确认，也没有什么证据对它进行否定。不管怎么说，我的猜想是，这种跨界的转变之所以能够达成，原因要归结于林神剧所做出的贡献，或者按惯用的说法来说，就是那些滑稽—荒诞的内容所提供的助力，这是其一。其二，鉴于雅典是古希腊社会的民主文明中心，想必这个时代的林神剧也应该是严谨的，能够让人肃然起敬的，直到其最终彻底转变为一种悲剧，或者说，直到它一部分被分割成了喜剧和悲剧，而另一部分——在悲剧的内部层面——则被分割成了悲剧和林神剧。

滑稽的笑就是以此诞生于对现实的呈现过程中的：从上述悲剧的角度来看，滑稽的笑显然是能够被快速区别出来的。根据亚里士多德的名言，悲剧所呈现的是"最好"的人，而喜剧则恰恰相反。对于滑稽必然会引起的这种丑化的效应，我之前已经说过，我是持负面看法的。但反过来，我们也要承认，悲剧确实是一直致力于让其人物显得理想化的，同时也让他们的作为显得英雄化（或者至少是风格化），以此来达到某种效果；喜剧则注定是与现实主义投缘的，这也是悲剧与喜剧之间的一个区别所在：正因为如此，17世纪时人们口中的"滑稽小说"指的已不再是与笑有关的作品了，它们所指的实际上只是那些以普通人为主题的小说（资产阶级或普通民众）。

然而，想要让笑存在，就得同时有现实和非现实的元素。在呈现的场景背后，观众们应当做到能够辨识真正的现实状况，但这也只能是在"呈现"的背后而已。要知道，如果一定要在呈现在自己眼前的画面和真正的现实之间做个对照的话，我们就做不到将二者混同在一起了：这是滑稽所特有的距离感，因为它本就是人为制造的，并且还是以挑衅的方式所展现的。波德莱尔曾发表过有关"超自然主义"的论述，我们在之前的一章中也回顾了各种能够令观众们产生人为造作感的手段，尤其是夸大和唐突。不过，对于喜剧演员们口中那些明显被编造出来的段子来说，千万不要以为它们只不过是一种旁系效应而已，即由最粗俗的滑稽手法所制造出来的旁系效应。事实恰恰相反，它其实是各类滑稽手法要达成的第一目的：我们之所以会笑，是因为舞台上的鼓乐齐鸣都是假的，而正是观众们这种松弛的心态才为笑提供了动力。

只要是在舞台上，观众们看到的或多或少都是假的：是的，舞台的滑稽（戏剧或是电影）会因人为创作程度的不同而彼此相异，这要看它所呈现出来的虚构情节是否遵从逼真的原则，或是恰恰相反——这些情节将虚构的手法和程式都一一暴露给观众，以显示出一种不在乎。所有的喜剧形式都可以以一个唯一的轴心被归结在一起，按照这个轴心，存在着对立的两极。其中的一极是一切纯粹的乐趣：观众们知道自己正处在一个完全不真实的环境中，他们也会毫无顾忌地徜徉在这欣快的放纵状态里。针对这

第六章
模仿的笑

种滑稽的不真实感,我们可以区分出三种变体:滑稽的笑(以大众滑稽、中世纪的闹剧、美式欢乐剧和即兴喜剧为代表);荒谬的滑稽(在法国,以罗兰·杜比亚尔[1]和雷内·德·奥巴尔迪亚[2]为代表);狂热的幻想(在布莱克·爱德华[3]于1968年执导的电影《酒会》中达到了巅峰)。另外一极则是所谓的现实主义喜剧。在这种表演形式下,观众们不会见到过于造作的荒诞行为,剧情也都是按照现实生活的规律展开的,只不过随着情节的发展,观众们能够感受到一种迅速的、轻盈的和无忧无虑的快乐,他们会不禁臆测,也许没必要把这些剧情看得过重,甚至都没必要把它们当真。自19世纪起,滑稽剧在巴黎的大道剧院内声名鹊起,而它就是笑的这种欣快功效的完美例证(但这种欣快却让人们开始怀疑滑稽是否是一种人工的毒品):即使是那些通奸的人,那些阴险的诡计,甚至那些杀人犯们,他们在剧中都会相安无事,也不会遭受到任何的惩罚,因为观众们此刻都好像在被一台制造惬意的机器驱动着,那就是剧中的那些"灵光妙语":借助于"灵光妙语"的使用,编剧可以暂时中断观众们的想象,转而将自己真实的所思所想告诉他们,就好像是让他们额外地分一下神一样。除此之外,它还能再次强化一个观点:即便是最为戏剧化的情境,归根结底也都可以总结为几句经典名言,而这些情境为它们提供了妙手偶得的机遇。

---

[1] 罗兰·杜比亚尔,法国著名作家、剧作家和喜剧演员。——译者注
[2] 雷内·德·奥巴尔迪亚,法国剧作家、诗人、法兰西文学院成员。——译者注
[3] 布莱克·爱德华,美国著名导演、剧作家、制片。——译者注

无论效果强烈与否，由喜剧在戏剧呈现和现实之间所制造出来的这种失真，证实了滑稽本身的双重性，对此我也已经分别以"游戏的滑稽"和"嘲讽的滑稽"进行了命名。"游戏的滑稽"是出自戏剧的编剧体系自身的，它同样源自其所展现出来的那种想象的虚幻，以及各类操作手法的巧妙性。而"嘲讽的滑稽"则不然，它会超脱出戏剧程式的框架，以此来直面被嘲讽的现实世界。事实上，如果说哪部滑稽作品不包含任何"嘲讽的滑稽"的因素，这似乎是不可能的，它们只不过是不那么明显罢了。我们都还记得《莫班小姐》这部完美的舞台剧作，它实际上就是一部饱含着彻底的荒谬和艺术狂热的作品。但如果真如戈蒂耶本人在其著名的前言中所说的那样，这一切都是他提前设计好了的话，这也是出于他本人对那个时代的仇恨——在当时，在戏剧创作领域占主流的一直都是对作品功利性的乏味崇拜。"一所房子里的最重要的房间是厕所"[1]（要知道在 1835 年时，能把如是言论写出来并公之于众，的确是非常需要勇气的）。戈蒂耶并不希望让自己的戏剧变得如厕所一样气味污浊，也不希望用滑稽创作中的优雅审美来勉强掩盖住日常现实生活中那些最为污秽的讥讽：任何滑稽的笑都包含两个方面，游戏的和嘲讽的（比重各有不同）。

---

[1] 泰奥菲尔·戈蒂耶，《莫班小姐》前言，收录于《长篇、中篇及短篇小说集》第一卷，皮埃尔·罗布雷耶发行，《七星文库》，巴黎：伽利玛出版社，2002 年，第 230 页。

I 或是 Y[①]：嘲讽（satire）或是林神剧（satyre）？

"嘲讽"（satire）这个词是日常生活中的常用词，然而实际上，这个词所指的却是两个完全不同的传统意思：一方面，它指古希腊戏剧中的林神剧（satyre），而另一方面才是这个词的现代本意，并且它的词源还是来自拉丁语的（satira 或 satura）。古希腊的林神剧充满了神话般的、放纵的幻想的意味（所谓的"林神"的说法也正出自此，他是生着羊角及羊蹄的半人半兽神，而这个神对于性的执念也是众所周知的）；而嘲讽（唯一真实的意思）从词源上来理解的话就是一个大杂烩[②]，引申为拉丁时代针对时下的恶习所进行的各种批判的大集合（尺度迥异，也因为这样，才和各种食材的大乱炖有几分类似），但它与古希腊林神的传统事实上毫无关系。换言之，充斥在林神狂欢时的那种伤风败俗的气味，在嘲讽的这道大杂烩里是没有的。毫无疑问，这两个分别代表着古希腊和拉丁时代的词是完全独立的两个词，然而要注意到的是，它们很快就被混同到一起了。哪怕到了 19 世纪，人们也还在为这两个词（satire 和 satyre）的拼写问题苦恼，并且"嘲讽"（satire）这个词也总是包含着明显的与性有关的含义（指放荡、淫秽之意）。就这样，这两个词算是

[①] I 或是 Y，分别代表 satire（嘲讽）中的"i"和 satyre（林神剧）中的"y"。——译者注

[②] 在拉丁词源角度，嘲笑（satira 或 satura）原指各种蔬菜、各种食材的杂烩。——译者注

被彻底地混为一谈了。不过，鉴于"嘲讽"（satire）是拉丁时代考究的贵族诗歌中的一种主要表现形式，我猜测在官方的说法中，他们一定会尽可能地让这个词的意思同"林神"（satyre）保持距离，以便还给它最纯净、最为妥帖的本意，尽管它的原意通常都是被玷污了的。简单说来，"嘲讽"将笑视为一种武器，以便在一场关乎道德的论战中针对各类恶劣行为（道德的、政治的、文化的等）进行攻击。只要它能引人发笑，那么所有的武器对它而言就都是正确的：比如它可以嘲讽别人毒舌、言而无信，同时，只要你愿意，你也可以嘲讽别人粗俗、污秽、淫荡——所有这些弗洛伊德所提到过的倾向都可以成为你的笑料，我们甚至还可以对那些酒后乱性的林神们（satyre）进行嘲讽（satire）。

同"滑稽"一样，"嘲讽"这个词有两个不同的释义，一个是狭义的，一个是广义的。最开始，"嘲讽"是一种受众有限的诗歌体裁（讽刺诗），它以调侃的方式对某种社会现状进行讽刺（基本上都与道德方面有关，所针对的也是个人的或者是群体的行为）；能够驾驭这种诗歌体裁的人是那些拉丁诗人，比如贺拉斯[①]和尤维纳利斯[②]（前者以言辞儒雅而著称，后者则相反，他的言辞是相当激烈的）。不过，我们这里的"嘲讽"所指的其实是它的外延概念，范围包括所有的文字作品和演讲内容，甚至还包括所有能够引起嘲讽行为的文化现象。因此从这个角度来说，"嘲讽"还应当包括

[①] 贺拉斯，奥古斯都时期的著名诗人、批评家、翻译家，代表作有《诗艺》等。他是古罗马文学"黄金时代"的代表人之一。——译者注
[②] 尤维纳利斯，古罗马诗人，作品常讽刺古罗马社会的腐化和人类的愚蠢。——译者注

第六章
模仿的笑

戏剧（莫里哀伟大的喜剧作品就是纯嘲讽式的作品）、小说（比如巴尔扎克和他笔下可笑的小资系列）、电影，以及报纸上的各类文章——别忘了，当然也包括几乎全部的幽默小品和讽刺画。

嘲讽会通过某种形式，对某个对象自身的缺陷进行滑稽般的呈现（或者说是描绘）。但同时，除了冷嘲热讽之外，进行嘲讽的人还会给出一个有关行为标准的建议（社会的或是道德的），并且多少都有些直截了当的意味，而这个标准就是他对别人的行为进行评判的依据。这样看来，这等于是在搞笑的模仿之外又给出了一个严肃的意见以供讨论。莫里哀的喜剧就总是扮演着这样的"说教者"的角色，它肩负着向剧中的其他人物，尤其是观众们阐释什么才是真正的道德标准的责任：比方说《恨世者》里的费南特，《伪君子》里让有情人终成眷属的桃丽娜（玛丽安娜的侍女）和克莱昂特（奥尔贡的妻舅）。然而在波德莱尔的眼中，正是这种严肃的道德主义让"有意义的滑稽"变得令人难以忍受：我们必须要承认，既要让别人笑出来又要显得高高在上，会引发真正的矛盾，而滑稽在这种矛盾之下几乎难以取得成功。最可笑的嘲讽因此只能是那些没什么说教意味的嘲讽。蒙提·派森剧团在1979年创作的电影《布莱恩的一生》[①]从宗教的角度提供了一个欢乐十足的版本，不过在现实生活中，除了那些反宗教的题材外，实际上能起到说教作用的话题是少之又少的。于是，嘲讽随即转为了简单的滑稽模仿。确实，对

[①]《布莱恩的一生》，又译作《万世魔星》，是一部1979年的英国喜剧电影。由英国幽默团体蒙提·派森（巨蟒剧团）编剧及出演，可说是恶搞喜剧的先锋之作。——译者注

163

于那些针对其他人的缺陷而进行滑稽表演的嘲讽式演出来说,它们几乎都含有滑稽模仿的成分。滑稽模仿在这里的作用就是为了强化嘲讽的攻击性。那么什么是滑稽模仿呢?接下来我们就对此加以讨论。

滑稽模仿

同滑稽(有时候指的是喜剧的笑,有时候指的是广义上可笑的事)和嘲讽(要么是一种特殊的文学类型,要么就是一种不区分类型和形式的嘲讽演出)一样,滑稽模仿也可以分别从两个不同的角度来理解,即特殊意义和普遍意义。[1]

"滑稽模仿"(parôdia,从词源角度理解就是"同步的歌唱")最初指的是在一个滑稽而又轻快的语境里不断进行重复的手法,而这些被加以重复的内容通常来自另外一些文风严肃的诗歌(尤其是史诗)。这实际上是一种引用的手法,是基于文章之间那种可以说是无穷无尽的联系性而发生的,而这恰恰又成了它存在的一个难点,毕竟你所引用的词句可能都是别人用过的内容,尤其对于文学创作来说更是如此。在那些包罗万象的书本里,上面的每一句话都

---

[1] 关于针对滑稽模仿的大量相关定义,参见达尼埃尔·桑苏,《滑稽模仿关系》,巴黎:科尔蒂出版社,2007年。

能让我们联想到不下十个的可能的出处,因为它们所使用的词句都太像了。很显然,这样的引用在任何情况下都是徒劳的:没有任何一个句子可以是全然一新的,它们只不过是借用了别人曾经说过的话而已。

杰拉尔·杰内特[1]甚至认为,滑稽模仿并不是在其原型之后出现的,而是伴随着它的原型出现并与其并行发展的,就仿佛是原型内容的一个"超文本"一样(被复制的文本被称为"原文本",而复制后的文本被称作"超文本",由此,"超文本关系"指的就是两者之间的这种复制性的关联[2])。菲利普·哈蒙说所有的文学内容都是具有讽刺性的,而我们也可以这样认为:之所以说它们具有讽刺性,是因为它们在本质上都是具有滑稽的模仿性的:讽刺和滑稽模仿之间绝不是毫无关联的,我们必须要承认引用的这种强制性特征。不过,我们仍然需要弄清楚的一点是,引用是何时变得具有滑稽模仿效果的?或者说,究竟是怎样的条件才让引用的做法最终激发出了笑声呢?在后现代主义的视角下,我们可以认为,一切事物都具有滑稽模仿的特征;或者,我们也可以朝着相反的方向,试着径直划分出滑稽模仿的界限:杰拉尔·杰内特在其专著《隐迹纸》中着了大量的笔墨进行了论述,并提出了"二度文学"的概念。由于杰内特本人在文学理论领域拥有绝对的影响力,上述理论概念也就成为人们在研究滑稽模仿时所参考的主要依据。事实上,滑稽模

---

[1] 杰拉尔·杰内特,法国文学理论家,结构主义运动的倡导者。——译者注
[2] 本书内所有关于杰内特相关理论分析的内容,均出自《隐迹纸——二度文学》(巴黎:瑟伊出版社,1982年)一书。

仿在杰内特理论体系内所扮演的角色与伯格森所理解的笑是等同的：鉴于我所认同的滑稽模仿的概念是一个极其大的概念，最好应该先花一点儿时间就一些我所反对的观点做一个简要的反驳。

  杰内特所器重的基本研究工具就是"双入口表格"。通过这个表格，他可以依据两个交叉的标准对同一个系统内的元素进行分类，并且会以有些抽象的方式对一些理论的方格加以定义，而至于这些方格内的内容，则需要通过对具体事例的观察才能够进行填充（但也不是必需的，如果观察到的情境不足以提供可填充的内容的话，也可以就这样空着）。关于前面提到过的"超文本关系"，依据杰内特的方法，我们需要对两个标准加以区分：一方面是"超文本关系"的类型：我们要么对具体的文字内容加以转换，要么就对某个类型进行模仿；另一方面是"体制"（式样或风格）：模仿（或转换）可以是游戏的、嘲讽的或严肃的。这样一来，我们就在这个表格中得到了六种不同的情况：

关系 / 体制	游戏的	嘲讽的	严肃的
（对文字内容）变形	滑稽模仿	乔装	搬移
（对某种类型）模仿	戏仿	丑化	虚构

  通过表格可以清楚地看出，滑稽模仿（游戏的变形）只占到了其中六分之一的内容，并且其相对值得关注的部分都涵盖在了"戏仿"（游戏的模仿）和"嘲讽"（包括有"乔装"和"丑化"两部分内容）这两大块。"滑稽模仿"纯粹是一种对于原型所做出的游

戏式的变形（杰内特举例说，布瓦洛[①]笔下的《头发蓬乱的神父》就是对高乃依《熙德》的滑稽模仿）；而"戏仿"（在游戏的模式下）则是以对模特进行最大化模仿为乐（一如普鲁斯特那样）；至于"乔装"和"丑化"，它们分别属于变形和模仿，意在对某一模特进行嘲讽（杰内特所举的例子：斯卡龙[②]的《乔装的维吉尔》，雷布克斯和穆勒[③]的《以怎样的方式》；最后，严肃的"变形"和"模仿"则是看上去显得有些幽灵气息的两个分类，它们选择了用"搬移"和"虚构"作为其表现形式，并且分别以托马斯·曼[④]笔下的《浮士德博士》和"帕提西娅"作为范例（还包括其他所有的典型作品）。

在论述的开头，杰内特坚持援引了那个被大多数理论学者认同的有关滑稽模仿的普遍性概念：显然，这种几乎一致的论调形成了滑稽模仿的核心意思，不过，它却无法解释一些自身的保留意见。在此之外，还有一些人坚持要在这同一领域内引入一些跨历史范畴（滑稽模仿）的通用词汇（甚至是一些超通用词汇）和具有历史出处的做法（尤其是乔装、搬移和虚构，它们主要可以追溯到17世纪）。

[①] 尼古拉·布瓦洛－德普雷奥，法国著名诗人、作家、文艺批评家。其代表作文艺理论专著《诗艺》，被誉为古典主义的法典。1684年成为法兰西学院院士。——译者注
[②] 保罗·斯卡龙，法国诗人、小说家、剧作家，以滑稽幽默和辛辣的讽刺文风见长，对莫里哀产生了很大的影响。——译者注
[③] 保罗·雷布克斯和夏尔·穆勒，朋友关系，均为法国幽默作家、文学评论家。——译者注
[④] 保罗·托马斯·曼，德国作家，1929年获得诺贝尔文学奖。——译者注

尤其是，上述表格中所划出的三条界线在我看来都是可以被渗透的，它们其实已经让这些分类的原则变得没什么意义了。第一，关于模仿和变形的关系：模仿对被模仿的文章进行了充分的变形，至少是进行了简单的再造。对此，杰内特也是隐约承认的，因为他自己也提到了"用最有限的变形对文章加以改动"的说法。第二，关于（被变形了的）文章和（被模仿了的）类型的关系：对任何文章进行的滑稽模仿都将触及文章的类型，而对一种文章类型所进行的滑稽模仿都是通过对一篇或者多篇独特的文章进行模仿实现的。第三，关于游戏的和嘲讽的两者之间的关系：这是滑稽的两个趋向，在通常情况下，它们指的都是在同一部作品内进行的补充。

事实上，滑稽模仿与滑稽是高度类似的。一如我们所见到的那样，正是它们自身的模仿效应引发了笑。而在这之后的第二个层面上，滑稽自身所具有的次级特性使它能够在对拟态的笑进行补充（也只能针对拟态的笑）的同时，又不对其本质造成颠覆性影响：模仿或是与现实保持一致，或是从相反的角度对不逼真的特性进行夸大；它要么是游戏性的，要么就是嘲讽性的（当然了，严肃的模仿在本义上就是包括了滑稽的）。而依据同样的原则，我们也会提到滑稽模仿的文字性（或类型性）模仿效应，也这是滑稽模仿机制自身的组成部分。此外，在分析的第二阶段，我们会发现滑稽模仿其实也是会或多或少地对自身的模型加以转变的，并且这种转变不是朝着嘲讽的方向就是朝着游戏的方向进行（在此我就不对严肃的文字性滑稽模仿进行讨论了，因为它并无太大关系）。因此，如果在所有的变体之中，我们试图对其中某一个进行指摘，认为它根本不能被叫作"滑稽模仿"的话，其实也是毫无道理的。

第六章
模仿的笑

如果不考虑前面提到的易渗透性，我认为杰内特这个表格最大的问题就在于滑稽模仿和戏仿的关系上了。其实，它们之间的关系是能够被清楚感知到的，但是这个表格一直在费力地对其进行定性：即便我们不对滑稽模仿进行实际讨论，我们也能够明显感觉到普鲁斯特的戏仿手法所暗藏的笑点。但这是一种什么样的笑呢？要回答这个问题，我们就必须要承认，在戏仿和滑稽模仿之间是存在一种程度上的差异的。不过，难道普鲁斯特从没有对所模仿的人的风格进行过认真的再造吗？那些字里行间的笑到底又去向了何方呢？为了清除这个障碍，我们需要将相关分析转移到一个杰内特无法获取的理论逻辑轨道上，我们不能只是着眼于相关的文字内容，而是应该面对文字背后的历史背景。

与杰内特相反，作为文学史和文学社会学者的保罗·阿隆在其专著《戏仿的历史》一书的开篇就强调了一个核心事实：戏仿首先是与学习有关的实践活动，"它不能脱离教学的历史，因为对相关准则的模仿是它的基础"[1]。在绘画领域，文艺复兴时期的很多画室都会要求学生们先临摹一些知名画作：其实，这对所有的艺术领域来说都是一样的道理，对业界所公认的大师进行模仿，这本就是艺术教学的根基所在。而在人文教学的领域，该方法也同样被系统地引入了进来。几个世纪以来，我们都在向法国的学生们反复地传授修辞和诗歌的写作规则，并且会借助西塞罗、维吉尔和贺拉斯的相关作品选段，让学生们尝试性地去创作一些拉丁诗歌和文稿，直到19世纪时，拉丁文学作品逐渐被收录进法国官方的教育文集。至

---

[1] 保罗·阿隆，《戏仿的历史》，巴黎：法兰西大学出版社，第6页。

此，文学戏仿的黄金年代算是被彻底地开启了。与此同时，各大报纸为了取悦读者，也将此类形式的模仿作品搬上了纸面——就像如今我们在各大视听媒体上对那些模仿演员的所见所闻一样。对此，我就举两个比较知名的例子吧：从1908年起，普鲁斯特就开始在《费加罗报》上刊登一系列知名作家的戏仿文章（巴尔扎克、福楼拜、米什莱、勒南、圣西蒙、龚古尔、夏多布里昂等）；而在同一时期（1908年至1913年），两名作家记者——保罗·雷布克斯和夏尔·穆勒也出版了全部三卷的《以怎样的方式》。该作品可谓是在一战战前最为大卖的畅销书，并且也让年轻的出版商贝尔纳·格拉赛特赚得盆满钵满。

就这样，一代又一代的法国初中生和高中生们开始了对该类风格（《以怎样的方式》）文章的认真试笔，直至完全取代了其他的模仿练习。第三共和国时期之所以会有大量的文学戏仿作品出现，正是因为在当时的学校教学中存在着这样的写作练习。对此，当时的作家们和读者们都是再熟悉不过的——作家们会以对其他作家的作品进行再现为乐趣，而读者们则乐于在阅读的过程中发觉出这样的手法。我们不妨想象一下，对于一个知名作家而言，创作出一篇戏仿的作品代表着什么：正如我在脑海中第一时间想到的那样，他会当自己是在扮演一个学生，只不过自己所面对的不再是那些文章和书本，而是需要根据艺术的准则来发表一篇论述。普鲁斯特会认认真真地以福楼拜和龚古尔的文风在进行写作，不过他的乐趣并不在于对这些知名的大作家进行模仿。相反，他乐于对学校里的那些文学戏仿的临摹实践进行滑稽模仿。因此产生了一个非常奇怪的悖论现象：一篇严肃的戏仿文章可以包含对戏仿本身所进行的滑稽模仿的成分，毕竟滑稽模仿的效应并不来自戏仿在"原文"和"模仿后的文字"之间所建立起来的（超文本）关系，相反，它实际上是基于戏仿者本身的文化身份和他在校期间的写作实践之间的不适宜性的。以此，我们得到了第一个结论：脱离开具体的学习背景，任何公开的模仿行为都或多或少属于滑稽模仿的范畴。更加宽泛地讲，亚里士多德在其《诗学》一书中已经指出，模仿本就是人在孩童时代所具有的一种先天的倾向：对任意一个滑稽模仿者来说，无论其行为具有怎样的本质，也无论他所针对的对象是谁，模仿的乐趣——大都是无意识状态下的——部分程度上是建立在一种返祖的乐趣之上的，即重新还原已经过去的孩童游戏年代。

戏仿的问题说完了，接下来还要聊一下有关文学层面上的滑稽模仿的问题，对此，我对有关它的宽泛理念是非常认同的。1994年时，专家学者达尼埃尔·桑苏就提出过一个扩大化的概念："滑稽模仿是对某一独特的文字内容所进行的游戏的、滑稽的或嘲讽式的变形。"[①]尽管如此，上述表态中的"变形"和"文字内容"这两个概念对我来说仍显得过于限制化了。我更倾向于这样来定义："（文学角度的）滑稽模仿是对某种特殊形式的文风所进行的模仿，它在一定程度上是变形的，在一定程度上也是部分的、明确的、滑稽的、游戏的或嘲讽的。"无论模仿的忠实度如何，滑稽模仿总是具有模仿性质的；它或是对某一篇文章的全文进行模仿，或是仅选取其中的部分字句进行模仿；模仿的对象也不会被完全地披

[①] 达尼埃尔·桑苏，《滑稽模仿关系》，巴黎：科尔蒂出版社，2008年（1994年初版），第104页。

露出来,尽管读者们可以从中看出部分端倪(比如说一些怪异的风格、一些笔调的中断);滑稽模仿的笑完全是游戏娱乐的产物(这也是戏仿者自身乐趣的成因),它同时也是文字滑稽或纯粹的嘲讽意图的产物;而滑稽模仿的对象则是"文风",在这里,"文风"的概念指的是任意一种体裁、类型或风格。

不过,如果说1900年的初中生们所模仿的还是拉布吕耶尔[①]或夏多布里昂的话,那么在今天以媒体为核心的主流文化的环境下,大家所滑稽模仿的对象就变成了体育明星、知名歌手、著名演员或政治人物,换言之,就是那些占据了荧屏的公众人物(一个世纪以来,那些知名的作家们也变成了明星)。此外,我们也可以模仿广告、电影和报纸——说白了就是各式各样的文化产品。在当今社会,滑稽模仿差不多覆盖了社会生活的各个领域,而文学的价值相对而言就减退为了一些轶事,并且它于其中也仅仅只有一席之地而已。一如我将滑稽归为一种模仿效应一样,我们也可以将飘溢在当今媒体文化中的滑稽模仿的余香称为"滑稽模仿效应"——或者直接称其为"无厘头",以此与此前一直说的滑稽模仿加以区别。甚至对电视剧文化中的那些虚构情节来说(对悬念、恐惧和移情等情绪手段的运用),它们也会系统地对(自)滑稽模仿效应加以借用,以此增强同观众们的共鸣。美国百事达影业所出品的电影都会在既有的好莱坞传统风格之中加入一定的滑稽模仿的元素,这样一来,他们既可以满足那些最为挑剔的观众们(或者是高年龄段)的

[①] 让·德·拉布吕耶尔,法国哲学家、作家,以描写17世纪法国宫廷人士、深刻洞察人生的著作《品格论》知名。——译者注

第六章
模仿的笑

口味,也不会丧失对年轻观众们的吸引力(青年人或准青年观众),要知道后者才是他们的主要目标市场。乔治·卢卡斯于1977年执导的电影《星球大战》中就有这样一个著名的模仿场景:来自不同星球的生物们在宇宙的一个酒吧里发生了争执——事实上,这个场景模仿的就是在美国西部酒吧文化中经常见到的打架斗殴的行为,所有的必要元素都被一一复现了出来。

一如我们所提到的那样,模仿的笑是滑稽和滑稽模仿的基础,那么我们也会自然而然地发出疑问:滑稽和滑稽模仿之间的边界和各自的属地到底在哪里呢?在当今时代,对滑稽的人格化运用是一种颇为流行的方法,以至于几乎所有的幽默演员都会在各自的短幕喜剧表演中加入滑稽模仿的部分,并且他们所模仿的对象都是那些名人。而在每个人的生活当中,我们也同样可以对自己的邻居、自己的同事,甚至是自己的配偶进行滑稽模仿(多少都有点儿不怀好意的意味)。同样地,在一场对抗性辩论中(比如说在一场选战过程中),演讲者最常用的武器就是"诉诸人身"(即直接针对对手本身)。此时,他们所发出的挑衅的笑声中也会本能地融入一些滑稽模仿的成分。在此情况下,滑稽模仿也拥有了嘲讽的效果,尽管它与嘲讽之间还是存在三方面的不同:首先,嘲讽具有道德评判的意味在其中;其次,嘲讽会直达深处,并拥有一个普遍的作用范围;最后,滑稽模仿是一种纯粹的模仿行为,它所涉及的是一个人的外表,或是一种特殊的文化现象。

然而,尽管在(嘲讽式的)滑稽和滑稽模仿之间有着清晰的界限,但在具体的应用当中,二者之间的边界却又并不显著。尤其是,在普通和特殊之间的区分通常都是成问题的。举个例子,我们可以对某个知名演员或某部著名电影进行滑稽模仿,这可以是针对个体的,但它同样也可以针对某一类型(对美国西部电影、警察电影或惊悚片进行的滑稽模仿)。因此,我们需要对此加以明确:对电影进行的滑稽模仿之所以能够实现,是因为在电影的基本类型之外,演员们和观众们都会有意无意地在脑海中建构起具体的情景画面。在对西部风格的电影进行模仿时,他们会自发地想象出同约翰·韦恩[1]或加里·库珀[2]一起共戏的场景;而当模仿警匪电影时,他们也会想象出亨弗莱·鲍嘉[3]的经典台词或希区柯克[4]错综复杂的阴谋。总之,大家最后总是能够联想到几个著名的电影人物(当然了,随着扮演角色的不同,这些名字也会发生变化)。巴尔扎克的名作《人间喜剧》就包含有大量的嘲讽和滑稽模仿的内容,在他本人看来,他在作品中所描写的要么是"典型的个体",要么就是"个体的典型"。[5]这种字面上的对称描述与其说

---

[1] 约翰·韦恩,美国电影演员,曾获奥斯卡最佳男主角奖。他是1940年代到1970年代的主要影星之一,以西部片和战争片闻名影坛。——译者注
[2] 加里·库珀,美国知名演员,总共夺得两次奥斯卡最佳男主角奖,以西部电影见长。——译者注
[3] 亨弗莱·德弗瑞斯特·鲍嘉,美国电影男演员,因在《卡萨布兰卡》中的成功出演而闻名。——译者注
[4] 阿尔弗雷德·希区柯克爵士,英国电影导演及制片人,被称为"悬疑电影大师"——译者注
[5] 巴尔扎克在他于1834年11月22日写给伊芙·汉斯卡的信中提到了上述区分并进行了点评:"同样,在《风俗研究》里的应该是'典型的个体',而在《哲理研究》里的则应该是'个体的典型'。因此,我所描写的生活中的类型都是个体化的,而我笔下的个体也都是典型化的。我把思想拆成了碎片,我也把思想拆为了个体。"(《给汉斯卡夫人的信》,罗杰·皮耶鲁发行,收录于《书》集第一卷,巴黎:拉封出版社,1990年,第204页。)

第六章
模仿的笑

是具有信服力，倒不如说是更具吸引力的一种表达：想要将巴尔扎克的作品以上述这两个标准进行明确的分类，似乎是很难做到的；反过来，"个体的典型"在巴尔扎克看来，意味着一个个体必须要与某一类型相联结，反之亦然。这个程式同样可以用来对嘲讽和滑稽模仿的关系进行区分（但是并不能做到尽善尽美）：我们可以将"典型的个体"理解为一种个体化的类型（类型的个体化激发出了想象，即嘲讽的笑），而"个体的典型"则可以被视作典型化的个体（个体的典型化导致了变形的过程，即导致了滑稽模仿的笑）。

最后，我再从最普遍释义的角度对滑稽模仿做一个最终的定义吧："滑稽模仿是对各类充分个体化的实体（公众人物或私人、社会活动、文化创作或文化表演等）所进行的模仿，它在一定程度上是变形的，在一定程度上也是部分的、明确的、滑稽的、游戏的或嘲讽的。"此外，滑稽的创造者也很有可能总是从个人观察的角度出发来创作的——至少其中一部分是。从遗传的角度来看，滑稽模仿的很大一部分内容来自滑稽（说到底，无厘头也只不过是一种自带关键内容的滑稽罢了）；反过来，滑稽也与滑稽模仿一直有着明确的联结关系。它是一种不定目标的滑稽模仿，或者说，我们自发地去掉了它最关键的内容。喜剧之于滑稽模仿的关系，就像普通名词之于专有名字之间的关系。不过在前面两种关系中，笑却是诞生于符号（专有名词或普通名词）及其所指对象（无厘头的或嘲讽的）间明显的双重性关系的：在接下来有关讽刺的章节中，我们还要继续这一话题。

第七章
讽刺（1）：躲闪的艺术

持保留态度

在一次愉快的聊天、一场稍显激烈的辩论，或者小说、电影、广告和传媒中，找不到一丁点儿讽刺的痕迹或者至少是类似的质疑（无论对错），都是绝对不可能的。讽刺是社会生活或文化生活里的盐，它为各类形式的交流增添了别样的风味。除非我们不把它视作集体组织内的润滑油——它能渗入各个零部件，以此保障发动机工作并避免故障发生。之所以这样说是因为，讽刺能提供轻松愉悦自由的氛围（无须担心会引发争执），能够规避直接冲突，以及从而引发的最为严重的后果。如果说得再形象一些，讽刺就是笑的击剑比赛中一柄被套上了皮头的剑。

因此可以说，讽刺大体上是雅士的一种工具。我们可以举一个萨沙·吉特里[1]的例子，这件轶事被最近的一本教科书当成了讽刺的范例。在一间高级餐厅里，一个陌生人凑到吉特里的近前，上来就问洗手间在哪里。面对这样的粗鲁举动，诧异不已的吉特里答

---

[1] 萨沙·吉特里，法国演员、剧作家。——译者注

道："走下这个楼梯，向右转。在走廊的尽头，您会看到一扇门，上面写着'Gentlemen'。尽管如此，您走进去便是了。"[1]不难想象，听到这样一番答复后，与他一起同桌进餐的友人该会发出怎样的会心一笑。很显然，吉特里在这里所借用的是"gentleman"这个英文词本身所具有的双重含义（一方面是指男性，另一方面指的是有教养的绅士）。不过，讽刺却在别处，并非是在这句玩笑话上，而在表述和内涵鲜明的对比中——表面上是彬彬有礼、虚情假意的回答，背后则是愤怒的指责（好像在说："不过是个粗鄙之人！"）。事实上，讽刺就经常被用来减轻或掩饰嘲讽的意图。所有并不"过分"的笑，其实都可视为讽刺。

如果把讽刺定义为，在表面意图和所暗藏的真实意图之间主动创造出来的偏差，那它所涉及的范围是相当宽泛的。在菲利普·哈蒙看来，那就意味着全部的文学领域。这么说也许并不尽然，不过可以确定的是，文学确实具有讽刺性。每一种隐喻手法的运用，每一种风格的效果，每一种文体的独特之处，总之，每个造成作家没有达到直截了当效果的迂回手段，都可能蕴含着引人发笑的第二层含义。这样看来，那些难懂的作家，说得难听点儿是"做过头"的人，必然是能触到爱讽刺的人的笑点的。其实，作家们对于这种拐弯抹角的写作方式所自带的滑稽功效也是心知肚明的，他们也会有意为之。而行文上的晦涩，至少对被公认的佳作来说，也几乎总是

---

[1] 这个小例子（以及其他几个例子）选自弗洛伦斯·梅西耶·勒卡精悍而又实用的短作（《讽刺》，巴黎：阿谢特出版社，2003年，第53页）。

第七章

讽刺（1）：躲闪的艺术

作家们暗地施展讽刺的标志性迹象。马拉美[①]，作为现代派诗人中最令人费解的一员——也正是因为如此，他在生前受到了无尽嘲讽，他就是最擅长讽刺的作家之一，可以说达到了出神入化的程度，几乎无人能察觉，站到了讽刺于无形的顶峰。

至此，我们终于走上了笑的文化中最为坚实的土地：在这里，讽刺占据着排他性的统治地位。更进一步看，我们也会隐约发现，讽刺总是会装出一副对别人的观点无比认同的样子，以此来实现它戏弄他人的最终目的。不过话说回来，任何一种的笑——甚至是最具滑稽性的笑——不都或多或少地具有一些讽刺的效果吗？毕竟滑稽本来就是一种逗人发笑的模仿。因此，我们不会刻意地去隐藏笑，但不管怎样，在笑着的时候，甚至是笑得最具有攻击性的时候，我们其实是不想让局面变得覆水难收的。我们会刻意减弱对他人的攻击意味，这实际上已经非常接近幽默演员的想法了：在笑话别人的同时，我们也会向对方表现出自己只想点到为止的意思，以此来表达自己其实并不想真正地伤害对方的想法。

同样地，滑稽模仿——通过再现他人的形象和风格来让人发笑——也可以被视为讽刺的类型之一，对其他人的佯装说到底就是一种拟态的模仿。反过来，讽刺也同样可以被看作一种滑稽模仿，只不过在这里，模仿所侧重的更多是思维和判断的方式：说白了，讽刺并不具有滑稽模仿的形态，但拥有后者的本质，更何况形态和本质从来都不可能被彻底分开。事实上，滑稽、滑稽模仿和讽刺都

[①] 斯特芳·马拉美，19世纪法国诗人、文学评论家。与阿蒂尔·兰波、保尔·魏尔伦同为早期象征主义诗歌代表人物。——译者注

笑的文明史
La civilisation du rire

同属于笑的范畴，只不过彼此间的程度稍有区分而已。现在我们可以明确一点，模仿的笑之所以会发生，是因为被呈现的事物和呈现的过程本身之间存在着某种双重性的效应（也可以称作"失真效应"）。在（舞台的）滑稽中，这种双重性是由滑稽演员所体现的，他们既是演员个体，也是剧中的虚构人物。而在滑稽文章中（无论是否有关戏剧），这种双重性则又表现在了由作家所创设的一对正反搭档及他操纵的虚拟人物之间（或者更宽泛地说，是作家所构建的那个虚拟世界）。然而就滑稽模仿来说，它反倒只要一个人便够了，但这个人代表了两个层面，即他自己和他所滑稽模仿的对象。至于讽刺的人，他所代表的只有他自己，并且在严格意义上，他并没有模仿任何人。不过，他可以通过其他人的意见来表达出自己的观点。总之，从滑稽到滑稽模仿，最后再到讽刺，（呈现式的）笑在上述三种情况中展现出了两个不同的侧面，令我们愈加感到迷惑。

现在，是时候谈一谈这两种最接近于讽刺的笑的形式了。

首先是嘲讽，我们可以将它看作一种间接的批评：嘲讽者通过对真实的社会现状或道德现状进行滑稽呈现，自然而然地让读者们或观众们对此进行批判。这就是讽刺者的惯常手法：将自己置身于对手的位置，以此来让对手大步地走向失败——不需要任何无用的武力手段，因为在讽刺者和对手之间是不存在真正意义上的冲突的，甚至于对讽刺者来说，他可能连真正公开挑明了的对手都没有。这样看来，嘲讽是不会吝惜于讽刺手段的运用的，它多少都会将其大量投入使用。正是因为如此，在莫里哀的《贵人迷》中，我们可以看到芭蕾舞场景、爆笑场景（比如将汝尔丹册封为"大玛玛

第七章
讽刺（1）：躲闪的艺术

姆齐大公"的荒诞桥段①）和对贵人阶层最辛辣的讽刺之间的不断来回变换。然而戏中男主人公的无限虚荣心之所以能够在观众当中成立，是因为充斥在戏中的讽刺手法让这种虚荣心变得十足可笑，甚至让人有了些怜悯的感觉。总之，讽刺削弱了嘲讽的意味，并让剧中的人物更加人性化。特别是，它让观众们和隐藏在剧幕之后的讽刺家也就是剧作家产生共鸣。

而在"灵光妙语"的形成机制及笑话的历史中，讽刺的身影则更为明显。原因很简单：讽刺者先会进行一番看上去平淡无奇的陈述，直到突然间一个意外的因素引起了爆笑，迫使大家不得不对他刚刚进行的陈述重新理解一遍。由此引发出的笑也是异常的激烈，因为笑点藏得很深，而笑点越深，它所制造的反作用力就越是强劲。（不然，所谓的笑话就成了"电话"，也就产生不了任何的"笑果"了。）举个例子，幽默作家阿尔丰斯·阿莱曾以冷冰冰的官员口吻或者说是一番科普的语调讲道："统计表明，军队的士气在战争期间会升高。"情况或许真的是这样的，但此番话意在揭示的，却是战争悲剧的真相；再举个例子，米歇尔·奥迪亚尔②也曾以黑色幽默的方式说道："那些杀人犯的头，我们只能在收尸的篮子里面才能认得出来，即便如此也都还说不准呢！"在这句阴森

---

① 在《贵人迷》中，家财万贯的汝尔丹一心想挤进贵族行列，过上流社会的生活。他附庸风雅，筹备晚会，面对艺术又总是出尽洋相。他坚持要女儿嫁给一位贵族，但女儿爱上了英俊的克莱翁特，因此遭到了汝尔丹阻挠。于是克莱翁特化装成土耳其王子去求亲，并赐汝尔丹"大玛玛姆齐大公"这一虚构的爵位，使得汝尔丹欣喜若狂地把女儿嫁给了他。——译者注
② 米歇尔·奥迪亚尔，法国著名喜剧导演，以机智幽默闻名。——译者注

森的话中，讽刺的手段被用在了最后加上的这半句之中（"即便如此也都还说不准呢！"），简单直接地提示人们这里还是有区别的。事实上，之所以说那些行刑台下的篮子里的脑袋有可能不属于杀人犯，是因为有很多被处刑了的人其实并不是杀人犯，而纯粹是被冤枉的。最后一个例子：奥斯卡·王尔德曾对英国绅士社会中的社交技能如此评价："在英国精英阶层，最有用的技能就是在打哈欠时紧闭嘴巴。"① 我们很难不怀疑王尔德是在真心称赞这所谓的技能。

　　王尔德展示出了冷笑话的技能，并且他也有充分的理由去对所谓的"英国精英阶层"施以憎恨。然而，讽刺也是具有局限性的，即讽刺的意图只能在结合具体语境的条件下才能够被感知到。由此，弗洛伊德用一则轶事举了一个极佳的"应答巧思"的例子：有一天，一个爵爷把自己的一个下人叫到了跟前，原因是这个下人跟自己长得太像了，这让他很是吃惊。他问道："你的母亲过去是不是在我们家的城堡里干过活？"下人回答道："不，殿下，我母亲从来没有来过，不过我父亲倒是来过。"② 很显然，这句话里的弦外音按当时的社会观念来说无疑是令人无法接受的，因此这句回复对这位大老爷而言显得无比的沉重。不过对这个下人来说，他究竟是想讽刺一下自己的主人呢？还是只是天真地问什么说什么呢？不管怎样，即便当年的女主人真的和一个普通的农民发生了什么风流事，也不是这位下人的错。不过，为了让这一番对话听起来像真

---

① 除非特别注明，本章中所有的事例都引自《灵光妙语词典》，雷蒙·加斯坦，巴黎：口袋书出版社，出版日期不详（一说于1991年发行）。
② 西格蒙德·弗洛伊德，《诙谐及其与潜意识的关系》，德尼·梅西耶译，巴黎：伽利玛出版社，1988年（1905年初版），第141页。

的，它似乎是有些被刻意雕琢了：若果真有些讽刺的味道在里面，我们可能要感谢的也是那个把故事进行了"再加工"的人，而不是故事中的人物。因此，即便弗洛伊德把这个故事讲得像真的一样，我们也不知道它的出处到底在哪里，因为他并没有说明。

事实上，即使讽刺减弱成一种普通的形态或者一种隐约的怀疑，我们也能够从哪怕是一丁点儿的弦外音中发觉出来，这样的话，讽刺的概念恐怕就变得不再可靠了。关于这一点，我们接下来会稍加笔墨以做探讨，不过在这之前，我们先要明确它的两个界限。

首先，讽刺会用一个意思对另外一个意思进行替换：当我们想着 B 的时候，我们的口中会说着 A。尽管如此，我们肯定是有着明确的想法的。在一场瓢泼大雨中，我们反而会说"天儿不错啊！"，这实际上隐藏着我们心中最真实的想法"这是个什么鬼天气！"，只不过表达的方式比较讽刺罢了。对讽刺性内容的"破译"需要以一种"判断式的叙述"来实施，并且越精练越好。而之所以还要"破译"，是因为从定义上看，判断本身就是具有隐含意味的。在莫里哀的《伪君子》中，侍女桃丽娜顶撞奥尔贡（他很明显正在生气，因为他亲爱的达尔杜弗遭受了许多指责）说："什么！您是基督徒，但您居然也发火了！"对于这句台词，我们可以设想出三种不同的解读。其一，既然您这位信仰基督教的人也能发火，那看来所谓的宗教也没什么用。其二，您实际上也不是什么真的基督徒。其三，您看见了吧，一个基督徒也是可以发火的（就像我桃丽娜，我其实跟您一样，也是基督徒！），因此，这位虚情假意的达尔杜弗先生也不是什么好的基督徒，他也只是在作秀而已。在这三种解释当中，我认为最后一个说法是最佳的解读，不过这不是问题的重点。[1]重要的是，我们需要通过这个例子明确一点：即便不知道里面的意思到底是什么，也不会影响我们对讽刺意味的感知（而这也会变得更加搞笑），这也是为什么反讽能成为贬损宗教的最佳武器：宗教的审判庭会试图揣测出其背后的煽动式嘲讽的动机，然而由于缺乏明显的罪状，审判庭也无可奈何。

其次，从结果的角度上看，讽刺总是戴着面具行事的，不过这并不意味着我们察觉不到那些讽刺的动机：在大多数情况下，一个浅浅的微笑、一种奇怪的表达、一句自相矛盾的话（即通常概念所指的"讽刺的信号"）并不会引起人们的怀疑。它们并没有什么秘密可言，它们所包含的，反而只不过是一种具有讽刺意味的赤裸裸的不怀好意而已。杰罗姆·K.杰罗姆[2]曾说过："世上并没有完美的幸福，当你向一位男士出具他岳母的下葬通知时，他肯定会对你这么说。"[3]这句话为什么会显得这么讽刺呢？因为它想表达的真正意思已经很明确了："他岳母的死对他来说其实是件很开心的事情。"在另外一个例子中也是如此。塞缪尔·戈德温[4]曾以老板的口气说过一句名言："我想要的不是那些在我身边唯我马首是瞻的人，我需要每个人都把自己心里的真实想法告诉我，哪怕这会让他卷铺盖走人。"在这个例子中，老板通过这样一句故意的表态，把

---

[1] 弗洛伦斯·梅西耶·勒卡并不这样认为。参见《讽刺》，巴黎：阿谢特出版社，2003年，第26页。
[2] 杰罗姆·克拉普卡·杰罗姆，英国幽默作家，他最著名的作品是幽默游记《三人同舟》。——译者注
[3] 缺少原文出处。
[4] 塞缪尔·戈德温，波兰犹太裔美国电影制片人。——译者注

第七章
讽刺（1）：躲闪的艺术

自己的员工困在了一个进退两难的境地（而这也正是这句话的讽刺之处）：如果员工不说实话，那么他们就要走人；可如果说了实话，那他们也一样要被炒鱿鱼。

在上述两种情况中，讽刺的效果主要基于一种强烈的对比，即讲述者无动于衷的口吻和故事内容的讽刺性所形成的对比，讲述者本人对此还要装出一副毫不知情的样子。因此，这种出人意料的效果所表现出来的因果相悖的特征，在操作层面上看是十分精明的，并且基于以下原因，也是完全能够被接受的："为无为，则无不治。"[1] 不过我们也得清楚，这句话可是出自中国神秘的道学先师老子之口的，因此，要说这里洋溢着讽刺智慧的芬芳的话，恐怕是很难想象的。既然如此，我们是否该放弃对讽刺进行特征描述的尝试呢？语言学者艾琳娜·西米尼修克[2] 曾就当下现行的一些理论进行了细致的甄别，并认为"讽刺并不是一种充分必要的条件，而是一种渐进的、动态变化的现象"。因此，它也不是某种怎样的"概念"，而是一种简单的，且轮廓比较模糊的"现象"。对于这种观点，我所坚持的基本出发点正好是相反的。我认为，我们所使用的每一个词语都应该被定义，否则的话就干脆不要去使用它们。因此，经过了上述的一番曲折后，现在是时候明确讽刺的定义了。

---

[1] 作者在这里引用的是老子名言的法文译文。——译者注
[2] 艾琳娜·西米尼修克，《反响、悖论、假象：讽刺的定义特征》，在"不当的话"研讨日上的发言（阿尔比，2012 年 7 月 11 日）。

笑的文明史
La civilisation du rire

无法被定义的讽刺

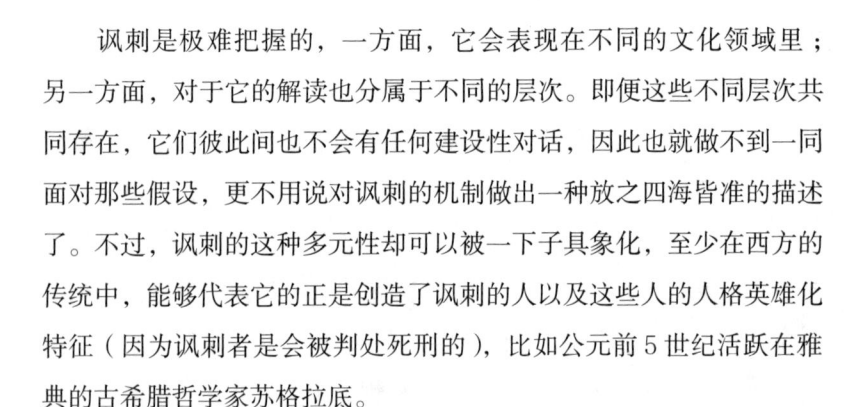

讽刺是极难把握的，一方面，它会表现在不同的文化领域里；另一方面，对于它的解读也分属于不同的层次。即便这些不同层次共同存在，它们彼此间也不会有任何建设性对话，因此也就做不到一同面对那些假设，更不用说对讽刺的机制做出一种放之四海皆准的描述了。不过，讽刺的这种多元性却可以被一下子具象化，至少在西方的传统中，能够代表它的正是创造了讽刺的人以及这些人的人格英雄化特征（因为讽刺者是会被判处死刑的），比如公元前5世纪活跃在雅典的古希腊哲学家苏格拉底。

这就是讽刺最早的样子。在有关苏格拉底的对话中，柏拉图大多会再现出这样的场景：我们知道，苏格拉底一生当中是拒绝留下任何著作的，而对于这位哲学的鼻祖来说，这种"弃权"的方式其实已经达到了讽刺的顶点！就这样，一位诡辩家（或者也可以是其他的对话者，他们相信自己掌握了某种真理，并决定同他人斗智斗勇）真正地迈向了哲学的大门（人们都这样评价他，并且他自己也这样认为），因为在某些理论学说上（最好是道义上），他掌握了真理。苏格拉底承认自己的劣势并且为此而着迷钦佩，总而言之，他有时也会装傻。然后，他会开始抛出一些幼稚的问题，并从中渐渐地发掘出"真实的真相"，而与此同时，他嘲弄的把戏也能让与他对话的人感到坐立难安。言归正传，苏格拉底显然就是一个大智若

第七章
讽刺（1）：躲闪的艺术

愚的人（希腊语：eirôn），即故意把自己扮成笨蛋的聪明人，一如莫里哀笔下的斯卡潘，或者美国经典侦探电影中的那些侦探们一样——他们看上去一无是处，但最后能够把最为错综复杂的案子给查个水落石出。"大智若愚"其实是古雅典喜剧中一种固定的类型[①]：一个滑稽的粗人毫无廉耻地嘲笑别人，并且也不太招人喜欢。不过，苏格拉底这种通过一系列聚焦的问题来让对话人渐渐被自己牵着走的办法，从修辞学（我们今天称为"语言科学"）的角度上看也是服从于一种辩论的逻辑的：对于那些师从苏格拉底的雅典青年精英和演说家们来说，他们的目的就是能够掌握这种沟通的技能，以便使其在日后的政治生涯中为自己所用，要知道在政治生活中，口才和辩术可是头等重要的本领。最后，由不断抛出的问题所显现出来的讽刺同样是建立在一种新式的哲学之上的——在这里，理论的确定要让位于批判的审视和合理的质疑。（苏格拉底曾对此做过一句经典的总结："我只知道一点，那就是我什么都不知道。"）总之，文学、语言学（或沟通的技巧）、哲学：这彼此相近的三者（因为它们都有着相同的语言）一直在不停地对讽刺的广阔领域进行开拓，并且各自都有各自的方式。

我们先从哲学说起。实话说，先有苏格拉底，后有柏拉图，而讽刺最终还是走到了亚里士多德这里，他将讽刺融入了自己的修辞法中。苏格拉底式讽刺哲学真正意义上的复兴（将其奉为神话，并进行了现代化的演绎）发生在德国浪漫主义时代，诸多对立的事物

[①] 菲利普·拉古·拉巴特和让·卢克·南希，《文学的绝对性》，巴黎：瑟伊出版社，1978年，第94页。

得到了完美的综合。在弗雷德里希·施勒格尔①看来："它掩藏并激发了一种无解的冲突导致的情感，而这种冲突是在完全无余的交流过程中，由交流的无条件性和有条件性、不可行性和必要性所引发的。"从此以后，讽刺便脱离了修辞学的范畴。从本质上看，讽刺是本体论的：它彰显了对"存在"的内在辩证法的清晰认知；它告诉我们（以一种必然的碎片化的形式，而这种形式也是应为智慧所借鉴的），事物的存在与不存在是同时的，所有对立的方面也都是共存的，而客观现实的世界也可以在任意一个瞬间被全能的思维所承认或者否认。讽刺所体现出来的是思想的绝对自由性，而与之相对的则是各种抽象的体系，它们会对讽刺设立障碍，或是将其引入另外的方向。讽刺可以同时包含哲学的理想性、道德的强制性和审美的计划性（以片段的形式）。黑格尔认为："讽刺艺术的技巧能够被视为一种天赋，对它而言，每一个存在本质上都只不过是个体的创造，而超然于物外的自由创造者是不会与其相关联的，因为他既然能够创造它，也同样能够毁灭它。"同样的激进乐观主义也可以在《雅典娜》（耶拿派文人圈的刊物）的某一文段中显现出来："一个想法是一个具有讽刺意味的概念，这是绝对对立的绝对综合，是持续的交流，并且由两种对立的思想共同形成。"从这句表述中，我们再次发现了在讽刺与古典时期的嘲讽之间所存在的这种巨大的不同：嘲讽者也在对抗着客观存在的外部世界，不过他对自身所具有的自由性和精神性是不自知的："这一将他与外部性相分离的主

---

① 卡尔·威廉·弗雷德里希·施勒格尔，德国诗人、文学评论家、哲学家、语言学家，耶拿浪漫主义主要人物之一。——译者注

第七章
讽刺（1）：躲闪的艺术

体，从精神的角度来看，还不是一个真正意义上拥有绝对自知的完全体；相反，鉴于它与现实的对立关系，它其实是一个绝对抽象的主体，一个已结束但仍不满足的主体……能够展现出这种对抗性关系的艺术形式就是嘲讽……它所制造出来的既不是真正的诗歌，也不是真正的艺术作品。"[1]

从上述本体论的负面性来看，我们需要承认，德国的浪漫派艺术家对笑是极少涉猎的（但笑是本书唯一的主题），唯一的例外情况可能也就是在蒂克、霍夫曼和让·保罗的短篇小说中所洋溢着的那种迷人的精神幻想了，它其实更多的是一种哲学上的乌托邦，但给后续有关讽刺的理论研究带来了深远的影响。在1936年发表的一篇论文中，法国哲学家弗拉基米尔·杨科列维奇普及了德国理想主义作家们的观点：同黑格尔一样，他认为"讽刺的过程"是通过一种双重的释放运动与"觉察的过程"相伴的，具体来说就是"精神首先要脱离开事物……同样地，精神也要与自我相脱离"[2]。

最后，得益于美国本土的法国理论研究对后现代主义理论学者们（德勒兹、伽塔利、德里达、利奥塔等）的启发，讽刺终于将迎来第二次新生（尽管德勒兹更倾向于将讽刺视为幽默[3]）。在当今世界，我们可以公开质疑任何形式的理性以及文化思想层面上的权威；而在这种情况下，讽刺（更确切地说是与滑稽模仿合在一起的讽刺）甚至变成了自由的标志，尤其是后现代主义清醒的标志。它

---

[1] 菲利普·拉古·拉巴特和让·卢克·南希，《文学的绝对性》，巴黎：瑟伊出版社，1978年，第113页。
[2] 弗拉基米尔·杨科列维奇，《讽刺》，巴黎：弗拉马里翁出版社，1964年，第38页。
[3] 参见让·克洛德·杜蒙塞尔，《德勒兹与幽默》，瓦莱：M-editer出版社，2010年。

甚至还会被反常地视为一种真正的审美要求，并且是所有艺术家和作家都必须服从的硬性要求，否则他们就会丧失入行资格。哲学家们通过援引和操纵讽刺来证明自己的专业能力，并把自己对于意识形态和权威话语的批判精神运用到其中。不过说实话，我并不确定讽刺是否真的能融入当今这种几近于制度化的操作模式——毕竟，过于严肃的讽刺就不叫讽刺了。

基于上述原因，我们更加倾向于接受语言学家们的做法，因为他们所坚持的是一种相对而言更为有限但更能被直接加以运用的判断，直白地表述出来，就是：如何以特殊且独有的方式来识别讽刺性叙述呢？我们可以以一种特定且唯一的言语机制来解释讽刺吗？即使没有那些无穷无尽的理论辩争的细节，这些细枝末节正是由这一双重疑问导致的，没有过度的模式论，我们也能够总结出三类语言学层面的核心答案，这些答案从古时候开始就已经被提出了。

第一个答案在修辞的范畴内，并将讽刺言论视为一种多少有些严格的反相形式。这一概念是公元 1 世纪时（也可能更早）昆提利安在《演说者的培训》一作中提出的，他认为："'讽刺'（拉丁文：illusio）是一种彰显出相反意思的隐喻形式。"[1] 依据这一为所有的传统修辞学论著所引用的定义，讽刺其实就是"口是心非"，即所说的并不是心里所想的，但同时还要让人们清楚自己所想的与所说的是截然相反的。用今天的话来说，讽刺就是嘴里说

---

[1] 昆提利安，《演说者的培训》，让·库赞译，巴黎：佳书出版社，1977 年，第 119 页（第 5 版和第 8 版，第 54 页）。

第七章
讽刺（1）：躲闪的艺术

着"不是 A"，同时还要让人明白，自己心里想的"正是 A"。不过，这一看似十分精练而清晰的定义却远不足以解决所有的问题：首先，它没能说清楚讽刺者是通过何种方法来"让别人明白"自己的想法的（与自己所说的话截然相反的想法），而这一"让别人明白"的过程却又恰恰是讽刺存在的基础。比方说，一个人在撒谎的时候，也是嘴上说着"不是 A"但心里想的"是 A"，但是讽刺者与其最大的不同在于，他必须要向人们透露出自己心里"想的其实是 A"。因此，这种"不是 A"又是通过了怎样的戏法才能被别人"看作 A"呢？为了解决这个真正的大问题，我们需要引入一种"信号"的观念。这里的"信号"与讽刺内容本身并不相关，它的作用其实是对讽刺过程中的欺骗手法进行揭露。昆提利安对此列举出了三种不同的形式："[讽刺]能够被人发现，要么是因为自己主动挑明，要么是因为讽刺者自己的关系，要么就是基于所谈论对象自身的特性。如果一个人说出的话与所处的情境不相符的话，很明显，在这番话所自然呈现出的意思背后，肯定是还有另一番意思存在的。"① 因此，讽刺者是指那些不会说出内心的真实意图（这一点与说谎者很像），但又必须通过额外的信号来提示听众的人。

讽刺者是通过自身发出的讽刺信号来完成讽刺的动作的：这样的结论虽然看上去有点儿累赘，但是我们也必须要接受。不过，反相讽刺的支持者们还要面对另一个障碍，并且在那些与他们意见相

---

① 昆提利安，《演说者的培训》，让·库赞译，巴黎：佳书出版社，1977 年，第 119 页（第 5 版和第 8 版，第 54 页）。

异的人看来，这注定是个跨不过去的障碍。确实，反相的过程是发生在那些最为简单的情况下的。大多数时候，讽刺者口中所说的与他心中所想的并不相反，他只是故意拉开了与所针对的对象的距离，这样就会给人以一种藏有猫腻的感觉，却足以引起人们的注意。1984年，语言学家奥斯瓦尔德·杜克洛从叙事的角度对"反相"自身的语言逻辑进行了细微的区分。他认为："对于某一个说话者L来说，讽刺式的说话意味着他要进行一番叙述，一如要告诉别人某个叙述者E的位置一样，然而我们清楚，事实上说话者L对此是不需要负责的，更不用说L本身就把E看作一个荒诞的存在。"然而此番表述也有一个问题，即在大多数情况下，人们是很难将这个若隐若现的叙述者E给定位出来的，甚至杜克洛自己也专门补充说，他"称之为'叙述者'的这些人，正是那些借助于叙事的方式进行自我表达的人，只不过他们无法说出自己真正要说的具体的字句"[1]。那么问题来了，在老子的那句"为无为，则无不治"中，谁才是那个被讽刺了的叙事者呢？

因此，第二个答案藏在语用学中（相比话语的本质，语用学研究的更多是话语对于听者和读者的作用）。比如说，我们说讽刺者会愚弄被讽刺的对象，他不会遵守语言学家格里斯所提出的那些交谈准则[2]，尤其是合作和诚恳的原则，后者要求每一名说话的人都要诚实交流，没必要声明自己的所思所想都是真的。不过我们也会一下子发现，这样的定义属实有些过于模糊了，因为它无法将欺骗的

---

[1] 奥斯瓦尔德·杜克洛，《说与说》，巴黎：午夜出版社，1984年，第204页。
[2] 参见保罗·格里斯，《交流的逻辑》，《沟通》，1979年第30期，第57至72页。

第七章
讽刺（1）：躲闪的艺术

讽刺、各种形式的掩饰和恶意加以明确区分：为了让语言互动过程中的愚弄行为达到讽刺的效果，就需要假定出一种取笑的意图，或者说就是讽刺。我们再次分析得出的结论是，这是一种被伪装起来的赘述。

对此，语用学是更具说服力的，因为它能够将"为了用（usage）而说的话"和"为了提（mention）而说的话"在语言学的层面进行区分，并以此来对讽刺加以解释。在日常生活中，一个人所说的话通常指代的是真实存在的东西（为了用而说），不过，他也一样可以通过元语言[1]的形式，用这些话来指代话语本身（这就是我们刚刚说的"为了提而说的话"）。比如，如果我说了一句"把海绵递给我"，并且我的意思是真的想要那块儿海绵的话，这就是"为了用而说的话"；不过，如果我的这句"把海绵递给我"是为了提到费尔南·雷诺的那首经典的喜剧歌曲的话，那它这时的作用就是"为了提而说"了。此外，"把海绵递给我"这句话的意思也可以既是想用到那块儿海绵，同时也是想暗指那首歌，此时，"用"和"说"之间就不再有任何的区分了。语言学家丹·斯珀伯[2]和迪尔德丽·威尔森[3]认为，讽刺者会在自己的话中加入一些与自己不相关的内容，并或多或少地重复自己所听到的话，给人造成一

---
[1] 元语言又称"纯理语言""第二级语言"，是被用来谈论、观察和分析另一种语言的符号语言。可以是自然语言，如学习外语时用于解释外文的本民族语言；也可以是一套语言符号，如科学技术术语、学术术语等。被谈论、观察和分析的语言为"对象语言""第一级语言"。——译者注
[2] 丹·斯珀伯，法国社会认知学者、人类学家、语言学家。——译者注
[3] 迪尔德丽·威尔森，英国语言学家。——译者注

种他只是在重复别人的话的印象,就好像只是给这些话加上了引号而已——这也就是为什么讽刺者总是能出口成章,因为他说的都是其他人炒过的冷饭。不过不难发现的是,虽然说这一"重复式的提及"理论能够很好地解释那些讽刺性叙述的话,但它解释不了的情况,甚至是完全不能切题的情况也是屡见不鲜的。

不过,对于这种异议我们就暂且不提了,因为这属于评估角度的问题。斯珀伯和威尔森除了上述观点外,也逐渐对"提及(mention)"的概念加以了扩大,并试图让它的意涵尽可能地变得宽泛。不过,倒还有一个更加棘手的问题没有被解决:"讽刺的提及"和"非讽刺的提及"到底该怎样区分呢?事实上,在行政和法律行文的范围内,各种固定的表达可以说是汗牛充栋,而它们的价值正在于它们所使用的那些一成不变的表述,只不过我们从未想过它们还可以有讽刺的价值。同样地,当一个恋爱中的人对自己所爱的人说出"我爱你"的时候,他/她知道这三个字只不过是一句最约定俗成的话而已,不过他(她)也不怕这样会让自己显得多么的讽刺;相反,他(她)会觉得这种"为了提(mention)而说的话"所带来的庄重性反而会增强它的实用性(usage)。此外,即便他(她)说的话听起来有点儿挖苦的意思(比方说当自己的爱人正在滔滔不绝说个没完的时候,自己只说一句"我爱你"——意思是"说那些干什么呢!"),讽刺也绝不会只出自"为了提而说的"(这是毋庸置疑的),而是成因于另外有待进一步澄清的语言现象或超语言现象。而"为了提而说"之所以能够变得具有讽刺意味,原因也很简单,因为说话的人正在进行讽刺:这又是一种重复的解释。

第七章
讽刺（1）：躲闪的艺术

另一位语言学家——阿兰·博朗多内[1]在1981年时对上述有关"重复式提及"理论的第一番评论予以了回应。他认为，讽刺者并不会与身前身后的评价保持距离，而是会在自己的话中做出一番评论，以此来破坏它的有效性。讽刺具体说来就是"叙述的双重游戏"，其任务就是"一边完成自己的叙述，一边又对它进行反驳"[2]。就这样，博朗多内将语言层面的"反相"与"提及"的效应都融合进了同一个解释当中：讽刺者会对某一个需要反相理解的说法"暗自地提及"。不过，为了让别人意识到该意图，还需要借助一些"讲话时的提示"，即一些故意流露给别人的口头的或非口头的蛛丝马迹（语调、手势、动作等），而正是这些蛛丝马迹包含了全部的讽刺信号。

我们总是会陷在同一个死胡同里：所有有关讽刺的理论都认为，只有在讽刺行为被实施了的前提下，我们才能够将讽刺的实施机制描述出来，这个前提同样也是相关理论分析能够有效进行的基础。然而关于这个前提为什么能存在，理论分析却无法做出解释。对于这个问题，洛朗·佩兰[3]曾对于时下主流的解释展开了深入的研究，并最终认同了"反相机制"的说法，然而即便如此，他也认为讽刺的存在是优先于这种反相机制的："……讽刺的笑话绝不是反相的从属品。从一个人说话的纯字面意思来理解，讽刺的笑话完全取决于说话人所说的内容，并且可以被看作一种说话

---

[1] 阿兰·博朗多内，法国语言学家。——译者注
[2] 阿兰·博朗多内，《语用学元素》，巴黎：午夜出版社，1981年，第215至216页。
[3] 洛朗·佩兰，法国导演、电影编剧。——译者注

笑的文明史
La civilisation du rire

人自己不认同、不接受的观点……绝不能说讽刺的笑话是源自反相的，相反，应该说反相是来自于讽刺笑话的：反相其实是讽刺的一种间接的、次生的结果。"[1] 脱离语言图表来看，如果我们将分析的高度上升到讽刺过程本身，我们便只能够——以多少显得漫长而迂回的方式——通过笑话这个工具来对讽刺加以解释了。它虽然并不属于任何严格的语言描述的范畴，但实际上是讽刺的心理基础。无论怎样，至少在表面上，我们都要同意一点：是讽刺自身引发了讽刺。如若不然，我们便只能在讽刺的效果中另寻它形成的原因了。

为了对这些关于讽刺的条条框框做快速的浏览，我们也只好去回顾一下相关的文学研究了。然而要知道，相比于用心建立起自己的解释模型，那些文学理论研究学者常常涉足的反而是相邻领域的研究成果，这是他们的习惯做法。比如，经典文学史的研究人士通常要到传统修辞学的反相讽刺相关章节中学习什么是想象；而对德国浪漫主义文学作品进行翻译的翻译家也倾向于在译作中大量地留下"浪漫讽刺"的印记，只因为（原因是基本站不住脚的）在"浪漫主义文学"和"浪漫讽刺"之间有一个共同的形容词——"浪漫"。此外，当代的创作爱好者们也会自然而然地拥护后现代主义的讽刺，甚至将其奉为真正的文学的终极标准。事实上，真正做出过大规模理论贡献的学者——至少在法国——是菲利普·哈蒙，而他的身份则是小说研究专家，然而这也并不奇怪。对讽刺进行研究的语言学者总是会从讽刺的最基本形态入手，也就是最常规的讽

---

[1] 洛朗·佩兰，《比喻的讽刺》，巴黎：基枚出版社，1996年，第103至104页。

刺，而这也是最容易进行描述的部分：我同一个人说话，并对他进行讽刺，无论他自己知情还是不知情。相形之下，以第三人称为视角的现实主义小说却是一个最为奇特的对象：在一段语焉不详的内容中——不知道是谁说了这番话，也不知道这番话要说给谁听——既然缺乏明确的论述和任何实际的效果，讽刺又到底在哪里呢？在这无边无际的语言艺术和语言技巧中，只有文学是最需要对那些既具有灵活性又极具表现力的讽刺手法进行理论化说明的，而这也正是本章内容的初衷和目的，同时在接下来的章节中，相关内容还需要进一步延续下去。①

矛盾和对立：讽刺的反相工具

不过，为了能彻底摆脱对讽刺进行重复定义的怪圈，我们就需要借助于一些最没有异议的共性知识，也就是说，要从论述的这一基础机制出发。原则上，讽刺就是一种在两个说话者之间进行矛盾管理的方式，即其中的一个人选择以非直接的方式来显示出自己的不同意见，尽管表面上看他对对方是赞成的。事实上，这个人是不想同对方发生争执的，比方说对方可能是自己的家长、同事或者

---

① 上述理论分析的第一版内容发表于《笑的审美》，阿兰·维扬主编，楠泰尔：巴黎第十大学出版社，2012年，第277至306页。

朋友；再或者，他也可能是不敢同对方发生争执的，比如说对方也许是自己的上级。这样的话，他就必须要让自己说出的话能够掩饰自己心中的不同意见，而这么做要么就是想让这句话听起来不那么刺耳，要么就是想让同时参与对话的第三个人能够接受，或者就是想让自己变得淡定一些。对此，我们还是要回到苏格拉底的例子上来。与那些想尽办法要让对方接受自己观点（有关于智慧、幸福和道德的观点）的演说家们不同，苏格拉底总是会突然地（同时也是讽刺地）表现出对对方才华的仰慕之情，并同时会对自己的无能加以无情的抗议。通过这样的方式，他会将对对手的真正反击一直拖到最后：我们要看到，文学领域内最为复杂、最为冗长的讽刺形式，无外乎都是这一基本对话模型的扩展和变种。

苏格拉底故意装傻，他知道自己是个聪明人。其实，讽刺最明显的特征就是在两个意见之间所发生的反转和替换，这两个意见必须是截然相反的，至少看上去应该是彼此对立的。如果将这一现象直接称为是反相的话，想来也没什么不好，只要它在这里的意义不要过于直白即可。讽刺者嘴上说着A，但心里想着B。通过这样的过程，他便在A和B之间建立起了一种二元对立的关系。至于这个B到底是不是A的对立面，或者说没准儿哪个C、D、E比B更能凸显出上述对立的关系的话，其实是无所谓的：无论在怎样的情况下，为了让讽刺起作用，就必须要确保B能够被真正地视作A的对立方，以此来让这种彼此对立的关系成立。举个例子，白与黑肯定是两种对立的颜色，这不难理解。不过在某些情况下，绿与蓝这两种颜色之间也可能是相反的，比如人们有时候会将"蓝盔部队"调侃为"绿色贝雷帽"（法国外籍军团和海军陆战队的配

第七章
讽刺（1）：躲闪的艺术

帽）——当这些接受过特种精英训练的军人被派去执行普通治安任务的时候。正如语文学家弗休斯[①]在1606年时写下的那样："……在讽刺当中，有时需要被加以理解的似乎不是那个相反的意思，但这被我们认为是笑的定义中的核心部分……如果换个说法重新进行定义的话，或许我们就不会这样挑剔了：讽刺是一种手段，借助它的存在，并通过它所传递的话语，我们可以理解到那些对立的事物。"[②]可以看出，弗休斯也想借此来回避掉那些有关于"反相"概念的没有意义的讨论。与他类似的是，阿兰·博朗多内也曾在奥斯瓦尔德·杜克洛的"论说等级"理论的基础上提出了"相反的论说价值"[③]的观点——说的其实都是一回事。

其次，如果讽刺想要达到其目的，它就一定需要能够被人认出来。换句话说，听者一定要能够看出其中的猫腻，而这首先就需要让他意识到说话人其实是话里有话的（让他暂时满足于此）。紧接着，当说话人正说着B的时候，听者最好能够将隐含在话中的A的意思给复现出来，不过这对于听者来说并不是绝对必需的过程：人们完全可以在无法对讽刺做出精准描述的情况下感受到它所带来的效果。我们甚至还要承认一点，即讽刺通常所招致的只是听者的强烈怀疑而已。此时，听着的人会感到警觉，他会思忖对方真正想表达的是什么：理论学者怀恩·布思曾将此种情况称为"不稳定的

[①] 伊萨克·弗休斯，荷兰语言学家、博学家。——译者注
[②] 伊萨克·弗休斯，《讽刺的修辞》，收录于《诗学》，1978年第36期，第495至508页。
[③] 阿兰·博朗多内，《语用学元素》，巴黎：午夜出版社，1981年，第189页。

讽刺"[1]，以便与"稳定的讽刺"（听者可以很容易地把话里的隐含意思给解读出来）形成对比。总之，对于这些"反话"的觉察——尽管说到底也是一种臆测——正是讽刺最关键的瞬间，可以说讽刺的一切都已被囊括在这个具体的时间点上了。也正因为如此，我们就必须搞清楚，欺骗性的话（至少说话的人并没有完全说出自己真正想说的）究竟是在怎样的条件下才能被部分地揭开其面纱（达到犹抱琵琶半遮面的程度）：为了弄清楚这一点，我们还必须要在严格意义上的"反相"问题上继续做一停留，因为它是讽刺最基本的过程。

事实上，"反相"这个概念本身也是一个被错解的对象，正是这种错解的存在，才导致了所有对讽刺的理解障碍。讽刺的反相是指我们心里想着A但嘴上说的却是"非A"，对此，我们都没有异议。不过，这样的定义却让我们一下子把自己困在了一个无解的死胡同里：如果一个人嘴上说着的不是A但心里面想的是A，那也就没必要再去猜疑什么了——至少，我们已经提前知道了他心里想的不是A，那么在这种情况下，也就没什么好猜的了（就好比我们去观看一场幽默演员的演出，这个演员却装不出严肃的样子来）。这样一来，我们就只能假设讽刺者所说的话是超出于"非A"的，以此才能够提示对方"注意，我可是在开玩笑"（就好像今天发信息时常用的"笑脸"一样）：在这样的状况下，讽刺也就退化成了一种简单的提示，从而也就没有什么意义了。但事实上，讽刺的传统定义的不准确性还表现在另外一个方面：对于一个讽刺者来说，他也可能嘴上说的不是A，同

---

[1] 参见怀恩·布思，《讽刺的修辞》，芝加哥：芝加哥大学出版社，1974年。

第七章
讽刺（1）：躲闪的艺术

时心里想的也不是 A。为了对这种双重错误性加以理解，我们需要回归到引发出反相讽刺的具体语用环境中来一探究竟。

我们知道，命题的逻辑是建立在二元原则之上的：要么是 A，要么是非 A，二者只有一个是正确的。这个原则其实还隐含了其他两个原则：即第三方排他（不存在第三个答案）和非对立性（A 和非 A 不可能同时都是正确的）。然而对于讽刺者来说，他的实际情况却是这样的：他听到了对方对自己说着 A，但他不同对方分享自己的想法。无论是出于怎样的原因——自己不能或者自己不想——他都不会回复对方以非 A，也不会公开地对对方进行反驳。如果他违心地说了 A 的话，他这样做也只不过是在自欺欺人罢了。因此，他既不会说 A——这是他所反对的，也不会说非 A——即便这是他的真实想法，但他也不能（或者是不想）承认。这样一来，他就会选择以一种非直接的方式来表达自己的不同意见。讽刺者不会将自己困在由严格的论说逻辑所制造出来的二元系统的困境当中（即 A 或非 A），而是会采用一种第三方面的说法：他所说的话并不是同自己的想法相"矛盾"的（不是"非 A"，因此是 A），而是"对立"的：讽刺的人并不是通过说着 A 来表示出非 A 意思的人，他所说的实际上是非 A 的对立的意思（"矛盾的意思"的"对立的意思"），并借此来否定 A。换言之，讽刺并不是存在于语言惯常的二元逻辑系统之上的（A 或非 A）；恰恰相反，借助于对"对立"这一手段的运用，它其实是建立在对上述二元性进行否定的基础上的。

有一个例子可以帮助我们来理解讽刺这一狡黠的逻辑原理。有一次，一个演说家将自己的演讲稿交给了苏格拉底并想征求下他的

201

意见（行或是不行）。苏格拉底心想，这稿子是"不行"的，但他没有明说。与此同时，他也不想违心地说这稿子"可以"。于是，他做出了一副陶醉的样子，并夸赞说这位演说家简直是个天才。通过这样的方式，大家就已能够猜到，苏格拉底实际上已经发觉出了这稿子的问题，只不过他没有直说而已。同时，大家也能揣测到，苏格拉底对这个演说家也是持否定态度的——至少表面上猜测是这样。而对于这个正全神贯注等待赐教的演说家来说，他所期待的并不是对方对自己个人的恭维。

由此可见，讽刺实际上是一种变形成反击的防御手段。对一个讽刺者来说，他不讽刺时所抱有的真实想法，实际上并不是一个逻辑命题，而是对一个命题所进行的否定。当他对别人说着 A 时，他心里面想的其实是非 A。不过，他又不能够对对方的观点进行反驳（通过非 A），因为这样做的话也只不过是在对对方的意见（A）进行重复（或加以解释）罢了。这样一来，他就必须要找到一种看上去与自己内心的真实想法（非 A）相左的说法，但同时还要区别于 A：这样的话，他就必须要借助于"对立"这一逻辑手段。

很长时间以来，许多研究讽刺的理论学者都指出了"矛盾"这一概念的缺陷和不足。弗休斯曾说过："显然，它是指与原意相反的意思，但是又做不到与原意相对立：'高于'和'低于'是两个对立的概念，但'高于'与'不高于'是两个矛盾的概念。"[1] 不过从另一方面看，一如洛朗·佩兰在评价弗休斯时所说的那样，我们的认知不能仅仅停留在这样一种简单的区分上，即认为讽刺者所建

---

[1] 伊萨克·弗休斯，《讽刺的修辞》，收录于《诗学》，1978 年第 36 期，第 501 页。

立的"要么是一种简单的矛盾关系,要么是一种相对于自己所说的话来说更为特殊的对立关系或中立关系"①。对于讽刺来说,其实是不存在所谓的"矛盾"或"对立"的:具体来说,讽刺其实是建立在对矛盾和对立所进行的主动融合之上的。

因此,讽刺的方式是多样的。对于一番话而言,与它相矛盾的说法只有一种(也就是对它的否定),但与之相对立的说法却是无穷无尽的。哪怕不受二元性逻辑(A 或非 A)的束缚,讽刺也始终能给人一种二元的感觉。通过另外一个典型的例子,我们就能够体会到这些细微差异的重要性了:当室外正在大雨如注但有人想劝我一起出门的时候,他(她)可以对我说:天气还没有那么差(A);而我也可以实话实说地回答说:天气其实差得不行(非 A)。不过,如果我想稍微讽刺他(她)一下的话,我也可以回复说:天气好极了!这句回复实际上并不是对方的真实想法(他或她也不会想到我能这样说),却是与我心中的真实想法相对立的(非 A 的对立面)。在这里,非 A 与 A 是很像的,但它不是 A。它在意思上可以接近于 A,但实际上超出了 A 的范围:对于正与我对话的对象或是同样在场的其他人来说,他们会轻而易举地发觉出这种意涵上的扩大,继而意识到我其实是在调侃。由此可见,在这里的"A"与这里的"我"所说的话(即 A 的矛盾意思的对立面)之间,讽刺常常是以某种夸大的形式表现出来的,以至于扩张的手法到后来也被普遍认为是一种讽刺的信号。但事实上,夸张只不过是讽刺机制所自带的一种常见的且非自动的效果,并且具体来看,这种讽刺机制也正是

---

① 洛朗·佩兰,《比喻的讽刺》,巴黎:基枝出版社,1996 年,第 110 页。

存在于"矛盾"和"对立"之间的差异上的。关于这一点，我还是要回到刚才的那个例子上来。比如说，当外面正下着瓢泼大雨而我回复说天气很潮湿的时候，讽刺的反转机制在这里依旧是行得通的，但此时它所借助的方式其实是间接肯定而并非夸张。大家会认为我说得有点儿太保守了，但这是另一种夸大其词的方式：通常情况下，间接肯定法就是一种反向的夸张。在任何情况下，在听者所期待的话和讽刺者自己所巧妙替换了的话之间是存在一种量的差异的——要么是多，要么就是少，而正是这种量差的存在，讽刺方能够被人所觉察。因此，反相讽刺的机制或许可以最终被这样表述出来："面对那些要求自己认同 A 的人，讽刺者会说出与非 A 相对立的意思，并且会让对方在 A 与'非 A 的对立'之间感知到为自己所默许的不同意见。"此外，通过制造出一副存在第三条路径的样子（既不是 A 也不是非 A），他也会佯装出暂停使用"第三方排除"原则的假象。

非反相的讽刺

在记住了这些反相讽刺的运作机理后，我们现在谈一谈非反相的常规讽刺。在后者的情况下，对方会首先说 A，而讽刺者尽管心里面想的是非 A，但嘴里说出来的是 B，并且在 B 和 A（或非 A）之间并不存在任何的逻辑关系，至少表面上看起来是这样。

第七章
讽刺（1）：躲闪的艺术

为了确保讽刺能被人感知到，需要同时满足反相讽刺的两个条件。首先，讽刺者要给人以一种"答非所问"的感觉，他的答复需要显得毫不切题，也就是"不着边际"，而这正是"矛盾的对立"所制造出的效果。其次，他的回答还要能够让人产生一种对照感，并且能像反相讽刺那样对话里的信息（多少都进行了掩饰的信息）进行破译。举个例子，假如在一间高级餐厅里吃饭时，同席的一位餐客来征求你关于菜品的意见，而你的回复大概是"这里的餐具棒极了"。这样一来，虽然你的答复脱离了主题——没有对菜品的质量做出任何正面的或负面的评价——但能够一下子引起别人的注意。别人问你餐盘里的食物好不好，而你却对餐盘本身发表了意见，这种类似于反相的反转其实也属于讽刺的一种，并且对于这里的画外音的解读也是没什么难度的——显然，这间餐厅在你看来是徒有其名的。

当然，同真正的反相相比，这里的讽刺机制看上去并不是那么的明显，不过它也会带来双重的效果：差异和反差。照此理解的话，克莱蒙梭当年所提出的那个简短的问题也就拥有了最大化的效果："我不比别人更愚蠢。——哪个别人？"[1]这个例子的笑点都集中在了克莱蒙梭故意的不明就里当中，他故意把对方刚刚用过的词——"别人"——给照搬了过来，但意思完全不一样了。这种语意上的偏差让同样的一个"别人"具有了两种不同的所指，一个是

---

[1] 时任法国参议院议长的安东尼·杜博斯特正谋求当选法国总统，他指责克莱蒙梭不支持自己，他说："你对所有人都说我是个笨蛋，但我告诉你，我不比别人更愚蠢。"克莱蒙梭反问道："哪个别人？"——译者注

对"别人"的否定，而另一个则是对"别人"的发问，这样的差异让两个"别人"之间的差异显得更为明显了起来：两个不同对象的合二为一（差异和反差）构成了这个小故事前后的突兀性，这也正是这个例子让人发笑的地方。

有许许多多的"神来之句"都具有这种特征，也就是说将两种彼此矛盾的话放到一起来说（以至于一头雾水的读者们不得不立即开始揣测这里面所暗藏的讽刺意图）。这其实是一种最为简单的手法，甚至都不需要添加任何的差异效果。在这里，我分别举三个例子，三个例子的主人公分别是阿尔弗雷德·卡普斯[1]、奥斯卡·王尔德和弗朗索瓦·佩里埃[2]：

（1）"男爵夫人今年贵庚啊？

三十六岁了。

才三十六岁？

她一直都对我这么说的。"

（2）"美国的青春在于她悠久的历史。她已经有三百年的历史了。"

（3）"这个人有的是办法。坏了，他没带弓！"[3]

在这三个例子当中，讽刺的手法其实很简单，即"一本正经地胡说八道"（把纯粹矛盾的两个事儿说得有理有据）：如果那位男爵夫人"一直"对自己说她三十六岁了，那很可能她早就不止这个年纪了；如果说有三百年历史的美国还是"青春的"，那这个"青

---

[1] 阿尔弗雷德·卡普斯，法国新闻记者，浪漫作家和剧作家。——译者注
[2] 弗朗索瓦·佩里埃，法国前卫艺术演员。——译者注
[3] 法语为 Avoir de cordes à son arc，法国俚语，直译为"有好多弓弦"，引申为"有的是办法"。——译者注

第七章

讽刺（1）：躲闪的艺术

春"恐怕也太经不起推敲了；如果这位"有的是办法的人"却没有弓箭，那我们就得怀疑一下，这里的"办法"到底是不是办法。最后，我们再举一个弗洛伊德的例子，他曾在关于"灵光妙语"的论著里提到过这个例子，借此来对近似于反相的非反相讽刺加以阐释：有两个心术不正的商人花高价请了一位著名的画家为二人画了一幅肖像画。画成后，他们带着画框找到了另一位知名的艺术评论家并请他赐教。评论家观瞧了一会儿后，会心地问了句："救世主去哪儿了？"[①]关于这个小故事，弗洛伊德自己以及后来的许多评论家都说了，这其实是这位艺术评论家的一句灵光妙语，即用耶稣受难的情景来暗指眼前的这幅画——要知道在《耶稣受难像》[②]中，在耶稣十字架两旁的正是两个强盗。不过，这样的解读虽然让我们理解了这句话的妙处，但没有触及讽刺本身。具体来说，这位评论家并没有用直陈的口吻说"这幅画里缺少一个救世主"，相反，他倒是用了疑问的口气问道："救世主去哪儿了？"（这句话其实也可以用一种否定的语气来表达，就像弗洛伊德自己也提到的那样："我倒是没看见救世主在哪儿。"）试想一下，如果这个疑问句以一种直接的、肯定的语气被说出来，那它就成了一种对对方进行的公开羞辱和攻击，这对于一位艺术评论家而言显然是不合适的。而评论家所发出的这句疑问的讽刺之处就在于：虽然他的职业性质就是用来对事情做出判断的，但他没有对这两个等待赐教的人做出什么直接

[①] 西格蒙德·弗洛伊德，《诙谐及其与潜意识的关系》，德尼·梅西耶译，巴黎：伽利玛出版社，1988年（1905年初版），第151页。
[②] 意大利著名画家拉斐尔在1518年创作的作品。

的定论（认可或是不认可），相反，他向对方抛出了一个问题，并且是与艺术没有直接关系的问题。这样一来，明明是对方求他进行美学鉴赏，他却以道德的考虑加以回绝了。并且，通过这种假装接受的方式，他也让自己摆脱掉了眼前的这一困境：借助于这句回复中所流露出来的畏难情绪，评论家巧妙地进行了抨击，并且抨击的对象并不是这幅画作，而是画中的两位主人公。这样一来，他就委婉地向这两位奸商表明了自己的态度：基于自己的艺术价值观，他拒绝对这幅画做出任何评论。此外，疑问句的使用在这里也为讽刺提供了独家的助力作用：用提问的形式进行问答，讽刺者就能够把球接着踢还给被讽刺的对象。这样一来，他就会让对方陷入自己的矛盾境地中，同时又避免了将不好说的话通过自己说出口。

在弗洛伊德的例子中，评论家故作天真的回答正是讽刺效果的激发点，并且相应地，讽刺效果也同时存在于一种显而易见的对比中，即在评论家本可以做出的那一番权威的评价和真正回复对方时的疑问语气（正如克莱蒙梭例子中的那句"哪个别人？"那样）之间的反差。在这里，讽刺效果所依托的并不是说话的内容（像反相讽刺那样），而是说话的方式——更确切地说，是依托于在说话时的疑问口吻和我们对于说话人的意图所进行的猜测之间所形成的反差。我们知道，所谓评论是用来进行评价而不是用来进行提问的：这样一来，这种角色的反转就能够激发出人们对于话中意图的猜测，并且通过特定情境的引入，这种猜测更能够瞬间得到加强。事实上，这里所说的就是在讽刺领域中常见的一种特殊现象，也就是我们说的"故作天真"的手法：只要是一个人所说的话（或者是他的举止）明显显得反常的话，这就会引起人们对他真正意图的怀

第七章
讽刺（1）：躲闪的艺术

疑，也会让大家试着对他的反常言行进行破解，以便能解读出他真正的用意。对于职业幽默演员来说，这种方法可以说是他们的看家本领：大多数的幽默演员（费尔南·雷诺、布尔维尔、德沃、克劳奇、巴马德、穆里尔·罗宾、丹尼·伯恩等）都会在扮演某一人物时表现出一副天真的样子，但这种天真感会立即引起观众们的警觉，其结果就是让大家慢慢地揭穿了演员们所暗藏的小幽默伎俩；另一些演员则相反，他们则会装得奇坏无比而又厚颜无耻，但这同样也会引起观众们的注意（让·雅南、博多斯父子、德斯普罗格斯、克劳奇、帕特里克·蒂姆西特[①]、史蒂芬·基永、加斯帕·普鲁斯特）。在这两种情况中，正是与标准之间的系统化差异导致了我们之前所说的那种量化的差距，无论是通过间接肯定还是夸张的方法，这种差异性都是讽刺的主要标志之一。

此外也要看到，要将说话的内容与说话的背景完全分隔开来也是很困难的：对于那些登门求教的演说家来说，苏格拉底对自己的激情赞美——纯粹地反相讽刺——完全就是在做戏，毕竟苏格拉底从不认为自己是个笨蛋，这是人尽皆知的事情。原则其实是始终不变的：讽刺源自对其他人的观点所自发做出的过度（或不当的）认同，而这种不恰当性（类似于传统的反相讽刺在"A"和"非A的对立面"之间所构建的差异）会让人们产生一种感觉，即可能存在某种暗藏的反讽的感觉，它要么是被掩藏了起来，要么就是透过某个"神来之句"显露了出来。那些"坏坏"的幽默演员（德斯普罗

[①] 帕特里克·蒂姆西特，阿尔及利亚裔法国犹太喜剧演员、作家和电影导演，曾获得4项恺撒奖提名。——译者注

格斯、蒂姆西特和迪奥多内等）所采用的策略或许会更为狡黠，但本质上也都是一样的。他们所追求的并不是与观众们的情感共鸣（至少看上去是这样），相反，他们会不遗余力地满足自己内心当中的攻击性和挑衅性（但这不会影响观众们对于他们这样做是否是故意的所进行的猜测）；坏人形象的外溢同样会起到一种发泄的作用，而对于一个讽刺者来说，这反而弱化了让他们最为担心的风险——第一时间就被观众们给看穿了的风险（在这种情况下就没有所谓的反讽效果可言了）。对于此类角色来说，他们心中最真实的想法只能由他们亲口对观众们说出来，并且是以相对滑稽的表演形式。这其实就是演员迪奥多内所惯用的手法，尤其是在他那些反犹太主义的短幕戏剧和笑话当中。

最后，我们再说一下另外一种讽刺现象，即同时兼具非反相和非常规特性的讽刺。对于这种讽刺现象的分析其实要更为复杂一些，因它所囊括的是绝大部分的文学讽刺表现手法。应该说，对公开的讽刺对话进行分析是毫无难度可言的，比如在斯特恩或狄德罗的常规小说中，它们不过是将议论式的讽刺游戏加以了虚构和戏剧化，并且其中所蕴藏的正是我们之前曾快速讨论过的那些机制。但反过来看，如果我们所面对的是福楼拜的作品，或者更有甚者，是波德莱尔笔下字斟句酌的诗句或是福楼拜非人称化的小说时——没有明确的对话对象，并且超文本环境的缺失也使得读者们无法迅速地对语义上的差异加以分别，我们又该如何解读出其中的隐性讽刺意味呢？当窗外正暴雨如注时，一句"天儿不错啊！"所带来的讽刺效果是确定无疑的。但反过来看，如果这句话脱离了任何上下文背景的话，我们就得对这雨的下法另加注脚了。换言之，正是这样

第七章

讽刺（1）：躲闪的艺术

一段孤立的、没有背景关系的文字在讽刺游戏中填补了各种位置，它包括 A、非 A 和 A 的对立面。同时，考虑到在诗文、描述性文字或叙述性文字（也就是非议论性的文章）这样的文章形式当中，作者的核心思想几乎是不会直接表露出来的。因此，讽刺的意味只可能通过散落在文章各处的唐突感所体现出来，这甚至也会让文章本身散发出一种别样的味道。通过这样的突兀性，讽刺作家们需要给读者们制造出一种有违于原则的印象，不仅仅是第三方排他，更有甚者，甚至是非对立。

不过说到底，讽刺作家们的手法们其实是与苏格拉底类似的，只不过区别在于，前者无须对明确得来的议论性表述加以反驳。至于其唯一的对手，其实是周围人们的想法，也就是其他人的观点和意见，它们在文字之外形成了广阔的外文字环境，但这一点是尤其难于发现的。对于所有的讽刺家来说，他们的态度都是一样的，即不去对那些人云亦云之事进行公开批判，相反，会对所有的批判嗤之以鼻，以此来附和大家的想法。与此同时，他们也会以夸张的方式对其他人的想法大加称赞，并通过这样的方式讽刺般地表达出自己对于周遭人群的不满，而这其实才是他们心中的真实意见。另外还要看到，读者们对于文字作者所处的时代也是有着充分的了解和认知的，这也有助于他们破译出作者在文章字里行间的潜台词。这也就是为什么文学层面的讽刺既是宝贵的，同时也是有保质期的。比如说《恶之花》，这部作品时至今日已经被奉为法国文学的登峰造极之作，但是换做今天人来读它的时候，我们也只会把它看作一部严谨的大作，却看不出它之中的每一篇诗文其实都是一部绝佳的讽刺作品。《恶之花》中有一首十四行诗——《美》，它一直被惯常

211

解读为对于理想之美（甚至是神圣之美）的盛大礼赞。该诗的前四行这样写道："世人啊，我很美，就像石头的梦一样 / 我这使人人相继碰伤的胸心 / 生来是要给使人激发一种爱情 / 就像物质一样永恒而闷声不响。"① 不过，如果你了解到对于1857年（《恶之花》发表的年份）的虔诚的天主教徒来说，"永恒"和"上帝的天赋"是绝不能够与物质相提并论的话，你还会认为美的爱情"会像物质一样永恒"吗？不过，诗人的唐突意味其实在第一行诗里就已经显现出来了：梦（纯粹的心理学现象）其实很难与石头联系到一起。以此来看，全诗的真实意味其实是一篇宣战书，它所指摘的是在那个年代大行其道的所谓的脱俗的审美，然而在当今的读者们看来，这种审美却反而在波德莱尔自己身上重现了。以至于对于大多数人来说，他们之所以喜爱波德莱尔，正是因为他们在他身上读到了与他本人的真实意愿截然相反的东西。

不过，这种误会其实也是可以理解的。如果抛开一切写作背景不看的话，若没有作者本人在字里行间所暗藏的明确信号，读者们是绝对无法揣测出其中的讽刺用意的。然而，直到波德莱尔的年代，这些所谓的明确信号也只不过是传统的反相手法中一些加以辅助的写作工具或间接效应罢了。突兀性本身在这里也变成了讽刺所要求的对立性游戏的宏观文本标志：比如逻辑的不连贯，比如暗藏的双关，比如文风的反差（举个例子，在写实的背景条件下突然提高语调，在诗行之中突然引入一些肮脏的词汇，等等），比如句法的模糊不清——总而言之，如是种种的模棱两可会让读者们感觉到

---

① 钱春绮译。——译者注

第七章

讽刺（1）：躲闪的艺术

"有哪里不对劲"，而由此引发出来的怀疑最后依旧是交由读者们自己去破解。不过，这些几乎无法使人发笑的唐突的手法又如何能与滑稽联系到一起呢？又到底是为什么形象日渐消退的讽刺依旧可以被纳入笑的范畴之内呢？为了回答这个问题，我们需要后续一整章的篇幅加以说明。

第八章
讽刺（2）：潜在的笑

移情和讽刺

当我们对于讽刺的研究行进到目前的第二阶段时，波德莱尔和福楼拜将成为两个主要的指引，只在一些细小的意见上除外。这两位作家中的任何一人，至少对于法国来说，都实实在在地扮演了现代讽刺文学的先驱者的角色，因此他们也多少更为大家所熟知。此外我也要承认，我对于笑这一领域所进行的漫长的研究，正是得益于上述两位作家及19世纪其他一些知名大家的作品。我对于他们可以说是再熟悉不过了——也可以这样说，回到了这里，我仿佛就像是回到了家里一样。让我们从可怜的包法利夫人开始。是的，包法利夫人是可笑的，她做着轻佻的少女梦，也愚蠢地对青春进行了感情用事的解读。透过她林林总总的表现——对外省生活根深蒂固的厌倦，因一时兴起而铸成的大错，可以说她身上的一切都会引发人们的嘲弄，并会招致人们讽刺的眼光，而这恰恰是福楼拜本人借以向那些只知看热闹的读者们所展示的态度。尤其是，我们越是有理由嘲笑故事中的艾玛，我们就越会感到一种无声的同情和怜悯，怜悯她的遭遇，怜悯她无奈滑向忧郁的深渊直至死亡的命运，但这

笑的文明史
La civilisation du rire

怜悯的原因是与小说本身没什么关系的——负债和面对这个社会的恶毒时所感到的恐惧,这正是小说女主人公的际遇!这种可以转化为怜悯之情的奇特的讽刺,正是我们在这里所要试图加以理解的。它是一种讽刺不假,但它也能够使人流下眼泪,对此,福楼拜自己是再清楚不过的。1852年,在小说正式发表的前五年,福楼拜在给自己的情妇兼密友露易丝·科莱的信中写道:"我认为,这将是第一本能让每个人都能够嘲笑起自己青春时代的书。讽刺并不会去除掉感人的情感,相反,它是将它们夸大了。在第三部分中,将会出现许多滑稽的事,我希望读者们能够流下眼泪。"①

能让人哭出来的"滑稽的事":这句话完美地总结了福氏小说的创作基底,即感同身受的写实主义和多少显得直截了当的滑稽风格的融合。在文学领域中,这种创作风格同样也在莫泊桑、塞利纳②和维勒贝克的作品中得到了很好的体现,更不用说来自其他地区的作家们笔下那些以流浪汉为主题的小说(中国小说、印度小说、拉丁美洲小说等)。而在电影领域,我们也有肯·洛奇③和库斯图里卡④的抗争电影,以及一系列现实主义导演的电影(皮埃

---

① 古斯塔夫·福楼拜,1852年9月7日写给露易丝·科莱的信,收录于《书信》第二卷,让·布吕诺发行,《七星文库》,巴黎:伽利玛出版社,1980年,第172页。
② 路易·费迪南·塞利纳,法国作家,被认为是20世纪最有影响的作家之一。——译者注
③ 肯·洛奇,英国电影电视导演、编剧、制片人,作品以写实自然的技法,关注底层人的生活。——译者注
④ 艾米尔·库斯图里卡,塞尔维亚电影导演。——译者注

第八章
讽刺（2）：潜在的笑

尔·若利韦[1]、罗贝尔·盖迪吉昂[2]、古斯塔夫·科文[3]、贝诺瓦·德莱平[4]）。其实，这份名单可以很长很长，它所展现出来的其实是一种艺术表现的传统，它既强烈，同时形式又很多样，并且在这些作品中，个体与情境的移情演绎效果又会被一声突如其来而不无批判的大笑声抵消，更让整出喜剧的平衡感时时刻刻都面临着被打破的可能。更加确切地说，它给大众提供了一个怜悯的视角，但其终极目的又是更好地争论。福楼拜对此曾明确地表示过："讽刺（反抗的笑）不会对感动加以束缚，相反，它能够加强其效果。"相对应地，我想我们也可以这样说：感动也不会阻碍讽刺，它反而是强化了讽刺的嘲弄效果。

事实上，这是一种稍有距离感的幽默，或者说是笼统的诙谐。尽管对于该手法的运用可能会有过度之嫌，但这种滑稽—移情的写实主义在本质上依旧是一种讽刺的手法，也就是我们在此前一章里所赋予讽刺的具体意涵，同时包括针对被讽刺对象所表现出的各种形式的过度赞同或不当的称赞。在这里，被讽刺的目标并不是指某一番具体的、字斟句酌的说辞，而是一番占据支配地位的说话内容（不具名的且具有领导性的），以及透过它所折射出来的人际环境。这样看来，作家和电影人的讽刺技巧正在于，他们并不会对整个世界都横加指责，而是会选择站到这种对立意愿

---

[1] 皮埃尔·若利韦，法国导演、编剧、演员及制片人。——译者注
[2] 罗贝尔·盖迪吉昂，法国电影导演，他的电影作品多关注劳工生活。——译者注
[3] 古斯塔夫·科文，法国演员、导演和编剧。——译者注
[4] 贝诺瓦·德莱平，法国喜剧演员、电影导演。——译者注

的对立面，换句话说，就是让自己的着眼点与内心的真实想法截然相反，让自己的外在表现与整个时代合流，甚至不惜过度驱动自身的情感认同能力，以此来更好地表达出心中不满的真实意愿。为了对福楼拜的相关手法加以细致分析，我们需要看到，"移情"正是讽刺过度更新的素材，而"滑稽的事"其实指的也是那些标志着嘲讽的唐突举动。

一方面亲密无间地拥抱这个世界，另一方面却又以嘲讽的方式撤回自己的脚步，这样的双重策略其实早已被一句话加以了理论化，而这句话也是波德莱尔《我心赤裸》一著中的开篇名言："自我的提炼和集中。一切尽在其中。"[1] 在这里，"提炼"即暗指作家们投向这个世界的过程：就好像他们放弃了自身主观性想法的权利，也放弃了批判的权利，以此在现实世界中重塑自己，直至完全消失在这里。与之相反的是，借助于"集中"，他们则又重新将心力集中于自身，并将自己封闭起来。此时，他们所拒绝的是整个世界的纷繁与嘈杂，因为此时的自我是批判的、讽刺的。事实上，几乎所有波德莱尔的诗作都遵循了这样的双向运动规律：首先，会有一个空前的情感敏锐的过程，读者们此时必然会被其所感染；然而紧接着，就会跑出来一个狡黠的笑话，并会将作品的所有魅力全然斩断——至少对于读者们来说就是这样的。我们不妨再举一个波德莱尔的散文诗《巴黎的忧郁》中的例子："中国人从猫的眼睛里看时辰。"紧接着，他便对他设想中的那个情人的

---

[1] 夏尔·波德莱尔，《我心赤裸》，收录于《全集》第一卷，《七星文库》，巴黎：伽利玛出版社，1975年，第676页。

第八章
讽刺（2）：潜在的笑

神秘眼神开始了狂热的赞颂："漂亮的菲琳娜，这样称她再恰当不过了，她既是女性的光荣，同时又是我心中的骄傲和慰藉我精神的芳香。"爱情仿佛膨胀了起来，直至占据了无垠的宇宙，直至最后变得夸张："是的，我看到了时间，它就是永恒！"不过这里有一个问题，如果他真的看到了永恒，那事实上菲琳娜的眼睛里并没能指示出任何的时间，因此我们猜测它是空的，一如她的精神一样。并且这样的话，被认为该存在于菲琳娜眼睛里的永恒，其实只不过是道出了她灵魂空虚的实情：这无疑给全诗制造出了一个断崖，也为这个笑话画上了句号！

一面是移情的敏感，一面是讽刺的距离感，这种辩证法同样存在于福楼拜的作品中，并且几乎呈现出了各式各样的表现形式。福氏的小说《情感教育》对情感进行了一番冗长、颓废而强有力的深入探讨，书中花费了巨大的篇幅介绍了主人公弗雷德里克对可望而不可即的玛丽·阿尔努所产生的爱恋，直至最后产生了一个双重的讽刺结局。第一个结局：玛丽最终守了寡，并且决定将自己的一切都全然交给弗雷德里克。到这里，似乎一切的铺垫都无不指向了一个炽烈的大团圆结局。然而一方面，那种类似于母美洲狮式的习俗在19世纪的社会并不存在；另一方面，这位心中所爱的女人此时已然风韵无存，而此情此景带来的冲击，弗雷德里克更要全盘接受：望着她的白发，"这简直像当膛一击"。"另外还有一种恐惧拦阻着他，他怕自己日后会厌倦的"，此时再讲人情世故是很难的；于是，"他挪开脚跟，去揉卷一根纸烟"。或许是担心这杯窘迫的苦酒还斟得不够满，福楼拜在这悲情一幕的顶点，又对玛丽·阿尔努进行了这样一处描写，其天真的样子竟令人动容：

笑的文明史
La civilisation du rire

她端详着弗雷德里克,双眸含晶。
——您真是体贴入微!这世上也只有你,也只有你了!

第二个结局:书中的两位男主人公——已然饱经风霜且看透了世事的弗雷德里克和戴斯洛里埃——又聚到了一起。他们围坐在炉火边聊天,坦承"他们的人生巅峰"①正是年轻那会儿从当地的一个妓院里逃出来那次。那一回,他们手里捧着一大束鲜花,本想着去偷尝禁果,但当面对着这么多唾手可得的女人的时候,弗雷德里克却退缩了。以至于到后来,当那个让自己魂牵梦绕的玛丽·阿尔努像个风尘女一样想要献身给自己的时候,弗雷德里克依旧不敢越过雷池一步。玛丽之所以是令人魂牵梦绕的,正是因为自己绝不敢去占有她,尽管女人已经送上了门来。

在福楼拜的另一部哲理性大作《圣安东尼的诱惑》(1874)中,"提炼"与"集中"的辩证关系得到了尽情的展现,而它的背景则是一出充满了神秘色彩和浩瀚宇宙氛围的悲情故事。一开始,剧中的神——其实就是福楼拜虚构的另一个自己,其所代表的也正是长居在他脑海中的全部幻象——让自己纵情于那些目不暇接的欲望当中。他妄图尝遍世间所有的快乐与美好(智慧、美德、美食、神圣),直至觊觎到了那个最为终极的欲望——在一番激情四溢的口若悬河中,圣安东尼最终将它说了出来,而这个欲望却恰恰是与波德莱尔的"提炼"别无二致的——"成为物质":

---

① 古斯塔夫·福楼拜,《情感教育》,斯蒂芬妮·道尔·克鲁斯雷发行,巴黎:弗拉马里翁出版社,2001年,第552页。

第八章

讽刺（2）：潜在的笑

啊！幸运呀，真幸运！我亲眼见到了生命的萌发，运动的产生。我的脉搏跳得如此剧烈，快把血管胀破了。我想飞，想游泳，想像狗一般吠，牛一般叫，狼一般嚎。我多么想长出翅膀，长出甲壳，长出硬皮，长出长鼻！我多么想喷云吐雾，扭曲身子，散到各处，渗进各处，同气味一起散发，像草木一般生长，像水一般流淌，像声音一般震响，像光一般发亮。我多么想躲进所有的形体，钻进每一个原子，直到物质的深部——成为物质！①

我们需要迫切地斩断这些种种的诱惑，重新回到有关讽刺的讨论中来。不过出人意料的是，小说最后用了几句描述性的话作为全文的结尾："白昼终于来临，金色的云霞盘旋升腾，像撩开圣龛的幔帐，露出天空／就在红日的正中，耶稣基督的面容是多么灿烂辉煌。"我们千万不要错解了这段话的意思：这段尚不可被定论的媚俗文字并不是福楼拜所抛出的什么神秘视角，而是一幅过度刻板的画作，甚至只是一个初领圣体者的虔诚场景而已，既惯常又不切实际——只是一个简单的笑话。

---

① 古斯塔夫·福楼拜，《圣安东尼的诱惑》，阿尔贝尔·蒂博戴和雷内·杜梅斯尼尔发行，《七星文库》，巴黎：伽利玛出版社，1951年，第164页。

221

笑的文明史
La civilisation du rire

讽刺者：在世界的爱与恨之间

　　直到现在，我一直都在尽力展示一点：不管外表上看会怎样，人的主观性的消失（提炼），尤其是，讽刺在作家和现实主义艺术家制造出来的感官现实的世界里所进行的隐匿延伸（因为二者所表现出来的讽刺其实是同源之水，就像库尔贝笔下的《奥尔南的葬礼》那样[①]），其实是并不违反传统的反相讽刺的基本原则的——就像我曾经指出过的那样，后者是存在于对立与冲突在各层面上的互融中的，也是建立在讽刺者所暗自反驳的说话内容和其矛盾的对立面之间能为人所感知到的突兀性的基础上的。并不存在有两种讽刺（传统的讽刺，它只不过是一种严格的修辞手段；现代的讽刺，具有本体论和伦理学的意涵），我们所有的，其实只是一种唯一的讽刺机制，只不过对它所施加的放大化和体系化措施以及在美学实践上的投射可以最终归结出现代讽刺这一结果（也即作家、画家和电影人的讽刺）。不妨这样说，讽刺其实是隐藏在爱的表象下的对于世界的憎恨。

　　知道了这一点，我们就会清楚，有关于讽刺的事物并不会是显而易见的，我们也不能将现代作家和艺术家对于现实的十足着迷简

[①] 在这幅画中，讽刺旨在将一幅包含有众多神态和举止的画面看作一幅历史画作。不过，讽刺在这里首先需要指向的是不同神态、举止之间的等级，因此，整幅画所强调的也只是画家自己与其家乡弗朗什·孔泰的乡村生活之间的情感联结。另，古斯塔夫·库尔贝，法国画家，现实主义美术的代表人物之一。——译者注

第八章

讽刺（2）：潜在的笑

化为修辞的伎俩。如果一句玩笑般的结论就可以总结福楼拜的一整部作品，如果波德莱尔的一整首诗的意义就只是它最后的一句讽刺的话，他们所谓的创作又是何其的荒谬和无用呢！既然一个艺术家（作家、画家或电影人）会选择用自己最好的作品来表达对这个世界的爱，那他的这份爱就必须要拥有一个真挚的动机与意愿，至少在部分程度上须如此，以此来确保他能够坚持自己欲善其事的初心。事实上，在现代讽刺家身上，是存在一种对于相异性世界的移情情绪的。这种情绪是强制性的，也是令人眩晕的，它们与想象力相连，无论是欲望还是感伤，都与身外的现实世界有着一种十足的融洽（以及十足的幸福）。我们都还记得，波德莱尔将超自然主义视为讽刺的同盟，他曾就超自然主义这样解释道："它们是这样的存在时刻，时间与空间会在此刻延至最深，并且存在感也会获得巨大的提升。"这种感官上的狂喜以及与世界的和谐关系，波德莱尔在皮埃尔·杜邦身上也同样找到了，后者正是不朽的大众诗歌《工人之歌》和《农民之歌》的作者（"我家牛棚里有两头牛／两头白色的牛，掺杂着红棕色……"）——在皮埃尔·杜邦的身上，"得益于一次精神上的独特运作——当他们是诗人时，这种运作就是对情侣的；而当他们是情侣时，这种运作就是对诗人的——女人可以因景色的恩赐而变得愈发美致，而景色也可以在女人无意间抛向天空、大地和波涛的雅致中汲取滋养"[1]。因此，一如魔鬼一般的波德莱尔对于天使一样的杜邦给予了极高的评价：仅需

---

[1] 夏尔·波德莱尔，《皮埃尔·杜邦》，收录于《全集》第二卷，《七星文库》，巴黎：伽利玛出版社，1975年，第174页。

笑的文明史
La civilisation du rire

在必要时稍作修订即可。这句话，让我们不禁想起了赛日·甘斯布在80年代对伊芙·杜迪尔以及唱出《亲爱的圣诞老人》的歌手帝诺·罗西的褒奖[1]。

福楼拜身上也有着这般同样的模糊性：在他的描写当中（有关于景色或者是灵魂状态的描写），总是有着过多暗示的笔触，以及过于强大的回忆之力量，而作家自己在感官上和情感上是不具备这样的特异功能的。福楼拜甚至还独创了一番有关天赋的理论，但多少有些令人费解。在他看来，天赋所指的不仅仅是对事物的感知能力（这既是平庸无奇的，也颇令人感到泄气），它同样也指在精神层面将某种我们感受不到的感觉呈现出来的能力："我们越是感觉不到某个事物的存在，我们就越能将它表达出来（它总是具有普遍性，脱离了所有昙花一现的偶然性）。不过，要具备这样的自我感知能力，也只能够是人的天赋才华使然。这里说的观察，等同于是在自己的面前摆好了模型一样。"[2] 不过，此番理论最大的难点在于，在这想象与意愿之间的灰暗辩证当中，作家自己却并不是游戏的主宰者："为了能够把这些感觉给表达出来，尤其要能够感知到它们的存在，但我做不到这一点。思想的勃起与身体是一样的，它们其实是不受我控制的！"[3] 波德莱尔谈论爱，而福楼拜说的则是勃起：他们二者无论是谁，用这样的词进行表达，说到底都是人类

---

[1] 伊芙·杜迪尔、帝诺·罗西均为法国歌手。——译者注
[2] 古斯塔夫·福楼拜，写给露易丝·科莱的信（1852年7月5日至6日），收录于《书信》第二卷，让·布吕诺发行，《七星文库》，巴黎：伽利玛出版社，1980年，第127至128页。
[3] 同上，第246页。

第八章

讽刺（2）：潜在的笑

自身的欲念使然，只不过在他们的身上都已全然转为了艺术。事实上，讽刺所指的就是这样一种能力，它在本质上是令人沮丧的。它会抱着最大的诚意去感受那些人们所不愿真正相信的情感，或者说是那些无法让人轻易为之付出身体与灵魂的情感。艺术已变为了一种间接的生存方式，或者说是默认的生存方式。然而虚幻却永远也无法获得圆满。在这里，讽刺艺术家们正被忧郁所窥伺着。正如波德莱尔用一个有关于性的例子所隐喻的那样："一个人越是耕耘于艺术，他便越是不能勃起。"[1]

因此，情感与现实的激烈碰撞不仅仅只是一种讽刺层面的操作，它所呈现出来的大概是一种隶属于现代美学层面的巨大的乌托邦式的幻想。正因为这种移情是严肃的，同时也是艺术想象过程的主要原动力之一，所以讽刺是必要的，因为只有讽刺才能将艺术家必须亲自出面协调的两个趋向性进行无缝衔接，才能承受被人们看轻的痛楚——对这个世界进行批判时的清醒头脑。在这个世界里，我们已分辨不清来自我们所爱之物的任何反馈，以及原封未动的情感能力（甚至会因为它的幻灭而得以被放大），它使得我们能够拥抱这个总是被渴望着的现实并将它吸收消化。这个移情式讽刺的法则其实是逐步为人们所发觉的。就比如雅克·布莱尔，作为20世纪法语乐坛最为抒情的词曲作家，随着职业生涯的发展，他开始逐渐将讽刺运用到创作中：布莱尔最初的作品都是沉重或悲伤风格的，但他总是试图在作品中混入一些欢快或自嘲的成分，甚至也会

---

[1] 夏尔·波德莱尔，《我心赤裸》，收录于《全集》第一卷，《七星文库》，巴黎：伽利玛出版社，1975年，第703页。

笑的文明史
La civilisation du rire

借用新式的滑稽风格对他过去的作品加以重新演绎、旧曲新唱——但丝毫没有丧失掉原作中那些感人至诚的元素。就仿佛是，为了留住乐迷们对他的喜爱，除了原有的悲伤之外，他还需要展现出笑容一样。

因此，真正的抒情会对讽刺有着强烈的需求。它包含了一种即刻的、亲密无间的关系，这种关系一方面是在个体的主观性和整个世界之间；另一方面，是在艺术家的"我"和读者（或听众）的"我"之间。如果没了讽刺，抒情在本质上的乌托邦属性就会逐渐暴露出来，因此也会持续地受到威胁。最终，它会顷刻间跌入到现实之中，这样的话，抒情就等于是从高处狠狠坠落了。19世纪时的诗人阿尔丰斯·德·拉马丁[①]的遭遇，可谓正是严肃抒情的不幸写照。拉马丁先是花了差不多三十年的时间，为浪漫主义烙上了自己隆重而又崇高的印记。这之后，自从在1848年成为革命后临时政府的首脑后，他继而又将广义幸福的梦幻抒情方式——此时的他已经成为共和派——向全民进行了推广（同皮埃尔·杜邦的做法是一模一样的，只不过他的文风仅限于崇高的抒情）。然而，在此后的1848年12月10日，当他以候选人的身份参加法国历史上第一次全民普选的时候，却可笑地只获得了21 032张选票（得票率只有0.28%）。于是在一瞬间，拉马丁式的抒情遭到了重创，继而在政治和诗歌舞台上全然不见了踪影。可以说，拉马丁的悲情陨落其实是所有理想主义者所必然要面对的遭遇，如果他们坚持不给讽刺留下

[①] 阿尔丰斯·马里·路易斯·普拉·德·拉马丁，法国著名浪漫主义诗人、作家和政治家。——译者注

第八章
讽刺（2）：潜在的笑

任何的对位空间的话。原因很简单，理想主义者的抒情是绝不会向一丝一毫的嘲讽意愿低头的。关于这一点，只需要看看在第二帝国的时候，拉马丁拒绝卡贾特[①]为他进行讽刺画像时所说的话就行了（在第二帝国的专制政体下，创作讽刺画像首先需要征求本人的同意）："我不能授权对我的容貌进行嘲讽，尽管这算不上是人身攻击，但它也冒犯了自然，嘲弄了人性……我的容貌属于所有人，它属于太阳，也属于溪流，但容貌就是容貌。我不想主动去亵渎它，因为它代表着一个人的存在，代表着神明。"[②]其实，拉马丁只不过是严肃抒情的一个原型而已，并且在无意之间也显得很滑稽。事实上，这种严肃的抒情时至今日依旧是诗歌创作中一成不变的定律。

与上述崇高的浪漫主义相反，波德莱尔或福楼拜的抒情则是诞生于讽刺面对现实时的最初幻灭。因此，失望是没什么好害怕的，因为幻灭之后的情感是无法被摧毁的。不过，它需要被明确地表示出来吗？为了确保讽刺不对抒情的伸展形成阻碍，它便不能抱有一种明确的嘲讽的动机，也不能直接暴露在作品的表面。讽刺的表现途径，既不是直接的嘲讽，也不是直白的玩笑，而是作品本身所渗出的一种模糊印象。我们也知道，波德莱尔诗里那些匪夷所思的闪烁其词，一直以来都藏着一些秘密的点，作家意图通过这样的方式来展示其艺术的秘密，他在《恶之花》的序言中如是揭示道："他的目的和他的手段，他的企图和他的方法""事物的机制""那些损

[①] 卡贾特，法国新闻记者、漫画家和摄影师。——译者注
[②] 罗杰·贝莱所引用。《第二帝国时期的报刊新闻》，巴黎：科林出版社，1967年，第88页。

坏、那些伪装、那些滑轮、那些链条"。①他合理地放弃了，因为他十分清楚，这样的揭示不但会牵连到他的抒情，更会直接将他的艺术创作给颠覆掉——包括讽刺和诗歌。

笑不出来的笑

不过，这种令人感动的讽刺还会与笑有任何关系吗？为了解决这个问题，我们只能够去刨根问底，去直接面对那个此前已遇到过多次，并且搞不好会将有关笑的所有理论都推向危险境地的问题了：在许多滑稽的情景中，尽管引发一场大笑的条件似乎都已具备了，但最终的效果只是几分漫不经心的喜悦，更有甚者，还可能是一种让人无法解释的悲伤。在此之前，我已经就扑哧一笑（简单地突然呼气，而一旦笑出了声，便本能地不再受控制了）与沟通式的笑在人类学角度的差别进行过解释——或多或少被拉长的元音正是发笑的人彼此之间最为通用的联系模式。我也曾提到过那些由轻喜剧作品所引发出来的欣快的笑（比如20世纪30或50年代的好莱坞音乐喜剧），此时，观众们内心的愉悦之情——有时甚至是非常强烈的——也会通过大笑声而表达出来。在这两个例子中，如果说得严格一些，我们可以认为这些笑都是不完整的、浅层次的，并

---

① 上述引用均节选自《恶之花》序言中的不同部分（夏尔·波德莱尔，《全集》第一卷，《七星文库》，巴黎：伽利玛出版社，1975年，第181至186页）。

第八章
讽刺（2）：潜在的笑

且，它们也会因为起阻滞效果的情感因素而最终被弱化。总而言之，从词源学的角度看，这些笑声蜕变成了微笑（"微笑"的拉丁文写法是 subridere，意思是被减弱的笑，"下面的笑"）。不过，我们现在所要关心的可不是那些被弱化了的笑，恰恰相反，我们所要讨论的是那些内在的状态：我们能够强烈感受到一个人内心的狂喜，并且这种情感的膨胀常常就是大笑的前兆。然而，一声大笑却并没有一如预期的那样爆发出来。福楼拜曾在一篇重要的文章当中提到，"不招人笑的滑稽"不仅不是一种既没质又没量的笑，相反，它正是笑的最高级式样和终极式样："对于我来说，身为作家的我最为渴望的，是滑稽的极致，是不会惹人发笑的滑稽，是笑话当中的抒情。"在这里，我想仅就这句话进行评价，并扩展出它的一切关联层面，以便能更好地对笑加以理解。

这句话出自福楼拜于 1852 年 5 月 8 日写给自己的情人露易丝·科莱的信，而这封冗长的信也同时向我们说明了《包法利夫人》这部小说的创作来由。福楼拜所挣扎的，是如何用那些惯用的、阴暗的剧情曲折来一步步让女主人公的人生脱轨。为了战胜自己，他会去闻"陌生人的粪便"，去对"那些连敏感之人都不会去关注的事物生出怜悯之心"。不过，在滑向平庸地狱的过程当中，依然残存着一种反常的精神状态，而这正决定了福氏在小说创作过程中一直找寻的美学效应——"被推向极致的滑稽"和"不招人笑的笑"。这一切就好像是，小说连同作者本人都已被这种滑稽的形式所塞满了，一旦发现，便不再想要放手；而读者们也是一样，他们也同样沉浸在这种充盈的感情状态里：一边是笑，一边是泪，一边是情感洋溢，一边是讽刺嘲弄。

笑的文明史
La civilisation du rire

这种被抑制的且不愿走出来的笑也让我们联想到了贝克特的《等待戈多》里最开始时的场景（福楼拜和贝克特作品之间的师承关系是人尽皆知的）。弗拉基米尔一直在憋着尿。"你总是要等到最后一分钟。"爱斯特拉贡说。弗拉基米尔开始若有所思："最后一刻……太长了，但应该很不错。"突然，弗拉基米尔脱口说道："有时我告诉自己他总会来的，但我觉得自己可笑极了，为什么呢？希望总是不来，等的人痛苦不堪。"这之后，在另外一处地方还有一句话这样说道："我们甚至都不敢去笑。"[1]他不敢去笑，只敢去撒尿，因为撒尿的动作在这里就是一种隐喻的笑（至关重要的笑，我们猜这应该指的是拯救者）。在过去，烟袋（法文中与"笑话"一词一致）都是由（猪的）膀胱做成的，抽烟的人会用它来保持烟叶的干燥和干净。我不知道贝克特是否清楚这个词的典故，不过一个被装得满满的膀胱，这样子着实与福氏或贝氏笔下的荤笑话很类似，以至于粗俗到让观众们都笑不出来的地步，就好像是这之后再也"撒不出笑"来了一样，会让他们陷入一种奇怪的拧巴的状态里——笑被一种模糊的担忧感所阻断了（正如《等待戈多》原文里说的"苦死了"那样），并且这种担忧感也会以一种被威胁的方式而逐渐俱增。滑稽成分的扩展至此就转变成了一种紧张感。对精神来说，这种感觉既令人愉悦又让人感到痛苦。

福楼拜、贝克特，另外再加上维勒贝克，他们应该是现代作家中将讽刺手法运用得最为惯常的三个人了。只需要看看维勒贝克在 2014 年科文和戴尔宾（格罗兰的两大明星，Canal+ 频道的招牌

---

[1] 塞缪尔·贝克特，《等待戈多》，巴黎：午夜出版社，1952 年，第 11 至 12 页。

第八章
讽刺（2）：潜在的笑

喜剧节目[1]）的电影《濒死体验》中所扮演的那个一如土狗一样的角色，就知道我为什么要加上他了：一个小雇员，骑着自行车，身上穿着一件奇形怪状的自行车运动员的衣服（奇怪到可以引发交通事故），正在地中海边上一处阳光明媚的山顶上，最终慢慢地滑向了自杀式的死亡。很少有电影会对死亡抱有如此大的渴望："不会招人笑的笑"通常都是钟情于死亡的，但其所钟情的死亡其实都是令人无限向往的，仿佛在面对情感和笑之间无法被逾越的冲突时，死亡是唯一的解决方法。一方面，情感不可能因为笑而冒着自我否认的风险被阻塞住；另一方面，不断加强的笑也不甘于被稀释在情感当中。最终，只有维勒贝克自己（他所扮演的人物）突然打开了车子的大门（他最后还是停车了），他想把自己弹到马路上并死在那里：通过自己不为人所知的死亡，让幸福——被最终藏匿起的笑所掠过的幸福——成为永恒。

我们可以相信，我们只是在笑与泪、喜剧与悲剧之间不断摇摆。传统上，我们会习惯于展现出那些瞬间，即精神看上去正在踟躇和犹豫的瞬间：当正在坐月子的妻子撒手人寰时的高康大（先是"哭得像一头奶牛"，后来又"笑得像一只牛犊"[2]，拉伯雷这样描写道），以及塞居尔伯爵夫人的《又哭又笑的让》[3]，等等。不过，我们

---

[1] Canal+频道的滑稽节目，将自己定义为一个虚拟的国家。——译者注
[2] 弗朗索瓦·拉伯雷，《高康大和庞大固埃》，收录于《全集》，前文引用，第225页。
[3] 法国儿童文学家塞居尔伯爵夫人于1865年出版的作品。但该书法文原名为 *Jean qui grogne et Jean qui rit*，翻译为《爱抱怨的让和爱笑的让》（两个让是不同的人）；本文中 *Jean qui pleure et Jean qui rit* 为伏尔泰诗文中的原句，意指人类摇摆不定的性情。此处勘误。——译者注

这样说又或许是错的，因为这里所指的实际上并不是简单的情绪交替，而是一个汇合点，即笑与泪在此交融的点。赫尔穆特·普莱斯纳同样也在其人类学著作《笑与哭：关于人类行为限制的研究》中首先阐明了这一观点。他认为，在一些情境下，当人们丧失了对局面的掌控时，他们就会委身于一种反射性的机制当中，会调动起自己的身体加以应对：这种机制就是笑或哭，二者是一体的。如果非要指出其中差别的话，在普莱斯纳看来，它们之间唯一的差别就是，借助于笑，人们可以摆脱掉上述机制的束缚并守护住内心的自由；而通过哭的方式，人们就会全然地将自己投入与世界的关联当中去："他们在心底会参与到这个世界中去——他们会被楔住，会有所感，会受到震撼。"[1]不过有的时候，人们也恰恰是通过这种笑的超脱的方式来感受自己参与到周围人群当中的过程，甚至于这种笑有时还是放浪形骸的：我们越是能够不幸地感受到我们所属的这个世界的存在，这种笑的超脱就越是会被放大，并且同时，我们也会努力地挣脱它的束缚。正因为我们与这个世界刻意保持着距离，所以对这个世界看得越清，我们就笑得越真，这也是福楼拜（非常自我陶醉地）以镜子的例子试图向露易丝·科莱解释的道理："这也就是为什么当我哭的时候，我已然成为那个正在对面看着自己的镜中人——这种超脱于自我的禀赋或许正是所有美德的源泉。"[2]在这句话中，福楼拜所指出的美德其实正是他在下一行的话中所提到

---

[1] 赫尔穆特·普莱斯纳，《笑与哭：关于人类行为限制的研究》，巴黎：人类科学之家出版社，1995年（1982年初版），第145页。

[2] 古斯塔夫·福楼拜，1852年5月8日写给露易丝·科莱的信，收录于《书信》第二卷，前文引用，第84至85页。

第八章
讽刺（2）：潜在的笑

的"被推向了极致的笑"，并且他认为，这种笑与对自身移情能力的觉知是相同的。

借助于上述两幅有关镜子和超然于自我的补充画面，我们达到了最终的目的。在弗洛伊德看来，笑产生于对不自知者的主观意识进行突然侵入的过程中，而这个过程的实现更要得益于精神活动本身的机能。突然之间，当语义的面纱被撕去，那些原本将自身的语义压缩在一定范围内的词语就会猛地得到释放，其意义就会跃然于字面：笑就是源自在普通交流（有意识交流）的范围内对无意识的突然入侵的——有点儿类似于氢气，在部分情况下，它只在与空气相接触的情况下才会爆炸。与之相反的是，"不会惹人笑的笑"包含有两个层面的意思：关于那些与之相关的情感、无意识的冲动、官能症和秘密的情绪失落，懂得对此加以运用的作家们是能够清晰地感受到的。不过，他们的选择却是要"超然"于其上——他们会悄悄地将其暗示给读者们，而绝不会通过直白露骨的文字让大家笑出声来。即便作家的表现手法并不是遮遮掩掩的，他们也会把它融进修饰的辞藻中而不被发觉，或者，即便是被读者们发现了其中的蛛丝马迹，人们也猜不透它其中真正的幽默用意。这种双重的表现乍看起来有些类似于德国浪漫主义讽刺理论家所提出的二元性，不过，这里所指的交替现象却并不属于本体论的范畴，即并不是"存在"与"不存在"、"肯定"与"否定"之间的关系。对现实世界的解读是不存在疑问的，更加简单地说，情绪上的踟躇在于情感投入的性质和程度，也在于意识与无意识之间的协作，因为懂得如何让人笑的人自己也能够清楚地感知到，他其实是运用了自己内心深处的情感的。他可能做不到每一次都能清楚地对此加以分析（即便他会呈现出一些幻象，就像福楼拜那样），但至少他是可以感受到其中的笑的力量的。在这之后，他只要不无讽刺地留心这一切在自己想象层面的反射就可以了：这便是"被推向了极致的笑"。

然而在上述情况中，为什么一定要谋求笑的加剧效果呢？为了回答这个问题，就要重新回到那个例子中去，并且在我看来，这个例子以最为集中的方式凝结了福楼拜有关于笑的全部构想。在小说《情感教育》的末尾，为了走出与阿尔努夫人相爱的旧伤，主人公弗雷德里克选择了与一个半上流社会的女人——阿尔努先生的前情人罗莎乃特住在了一起。最终，该发生的都发生了，两个人有了一个孩子：对于弗雷德里克来说，这无疑是个飞来横祸，但对于罗莎乃特而言，恰恰相反，这是她得以尊享上等人殊荣的希望。不过幸运的是，一切小说当中最常见的故事情节也在这里接踵而来：这个孩子死掉了。而在孩子去世当夜所发生的那一幕，则可谓是黑色幽默中的经典之作：孩子的母亲像发了疯一样，直至瘫坐在沙发上，像一个断了线的木偶；而弗雷德里克自己也同样被烦闷充斥着，简单来说，此时的他所面对的是一个个细小的情感郁结，而这个孩子的死对他来说，仿佛就是其他不幸的前兆，并且这些不幸也必将会深深地刺痛他。不过此时，围绕在孩子的尸体旁所发生的，却是一番匪夷所思的谈话。罗莎乃特想给孩子的身体里填上防腐的香料，以便孩子能够永久地留存。而对此情况更为了解的弗雷德里克则悉心对她解释说，这样的防腐办法"在这么小的孩子身上是行不通的"，他更倾向于给孩子画一幅画像。于是，他在自己的朋友当中找到了一位画家——白勒南。这

第八章

讽刺（2）：潜在的笑

位充满了艺术气息的画家先是惯常地进行了一番吊唁，而后便仔细地端详了孩子的面庞。在思索了片刻后，他以一副诚挚的唯美主义者的热情口吻说道：这具身体，"看它褐色的眼睛，青灰色的面庞""这才是真正的静物"。

"真正的静物"，这种说法其实是在玩文字游戏，也是那些充斥在报端用以嘲笑时代的段子之一。并且，假如我们不担心触犯了政治正确的忌讳的话，我们也会在时下的幽默短剧中找到它们的影子：舞台上，表演者会在讲完一个段子后突然打住——一边盯着四下的观众们，一边等着他们回过神来，直到台下的人们笑声四起。在美国电视频道的幽默节目里，置身幕后的节目导演也会在笑点出现后，应景地插入提前录好的背景观众的笑声；而在传统的讽刺漫画里，任何一个故意夸张的元素也都会产生出令人捧腹的"笑"果。不过，福楼拜的风格与它们还是不一样的：那种潜在的笑声贯穿了文字的始终，仿佛是从孩子尸体上方飘过的天使。紧接着，为了画好这幅死去的孩子的画像，画家思索片刻后严肃地说道："啊，有了！那就来一张铅笔画吧，只在边缘的地方平平地着上中色调，这样就可以得到一个完美的形体了。"[①]

这具"只在边缘处的完美形体"，其实正是"不会惹人笑的笑"的完美状态。任何一个讽刺小说家——一如前文中的画家白勒南一样——都十分懂得拿捏住分寸。他们绝不会轻易引起别人的注意，尤其是，他们绝不会任凭那些过于致笑的元素去惹得别

[①] 古斯塔夫·福楼拜，《情感教育》，斯蒂芬妮·道尔·克鲁斯雷发行，巴黎：弗拉马里翁出版社，2003 年，第 523 页。

笑的文明史
La civilisation du rire

人痴痴地放声大笑。事实上，这些作家们仅仅只是借用文字游戏来制造出唐突效果，而这些一闪即过的文字甚至都难以在原本平滑的作品表面留下任何痕迹。福楼拜对此就是十分克制的，他的作品中绝不会突然间抛出许多的笑料来引起读者们的爆笑，也算是他的特质了。针对这一问题，弗洛伊德也曾明确地强调过：笑是为了满足于无意识的，然而我们也记得，"在所有以快乐为最终目的的精神活动当中，笑是最为社会化的"[1]。这样说来，弗洛伊德所列举出的所有"灵光妙语"，也都是建立在完美对话这一前提之上的：当对话中的一个人说出了一句"灵光妙语"时，另一个人就笑了起来。笑在人际的沟通中对称地抵消了其无意识的最初来源，也就是说，它从亲密的心理活动的区域内脱离了出来，而如果没有人际的对话机制进行作用的话，笑很可能还将一直处于一种被掩藏的状态。反过来看，那些说出灵光妙语的人也是不会眼巴巴地看着自己抛出去的包袱就这样一声不响地消失掉的，那么，这里就可能有两种情况：要么，他所说的话并不好笑，这样的话，这个包袱就完全失效了；要么，作为结果的笑应该是清晰、直白和显著的。不过，小说（也可以说对于任何虚构类型的作品来说都是这样的，尤其是电影）本身是无法同读者们进行任何直接的互动的，它并不具备笑的传染性所具有的放大化的力量。假如我们对福楼拜自己的书信内容和小说作品进行对比的话，我们就能很容易地发现这种障碍：在福楼拜写给他人的信件当中，充斥着大量的粗俗笑话，它们能顷刻间就让读到信的人放声大笑起来。

---

[1] 古斯塔夫·福楼拜，《情感教育》，斯蒂芬妮·道尔·克鲁斯雷发行，巴黎：弗拉马里翁出版社，2003年，第81页。

第八章
讽刺（2）：潜在的笑

而就小说中的讽刺来说，它则一直是一种中色调的色彩，似乎更多的是在扮演着文学调味剂这样的附属角色：它为小说的叙事平添了味道，但又不会对小说的故事性本身加以干扰。

至少表面上看是这样的，因为福楼拜给自己的弱点加上一个王牌。小说中那些"不会惹人笑的笑"具有一种隐秘的力量，就仿佛是燃烧着煤层的地下火一样，既炽烈，又从来不会烧到大地的表面而被人们扑灭。即使没有通过局部的爆炸得以释放或消散，讽刺作品中那些潜在的笑也会像导火索一样延伸至全文以及作品中所呈现出的全部世界里：看不见却又无处不在的笑，就像帕斯卡尔《思想录》里那个躲起来的神明一样。在这部作品中，这个神明也是借助于福楼拜的笔触，表达了关于笑的观点："我们何时才能以一个高级笑话的视角去叙写事实，也就是说像上帝从天上看到的那样？"既如此，通过笑的这唯一的美德，一切都变得滑稽了，尤其是那些在日常生活中看上去无比严肃的事情（真挚的情感，道德或政治上的信念，理想主义的跃升等）。然而奇怪的是，在这个为"被推向了极致的笑"所支配的世界里，最不搞笑的存在反而是那些被故意设计出来的文化产品，正如在《情感教育》的第一版（1845年）中，作家针对某个人物时所提到的那样："报纸对他来说似乎也是一种取之不尽的笑话的来源，在这上面，人们效忠着国家，人们热爱公序良俗，人们的笔锋沉重却又思想轻浮。对他们来说，最伟大的、最严肃的、最庄重的、最傲慢的东西才是最好的，以至于好像只有《沙里瓦里》和《丹达玛尔》这样的讽刺报纸才是不好笑的一样。"①

外表越是严肃,事实就越是搞笑。而对于传统的滑稽来说,这个等式则是反向的,它会用外露出来的笑来掩盖住最为严肃的话题。为了能够衡量出两种不同的笑之间的区别,我们可以在福楼拜笔下欢乐而又悲伤的笑之上,再领略一下另一位法国作家的作品,即维克多·雨果于1869年出版的《笑面人》,而这一年也正好是《情感教育》问世的同一年。书中的故事发生在英格兰,主人公笑面人名叫格温普兰。当他还是个孩子的时候,他被一群西班牙的吉卜赛人给毁了容,从而成为一名流落街头的乞丐。格温普兰天生能言会道,但更会笑:他的脸被吉卜赛人改成了一副咧着嘴丑笑的形象,而越是在情绪激动的时刻,他的表情就越是滑稽,每当他想流露出自己的真情实感时,他就会变得可笑无比。这样的情况与讽刺家是正好相反的:讽刺家之所以要笑,是为了不用说真话;而格温普兰则相反,他之所以要笑,恰恰是因为他掩饰不了心中的情感。在小说的最后,当格温普兰在英国上议院发表一篇关键性的——庄严且热情的——讲话时,故事的滑稽之处由此也到达了顶点,我们所担心的效果也适时地出现了:

说到这里,一阵刺心的痛苦啃噬着他的心,呜咽堵塞了喉咙,而不幸的是,他却爆发了一阵笑声。

这个笑声马上感染了所有的人。笼罩着议会的云雾,本来可以

---

① 古斯塔夫·福楼拜,《青年全集》,克劳迪娜·戈多·梅尔施和居伊·萨涅发行,《七星文库》,巴黎:伽利玛出版社,2001年,第1043至1044页。

第八章

讽刺（2）：潜在的笑

化为恐怖，现在却变成了欢乐。疯狂的笑声震撼着整个议院。

压制不住的笑声更加厉害了。再说，在这种场合，只要话说得过分一点儿就能闹得哄堂大笑……

表面上滑稽，内心沉痛，没有比这种痛苦更屈辱的了，没有比这种怒火更深邃的了。格温普兰现在的心情就是这样。他的话指的是这个方向，他的脸指的却是另外一个方向……

狂笑好比顺水漂流。一个会议如果尽情地狂笑，便会失掉了方向。谁也不知道该到哪儿去，该做什么好了。这时候只好散会。①

在这里，这个在上议院里为众人所嘲笑的格温普兰——初版的小说甚至动用了二十页的篇幅来对这可怕的一幕进行描写——正喻指了良善的笑和丑陋的笑之间的对立，而这种对立在雨果以及后世所有的伦理学家那里都得到了呈现。格温普兰所代表的正是良善的笑，它展现出了格温普兰对于这个世界所抱有的同情之心。而上议院内的诸位老爷们的笑是丑陋的笑，在他们利己的愚蠢思维中，他们所记住的只是格温普兰外表之下搞笑的一面。他们嘲笑格温普兰，并且通过后者，他们也同时嘲笑了全部的人性。我曾经说过，我们要对笑的这种等级性加以思考：笑只有一个，它是不可分割的，但也要区分出它的派别，要看到哪些是好的，哪些是丑恶的。不过我们也知道，作家们也会预防性地创造出"不会惹人笑的笑"，

---

① 维克多·雨果，《笑面人》，《小说》卷3，伊芙·戈茵发行，收录于《书》集，巴黎：拉封出版社，1985年，第740至746页。

它具有双重的讽刺性：一方面，在模糊的笑话的表象之下，它们为彰显普遍的移情提供了手段；另一方面，相对称地，它们也在虚假的庄严之下为读者们提供了笑声这一奢侈的礼物。

讽刺的自恋者

将讽刺人为地去除，并不仅仅是为了能够在读者面前占据上风。它也归因于作者对于笑所进行的设计以及其最终的目的所指。福楼拜认为现实本身就是可笑的，无法令人相信，然而这样的想法也是徒劳的。在镜子中，他看见自己在哭泣，并认为这样的自己很可笑。不过，发现自己的悲伤这件事本身并不是可笑的：此时的笑只是来自自己的所观所见，来自一种滑稽的超脱，即此时的自己正以一名观众的身份远远地看着自己，并且还能够将这种超脱感表达给自己的读者们。在《包法利夫人》和《情感教育》中，如果说我们所感受到的讽刺感是在渐渐消失的，这也是因为我们会模糊地抱有这样一种看法，即现实所给予的信息只是它在福楼拜的意识中进行的反射。这种由主观呈现对客观现实所进行的故意折叠，恰恰印证了讽刺的动机，同时也强化了讽刺的效应。作品中显性的笑的元素越少（各种各样的反常，或者是滑稽的放大），我们就越是能够于其中发现那些最为细微的标记，而这一过程又要求我们在脑海中进行这样一种虚拟的投射——我们已经明白了作者背后的想法和意图。大家知道，在突兀性和膨胀性之后，笑的主观性是笑自身所具

第八章

讽刺（2）：潜在的笑

有的第三种机制。不过在最为极端的一些情况下，它也会变成作家最主要的使用对象，就仿佛这些勉强具有暗示性的笑只是变成了观众们所观瞧的对象，从而代替了它试图向大家所展示的那个世界。

当然了，笑所能带给作者们的这种快感从本质上来说是自恋的，因为它能够让他们在某一种面具的掩饰下代替那个他们需要进行呈现的世界。至于读者们，他们则可能会出现两种情况：或者是这种艺术的自我主义会令他们感到完全无法接受；或者，他们也会因为历经了种种努力（得益于想象式的洞察力）得以置身于这番奥秘之中而感到兴奋不已。正因为如此，这些善于操作的作家们总是会引发读者们相当直接的反应，至少是在可能达到文学标准之前的时候（波德莱尔和福楼拜在今天无疑就是这样的存在，但也损失掉了相当一部分的滑稽的效力）。就像维勒贝克一样，他们要么就是能够得到大家的热情赞同，要么就会遭到一番同样激烈的拒绝，因为后者并不接受作家们如此吸引读者注意力的做法——他们对于文学作品所期待的，其实是更加丰富的给养（比如说一种世界观或一种人生的准则）。

具体来说，讽刺的自恋会有两种补充形式。第一种形式意在将它秘密地隐藏在看上去非人称化的文字内容的表象之下——有点儿类似于希区柯克的幽默风格，他会在镜头中飞快地闪过一个龙套演员的形象，以便向观众们眨一眨眼。它具体的实施手法其实是一种虚拟的双关，目的是将自己的姓氏巧妙地隐含在其中。在波德莱尔的另一首四行诗《灯塔》中，诗人对西方世界的伟大艺术家们进行了回顾。诗中的某一个段落将焦点聚集在了雕塑家普杰[1]身上,但实际上,普杰是很难与鲁本斯[2]、达·芬奇和伦勃朗一起被纳入同一个行列的:"义愤赛拳手,牧神独厚颜 / 尔来欲寻美,惟觅莽汉间 / 雄心豪气在,萎黄复衰残 / 可怜囚徒王,嗟尔显愁颜。"[3] 在这里,我们必须要(说实话,谁能看出来呢?)重新跳回到这段诗的前半句中去,这样才能发现,"义愤赛拳手("拳手"的法文为 boxeur)"其实隐藏了"波德莱尔"的意思 ["义愤"一词的法文为 colère,波德莱尔的法文写法为 Baudelaire;这样一来,(xeur)bo-de-lères(co),其中 bo 与 bau 发音近似,laire 与 lère 发音一致。作家以此方法暗藏了自己的姓名在诗中]。至于这首四行诗本身,其内容也完美地与波德莱尔本人形象及其世界观相吻合——"雄心豪气在"。同样身为天才玩笑诗人的维克多·雨果也几乎用同样的方式开起了玩笑:在《吕布拉斯》一作中,作家将其主人公唐·塞萨尔的名字换成了一个想象出来的强盗的名字"扎法里"(Zafari)。为什么要起这样一个奇怪的名字呢?因为扎法里这个名字是另外一个阿拉伯语名字的变形——"扎法尔"(Zafar),意为"胜利"(victoire);换言之,扎法里就是雨果,作家只不过是把自己包装在了一番幻想

---

[1] 皮埃尔·普杰,法国雕塑家、画家、建筑设计师、工程师。其作品以巴洛克风格为主,造型精力充沛、情感强烈。原诗中译为蒲热。——译者注
[2] 鲁本斯,佛兰德斯著名画家、巴洛克画派早期的代表人物,对欧洲绘画产生过重大影响。其画作色彩绚丽,人物肌体丰满,表现出强烈的健美感和旺盛的生命力。——译者注
[3] 译文引自夏尔·波德莱尔,《恶之花》,刘楠祺译,北京:新世界出版社,2011年,第41页。——译者注

中的异域风情之下罢了。而回到《笑面人》中，主人公格温普兰（依据《克伦威尔》一书序言中的解释，该名字同时包含有崇高和滑稽的意味）显然也是维克多·雨果，之所以这么说，其原因还免不了要回归到有关于他自己的笑话里——雨果曾在1849年时当选为法国国民议会议员，并且在那里遭受到了嘲讽（为了报复，雨果在小说中选用了英国上议院的场景，以此含沙射影地进行反击）。

现实主义小说家的"作家式讽刺"也历经了一个完全不同于以往的过程：对于现代小说来说，自由的间接式写作手法是一种伟大的美学创新，但该手法依旧是经过了福楼拜之手后才成为一种普遍化的创作规范的。需要看到的是，"自由间接体"的宗旨在于以非直接的（现在时，并且带有引号）、过去时的且第三人称的方式表达出一个人物的语言和思想，从结果上看就好像是讲述者本人同人物本身合体了一样。通常情况下，"自由间接体"应该展现出创作者本人在其所创作人物的面前所具有的自由灵活性，因为他应具备让自己在人物面前主动消失的能力，以此来赋予后者话语权。然而在读者们不自知的情况下，真正的过程却正好是相反的。我们在这里借用龚古尔兄弟的一个例子，这个简单的例子应该足以说清楚这一点。小说《热尔玛尼·拉瑟特》讲述了主人公热尔玛尼悲惨的一生。刚刚同情人于皮永一起有了一个孩子的热尔玛尼，总是会在每个周日都高高兴兴地去波默斯的奶妈那里看他："火车刚停，她就跳下了车，将车票扔给检票员，并在波默斯的大街上顾自飞奔着，将于皮永甩在了身后。她马上就到了，她到了，她在那里了，她脱口而出：就是这儿！"①

　　这段以未完成过去时所进行的叙述，描绘出了一位母亲的激动，以及她近乎强制性的急迫心态，而这种心态也正是透过她一系列逐渐清晰的位置描写所体现出来的。直到"就是这儿！"，终于，文字中的所有细节都已清楚地表明了，热尔玛尼心中的想法正是通过"自由间接"的方式被表达了出来。我们可以猜测，这位热尔玛尼或许已经抛弃了于皮永——这位看上去更显得无动于衷的于皮永。一声"就是这儿"，以及一连串"自由间接"的描写，无不暗示了这位母亲的欣喜若狂以及这位父亲心中可能的烦闷：同罗莎乃特的孩子一样，他们的孩子也行将离世。紧接着，龚古尔兄弟又加入了一段动情的描写："她来到孩子近前，用嫉妒的双手拨开了奶妈的胳膊——这可是双母亲的手！她贴着自己的孩子，紧紧地搂着他，拥抱着他。她贪婪地亲吻着孩子，看着他，并冲他笑着！"

　　"母亲的手！"这里所用到的方法几乎是一模一样的：一句简洁的陈述，对同样的词进行重复（在这里就是那双"手"），再加上一个感叹句，这一切都是为了对热尔玛尼的心理状态进行注释（当然了，她的手是嫉妒的手，她也完全有权这样做，因为她是孩子的母亲，一位幸福而又充满了占有欲的母亲）。然而这一回，我们绝不会认为这位母亲是位称职的母亲了，究其原因，是由于她的想法、她所说的话以及她对于孩子的嫉妒心态：由此我们可以发现，

---

① 埃德蒙和儒勒·德·龚古尔，《热尔玛尼·拉瑟特》，纳丁·萨迪亚发行，巴黎：弗拉马里翁出版社，1990年（1865年初版），第141页。

第八章

讽刺（2）：潜在的笑

小说的讲述者已经让自己的个人态度深入小说的情境当中了。

"用嫉妒的双手拨开了奶妈的胳膊——这可是双母亲的手！"两句话之间的衔接是如此之快，以至于读者们甚至都分辨不出其中的变化。一切就好像是，作者刚刚从文体的角度呼应了热尔玛尼的想法[①]，却又利用它重新掌握了话语权，并且还不将这一做法言明。与此同时，作者甚至还借此手法，装出了一副将主人公的初衷继续推进的样子。更有甚者，这样的变化手法不但让人们对热尔玛尼内心的真实想法生出了疑问，让读者们对其话语中所体现出来的特权感产生了质疑，还引起了一种追溯性的怀疑：很可能，主人公一开始脱口而出的那句"就是这儿！"就已经是作者自己内心想法的一种外露了。在同情心的包裹之下（我们知道故事中热尔玛尼的原型就是作者龚古尔兄弟的女佣），作者很可能一直都在以这种类似腹语的形式来表露心迹。他们表面上是在让主人公自己说话，但实际上始终把持着话语权。这样一来，读者们会相信是热尔玛尼自己在说话，然而实际上，作者龚古尔兄弟却在替主人公进行思考，只不过他们不会公开承认罢了。

再一次地，讽刺在这里有了双重的意味。首先，作者将自己当作了故事中的人物——无论他们自己是否会对此言明，而这也正是福楼拜的那句名言里的意思："包法利夫人，就是我自己。"其次，借助于上述自身与虚拟人物之间的融合，以及由这种融合所表现出来的显著的移情感，作者本人可以流露出一种怜悯，然而这种怜悯之情在他们的眼里却又是轻蔑的——他们甚至都无法在作品中用自

[①] 用"这可是双母亲的手"与前面的"手"相呼应。——译者注

己真正的名字说话！在这里我们要提到的是，拉·封丹是第一位系统地以自由间接的文体进行写作的作家，因为他做不到让自己笔下的动物们开口说话。对于现代小说当中的现实主义讽刺来说，它总是试图要将人格加以动物化，或者至少是要对其加以贬低。抱着对话语中的潜台词加以解释的目的，作家们最终都会对其所指代的想法大加阐释，甚至是冲动的、近乎动物式的阐释，而这也成为作家们所固有的执念，从福楼拜到塞利纳，无不是如此。我们知道，塞利纳对前者所抱有的病态的憎恶感是到了何其夸张的可怕地步：对现实主义讽刺的这种伤感的夸张，我愿意将之命名为"塞利纳主义"。在这里，同情的动作会掩饰住对于世界的憎恨，而后者反过来也会掩藏在对他人的爱的表象之下。

即便这种源于作者自身的意识形态的外溢并不存在，我们也要看到，这些冷滑稽中的讽刺依旧是基于具有欺骗性和故作神秘的操作之上的。这样的话，读者们只能自视为这种文风的受害者，他们也有理由认为作者这样做的动机就是为了嘲弄人，并且是相当可恶的。在成为现代诗歌触不可及的标志人物之前，波德莱尔在整个创作生涯当中一直都被认为是个故弄玄虚的人，并且相应地，他的作品也就不是什么诗歌巨作，而是用他自己的那些恶趣味向正统诗歌进行挑衅的邪作了。在彼时的记者勒梅尔希埃·德·诺维尔的笔下，对于波德莱尔作品的指控倒是显得既搞笑又不失友善："波德莱尔尸体的烩肉酱。将这具已经被肢解了的腐坏的尸体继续切碎，并且要尽可能地切得细碎，往里面填上那些充满创意的诗句，再撒上点儿不按常理出牌，再用点儿恶之花作为点缀，然后就僵直地上

第八章
讽刺（2）：潜在的笑

菜吧——一道令人便秘的菜。"[①]与诺维尔相比，社会主义者、虔诚的共和派人士儒勒·瓦莱斯没有选择用那些不堪的词汇来凌辱可怜的波德莱尔，这还是在1867年，此时的波德莱尔是尸骨未寒的。他这样说道："在他的身上，有神父、有老妪、有蹩脚的演员……他只不过是推崇愚蠢而又可悲的神秘主义的原始人而已，在这里，天使也有着一双蝙蝠的翅膀和一张娼妇的脸：这就是他所创造出来并用来让我们吃惊的东西……他强迫自己成为那些个自己并不是的角色，而这些角色又把他彻底碾碎了！"在爱开玩笑的波德莱尔和《恶之花》的才华之间，有着怎样的分别吗？没有。瓦莱斯对波德莱尔的看法是有其理由的，但麻烦也同样来源于此。在这位不能为人所容忍的诗人的笔下，深不可测的讽刺正好就存在于这种不确定性当中，而这种不确定自此以后也不会再消失：从波德莱尔和福楼拜开始（我们也要加上马拉美——阴暗诗歌领域登峰造极的神秘者），所有的文学讽刺大家都要在作品中经历同样的神秘化的过程，也要面临同样的指责，指责他们除了自己是切实存在的之外，作品都是空洞无物的。

不过，"不会惹人笑的笑"的美德——甚至是"不再会惹人笑的笑"的美德——正在于它自己不会显露出来；它仅能够在"极少的快乐"和"潜在的笑"之间被感知到。最糟糕的办法是无视现代文学中这种结构性讽刺的特质，并将其视为一种严肃的单义，但后者与其特质是有着天壤之别的。也正因为如此，波德莱尔和福楼拜

[①] 引用自《当代人面前的波德莱尔》，W. T. 邦迪和C. 皮舒瓦收录并汇编，巴黎：克林西克出版社，1995年，第145页。

一直都忠于自己对于悲伤的笑所抱有的热情,并且每一天都在向着这个目标迈进。尤其对于福楼拜来说,他的每一部作品都可以被理解为是对所有会话、文学作品、科学以及新闻报纸的共同之处所进行的无休止的、冷静的滑稽模仿:从《包法利夫人》到他未完成的遗作《布瓦尔和佩居歇》(依据本书提前设计好的结局,这两位齐名的主人公最后开始"随意地誊写起了能找到的手稿和手稿纸、烟卷纸、旧报纸和被人丢弃的书信"[1]),无不是如此。而波德莱尔也对此进行了沉着的复制。无论是在《恶之花》还是在《巴黎的忧郁》中,我们都会发现他同样的身影:摇晃铃铛的疯子(《艺术家之死》)、国王的小丑(《英雄之死》)、被大众所遗弃的流浪汉(《老流浪汉》),甚至还有《祝福》中的诗人——只是一个悲惨又微不足道的人物,尽管要吃下自己所爱之人的唾液,他仍坚定地用自己的不幸来向上帝祝福。[2] 也许在波德莱尔看来,这位可笑的诗人也是值得的。

---

[1] 古斯塔夫·福楼拜,《布瓦尔和佩居歇》,巴黎:弗拉马里翁出版社,1966年,第22页。
[2] 此处,作者所指的Christ在波德莱尔的《祝福》原诗中并不存在,而是在另一首诗《坏修士》中存在。此处疑为作者记混,特勘误。——译者注

第九章
严格意义上的画面

会笑的画面

1914年8月,在第一次世界大战爆发之初,法国军队特别组建了三个行动排,并将它们命名为R.V.F.("新鲜肉品供应排"),以便向一线的法军士兵提供鲜肉供应保障。事实上,类似的特别任务排在德军的编制体系内也是存在的,德军为此还专门给它们起了一个颇具召唤意味的名字"沃尔基利"[德文:Walkyries,从字面上看,暗指的是武神"瓦尔基利"(Valkyries)在巡行的意思,而后者则是通过瓦格纳的歌剧而为人所熟知的]。这样看的话,如果仅仅是为了调侃,那法军的R.V.F.与之相对应的代号就应该是"瓦什基利"(Wachkirie),而这个名字也正是插画家本杰明·拉比耶一幅获奖画作的名字——画中所画的是一头正在开心大笑的奶牛。1921年,曾历经"一战"全程的奶酪商莱昂·贝尔(Léon Bel)在给自家产的远近闻名的奶酪取名时突然想到了这段往事,并决定将奶酪命名为"会笑的奶牛"[在这之后,贝尔又相继推出了"好贝尔"(Bonbel)和"小贝尔"(Babybel)这两个知名的子品牌——显然,他在取名的问题上是绝不会吝惜那些好听的词的]。这个

笑的文明史
La civilisation du rire

小故事其实集中了幽默的一些精华元素，也包含了它全部的基本要素：比如，"类似"（沃尔基利/瓦什基利；原文为 Valkyries/Wachkirie，拼写相近，译者注）；比如，"双关"（瓦什基利/会笑的奶牛；原文为 Wachkirie/La vache qui rit，读音几乎一致，译者注），尤其是那幅令人印象深刻的画面[一头奶牛正张着大口，两只耳朵上挂着的也不再是牛环，而是两盒子奶酪。这样的构思让人立马就在脑海中勾勒出了一幅笑着的奶牛的画面，但这在现实生活中是不可能存在的（见图Ⅱ）]。在这里，这个双关的构思其实是有点儿问题的。法国人之所以能轻易地从 Wachkirie 联想到会笑的奶牛，是因为在 1870 年开始的普法战争和普鲁士占领期间，"奶牛"（vache）就一直是占领区的法国民众对正在上哨的德军士兵的称呼[①]。那时候，许多百姓也会趁天黑的时候在德军的岗哨上喷上"去死吧，奶牛"（mort aux vaches）这样的字眼。然而，贝尔所设计的这头奶牛其实是一头忠于法国的奶牛，而它对瓦格纳的武神进行戏谑的方式，也应该是典型的法式幽默（姑且先这样认为），不过，这个不恰当的玩笑其实也无伤大雅。只要这头会笑的牛能够惹得人们笑出声来，那些关于陈年旧事的异议其实就已经变得无所谓了。而当人们再去观瞧这头牛时，也不会再戴着什么有色眼镜了。

说到底，能让人们忘掉同往事的关联的毕竟是一头奶牛，甚至可以说是一头属于法国人自己的奶牛——要知道，奶牛显然是没法子笑出声来的。在这里，全部的滑稽感都源于这幅会笑的奶牛的画面本身，它会让那种唐突感立马就在人们的脑子里面跳出来，而大

[①] 德文 wache，意为"哨兵"；发音与法文 vache 近似。——译者注

家也会止不住地笑出声来。这种画面感可以是真切的（一头奶牛真的笑了出来），也可以只是纯精神上的、具有暗示性的，这特指的是想象的活动过程（比如前面所提到的"去死吧奶牛"这句咒骂）。不过在这两种情况下，画面感所倚仗的都是人类精神所独有的快速呈现能力，而这也是我们没有给予太多重视的地方：比如讽刺画、漫画、幽默的双关，再比如一首诙谐诗中的讽喻。在这些形式中，滑稽的画面会借助于笑的突兀性和膨胀性，使人们的想象力一直在滑稽和梦幻的范畴内摇摆。而通过自身非现实的力量，笑也与虚幻之间存在着一种组成上的相似性：二者都会对现实加以取笑，并且也能够于其中汲取巨大的情感力量、严肃力量或搞笑的力量。滑稽的画面会将观众们转送到一个与现实完全不兼容的空间内，其所制造出来的心理效应与幻觉现象是非常类似的。在19世纪时，有关笑的问题经常会与有关疯癫的问题相提并论；而在杂耍剧场内进行表演的魔术师们，也总是要在表演中结合一些搞笑的成分在里面，比如在梅里爱[①]的电影中大规模使用的表现形式。应该说，这些都不是偶然的。

---

① 乔治·梅里爱，法国知名演员、导演、摄影师。 ——译者注

图 Ⅱ　会笑的奶牛

（译文：色香俱全；分量十足，质量上乘；

会笑的奶牛；克鲁耶尔高级奶酪。）

除了上述区别之外，发笑的人应该能够清楚地分辨出现实与虚幻之间的区别，至少在原则上应该如此。刚刚已经说过，笑的情感是非常接近对幻觉的信仰的，而这种相近性也会导致具体的后果。在这里，我要举两个与法国国家历史有关的例子来加以解释。第一个是关于法国前总统雅克·希拉克的。在 1995 年的总统大选中，希拉克的政治生涯其实已经算是个过去时了——他既是个"失败者"，又是个"腐化的人"，这让他的参选很难看到什么希望。然而，希拉克却意想不到地花了几个月的时间，让自己成为一档金牌电视讽刺节目上的笑话大王和耀眼明星——这档节目就是《木偶新

第九章
严格意义上的画面

闻》[①]。至于这样一番处心积虑的操作的结果,大家也都知道了:希拉克的支持率开始一发不可收拾地激增,直到1995年5月7日,他终于登上了总统的宝座。在此期间,任何严肃的选情调查都无法对这个滑稽木偶的实际影响力施加任何的影响。毋庸置疑的是,当一位候选人每天把自己包装成一个搞笑而又活力四射的骗子时,他确实做到了与民众之间的情感共鸣——既深入,同时又显得毫无道理可言。但是,我们还有一点没有强调出来。这种在媒体层面制造出来的讽刺画像并没能掩盖候选人的负面信息,并且从政治信念的角度看,选民们也没有从实质上改变他们对这位未来总统的看法——希拉克当选后糟糕的执政成绩也很快就证明了这一点。因此,我们需要严肃地承认,笑借助其自身的功效以及"独立于内容本身"的特质,在总统本人胜选的问题上确实展现出了一种神秘的魅力,即便是将它与魔术或特异功能放在一起进行比较,也绝不是什么荒谬的行为。如果可以的话,我们不妨将其称为笑的魔法,就比如在卢尔德地区人们常说的那种能让人自愈或重新行走的魔法一样。

《讽刺画》可以被看作19世纪的《鸭鸣报》。1831年11月14日,时任主编的查理·菲利庞因为发表了一幅针对国王路易·菲利普的讽刺画而被送上了法庭。在这场公开庭审期间,菲利庞当场画了四幅画,展示了他是如何一步步地将国王路易·菲利普的脑袋(肥大而下垂的腮肉和胡须都被画了上去)画成了一只硕大的梨子的(参见图Ⅲ),并想借此证明自己无罪。(如果国王的脑袋本来就长得像

[①] 法国Canal电台1988年创办的晚间木偶讽刺时政新闻节目,周一至周五每天8分钟,从1988年至2018年。——译者注

个大鸭梨,这难道也是他的错吗?)事实上,借助于这个梨子的桥段,菲利庞也确实短暂地收获了不少人气,而且这枚梨子头也成了路易·菲利普整个执政期间都挥之不去的形象。不过,在这几幅梨子头的讽刺画出现的同时,一个真正的反对者、1830年时的共和派人士布舒兹·希尔顿[①]却毫不夸张地成为一个执着的疯子——自从国王的梨子头形象问世后,他便乐此不疲地对它展开了研究,无论是画作、瓷器、瓶子还是其他的东西,他都会弄成梨子头的样子,甚至还给自己起了个"蔫了的鸭梨"的绰号。他的这个嗜好为自己换来了十七次被捕、流放外省和流放伦敦的待遇,甚至还曾被送到了位于比赛特的疯人院里待了一阵子。面对这个已经远近闻名但又完全不构成伤害的疯子,当局也是毫无办法,仿佛这个梨子的形象连同其含沙射影的讽喻力量,已经在他的心里激发出了一种执念,直至变成了一种精神上的病态。

图Ⅲ 鸭梨,路易·菲利普国王的讽刺画

[①] 更多的细节详见法布里斯·埃尔,《布舒兹·希尔顿:"蔫了的鸭梨"的狂笑》,引自《现代的笑》,阿兰·维扬和罗瑟琳·德·维尔讷夫主编,楠泰尔:巴黎第十大学出版社,2013年,第79至94页。

第九章
严格意义上的画面

不过，滑稽幽默会一直借助于画面吗？我们通常都会主动地将视觉滑稽同声音的或音乐的滑稽对立起来——其中，埃里克·萨蒂[①]是最不可思议的代表人物，他一直坚持用纯粹的节奏和旋律来制造特定的效果（比如声音的不和谐，节拍和音调的突然中断等）。一名音乐家可以是滑稽的吗？他能够完全独立于自己的作品所描绘出的画面和听众们所赋予的画面感吗？这几乎是不可能的——如果人们能因为一首曲子而笑出来，这是因为他们赋予了这段音乐可笑的画面感。此外，音乐家自己也起到了推动作用。首先，他们会给自己所谱的曲子起一些好笑的名字，比如在萨蒂的作品集中，我们就发现了这样一些名字：《三首梨形曲》（看吧，又是梨子！）、《四首软前奏》（为了一条狗）、《干瘪的胚胎》。此外，因为萨蒂同时在巴黎的黑猫夜总会担任钢琴师，他本人可谓是深谙恶作剧式的笑，并且也是亲自效法的。总之，整体看来，所有的滑稽音乐表演都是基于自身的舞台效应的。它们或是要借助于滑稽模仿，或是要通过纯粹的音响效果来表现出滑稽声调本身的变化。这也就是为什么许多小丑在演出的节目中都要借用音乐的助力了。

而一个音乐小丑之所以是滑稽的（比如杂技小丑、驯兽师等），是因为他为一场严谨的演出提供了另一种滑稽的视角——此时，他们会更加倾向使用古典音乐，为什么呢？因为古典音乐所

[①] 埃里克·阿尔弗雷德·莱斯利·萨蒂，法国天才音乐家。他未采用巴洛克的风格创作，而是以率直质朴的音乐风格著称，其音乐观点对现代音乐有举足轻重的影响，是新古典主义的先驱。——译者注

笑的文明史
La civilisation du rire

伴随的通常都是庄严隆重的场合，越是这样，对比之下就越显得滑稽可笑。我们这样说是有证据的，比如说，如果在当代音乐中（其严肃程度与古典音乐不相上下，甚至还要更胜一筹）使用上述同样不和谐的音调，是绝对激发不出任何笑点的（除非是对那些不怀好意的听众而言）。音乐于人们的脑海中所呈现出来的画面，与一场搞笑演出所赋予观众们的画面之间，其实是存在着一种变形的，而这正是音乐的笑的出处。而对于其中的讽刺效果来说，鉴于观众们是完全有能力借助于影射的方式将其分辨出来的，它们也就越加难以被觉察。不过，它们不引人注目并不意味着它们不存在。事实上，对于一场生动的演出来说，音乐式的滑稽（姑且先这么说）总是有着诸多的痕迹可循的（姿态、手势动作、服饰规则等），它们也让音乐的笑可以被归列在呈现式的笑的范畴内。最后，千万不要忘了，我们所取笑的永远都是我们已经笑过的东西。而通过对婴幼儿进行早期音乐教育，运用节奏和音调的变换制造出欢快效果，我们可以发现，音乐的笑或许也是笑的形式的一种，并且借助于记忆的机制，它也可以说是一种最容易引起人的生理反应的形式。

同样的展开也可以被应用到语言滑稽，甚至是次语言滑稽身上。比如当今的戏剧经常用到的拟声词（例如欧仁·尤内斯库[1]和达里奥·福[2]），比如朗诵诗歌时要用到的那些辅助词，再比如我

---

[1] 欧仁·尤内斯库，罗马尼亚及法国剧作家、荒诞派戏剧最著名的代表人物之一。——译者注
[2] 达里奥·福，意大利剧作家、戏剧导演。他共有50余部作品广为流传，并于1997年荣获该年度诺贝尔文学奖。——译者注

第九章
严格意义上的画面

们对外国语言进行的搞笑模仿（例如在《贵人迷》里的那个操着一口假土耳其话的人，或者是在法国的喜剧电影中说着蹩脚的德语、英语或阿拉伯语的人）。假如我们自己在发音时（或者是听到了别人发出的）发出的音节或音位听起来好像是那么回事，但实际上的意思驴唇不对马嘴时。毫无疑问，这是要让人笑掉大牙的。不过这纯粹的逗笑也会因为笑的倾向性而得以增强，后者等于是变相地指出上述被玩坏了的发音的问题所在（即尤内斯库和达里奥·福眼中无效的日常沟通，以及在具有排外意味的民间传统喜剧中人们所模仿的搞笑的外国人的话）。这种纯粹源自对语言进行操弄的笑还与精神呈现过程的迂回性有关——这还没算那些重拾童真的笑（玩孩子们的游戏时所获得的快乐），也就是说，把自己设想成一个小朋友。

另外一种快乐感是更为考究的，它源自真实的艺术感受，一如拉伯雷的《冻结的话》这一神秘篇章中的精彩讽喻那样，这番话可谓是极具现代感的。在《巨人传》第三卷到第五卷的内容中，作者为我们讲述了主人公庞大固埃的勇武行动。他在巴努奇的陪同下集结了一大批人马，前去寻找最后的真理，即神瓶的预言。拉伯雷关于这部分内容的描写，看上去就像一部令人捧腹的史诗，越到最后越让人觉得荒诞。然而，小说越是荒诞离奇，作者就越能够对其所针对的核心目标——教会以及他们的经院传统——展开攻击。就这样，当庞大固埃一行来到了位于波罗的海附近的"冰海"的时候，他们被一些五光十色的小气泡和让人摸不着头脑的声音给惊到了。这时候，作为膨胀式的笑（口头的笑）的运用大师，拉伯雷一下子抛出了拟声词："……欣、欣、欣、欣、希斯、提克、托士、洛尼、布乐德丹、布乐德达、弗儿、弗儿、弗儿、布、布、布、布、布、布、布、布、特拉克、特拉克、特儿、特儿、特儿、特儿、特儿、翁、翁、翁、翁、乌翁、哥特、马哥特等以及其他奇怪的字音……"①其实，这背后的原因很简单：去年冬天，这里曾发生过一场战争，而战斗中的厮杀声被冻住了（五光十色的气泡的由来）；但现在，冰雪消融的季节到来了（奇怪的声音的由来）。由此，我们明白了三件事。第一，这些奇怪的声音正是人们在脑海中浮现出的一幕幕战斗场景的背景，甚至也可以是一些尚未成型的、超现实的美妙画面的背景。因此，它们的存在价值就绝不是自身的声音效果了。第二，这些听起来无关紧要且可笑的嘶喊声，显然暗指的是在中世纪的学院中天天发生的那些无意义的思想论战。这样一来，作者在史诗的视角之上，又平添了一幅讥讽的画面场景。第三，有人向庞大固埃建议，最好把其中的一些奇怪的字句保存起来，"就像是把雪和冰保存起来一样"，不过，作为大队人马中的聪明人和替拉伯雷发声的人，他却明确地拒绝了。在他看来，把这些"奇怪的话"保存下来简直就是荒诞透顶的事，因为他们随时随地就能让这些笑话脱口而出。这些被冻住了的话是为了让人发笑的，可不是为了酝酿什么审美情绪的——这个道理，明白的人自然明白。不过很明显，笑与艺术之间的关系，可以说是我们每走一步都会遇到的重要问题，并且我们至今还没有将它理清。不过，我们还要再强调一下，尽管与字面意义大相径庭，但"声音的笑"是好笑的，因为

---

① 弗朗索瓦·拉伯雷，《第四书》（1552），收录于《全集》，米雷耶·于颂发行，《七星文库》，巴黎：伽利玛出版社，1994年，第670页。

它说到底是与讽刺画一样的，都是能够产生出画面感的笑（"冻住的话"看上去就是一幅地道的讽刺画，这一手法是典型的格朗维尔[1]或古斯塔夫·多雷[2]的风格）。

绘画的笑

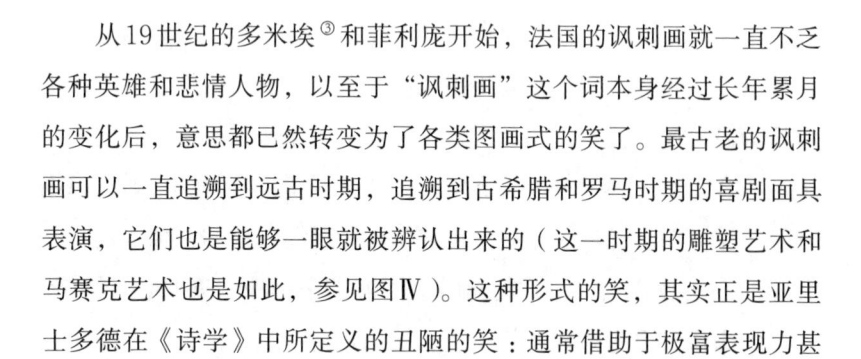

从19世纪的多米埃[3]和菲利庞开始，法国的讽刺画就一直不乏各种英雄和悲情人物，以至于"讽刺画"这个词本身经过长年累月的变化后，意思都已然转变为了各类图画式的笑了。最古老的讽刺画可以一直追溯到远古时期，追溯到古希腊和罗马时期的喜剧面具表演，它们也是能够一眼就被辨认出来的（这一时期的雕塑艺术和马赛克艺术也是如此，参见图Ⅳ）。这种形式的笑，其实正是亚里士多德在《诗学》中所定义的丑陋的笑：通常借助于极富表现力甚

---

[1] 格朗维尔，法国19世纪最著名的讽刺漫画家和插画家之一，被誉为"超现实主义之父"。在不到44年的短暂的一生里，他留下了足以影响以后一个多世纪的众多伟大的作品。他是著名的文艺评论刊物《纽约书评》所介绍过的仅有的两位漫画家之一。——译者注

[2] 古斯塔夫·多雷，19世纪法国著名版画家、雕刻家和插图作家。1853年为拉伯雷的小说作插图大获成功。此后被出版商邀请为多部世界名著作画，成为欧洲闻名的插画家。他为《圣经》以及拉伯雷、巴尔扎克、但丁、弥尔顿、塞万提斯等伟大作家的作品所作的插图使他一举成名。——译者注

[3] 奥诺雷·多米埃（1808—1879），法国著名画家、讽刺漫画家、雕塑家和版画家，法国19世纪最伟大的现实主义讽刺画大师。——译者注

至是夸张的苦笑来勾勒出演员应该代表的情感或丑恶，或者是为了勾勒出演员自身的形象特质，以便让观众们能一下子就认出自己。在整个世界的范围内，也差不多都是这样的，那些鬼脸似的图样其实也是宗教艺术的一部分：无论在公元前7世纪日本法隆寺的壁画中（图Ⅴ），还是在中世纪小册子里的彩画中[1]（图Ⅵ），都能够找到这些图样的例子。然而无论是在哪里，这种存在于神圣的宗教世界中的笑看上去都像是与世俗的笑相对应的，仿佛是人们允许在这庄严的氛围之内稍加放松一下那样。不过，再怎么放松，这些画像在精神层面的本意却并没有发生偏移。在基督教文化中，这些鬼脸画是用来间接地向人们展现出魔鬼的可怕之处的，以此来维持自己忠实的信众。不过，我们也要提防那些年代性的错乱现象：我们今天所认为可笑的东西（比如，一些古时候流传下来的形象，其实与今天的连环画或漫画中所惯用的典型表现形式非常类似），如果回溯到一千年之前，并不一定就是可笑的。尤其是，一些画像不仅具有实际的宗教教育意义，它们同时也能够带来一种审美上的欢愉感。这样的画像其实是宗教情感在艺术层面进行世俗化的开端，而笑也借此大量地涌进了宗教的领地之内。

此类滑稽艺术形式的另一个典型分支就是对人物所进行的变形，尽管这与其本应具有的现实主义的艺术使命是相冲突的。变形的手法是一种被广为运用的艺术手法，并且基于此，强制性的现实

---

[1] 参见吉尔·巴尔多林、皮埃尔·奥利维埃、迪特玛尔和文森特·热里维，《中世纪的图画和抗争》，巴黎：法兰西大学出版社，2008年；让·维尔什，《哥特式小册子里的可笑之处（1250—1350）》，巴黎：德罗兹出版社，2008年。

第九章
严格意义上的画面

主义（直接到肉体的层面）与变形的神奇变化的混合，就可以被天然地看作与笑相关联的突兀性的一种：既然回归到了笑最本初的层级，那我们也就要再次提到波德莱尔的那个有关于"绝对的滑稽"的理论了。将人类动物化，这是所有的图画变形手法中最为常用的一种。我们在日本传统的彩画画轴中就能发现这一点：在著名的鸟兽图中（公元12世纪？），画幅中就已经出现了青蛙、猴子、狐狸和兔子（图Ⅶ），这种构图方式所带来的直白的欢乐感倒是能让我们格外地想起本杰明·拉比耶的笔法。这种动物化造型的手法遵循于两种基本逻辑，而后者在法国古典主义文学作品《拉·封丹寓言》中也是一样的。一方面，作品要起到对人类加以取笑的效果（将人加以动物化，以此来对其人格进行间接地否定）；另一方面，它们还要能够有效地避开审查（尽管审查人员自己会做出种种推测，但他们还是无法仅凭借一幅动物的图案就确定出其所具体针对的某个人或某类人）。除了上面提到的形式之外，还有另外一种变形的手法。无论在欧洲还是亚洲的文化作品中，我们都能发现这种表现形式，而它也是一种单纯意义上的神奇变化——将魔鬼、妖怪以及其他那些本来并不存在的恶魔进行具象化。这种手法为滑稽而又可怖的魔幻世界提供了无穷无尽的灵感来源，尤其是对文艺复兴时期著名的弗朗德勒画家杰罗姆·波希[1]和彼得·布勒盖尔[2]来说（图Ⅷ和图Ⅸ），他们作品中那些炽烈的梦幻情境正是其代表。

---
[1] 杰罗姆·波希，荷兰画家，他富有想象力的画作充满了荒唐的形式和怪异的象征主义。——译者注
[2] 彼得·布勒盖尔，16世纪尼德兰地区最伟大的画家。一生以农村生活作为艺术创作题材，人们称他为"农民的布勒盖尔"。——译者注

同时，这种在超现实主义的框架下所进行的滑稽创作超越了20世纪70年代的恐怖电影中的滑稽模仿，再一次地彰显出了滑稽与梦幻之间的近似性。

图Ⅳ 雅典国立博物馆馆藏的新式喜剧（公元前3世纪）

伴随着文艺复兴一并开启的还有讽刺画的历史——回归到讽刺画一词的现代本义。事实上，这时候的讽刺画所涉及的是幽默绘画的三大传统，并且这三者在后续的发展过程中，彼此交错，彼此相融，甚至还会在分道扬镳之前走上共同的发展路线。不过，它们说到底还是三种彼此不同的艺术手法，需要分别加以定义。

我们首先来说一下讽刺的画像，或者是讽喻画。这些画几乎均包含有一些讽喻的元素（但不是必需的），以便让看到的人自己去猜测它背后的意思。这些版画（这些画通常都是版画，以便能够反复刊印和更多地分发出去）在17世纪随着宗教战争的爆发而得到了不断的发展，尤其是在德国，这一时期的德国版画几乎都印有路德的头像（图Ⅹ）。该方法随后被传到了荷兰和英格兰，其内容除了再现各国间的军事冲突和外交纷争外，还会展现各自的内部政治问题。当然

第九章
严格意义上的画面

图 V　日本法隆寺内的鬼脸瓦　　图 Ⅵ　中世纪《魔鬼圣经》（公元 8 世纪）中的小彩画，藏于瑞典国立图书馆

图 Ⅶ　日本水墨轴画（公元 7—8 世纪）

263

了，法国大革命可谓是讽刺画像史上的巅峰之一了，其中既有大量展现英国人是如何与大革命及拿破仑一世作对的画，也有众多展现革命者与王权进行对抗的主题，还有展现革命者与反革命人群及反法联盟之间关系的画作。[1]说到后者，其中有一幅画在大革命期间曾成为争议的焦点，画中画的是一位身穿木鞋的农民，背上正背着一个教士和一位贵族。显然，它所影射的正是当时的君主制社会里存在的三个阶层（图XI）。不过，上面提到的这些讽刺画都是不怎么清晰的。然而，这些版画的创作目的之一，正是以绘画的形式起到报纸的作用。它力求用最少的空间来最大化地表现出其意欲表达的画面和信息——不过，这也会让这些画一时间变得不是那么容易懂。因此，就需要借助许多文字——嵌入画中，甚至是画的题词——来向读者们介绍明白。举个例子，在其中的一幅画（图XII）中，画家将作战的英军画成了一支"傻瓜的部队"，他们被一群无套裤汉给打败了，而后者正蹲在城墙上向他们的头上拉屎。在这幅画中，作者就用了不下四行的大段文字对画面进行了注解。事实上，这种讽喻的表现形式并不总是那么好笑的，但它们会借助于一些猥琐且污秽的画面内容所展现出来的暴力感来对最终的讽喻效果进行补偿。滑稽这种象征性的传统是绘画的笑的一种古老的形式，后来逐渐为真正的讽刺画让出了自己的位置。尽管它在今天依然还有自己的市场，比如画家普朗图的作品以及他在《世界报》的首页所刊载的画（污秽的意味变少了），但这也算是个意外的恩赐、意外的回归吧。

---

[1] 参见安东·德·拜克，《讽刺画中的大革命》，巴黎：索拉尔出版社，1989 年；卡特里娜·克莱克，《反拿破仑的讽刺画》，巴黎：普罗莫迪出版社，1985 年；菲利普·德·卡波尼埃尔，《伟大的纸面军队：拿破仑的讽刺画》；蒙圣埃尼昂：鲁昂大学出版社和勒阿弗尔大学出版社，2015 年。

第九章
严格意义上的画面

图VIII 《最后的审判》细节三联画（1482），现藏于维也纳美术学院

图IX 《叛逆天使的堕落》（约1525—1530年），布鲁塞尔比利时皇家美术博物馆馆藏

图X 德国的路德讽刺画（16世纪）

图XI 革命讽刺画（一个农民背上背着一个教士和一位贵族）

那么接下来，我们就聊一聊通常意义上讲的讽刺画。从词源学的角度来看（讽刺画的意大利文为：caricatura，意为"漫画"），讽刺画的意思其实就是"漫画的肖像"，也就是说，故意将构成人

265

物面部轮廓的主线条进行夸张。① 在此种模式下，画家首先要从现实的角度开始画起，而文艺复兴时期的许多画室就流行着这样的画法，画家们或是在创作大型绘画作品之余来试笔这样的小肖像画，或者干脆就在这些大型画幅上直接勾勒出几笔这样的次级小头像。18世纪时的博洛尼亚画家卡拉奇②兄弟的画风，通常就被认为是这种风格（图XIII）。不过从本质上来看，此种风格仍旧属于美术的范畴，确切地说就是肖像画技巧的一种，尽管它最为常见的应用场景是那些风俗画。而到了19世纪的法国，讽刺画与绘画之间的边界已经很模糊了：讽刺画画家（多米埃、吉尔）通常都是些画艺不精的画家（或者是穷画师，即没有作品就无法果腹的人），对他们（其中也有克劳德·莫奈）来说，讽刺画就是他们绘画事业的开端。

图XII　讽刺画作（一个无套裤汉朝着"傻瓜的部队"——英军——拉屎）

图XIII　讽刺画，阿戈斯蒂诺·卡拉奇（约1594年）

---

① 参见洛朗·巴里东和马夏尔·盖德隆，《讽刺画的艺术及历史》，巴黎：西塔戴尔和马泽诺出版社，2006年。
② 安尼巴莱·卡拉奇，意大利画家，巴洛克绘画的代表人物之一。他与其兄阿戈斯蒂诺·卡拉奇、堂兄卢多维科·卡拉奇合称为"卡拉奇兄弟"，他们共同创办了博洛尼亚卡拉奇学院。——译者注

第九章
严格意义上的画面

当然了，讽刺画之所以能够最终跻身于文化舞台的前排，新式的图画印刷方法是起到了极大的助益的——讽刺画自身的绘画风格也能够与刻版画的许多工艺实现完美的匹配（蚀刻版画、木版画或石版画）。讽刺画最早为大众所接受是在18世纪的自由英格兰，那时候，威廉·霍加斯[①]的作品以木版画的形式得到了广泛的流通。而在这之后的一个世纪里，讽刺画的发展又突破了另一个决定性的阶段，它正式地登上了报纸的版面，从而侵入了媒体的领地。[②] 在这一时期，法国起到了引领的作用，菲利庞所创办的讽刺报《沙里瓦里》在1841年有了它的英文版本，即著名的《笨拙》，并且其副名为《伦敦沙里瓦里》。该报自问世后，随即成为在媒体层面进行论战的惯用武器，尤其是在新闻审查制度对言论自由横加干涉的时候，因为它可以通过画面来影射出那些不允许被写下来的东西。还要提到的一点是，此时的讽刺画大都是没有文字内容的石版画，并且是分开印刷的。不过随着英国立木雕刻工艺的发展（雕版印刷，比如说凸版印字，是与传统的凹版刻画不同的），讽刺画与凸版文字也可以被一起印上去了。而在这之后，印刷工艺又进一步发展为胶版印刷（平面印刷）以及20世纪时的信息化制版，使得文字与画面之间的交融性得以倍增。

[①] 威廉·霍加斯，英国著名画家、版画家、讽刺画家和欧洲连环漫画的先驱。他的作品范围极广，从卓越的现实主义肖像画到连环画系列均有涉及。他的许多作品经常讽刺和嘲笑当时的政治和风俗。后来这种风格被称为"霍加斯风格"，他也被称为"英国绘画之父"。——译者注

[②] 关于19世纪时报纸层面的讽刺画，参见法布里斯·埃尔和贝特朗·提耶耶，《从报纸到讽刺画像》，引自多米尼克·哈利法、菲利普·雷涅、玛丽·埃芙·特朗蒂和阿兰·维扬主编，《报纸文明》，巴黎：新世界出版社，2012年，第417至436页。

除了技术方面的进步之外,我们还要看到的重要一点是,刻版技术(基于前面的介绍,刻版技术大都用来印制讽刺画了)在19世纪时还是制作新闻报刊的唯一手段。而到了20世纪时,照片开始被逐步引入了报纸的制作领域,直至后来电影技术和电视新闻的进一步问世。媒体图像技术的不断演进也为讽刺画的发展带来了深刻的变革。不过,直到第一次世界大战前,讽刺画依旧是对知名人物的容貌进行传播的主要手段,至少在日常的报纸上是这样的。因此,讽刺画要遵循的第一个原则就是要"像"(尽管要对目标人物的面部线条进行讽刺式的变形)。也正是基于这样的原因,法国著名的漫画画像师纳达尔[1]在第二帝国时期迅速成为社会上最知名的写真画像师;而他的同行埃蒂安·卡加[2]同样因为其"大脑袋小身子"的绘画方式而得以闻名,该手法也随即成为报刊讽刺画的一种主流形式(图XIV)。不过到了20世纪时,这种写实主义的画法也相应地进入了第二阶段——画作本身的创意显得更加随性。事实上,这时候的报刊绘画中已经基本上找不到真正的讽刺画家(漫画肖像师)的作品了——当然,除了著名的画家让·卡比[3](1938—2015)。在长达半个多世纪的时间里,他在法国讽刺报纸《胖贝莎》《鸭鸣报》等的版面上可谓是经久不衰的,他仅用一些富于表现力的线条就能够勾勒出一张脸或一副身体,这种幽默画法深入人心。对于大多数的报刊特约画家来说,他们所寻求的不再是与真人之间的相似性,

---

[1] 纳达尔,法国早期摄影家、漫画家、记者、小说家和热气球驾驶者。——译者注
[2] 埃蒂安·卡加,法国著名讽刺画家、摄影家。 ——译者注
[3] 让·卡比,法国讽刺漫画家,以笔名卡布(Cabu)而知名。 ——译者注

而是通过其他的方式（比如说，给画中的人物配上一个容易被人认出来的物件，或者直接给他贴上一个名签）让读者们能够认出来所画的人物是谁。总之，创作的核心理念已从追求讽刺画本身的象征性，转变为了对图画自身幽默性的构思。

图 XIV　卡加的大脑袋画：杜马画像

至于接下来我们要提到的幽默画，它事实上是绘画的笑的第三大类。幽默画所追求的并不是对目标对象进行"漫画化"，而是要尽可能以简洁明快的方式对其加以风格化。与讽刺画和传统的讽喻画不同的是，它并不看重画面的精致或夸张，相反，它致力于规避的恰恰是对目标对象的夸大，以及把太多具有隐喻目的的细节放入画中的做法。理想的幽默画其实就是个图样，画家们会故意用极简的线条来进行表达，而这种极简的风格甚至已经接近于抽象了。说到这里，我们可以把多米埃和沃林斯基[1]的作品放到一起加以对比，二者都属于社会讽喻画的范畴（举例来说，看一下他们是如何表达

---

[1] 乔治·大卫·沃林斯基，生于突尼斯的法国犹太裔漫画家。——译者注

夫妻之间的不合的），以便能够直观地发现他们的不同之处。在多米埃的作品中（他同19世纪时的许多同行人士一样，都转而画起了社会风俗画，以规避当局对政治画作所进行的审查），画家意在于细节之上展现出必要的表现力。而对于沃林斯基来说，他所关心的只是画面本身的象征性是否具有幽默的效果。不过到了20世纪时，作为对绘画领域整体变革的呼应，绘画的笑也在美学层面做出了些与时俱进的改进，突破了现实主义的惯例——基于这一核心变化，以对现实进行讽刺象征为出发点的幽默画，显然也不得不对画面自身的表现力加以重视了。不过，它所呈现出来的表现力，却更多的是一种经过了淬炼的表现力，是一种具有诗意的表现力（且不管其他的画家，单就沃林斯基的作品而言，我们就能够从中发现其所具有的道德说教的力量）。

上述表现形式的重大区别也体现在了载体的变化上：幽默画已经脱离了一般大众日报和讽刺画报，并进军了文化刊物界。在18世纪时，英国的版画贸易让绘画的笑得以显露头角；19世纪时，法国的报纸《讽刺画报》《沙里瓦里》等又为其提供了一臂之力；而到了20世纪的时候，动力则来自美国：从1925年开始，新创刊的《纽约客》让幽默正式跻身了艺术与文学的领域。它所宣扬的是"高贵的笑"，显然，这迎合了那些向往现代感和自由的城市新兴资产阶级的口味。[1]对于法国来说，法式幽默画也同样在一系列非讽刺的杂志刊物上（《巴黎竞赛》《法国周刊》《快报》《新观察家》）找到了其最佳

---

[1]《纽约客》中的绘画作品详见《纽约客卡通全集》，伯特·曼霍夫发行，纽约：布莱克道格和利文撒尔出版社，2004年。

的代表作。不过，尽管在法国至今并没有可以与《纽约客》真正齐名的类似刊物，但在历史上，是有过一位法国人为此付出过努力的：让·雅克·鲍威尔曾花了十五年的时间，力图创办一份兼具文学和画报意味的知名幽默杂志，并将其定位在了超现实主义和荒诞的中间位置。这份杂志的名字就是《怪刊》（1953—1968）。该刊曾连续刊载了西内[1]的作品，与流行于19世纪的波希米亚艺术和两次世界大战期间的先锋艺术一脉相承。

上述历史现象以及概括性的分类方式曾经是非常必要的。不过我们要强调的是，任何的滑稽绘画其实都是包含有笑的这三种类型：讽喻（画）、讽刺（画）以及幽默（画）。在今天，我们还要再加入另外一种形式，即连环画。不过，不管它们到底有着怎样的变化和差异，图画式的笑，总是建立在如下两个基础性的现象之上的。

首先，在绘画的二元空间内，它融合了笑的两种机制——突兀性和膨胀性。一方面，画面中的元素至少要表现出必要的失调（不过，尽可能多地增加这种失调性也是此类绘画的乐趣所在），要想在其中达到最为简单也最具侵略性的滑稽效果，就要让意想不到的粗俗元素侵入看似平庸的画面（讽刺画中经常出现的污秽画面就是十分令人咋舌的手段）。不过话说回来，让人感到吃惊的办法还是有不少的（年代错误、风格反差，总之就是利用那些在现实中互不兼容的元素制造出互相干扰的感觉）。另一方面，笑的膨胀性很明显也是源自画面线条的夸张（对讽刺画来说是具有建设性的表现形式），源自对动作、姿态的放大，源自其可见的影响，或者源自构

---

[1] 西内，法国当代著名漫画家。——译者注

笑的文明史
La civilisation du rire

图的极简化——充分地加剧了反差效果,并间接凸显了唐突的画面效果。

绘画的笑的第二个特质,则是其自身所独有的。正如中世纪基督教时代的一些隐喻绘画一样,我们在看到滑稽画面的同时,就能够将它一并解读出来了。或者更确切地说,如其他的绘画一样,它首先被看到,紧接着,一些散布在画面中的点滴痕迹也逐步映入了人们的眼帘,帮助人们对画家真正的用意加以解读,直到读者们完全明白其背后的立意。在更多的情况下,笑是产生于文字层面及意象层面之间所存在的冲突性的(或突兀性关系),或者,借用皮尔斯的话来说[1],是符号价值和画面象征性之间所存在的冲突性。这种冲突性具体会体现在一种时间差上:我们要先看到一幅画面,而后才能去解读它。这种时间差要拥有足够的时长,以便能够对笑声所制造出来的意外效果进行放大,不过,这种充分的时间差也不能够令画面的读者或观众们感到扫兴。但无论如何,对画面背后真正用意的解读必须要能使人感到足够的满足,这样人们才能进而感受到笑所带来的松弛感。

这种可视性和可读性之间的游戏自然要基于文字的元素(给画中的人物配上可能的话语,或是在画面的上方或下方对全画进行注释或命名)。这么看的话,画面的配文技术是随着讽刺画的兴起而得以长足发展的。一开始,画家们会给画面配上一些起到注解作用但并不好笑的文字(仅仅使用直白的语言来向观众们点明那些他们

---

[1] 参见查尔斯·桑德斯·皮尔斯,《论符号》,热拉尔·德勒达利译,巴黎:瑟伊出版社,1978年。

第九章
严格意义上的画面

应该知道或理解到的内容,以便他们能够正确地理解绘画的用意)。与之相反的是,当今的幽默画是严格地建立在一种猜谜的效果之上的,它们会透过画中的只言片语,引导读者们猜测出其中的讽刺用意或幽默意图。这样一来,配文就不再是一种后加入的解释性的话语,而是整幅画的组成元素之一,除非画家本人没有给画加入任何的文字。画面的静默性会给全画制造出一种与黑色幽默相似的冷冷的神秘感——一如在卡尔东①那些佳作中所表现出来的那样。在图XV中,画面中的男人被表现为了一个平滑的、匿名的模特,代表着人类在其可怖的平庸当中所处的境地。这个人正在用一个突兀的鞋拔子努力地让自己从土地中挣脱出来,我们猜测,他是动不了了。除了他之外,我们在画面中所能看到的就只有白色的天空和黑色线条所勾勒出来的无垠大地,它们都在向后逐渐地远去,直到在天边汇成了一条直线。不过,画中人却在大地之上留下了影子,这或许

图 XV 卡尔东的画作《用鞋拔子让自己从土地中挣脱出来的人》

---

① 雅克·阿尔芒·卡尔东,法国当代著名幽默画家。 ——译者注

也是他作为人类存在的唯一证明了。但，即使我们能对这位画中人有进一步的了解，即使能有一段文字注解来具体地解释一下其中的故事，以便来想象一下他的烦扰，即使我们能从画面的寓意中感受到其中的悲剧意味，我们或许也还是会因为这个鞋拔子而想笑（因为画中人的样子就像我们在鞋店里买鞋时的那样，但我们是为了不弄坏鞋子）。画面中的静默感让我们的笑凝固了，不过，一个被凝住了的笑说到底也还是笑。

连环画的笑

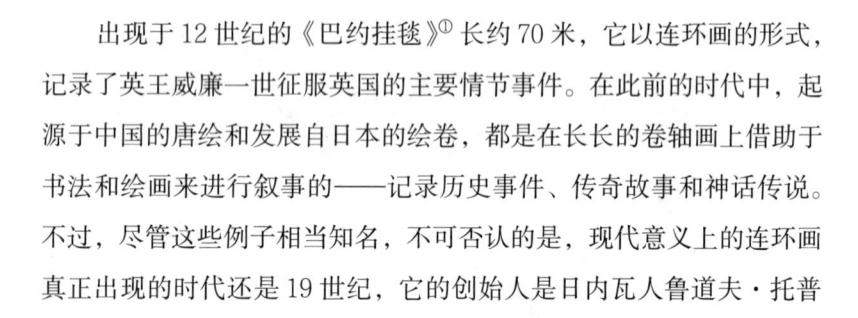

出现于 12 世纪的《巴约挂毯》[1]长约 70 米，它以连环画的形式，记录了英王威廉一世征服英国的主要情节事件。在此前的时代中，起源于中国的唐绘和发展自日本的绘卷，都是在长长的卷轴画上借助于书法和绘画来进行叙事的——记录历史事件、传奇故事和神话传说。不过，尽管这些例子相当知名，不可否认的是，现代意义上的连环画真正出现的时代还是 19 世纪，它的创始人是日内瓦人鲁道夫·托普

---

[1]《巴约挂毯》，可能是世界上最长的连环画，记录了黑斯廷战役，具有很高的历史价值。原本长 70 米，宽半米，现存 62 米。共出现 623 个人物，55 只狗，202 匹战马，49 棵树，41 艘船，超过 500 只鸟和龙等生物，约 2000 个拉丁文字。它不是用颜料和画笔绘成的，而是以亚麻布为底的呢绒刺绣品，由若干块布料拼接而成，绣成 70 多个场面。该挂毯饱受战争之苦，多次辗转于英法之间，最后，拿破仑将它送到了法国大教堂。"二战"后，它又被英国从德国取回。后来，又回到法国。挂毯现藏于法国诺曼底大区巴约市博物馆。——译者注

第九章
严格意义上的画面

弗[1]。此时的连环画是由一连串彼此分割的画面共同组成的,其目的是向读者们讲故事,并且通常都会配有相应的文字[2]。鲁道夫·托普弗本人是一间寄宿学校的校长(日内瓦的传统特色),但他同时也是一位知名讽刺画画家的儿子。他分别于 1833 年和 1846 年发表了《雅布先生的故事》和《克莱托加姆先生的故事》,该系列具有讽喻画的风格且相对简单的人物形象,以免丧失作品的自发性和想象空间。这些作品的问世在当时的社会中产生了轰动性的"笑"果,不仅让托普弗本人一举成为享誉世界的知名画家,同时也让许多人开始了对他的效仿,不管他们自己是否承认这一点(在这份长长的模仿者清单的前列,就包括法国画家卡姆[3]的《拉热尼斯先生的故事》(1839)和古斯特夫·多雷的《神圣俄罗斯的故事》(1854)。托普弗的连环画对各种各样的笑都进行了尝试,这样的特质不仅仅是一种创作上的巧合,它同时也印证了在连环画与笑之间所存在的这种紧密的关联。连环画绝不是将讽刺画汇集到一起的创作形式,相反,我认为它是一种重大的创新,是幽默画的手法在连续叙事层面的重大创新。幽默连环画最大化地集中了笑所有的组成要素。在我看来,它在笑的文化当中当属完成度最高的艺术形式。

我们就从连环画的第一个特质说起:它所发扬的是讽刺画当中"可视的笑"的特点。同喜剧或电影一样,连环画里这种"可视的笑"也是服务于作品中的故事情节的:它能将单幅画面中笑

---

[1] 鲁道夫·托普弗,被誉为世界连环画的开山鼻祖。——译者注
[2] 参见提耶里·格伦斯汀和伯努瓦·皮特,《托普弗:连环画的发明家》,巴黎:赫尔曼出版社,1994 年。
[3] 卡姆,19 世纪法国著名讽刺画家。——译者注

笑的文明史
La civilisation du rire

的爆炸性的力量与连续式虚构画面当中的情感力量结合到一起；同时，它也是唯一能对连续性资源与非连续性资源加以调节的艺术表现形式，但又在笑的强化或深化的过程中不对任何一方加以损害。具体地说，这种虚构创作的连续性可以以三种篇幅表现出来：在法式连环画中最为常见的中等篇幅指的是单页或者双页画，这也是为大多数幽默连环画所采用的标准。举几个典型的例子：《加斯东·拉格斐》①《小艺术品专栏》②《高山牧场的天才》③，这样的画页也可以在杂志上得以预出版。通过这样的表现方式，围绕着故事情节的简单文字就可以产生出诸多的幽默变化。不过，托普弗在连环画领域最先采用的是长篇幅的标准，以便能够完整地讲完一个故事。继他的选择之后，法语长篇连环画也统一采用四十八页作为标准篇幅。应该说，连环画大多数是以年轻人为目标受众的幽默系列画，比如《贝卡西系列》《阿斯泰利克斯历险记系列》《皮耶·尼克莱历险记》《比比·弗里科汀》《伊资诺顾德》《卢克牛仔》，等等。显然，孩子们是最需要笑着继续着自己的梦幻的，而笑也绝不会为他们带来任何障碍，笑将虚构情节中

---

①1957年2月28日最先在比利时著名的漫画期刊《斯皮鲁》上发表的连载漫画。比利时漫画家安德烈·弗朗坎创作了一个办公室里的小职员形象，其最大的爱好就是偷懒和搞些小破坏，是个不折不扣的"捣蛋鬼"。该漫画系列一直享誉全球，后被改编为电影作品。——译者注

②戈特利布于1968年创作的一个幽默漫画系列。标题是法语单词 rubrique 和 bric-à-brac 的复合词。该系列最初在《飞行家》杂志上出版，随后在1970年至1974年作为5本精装书重新出版，并在2002年再次作为一卷出版，其中还包括以前未出版的内容。——译者注

③法国幽默漫画系列丛书，作者为弗米尔，1973年1月11日最先发表于《飞行家》杂志。——译者注

的情感加以凝聚。与之相反的是，对于那些篇幅极少的连环画来说，他们所针对的主要就是成年人了：这就是我们所说的连载漫画，最早出现于 19 世纪末的美国报刊上，以便能够凝聚起忠实的读者群体。这样的连载漫画通常都仅由几幅画构成，它们会以横向的方式组合在一起。我们可以把它们理解为那些笑话或插科打诨表演的漫画版。这样的连载画之所以能取得成功，是因为它们的结尾大都会带来一些出其不意的效果，并且具有普遍的指示意义（连载漫画通常都会有一定的道德、心理或社会指导性）。来自美国的《花生漫画》和《加菲猫系列》就一举成为世界著名漫画品牌，甚至被改编成了动画片，并催生了一系列相关文化产品。在法国，哥特和佩迪昂的《黑伯爵》曾在 1976 至 1981 年的《巴黎晨报》中享受过自己的美好时光。而到了今天，菲利普·格拉克的《猫》可以说是法语文化圈内唯一一部能像英语连环画那样拥有大量粉丝的连载画了。

不过，连环画为什么能有如此大的力量呢？在进入正式分析之前，我们不妨再来看一看古斯塔夫·多雷的《神圣俄罗斯的故事》的例子。这部连环画发表于 1854 年，此时正是克里米亚战争的火热阶段，而该作品的问世也可以被视为一种宣传，以便为英法联军的出兵提供支持。不过令人没有想到的是，这部作品本身却是极为欢乐和不羁的，以至于它的初衷最后不得不成为背景板，而作品本身应该发挥的法国爱国宣传工具的作用也早已被读者们抛在了脑后。画中的荒诞气氛在第一页——由三幅画构成——就显现了出来（图XVI）。开篇的第一幅画，以苏拉热①的风格呈现出了一幅完全黑色的图案，它的作用是与本画的注解呼应："俄国历史的起源就是黑暗的远古时期。"在这里，文字注释自身所包含的讽喻性，以及由注解文字及配图所凸显出来的突兀性，共同制造出了笑料——更不要说作者为了表达上述的用意，仅仅用了一幅简单的黑图就糊弄了过去。与第二幅画的注解（"直到15世纪时，俄国人才学会了绘画"）相伴的是一张巨大的沙皇尼古拉一世的素描画，后者既是拿破仑三世的同时代人，也是他的敌人：在这里，笑是发自一种故意制造出来的年代错乱感的，就好像是说，1854年的沙皇俄国与中世纪时相比毫无变化可言。而到了第三幅画中，画家画了六只大白熊，它们正浮在一块儿大浮冰上。这幅图的配字是："不过，这段历史的最初时代是毫无趣味可言的。"这一回，俄国长

图XVI 古斯塔夫·多雷，《神圣俄罗斯的故事》的首页画
(巴黎，布里出版社，1854年)

---

① 皮埃尔·苏拉热，法国画家、雕刻家和雕塑家，一生倡导以黑色作画，并创造出了一系列经典作品，被誉为"黑色艺术大师"。——译者注

278

期处在冰雪的摧残之下的事实承包了这幅画的笑点（1812年从俄国的大撤退对第二帝国时期的法国人来说还并不遥远）。同时，画家也暗自把俄国人比作了大熊（确实，熊大都是棕色的，不过它确实是经常被用来代表俄国人的动物形象）。

对于那些匆匆浏览连环画的读者来说，有谁会意识到这三幅之间其实完全没有任何关联呢？不过，连环画本身的幽默强度是基于一种加速效应的，这与省略手法的系统性运用有关，使得画作本身具有了一种纯粹的快乐状态，尽管它不包含戏剧或电影中与叙事连续性有关的必要成分，但也同样可以完成对故事的讲述（这与普通的讽刺画相比还是有区别的）。至于叙事进程的过渡以及相关的附属元素，它们则是被分隔不同画面的细白线条给吞噬掉了：全部的画面都抛给了读者们，依据读者自己的美好意愿，尤其是他们自己的想象力了。然而奇怪的是，连环画的力量首先就存在于，它不必将画面内容限制在现实角度——这种限制或多或少都对其他形式的叙事作品施加过影响，这样的话，就让作者自己（或作者们、电影编剧或画家）被彻底地解放了出来。

从一开始，托普弗就意识到了，连环漫画的核心就在于画面的省略性赋予画作本身的广阔的自由度和显著的虚幻感："……故事本身是富于荒诞的，借助叙事这一工具，它看起来既荒谬又不具消遣性，不过通过直接呈现的方式，这种荒诞又会获得充分的现实度，能让笑随即就产生出来。"[1]托普弗曾反复多次强调，画家

---

[1] 鲁道夫·托普弗，《雅布先生的故事的出版说明》，由卡米尔·菲洛引自《现代的笑》，阿兰·维扬和罗瑟琳·德·维尔讷夫主编，楠泰尔：巴黎第十大学出版社，2013年，第335页。

尤其不能光顾着担忧自己是否过于夸张，而对作品本身的想象力施加限制。在他看来，这也正是英国艺术家能够凌驾于法国同行之上的原因（在19世纪）。法国的艺术家大都是小心谨慎的，但就是不怎么好笑："……这也正解释了，为什么在这些艺术主题当中，英国人总是能够胜过法国人——英国画家大都是些不拘小节和心无深虑的人。因此，从不拘泥于形式的广泛角度来看，他们的日常作品中就善于表现出一种滑稽的欢快感和幽默的激情，而这样的表现力通常是不具有特别的思想力度的——即法国人一向坚持的过于严厉、过于正确的价值观，甚至于连法国人自己的小丑和怪人也是这样的。"[1]

也正是基于同样的原因，尽管连环画会逐渐触及各种各样的类型，但其自身的两大主要类型依旧是奇幻故事（包括十分多产的科幻内容）和幽默故事。对于幽默连环画来说，一切都可能成为其剧本中荒诞故事的来源，它其实就是一种滑稽模仿式的奇幻故事：除了笑，在奥贝利克斯[2]和超人这两个同样具有超能力的漫画角色之间其实是不存在任何差异的，所有的滑稽人物同时也都是超级英雄（他们被赋予了让所有人都羡慕的超能力，能够在历经艰险后依然毫发无损）。这些人物不仅创造出一种超出现实的无忧无虑的光环——用以将笑进行放大，同时，通过戏中戏的效应，这些画中人其实也在虚拟地指代着画家自己。通过与读者之间所产生的共鸣，

---

[1] 鲁道夫·托普弗，《论相面术》，日内瓦：施密特出版社，1845年，第8页。
[2] 法国连环画《阿斯泰利克斯》（又译为《高卢英雄传》）中的主人公之一。
　——译者注

第九章
严格意义上的画面

喜剧连环画与其所包含的幽默画一样，看起来都是对作者的内心世界所进行的一种直接的投射，并可以激发出一种主观性的笑。这对托普弗而言也是一个核心的问题，在他看来，"只有画家自己用笔勾勒出来的画才具有价值，这也会逐渐变得必要"①，画家所在意的只有其中的人物形象，以及他们想通过画面所表达出来的意义。

总之，连环画的新颖之处正在于它能够同时将笑的突兀性与膨胀性加以集中。一般来说，这两者是无法兼容的：要么，一如在"灵光妙语"、讽刺和幽默画中那样，笑是由那些短促的、闪现的突兀性所激发出来的；要么，一如在生动的演出里（喜剧或者是幽默表演）或电影中那样，是通过对滑稽笑话加以欣快地放大，并且对这种放大的效果过分地加以运用而激发出来的。因此，笑总是要在卡律布狄斯和锡拉之间游荡的②：要不就是转瞬即逝（甚至让人有些疑惑），要不就是过于冗长。而在连环画的范畴内，笑的膨胀性甚至可以是基于其自身突兀性不断叠加的，以至于连续不断的画面反而能够让单幅画的表现力得以更好地释放，这就是连环画的奇怪之处。最终，我们要说，连环画的笑无论从质还是从量的角度来看，都是非常引人瞩目的。因此，鉴于其在笑的文化层面只能居于相对次要的地位，我们还是有些吃惊的。至于对连环画所予以的持续性的轻视，我们所能看到的也几乎只是偶然性的原因。自问世开始，连环画就被特定地与儿童领域关联到了一起，这样一来，它也

---

① 鲁道夫·托普弗，《论相面术》，日内瓦：施密特出版社，1845年，第4页。
② 卡律布狄斯是意大利墨西拿海峡的大漩涡，在岩礁对面，希腊神话中说是一个海怪；锡拉指的是希腊神话中的锡拉岩礁，也指岩礁上的6个女妖，与大漩涡毗邻相对，这里有倒霉、不幸之意。——译者注

就受到了轻视（大人们都是喜欢看讽刺画的，哪怕是退而求其次，他们也会选择连载漫画）。这样看的话，即便重申儿童领域为笑所做出的主要贡献，想来也是对牛弹琴了。此外，也是基于同样的理由，当连环画在 20 世纪末期致力于获得艺术上的承认的时候，它却（耻辱地？）抛弃了在 70 年代到 80 年代之间曾让它收获了成功的图画式的笑，转而为严肃的现实主义、科幻美学、社会调查、政治抗争，甚至是内心反省去服务。无论是被边缘化了还是被献祭了，连环画在未来还是会继续遭受这种文化层面的排斥，但永恒的受害者永远是笑自己。

文字背后的笑

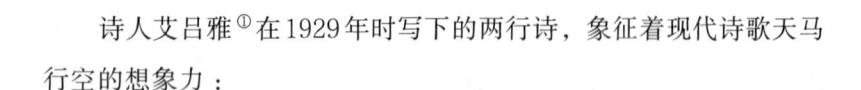

诗人艾吕雅[①]在1929年时写下的两行诗，象征着现代诗歌天马行空的想象力：

> 大地蓝得像一个橙子，此言不虚。
> ——艾吕雅，《首先》，第七首

[①] 保罗·艾吕雅，法国著名现代诗人、超现实主义运动发起人之一。——译者注

第九章
严格意义上的画面

可以说，我们无论如何都不会想到一个橙子也是可以变蓝的。事实上，当它腐败变质的时候就是这样的。因此，我们完全可以由此想象到，在这首创作于两次世界大战之间的诗中，诗人艾吕雅意在含沙射影地对人类世界的腐化堕落（战争、民族主义的抬头等等）进行抨击。这种不同语义之间的冲突感其实是挺讽刺的：大地的蓝色反照出的是海洋的纯净，而橙子的蓝色则是腐坏的颜色。不过这句"大地蓝得像一个橙子"立马就让人有了一种"大地就像橙子一样蓝"的感觉，也可以被理解为这样的意思："大地不会比橙子更蓝了。"事实上，大地（这里指的是土地，而不是地球）并不是蓝色的，它是棕色的。艾吕雅以此来对读者们会犯的错误进行了纠正：将大地与橙子放到一起相比较，读者们瞬间想到的肯定是地球而并不是一般意义上的大地。诗人将现实的情况复现了出来，这在快速浏览的过程中常常会被人们忘掉。

反过来说，如果大地是棕色的，那蓝色就是海洋的颜色，它覆盖了地球上绝大多数的地方。这样的话，"大地蓝得像一枚橙子"这句话就有了新的一层意思："大地像一个橙子一样，是液态的。"此外，地球与橙子之间从外表上看的第二个共同之处，就是外部的表皮。如果承认了大地像橙子一样都是液态的，那真正的液态所指的就不是大海，而是果皮下的橙汁，应该去愉快地品尝这种美味：不要忘了，这首诗可是一首描绘疯狂爱情的诗歌，对大地的赞颂实际上暗指的是自己的妻子加拉，其所暗含的也是情欲的意味。大地的液态事实上就是橙色的，如果我们去看看岩浆的话就知道，液态的火焰其实就是橙红色的，它流动于地表之下。最后，"大地蓝得像一个橙子"还可以这样被理解："大地像一个橙子那样是橙红色的。"蓝色即橙色,这绝对是一种文字画面的魔幻,即便是最超现实主义的画家恐怕也无法将其描绘出来。借助于语言在精神层面所具有的联想机制,这样的对比和文字的荒诞感所呈现出来的就不仅仅是一种景象,而是多重景象了。

这种梦幻的创造力不仅仅与诗歌有关。在克劳德·西蒙[1]笔下的法军1940年大溃败中(《弗兰德公路》,1960年),士兵乔治发现了一匹死马,它陷在了泥泞的战场里,就像是"在一碗咖啡牛奶里"一样。[2]接着,这匹马变成了"昆虫"变成了"甲壳虫",就像是那些"缺胳膊少腿的破玩具"似的。[3]乔治蜷缩在这具黏糊糊的马尸旁的泥浆里,像一个女人或硕大的胎儿一样,拼了命地想钻到地里面,"仿佛是想努力地消失在这地缝中,让这窄窄的缝隙把自己完全地包进去、吸进去、消失掉。尘归尘、土归土"[4]。这是一幅极其滑稽的画面,也极其具有暗示性,不过,它说到底也只不过是克劳德·西蒙在作品中大量运用的黑色幽默的手法之一。

现在,让我们再看看缪塞笔下的真正的笑话,这是一部单幕轻喜剧,一部名叫《一扇或开或关的门》的小短剧。这出戏的笑点在于其中直白的文字游戏。在戏中,一位本该向另一位侯爵夫人宣读声明的伯爵却一直在围着一口锅打转,让观众们大笑不已,而剧中人物之间的对话也是围绕着这个炉子展开的。一开始,这

---

[1] 克劳德·西蒙,法国新小说派代表作家,1985年诺贝尔文学奖得主,代表作《弗兰德公路》。——译者注
[2] 克劳德·西蒙,《弗兰德公路》,巴黎:午夜出版社,1960年,第27页。
[3] 同上,第105至106页。
[4] 同上,第244页。

第九章
严格意义上的画面

位伯爵忘了"往炉子里添柴火",尽管侯爵夫人在旁边急切地提醒着他。不过,这位伯爵实在是既笨手笨脚又爱走神,以至于侯爵夫人不得不再次地向他提出了建议:"我求您向里面添一块柴火吧""这火着不了,柴火放歪了"。最终,该来的都来了:这位伯爵最后终于动起来了,火也终于着得旺了。但这一回,为了能让自己安静下来,侯爵夫人管他要一块隔热扇:"把那块隔热扇给我……看看你的火,都快把我给热晕了。"[1] 结论:女人应该永远对炉子里的柴火保持警惕……

在这些泛泛的笑话之上(缪塞的笑话其实算不上多高雅),存在于文字层面的画面感能够使作品进一步地具有笑的潜力。从这个角度来看,一个跨时代的变革也随着19世纪到20世纪之间的现代化进程发生了,我们可以以一句话进行概括:从画面的代用观向联想观进行转变。在古典时期,画面感在原则上只是一种表现的手段,它需要有力而明确。为了达到这个要求,作家们就尤其需要对他所意在彰显出来的特质加以明确。比如,"这个男人是一头狮子"这句话其实是在说"这个男人是勇猛的",以此来凸显出他非凡的精力。除此之外,别无他意。在这里,"勇猛"这一概念完全被猫科动物的形象特质给替换掉了。换言之,"勇猛"一词在这里仅构成了"人类"与"猫科动物"在语义层面的交叉,而不会生出其他的旁枝末节(比如联想到狮子的鬃毛和四只爪子!)。然而自浪漫主义兴起后,作家们就逐渐发现,在类似上述的语义替换后,本应借此呈现出来的画面感却无法被人完全地理解——

---

[1] 克劳德·西蒙,《弗兰德公路》,巴黎:午夜出版社,1960年,第30、46、47和48页。

人类是勇敢的,也不是一头真正的狮子。这样的表达,只会在两者之间制造出一种想象的缝隙。由此说来,缪塞的柴火也就绝不是一根柴火那么简单了。

想象的缝隙越大,读者们就越是无法参与到这一想象的过程中来。安德烈·布勒东在1924年时曾在《超现实主义宣言》一书中明确地提出:"我认为,最有力度的'画面'是那些最为专横的画面,对此我毫不掩饰。它应该是我们需要花最多的时间用实际语言加以解读的画面。"在比较这一过程中存在两个基本元素(比较者和被比较的对象),而二者之间在心理层面的串通性导致了突兀性的产生,换言之,也就是笑的产生。在这里,我们再举最后一个例子,它是法国文学史上的滑稽大师维克多·雨果的诗作——《光与影》。其中,作者对上帝和诗人进行了劝勉,他挽起了(精神的)袖子,以让真理能够走出逆境(逆境同时也是摇篮和温床——再多的画面也无妨):

……为了孕育出有力的胚芽,
　心灵便要受到启示。
务必是纯洁的心、坚定的心,
　以便让圣洁之光浸入其中。
　没有了水手的帆船,
　　是注定要倾覆的。
　一如大船的两翼,
　　万能的神,
　需冲破狂热的人群,

第九章
严格意义上的画面

到达神思的两端,

让伟大智慧的巨桨奋力向前。

当然了,让诗人同上帝一起划桨的画面尽管很滑稽,但也是站不住脚的,雨果心里当然明白这一点。但类似这样的诗歌奇景在多米埃和格朗维尔笔下的现代作品中也有出现,在成为法国文化的讽刺画中也有其位置,这就不是什么巧合了。雨果、波德莱尔和兰波笔下的诸多作品其实就是一幅幅实实在在的讽刺画,只不过是借助于作家们的笔将它们描绘出来了而已。此时,文学层面的画面与绘画的画面感之间就不只是一种类似的关系了,文学汲取了绘画领域的滑稽元素,它是出自文字的直接流露的。甚至许多现实主义的小说作品,比如说以巴尔扎克为代表的作品系列,看上去都是对讽刺画所进行的一种延伸。我们不妨选取《高老头》(收录于著名小说集《人间喜剧》)中有关寡妇伏盖女士的一段描写进行品读:

不久寡妇出现了,网纱做的便帽下面,露出一圈歪歪斜斜的假头发。她懒洋洋地拖着一双皱皱的拖鞋,憔悴而多肉的脸中央,耸着一个鹦鹉嘴般的鼻子,滚圆的小手,像教堂里的耗子一般胖胖的身材,裹得紧紧的而又颤颤巍巍的上身,一切都跟这寒酸气十足而又暗藏着投机气息的饭厅相调和。她闻着室内暖烘烘的臭味,一点儿不觉得难受。①

---

① 奥诺雷·德·巴尔扎克,《高老头》,收录于《人间喜剧》,《七星文库》,巴黎:伽利玛出版社,1976年,第54页。

笑的文明史
La civilisation du rire

歪歪斜斜的假头发、皱皱的拖鞋、裹得紧紧的上衣，光这些描写就足够引人注意的了，它就像是一幅讽刺画一样。然而作家在此之上又加入了另外一番动物式的对比（比作鹦鹉和教堂里的耗子），这样一来，就无疑地脱离了讽刺画的审美范畴了。

一般意义上，一部现实主义的小说首先都会像讽刺画那样先勾勒出一个人物。之后，作家们会逐渐地将对他所进行的塑画加以深入，而这种深入的塑画则是在作品一开始时就被作家们故意藏起来的手段。我们将这种手法称为是"匹诺曹效应"，在狄更斯、福楼拜、塞利纳、格诺、马克·吐温和福克纳①的小说中，以及在当代风靡全球的虚幻作品中，这样的手法比比皆是。这种手法的狡猾之处在于，读者们所认为的现实主义，来自小说人物最初的讽刺画像和作者最终所赋予的人物深度之间所存在的差异。这种差异性越大，人物的画面也就越发显得滑稽，而这种结构性的滑稽感则是由其自身给读者们造成的唐突感所带来的：毕竟，夺目的颜色和加重的线条对一幅简单的讽刺画来说，是无须用力就能够看到的。

那可不可以说，文字的画面感仅仅是对绘画的笑所进行的一种回击呢？我认为，它其实更像是后者的幽灵：它有着属于自己的优越感，至少是一种独特性。文字的画面绝不只是一种潜在的、虚空的感觉。真正的讽刺画家其实是读者们自己，而绝不是作者本身——他们应该能够在脑海中将这些画面给呈现出来。如果这个画

---

① 威廉·福克纳，美国文学史上最具影响力的作家之一，美国的意识流文学代表人物，1949年诺贝尔文学奖得主。——译者注

面并不好笑,那就需要进一步地让想象力发挥其更加活跃的作用。这是一部能够创造出梦幻的机器,它需要通过笑的助力来发挥出最佳的动能。我们可以因为一幅被文字构建出来的画面而"笑"出来,尽管我们实际上并没有"看"到它(按此意味理解,我们其实也没有真正地笑出来)。这不是在做梦。

第十章
艺术家的笑

是艺术还是垃圾？

我们现在要触及的是笑的疆域中最为边界的部分，是比福楼拜的"无法惹人笑的笑"更为遥远和神秘的地方。在这里，忧伤的玩笑气氛中也包含有一些滑稽的东西在其中：在这个艺术的领域里，我们所要重点讨论的是绘画和雕塑。其实，自本书的开篇开始，我们就已经数次接近过这两个方面了：毫无疑问，在笑与艺术之间是存在有一种令人困惑的近似性的，二者相近，但是又做不到完全地重合在一起。不过，这种近似性是以什么为基础的呢？它们之间又到底有着怎样的神秘关联呢？边界又在哪里呢？显然，这两种不同的情感类型（审美和滑稽）之间是存在这样一种亲近的关系的，只不过这却带来了更多无法解决的问题。

当然了，每个人的记忆中都会存储几件广为人知的艺术论战事件，因为艺术家自己的公开讽刺或挑衅，从而引起了业界的争议。这样的艺术论战的焦点大都聚集在艺术品的质量方面，而那些充满争议的作品常常会引出这样的论战。杜尚著名的《小便池》事件是发生在20世纪初时的多次艺术论战中的一起，杜尚本人也因此

笑的文明史
La civilisation du rire

在1917年时遭到了纽约自由画派的抵制。在其他艺术家们看来,这件作品令人不快的地方主要有两点。第一是这件艺术品的性质,甚至就是它本身,会令人想起泰奥菲尔·戈蒂耶——"为艺术而艺术"的创始人——在1835年时曾说过的那句有关于有价值的艺术的著名论断:"一所房子最重要的房间就是它的厕所。"[①]此外,并且尤其是这第二点,就是杜尚拿着一件别人造好的东西(ready-made)来充当所谓的艺术品。具体说来,他只不过是在一个现成的小便池上签了个名,但就以此认为这是一件艺术品了,这种行为完全颠覆了艺术与创造的概念。杜尚的《小便池》为后续一系列具有挑衅意味的艺术品提供了灵感,尤其是在"二战"之后,此类艺术品的数量及影响范围更是与日俱增。我们仅举几个法国的例子(尽管在该领域内,纽约已经把越来越多的巴黎艺术大咖给偷过去了):雕塑家塞萨尔从60年代开始从事汽车压缩艺术,直接将目标定位为了西方消费主义的标志——汽车;到了1985年,艺术家克里斯托则将目标指向了巴黎历史最为悠久的景点——新桥(巴黎最古老的桥)。在这里,他用一块巨大的黄色塑料布将整个巴黎新桥都包裹了起来;[②]而在2014年的FIAC(世界当代艺术博览会)上,来自美国的造型艺术

[①] 奥诺雷·德·巴尔扎克,《高老头》,收录于《人间喜剧》,《七星文库》,巴黎:伽利玛出版社,1976年,第132页。
[②] 《包裹新桥》是艺术家克里斯托花了十年心血的得意之作,从1975年开始构思、设计及画草图,1985年9月22日,在300名专业人员(其中包括65位登山专家)的协助下,用将近41 000平方米的金黄色聚酰胺布料和13 076米长的绳索,将塞纳河西岱岛西端的新桥包了个严严实实,包裹布料像丝一样柔软光滑,在阳光照耀下金光闪闪,蔚为大观,招来无数游人驻足观看。两个星期后,这件捆包艺术作品被拆除。——译者注

第十章
艺术家的笑

家保罗·麦卡锡在巴黎凡登广场上（正处于纪念拿破仑胜利的纪念柱的旁边）竖起了一棵巨大的绿色的充气树，并给它起名为《树》，然而这个名字却掩盖不了它像一个肛门塞一样的邪恶造型感。①

艺术家的笑并不一定要拥有上述作品一样的外表——对自己的讽刺意图公开予以承认。从19世纪开始，画家库尔贝②以严肃的现实主义画风所创作的那些下流的画作，就曾被视作对第二帝国时期所鼓吹的道德准则和学院教仪的嗤之以鼻。而在这之后，19世纪末期的新式艺术又染上了一种不羁的创造风格，并在巴塞罗那以一种幽默的色调催生出了安托尼·高迪③设计的那个奇特而又神秘的建筑——圣家堂，类似的例子不胜枚举。事实上，自从艺术明确地与单一追求审美的要求分道扬镳之后——局限于单纯的审美或是宗教信仰，它便与笑同路为伴了。对于理想之美所进行的检视可以追溯到浪漫主义的时代（1827年时，维克多·雨果曾在《克伦威尔》一作的序言中对此进行过声明）。即便我们可以毫不费力地在传统美学的边缘地带找到那些不起眼的笑的元素，尤其是在那些并不怎么知名的作品当中，但不可否认的是，笑是随着现代艺术的出现而得以进入美学领域的中心地带，而它现在所处的位置，其实正

---

① 该作品遭到了巴黎市民的强烈抗议。由于雕塑看似一个大型绿色肛门塞，法国观众认为该作品玷污了这一历史悠久的广场。艺术家不仅遭到陌生搭讪者的3次掌掴，"圣诞树"也被破坏成一滩泄了气的绿色橡胶。而麦卡锡表示他不想修复或替代它。他还向当地报纸承认这个肛门塞的形状是故意的，是一个"玩笑"。——译者注
② 居斯塔夫·库尔贝，法国画家、现实主义美术的代表。——译者注
③ 安东尼·高迪，西班牙"加泰隆现代主义"建筑家、新艺术运动的代表性人物。他以独特的建筑艺术，被称作巴塞罗那建筑史上最前卫、最疯狂的建筑艺术家。——译者注

是"美"在传统思维中所应有的位置：这里指的并不是笑本身，而是它所具有的身份——它已被视作全面理解现实的不二法门。这样看来，雨果所提出的那个明白无疑的观点显然也适用于未来全部的情况，尽管他当时所指的只是诗歌这个单一的层面，尽管他将全部的功绩都过分地归功于基督教自身的现代化——与他所认为的古代异教徒的传统理想形成了鲜明对照：

古代的史诗只是研究了其中的一面。在那个对史诗趋之若鹜的世界里，它对于一切与之不相靠近的美学形式都予以了排斥，毫无艺术的恻隐之心可言。史诗是恢宏的，但也是刻板的，在它生命的最后阶段，它变得虚伪、平庸和流于俗套了。基督教把诗引向了真理。近代的诗艺也会如同基督教一样以高瞻远瞩的目光来看待事物。它会感觉到万物中的一切并非都是合乎人情的美，感觉到丑就在美的旁边，畸形靠近着优美，粗俗藏在崇高的背后，恶与善并存，黑暗与光明相共……正是在这个时候，诗着眼于既可笑又可怕的事件上，并且在我们刚才考察过的基督教的忧郁精神和哲学批判精神的影响下，它将跨出决定性的一大步，这一步好像是地震的震撼一样，将改变整个精神世界的面貌。[1]

---

[1] 维克多·雨果，《克伦威尔序言》（1827），收录于《评论》，让·皮埃尔·雷诺主编，收录于《书》集，巴黎：拉封出版社，1985年，第9页。

第十章
艺术家的笑

兰波在《地狱的一季》(1873)的开篇当中曾简扼地写道:"一个晚上,我置'美'于膝上。我觉得它尖酸。我侮辱了它。"[1]这句诗虽简短,但意涵却不少。在雨果和兰波之间,还有波德莱尔的存在。他在《论笑的本质并泛论造型艺术中的滑稽》中向我们阐释了一个神秘的公理,那么现在,也是时候对此加以点评了:"绝对滑稽的高雅本质是高级艺术家们的专属。他们对任何绝对的想法都抱有充分的开放度。"[2]我们还记得,在(莫里哀或伏尔泰式的)讽刺中与"普通的滑稽"相对应的"绝对的滑稽",指的是趋向于超自然主义(在那些唯美主义者看来就是"涅槃乐队"[3])的想象式的笑。不过,这种"绝对的笑"为什么说是"高级艺术家"们的专利呢?对这位本已恶评缠身的诗人来说,这样的表述是否又是节外生枝呢?还是说它另有一番严肃的意思在里面?基于这样的问题,我们可以以三种不同的方式加以解读。

它首先可以被理解为:只有艺术家们才懂笑,他们会在自己的工作之余率真并痛快地大笑。事实上,当代的许多艺术大家或文学家都是超级段子手。仅就那些世界级的大咖们来说,其中就包括拜伦、巴尔扎克、毕加索和威尔斯。当然了,还包括波德莱尔自己,只不过毫无疑问的是,他的脑子里还有着另外一种想法,尽管他对"艺术创造是先于笑而存在的"这一说法持无所谓的态度。因此,

---

[1] 阿尔蒂尔·兰波,《地狱的一季》,收录于《全集》第二卷,安德雷·盖伊奥发行,《七星文库》,巴黎:伽利玛出版社,2009年,第245页。
[2] 夏尔·波德莱尔,《论笑的本质并泛论造型艺术中的滑稽》,收录于《全集》第二卷,克劳德·皮舒瓦发行,《七星文库》,巴黎:伽利玛出版社,1976年,第536页。
[3] 涅槃乐队,20世纪80年代成立于美国的一支摇滚乐队。——译者注

波德莱尔的这句名言就有了第二种解释：只有那些高级的艺术家们才有能力在"绝对的滑稽"的领域内创作出笑的作品，该领域是专属于那些精英的创造家们的。"绝对的滑稽"是"高级艺术"项下的一个细分，与那些平庸艺术家们的"普通的滑稽"是不同的。这种观点显然有意思得多，并且波德莱尔或许也早就明白了这一点，因此，他便将其首先应用到了自己的作品当中，随后又把它套用在了那些天才的讽刺画家们的身上，后者是波德莱尔在1855年出版的那部有关于笑的论著中的素材。不过，为了对这句话严谨地加以解析，我们还要注意到它的第三层意义，同时也是为多数人所接受的意义：高级的艺术只能够在绝对的滑稽中得以完成，因为"绝对的滑稽"是美学的一个突破点——以其最为考究的形式。对于笑和艺术这二者来说，随着它们各自最大限度的发展，终会有那么一个点让二者完全相遇，并共同指向同一种状态，即波德莱尔所谓的"绝对"。此时，笑便显得多余了，因为艺术的情感已替代了它的位置。不过，我们也不应该对这些字句予以辛辣的讽刺，而是要回到最初的问题上：具体来说就是，我们要尝试去搞清楚，为何能够从其中的一种解读跳到另一种之上——从艺术家的简单的笑话跳到艺术的滑稽，并从艺术的滑稽跳到艺术（作为对笑的补充）。

　　在触及这个话题的要害之前，我们还要指出，笑与现代艺术之间的关系其实长久以来都是家喻户晓的。一个半世纪以来，二者之间的关系既是起伏不定的，又是矛盾的；它们从直接的敌对关系发展到了愉快的协作关系，并且其间还经历了一段可怕的不知所措的时期。一开始，艺术家们自身的怪异性在那些还无法习惯他们做法的人身上引发了一种鄙视的笑和排斥的笑。从早期的印象主义到

第十章
艺术家的笑

无所顾忌的当代艺术，这些人于此的反应几乎都是一致的：在他们看来，这些艺术家们要么就是已经忘记了如何创作（绘画或雕塑），要么就是疯了（痴迷于不计代价的所谓创新），再或者，他们本就是想嘲笑这个世界。大众依旧忠实于传统的艺术形象，而艺术的笑显示出了在大众期待与新式艺术道路之间横亘着的这道愈发撕裂的鸿沟，而这条新式的艺术道路也是后来的画廊主和有钱的艺术品买家们所选择的道路。事实上，在第二次世界大战结束后，许多富有的收藏家和投资家都涌向了艺术品领域，他们来自美国，而在近期，来自亚洲的客户也日渐增多，他们的介入极大地影响了艺术品市场的发展，并且以前所未有的程度催生了大量纯粹为了金钱而创作的艺术品。这样一来，在固有的对先锋艺术所进行的批判之上，对拜金主义的疑虑又加入了其中。但其实，对于艺术家们的滑稽来说，其突兀性在本质上还是出于一些思辨性的动机。我们之所以在法国也会这么说，是因为巴黎已经失去了在艺术领域的领导地位，而那些对艺术家们进行的嘲弄（也许是受到了美国文化的影响）也沾染上了一种充满了文化怀旧主义和文化民族主义的怪味。然而，针对这些现象所采取的补救措施却是过犹不及的。作为对那些直白的揶揄的反击，当前艺术领域的主流言论反而试图要将艺术加以神圣化，并将其压抑在一种沉重的庄严性之下。与此同时，随着艺术史以及造型艺术的课程进入大学的学术领域，艺术被赋予的这种严肃外表又进一步地得到了强化。在艺术教育当中塞进哲学内容的时刻到来了，只不过，艺术家们自己却不是最后一个屈从于上述做法的群体。此外，现代艺术馆的大量增加也让公众们对于那些不羁的艺术创造品愈加熟悉了起来：在展馆当中，观众们脸上那些不明

笑的文明史
La civilisation du rire

就里的笑已变为了一种研究式的神情，他们的耳朵里插着助讲器，（过于？）专心致志地听着其中的讲解，并试图对这些艺术史学家们的介绍加以理解。

多年以来，这股风气似乎又重新发生了转向：本书也以固有的方式加以了见证。经历了超现实主义或流行艺术长达数十年的挑衅后，幽默美学似乎被解禁了，对其的审视也变得正当了。但同时，这并没有对艺术的崇高性，尤其是艺术事业原本的价值造成损害。在英语文化体系中，这种运动其实早已兴起了，英美国家的文化研究领域长久以来一直都在对艺术滑稽的批判功能进行研究。像往常一样，法国在这方面还是个落后者，不过相关的研究也已经得以启动。2015年，达尼埃尔·格洛日诺沃斯基和德尼·里奥发表了一篇名为《论不相干艺术及造型艺术中的笑》[1]的论文，为恢复艺术的笑的声誉这一共同事业做出了最新的贡献。

---

[1] 达尼埃尔·格洛日诺沃斯基和德尼·里奥，《论不相干艺术及造型艺术中的笑》，巴黎：戈尔蒂出版社，2015年。

第十章
艺术家的笑

去神秘化的笑

即使出版的著作不多,波德莱尔也可谓是巴黎波希米亚艺术领域的高光人物了。这位因一首诗而名声大噪的诗人,第一次与一种神秘性,甚至是一种故弄玄虚结合到了一起。在他为《恶之花》所写的数版序言中,他曾在其中的一篇里坚定地认为,自己有能力告诉人们"艺术家是如何通过坚定的努力来获得与之相应的创造性的",以及"自己是如何依据所坚持的原则和自身所拥有的知识,来教授人们进行悲剧创作的,并且这一过程仅须花费二十个课时"[1]。此外,在对埃德加·坡进行点评的同时,他也就自己的上述观点做出了更为明确的承认:"不管怎么说,在天才之中掺进那么点小小的欺骗是可以的,这甚至都不会让人感觉到不适。这就好比是给一个天生丽质的女人继续涂上粉黛,也不失为一剂精神的佐味料。"[2]从此以后,在"天才"与(滑稽模仿或自我滑稽模仿[3]的)笑的光晕之间,所谓的界限便不再是密不透风的了。应该说,波德莱尔也许并不是唯一持此想法的人,这是属于那个时代的一种理念。然而可以肯定的是,这种系统性的融合正是开始于波德莱尔所

---
[1] 夏尔·波德莱尔,《恶之花》序言草稿,收录于《全集》第一卷,克劳德·皮舒瓦发行,《七星文库》,巴黎:伽利玛出版社,1975年,第183页。
[2] 夏尔·波德莱尔,《诗的起源》序言,收录于《全集》第二卷,克劳德·皮舒瓦发行,《七星文库》,巴黎:伽利玛出版社,1976年,第344页。
[3] 自我滑稽模仿,即对自己或自己的作品的模仿。——译者注

在的19世纪中期的，它比浪漫主义那种"类型的混合"来得还要深入（尤其对于维克多·雨果来说），也正是这种融合成为现代艺术的特质。

在这场美学标准的巨震中，我们要特别提到一个文化事件，它通过将各种玩笑黏合到一起而收获了巨大的成功。时至今日，它的价值也为世人所重新发掘了出来，它当年的成功也得到了进一步的演绎，甚至是得到了人们进一步的追封。1878年，埃米尔·古铎（名字起得很应景[1]）成立了一个名为"Hydropathes"的俱乐部，在这里，文风严谨的拉丁四行诗诗人们会聚在一起举行读诗会；1870年后，社会的气氛变得极为热烈，而古铎所开创的事业也取得了辉煌的成功。以此为基础，他于1882年春天又创办了《黑猫》杂志，就在鲁道夫·萨里那个著名的"黑猫夜总会"开业（1881年11月）的几个月后。此后的多年当中，"黑猫"这个名字（既是夜总会，也是杂志）在文学、艺术和音乐领域成功地凝聚了一众创作者——对笑的信条持主张态度的创作者。在第三帝国时期浓重的文艺氛围中，《黑猫》曾经的地位也类似于此时的"Canal+"频道以及它的金牌栏目《Canal精神》，后者创造了法式幽默的黄金二十年。于勒·莱维在1882年举办了第一届"不相干艺术作品展"[2]，该活动每年举办，一直持续到了1893年，并在当时的媒体层面引发了热烈讨论。它于每一届的活动中都推出数百个"不相关"的文艺作品，并将它们按类划分。其中，最优秀的作品均来自艺术滑稽模仿的领

---

[1] 其姓古铎与法文"昂贵的"（coûteux）一词发音近似。——译者注
[2] 法文原名为 Exposition des Arts Incohérents，勘误。——译者注

第十章
艺术家的笑

域，但绝大多数的作品仍属于纯粹的玩笑。这里可以举几个例子：1882年，保罗·比卢的单色画《黑夜里打斗的黑人》（其实，就是一张黑纸）；1883年，阿尔丰斯·阿莱的《陶瓷》（用土豆做的。姑且称之为是雕塑？）；以及，瓦尔戴斯·德·拉比涅小姐创作的那幅享誉整个交际花圈子的作品《相关的蜥蜴》[1]。很多时候，双关的幽默用法并不难实现，比如1886年活动中的两件作品：《无穷无尽的土豆和蜡》（*Pomme et cire sans cesse*，对拉丁文"Panem et circenes"[2]的变形）和《五个长袜底》[3]。在1889年时，一尊名为《鼻青脸肿的人》的蓝色小雕像也参与到了活动当中，而这个名字显然是盗用了格扎维埃·德·蒙特平著名的连载小说《搬面包的人》[4]，后者刚刚凭借这部作品在《小日报》的连载专栏里获得了巨大的反响。除了上述作品之外，另一些作品则更加强调想象的意境，比如柯克林·加代在1883年的活动中创作的作品《埃特雷塔印象》，其中，整幅画布被一条"Z"字形白线分为了两半；或是加朗·达什在1886年时推出的作品《下雪了》，对此，达尼埃尔·格洛日诺沃斯基和德尼·里奥曾具体地描述道："拿破仑和他的军队以皮影戏的形式表现了出来，他们被粘在一块木板子上，板子被包上了一块

---

[1] 作品原名为 *Lézards cohérents*，非 *Lézards incohérents*，勘误。作品内容为两只如胶似漆的蜥蜴，与"不相关文艺作品展"形成对应，达到幽默效果。另，瓦尔戴斯·德·拉比涅，法国著名妓女和交际花。——译者注

[2] 意为"面包和马戏"，指古罗马时期统治者向民众分发面包并组织马戏演出的举措。在这里，两句话发音相似，但意义完全不同，以达到幽默效果。——译者注

[3] 法文中，"袜底"与"星期"发音类似，这里取近似音的幽默效果，可错解为"在长袜里的五周"。——译者注

[4] 法文中，pain一词既指面包，又指脸上的淤青。——译者注

缀有白斑点的罗纱"①——我在这里的所有的例子都是从他们二位那里得来的。

通过这些文字或绘画的艺术火花,我们可以得到这样两个临时性的结论。当然了,如上这些作品几乎都包含明显的玩笑倾向。而在这些不相干艺术的另一边,同样在滑稽模仿的框架下,我们一定还会为另一个艺术品忍俊不禁,那就是在布鲁塞尔推出的《盖马尔博物馆简要解释名录》(1870)中所展示的一尊被接上了手臂的维纳斯:这是一尊献给神秘但极受欢迎的"布鲁塞尔强大学校"的作品,十六年后,一幅以此为题材的雕刻画出现在了1886年的《不相干艺术作品展》上,并被命名为"米洛斯的维纳斯的丈夫",作者署名为阿尔弗雷德·Ko-S'Inn-Hus[显然,艺术家对自己的真实姓氏考西纽斯(Caussinus)故意变了形]。在这幅画中,维纳斯女神的头被作者用一枚长着胡子的老人的头像给替换了。这幅作品的笑点也可以被解读为一种成功的神秘化手法,这一点与画家博洛纳利的画是一致的。有关于这幅画的轶事其实是艺术领域的一个小故事。1910年3月,第二十六届独立艺术家协会迎来了一幅奇异的抽象画,作者是来自热那亚的画家J. R. 博洛纳利。该画一经问世,到底谁是博洛纳利这个问题便引发了媒体的热烈讨论,直到最后,由作者本人——当时还只是一名美术系大学生的罗兰·道赫格莱——亲自出面揭示谜题后才真相大白。原来,"博洛纳利"(Boronali)只是一个双关的盗用名,其出处是蒙马特的

---

① 达尼埃尔·格洛日诺沃斯基和德尼·里奥,《论不相干艺术及造型艺术中的笑》,巴黎:戈尔蒂出版社,2015年,第108页。

第十章
艺术家的笑

一间名叫"狡兔"的酒吧中所画的驴子("Aliboron",倒过来写就是"Boronali"),而这只驴子的尾巴上还卷着一支画笔。为了印证此说的真实性,一名法庭的书记员还专门出具了证明材料。诚然,这只是一个玩笑,不过这并不妨碍作者背后的真实艺术用意。同道赫格莱一样,那些爱开玩笑的人与蒙马特的画家们的关系是非常近的,并且,如果自己的玩笑能与真正的造型艺术碰撞出什么火花来,他们实质上便也是在进行艺术创作了。其实,全部的问题在于笑同艺术之间的毗邻关系究竟会发展到何种地步,而这些问题还有待解决,并且其答案也会因为艺术家个人的关系而不同。不过,在做出深入评判之前,我们还是继续列举一些这样的例子。

实话实说,20世纪初期所有以"主义"结尾的那些先锋艺术,以及它们虚张声势的表现形式,从某种程度上讲都包含有一定的游戏成分在其中。尽管这些作品都有着严肃的重要性,但它们也毫不排斥直白的玩笑。道赫格莱在1910年时也曾以"过度主义的表现形式"创作了一幅极为严肃的驴子的画。翌年,还是在独立艺术家协会中,类似的轰动又发生在了新近参展的立体派画家们的作品中,这些作品秉持着同样狂妄自大的态度,对造型的准则予以了强烈的冲击。再之后,就有了杜尚的"现成品艺术"(1913年):我们在前文当中已经领略了他的小便池,名为《喷泉》(1917年)。不过早在此前的1916年,达达主义就已经在慕尼黑地区兴起了,并逐渐向德国、法国和纽约(尤其基于杜尚的贡献)扩散开来:达达主义出现后,有关它的艺术事件就变成了常规性的、你来我往的口诛笔伐,甚至变成了与愤怒的观众们之间的口角。幽默的挑衅至此也得以跻身于主流艺术的行列之中。同时,超现实主义也自

1924年开始，自然而然地代替了系统化的突兀手法（通过那些对艺术准则施加干扰的作品），并且以多种艺术形式对观众们所进行的煽动也日渐地增多、扩大了开来。"二战"结束后，其他的美学形式继承了这种以讽刺或滑稽模仿的方式进行艺术抗争的传统。在美国，安迪·沃霍尔所主导的波普艺术（这里所列举的只是他最为知名的艺术实践）对当时盛行于西方世界的消费主义进行了反抗，而他也让这种欢乐的抗争艺术得以流行了开来。在法国，伊夫·克莱因所倡导的新现实主义对沃霍尔的抗争进行了延续，他同样痴迷于对日常消费品的变形改造。类似这样的自宣式的造型艺术家或美学艺术家其实是不胜枚举的，他们的艺术实践也无不是对事物本身加以讽刺性的改造——与（波德莱尔式的）巴黎的波希米亚艺术家们如出一辙。艺术在这一角度所发生的持续变革是依托于多种多样的途径的：比如对常规的构象准则加以拒绝，对画面或构图比例加以变形，对绘画大师们的经典作品进行改造，对颜色的非常规运用，拼接作品（尤其是以报纸为素材），对非传统材料的运用，谜题一样的绘画表达，对突兀性动机的并置，对工业技术或工业工具的使用，对存在物进行美学层面的呈现（"现成品艺术"），身体艺术，肢体艺术，器官分泌物艺术（我们稍后会谈到这一点），等等。

对于所有这些创新艺术来说，即便总少不了一些颇为严谨的美学层面上的解读，但它们自身的批判效力还是非常明显的。具体来说，对美术所进行的灌输会有三种功效。首先，在这些艺术创作者们看来，这样的方式会令他们的作品能够预防来自任何层面的神圣化、官方化或横加操纵的行为。几个世纪以来，艺术都一直是服务

第十章
艺术家的笑

于宗教、强权者、社会部门或军方当局的。从17世纪的法国开始，学院成为二者之间的调节器，它会将自身的审美准则和专业等级灌输到其中。不过，对于那些看上去在对世间的一切，尤其是对那些得体的文化仪规进行公开讽刺的作品来说，如何才能做到对它们的控制呢？如果说，艺术现代化世代中的众多先锋艺术存在有共同之处的话，那就是对艺术自身那些陈旧的规制予以全盘否定。这种混合了轻蔑与抗争态度的精神会明显地指向那些官方艺术的拥护者，但它也会扩展至同艺术大众的对抗，因为观众们总是会过度地屈从于所谓的艺术标准。艺术的笑作为对学院派艺术的蔑视和挑战，随着艺术创造的过程愈加取决于个体的创意而变得越来越傲慢，来自官方的管制因此也就显得千疮百孔了。艺术创作同时也逐渐开始依赖于那些画廊主人和富有的收藏家，他们也会借助于对那些极具挑衅意味的作品的青睐，来显示出自身的独特品位——既与当局的管制不同，又与前往艺术馆参观的那些观众的期望有所区别。在极权主义时代的欧洲大陆，艺术与权力之间的潜在冲突在1937年某个恐怖的日子里终于爆发了出来：纳粹德国在慕尼黑举办了一场专门反对"退化艺术"的展览。我们猜测，当时所贴出的这个标签，其实针对的是大多数犹太艺术家，但同时，它也打击了在两次世界大战的中间所涌现出来的那些最佳先锋艺术作品。不过也要承认的是，在1945年之后的西方世界，曾经的这些艺术捣乱分子们反倒是交上了好运，享受到了权力的支持，也得到了在公共艺术馆展出的机会。这一回，造型艺术家们早前的讽刺反抗态度和他们现在的快慰心情之间所形成的反差也同样是很鲜明的——这也一样需要加以谴责。不过这种模糊的局面却也只会增强艺术家们决裂的态度，

305

就好像是为了摆脱掉自己的嫌疑一样：这就又形成了一种你追我赶的局面，在大西洋的两端，新生的艺术创意更加富有幽默性，也更加具有挑衅意味——比方说前面我们提及的，麦卡锡2014年时在巴黎凡登广场上升起的那棵巨大的、造型像绿色肛门塞一样的充气雕塑作品《树》。

在艺术创作的小世界和它的态度游戏之上，现代艺术，或者说是当代艺术，却越来越多地被赋予了一种纯粹的政治抗争的功能。艺术品在媒体层面所产生的反响，让它成为一种能够有效回击不同政见的武器。在当代，文学作品的影响在减退，而艺术反而成为能够凭借笑的力量与专制政权相对抗的最佳工具。毕竟，即便是那些最为野蛮的政权，想要对那些寓意不纯的艺术作品或是已经享誉世界的艺术大家进行公开的抨击，这也是不容易办到的。此外，也许我们也会认为，艺术领域是最具西方化色彩的领域之一（相较于其他领域，语言的障碍在这里要弱一些），然而，对20世纪拉丁美洲各共和国公开发表的那些幽默批判作品，以及今天在日本、韩国和中国等亚洲国家出现的那些作品来说，其幽默性和批判性却是一点儿也不难理解的。毫不夸张地说，各类的艺术作品在世界范围内所扮演的角色及其不同的传播渠道，同19世纪讽刺画在欧洲所扮演的角色是一致的。

不过，艺术作品与讽刺画之间存在着一个关键的区别：后者需要借助媒体所提供的工业化翻印的手段。讽刺画的发展是随着媒体文化的发展而一并进行的，媒体也是讽刺画最主要的传播途径之一。然而在艺术领域内，差不多一个世纪以来，政治批判的主要目标恰恰就是大规模的制造、被视为普遍规则的消费主义及金钱社会中人性的沦丧。以本杰明和阿多诺为首的法兰克福学派社会学者取得了辉煌的声誉，让异化的概念得以在资本主义的体制内流行开来。艺术作品丧失了光环，机械可复制性的时代来临。对于绝大多数精神作品或文化作品的创造者来说，这个消费型的社会从此以后就变成了他们最大的敌人。而艺术作品基于其固有的奇异特质，也会凭借其自身的存在来显示出个人对全新的社会秩序的抗争。因此，它自己便是一种独立的幽默行为。相比于记者、思想家或作家，艺术家要更进一步，他们已经在那场由其自身所引发的，且以众所周知的人文主义为名义所进行的斗争中成为英雄。对于他们来说，笑不再仅仅是一种审美观念分歧的表现或是伦理政治层面的迫切需要，它成为作品本身的实质内容。

事实上，对于那些说教的人，源自西方社会或者说西方化社会的"异化"概念，首要的标志就是对社会沟通的内容和模式加以标准化，而其途径就是对各类客体和符号进行同质化。说白了，就是文化的正规化。在此背景下，先锋艺术就具备了一种绝对颠覆性的滑稽力量，它扰乱了对艺术的解读，并将去具象化和抽象化推到了无足轻重的边缘，因为没有任何特殊的意义能够限定它的范围。讽刺画的笑是通过对符号的图形化和简化实现的：当代艺术也可以得到同样的结果，它可以被无尽地放大，并将符号融于艺术作品自身的不确定性当中。我们可以通过一个例子来理解上述的比较。1900年，在德雷福斯事件的漩涡当口，讽刺画家莱普内韦为左拉画了一幅名为《猪的国王》的讽刺画。画中，左拉一只手提着夜壶，另一只手拿着一支画笔，正在用"国际粪尿"对一张法国地图乱涂乱画，至于这些国际性的粪尿从何而来，就没有必要再具体说明了。而到了20世纪80年代，自称为"无用艺术"的创始人，来自比利时的画家雅克·里赞，也因其创作的《粪便》系列画作而名噪一时。画中，他把自己的排泄物抹在了屋顶之上。这里就有一个问题，这位来自比利时列日的画家，真的清楚法兰西第三帝国时期的反犹讽刺画吗？也许吧。不过，同样都是有关于污秽物，第一幅画采用的是一种暗示的手法，而第二幅却直接映入了生活在这个艺术消费型社会中的人们的眼帘（和鼻子！）。神秘主义也明显地发生了一种量变，一种由纯粹的艺术行为所引发的象征性暴力的量变。波德莱尔曾在《恶之花》中承诺，将（巴黎的）"烂泥"变成"金子"。[1]在这里，"烂泥"其实就是对粪尿之类的污秽物另一种委婉的说法。20世纪的艺术予以了它们宽容：在里赞的画之前，来自米兰的艺术家曼佐尼就展示了几个存储盒，他想用它们来盛满自己的排泄物。不论这样的行为是否令人反胃，这种绝对的滑稽却比以往任何时候都要艺术得多。

极端的笑

本章的内容写到这里，剩下的工作就相对轻松一些了。前文中，我们回顾了当代艺术的诸多形式，它们中的一部分也包含针对

---

[1] 夏尔·波德莱尔，《恶之花》结语草稿，收录于《全集》第一卷，克劳德·皮舒瓦发行，《七星文库》，巴黎：伽利玛出版社，1975年，第192页。

现实或艺术进行嘲弄的内容。不过，这种讽刺的倾向是否意味着所有的艺术形式，只要是与传统的具象化表现形式拉开了距离，就都属于笑的审美范畴呢？或者进一步说，幽默本身是否就是艺术家们的一种常见动机和意图呢？他们的创作历程以及他们的创作意志是否会自然而然地让他们对所处的这个社会加以抨击？当代艺术从本质上讲，是不是就是笑的某种形式呢？

让我们再次回到不相干艺术上面。1897年4月1日，在于勒·莱维的艺术展停办四年后，阿尔丰斯·阿莱通过奥伦多夫出版了一本名为《四月愚人画辑》的画册。在该画册中，除了其他的作品外，还同时包含有七幅单色的雕刻画，并且每一张的颜色都不同：黑色（《黑人们晚上在地窖里打斗》，有点儿像对保罗·比卢的"知名画作的临摹"）；蓝色[《年轻的新兵》（法语中"蓝色"也指新兵，是军队中的黑话）第一次见到蔚蓝的地中海时一脸惊呆的表情：啊，地中海！]；绿色（《正值壮年的皮条客正趴在草地上喝着苦艾酒》）；黄色（《患有黄疸症的被戴了绿帽的丈夫在拿赭石做实验》）；红色（《中了风的红衣主教正在红海边上摘西红柿》）；灰色（《醉鬼们蹒跚在大雾中》）；白色（患有萎黄病的小姑娘们在下雪天第一次领圣体）。而在保罗·比卢的幽默单色画发表三十六年之后，来自俄国的画家马列维奇在1915年时也推出了著名的"至上主义者"（"至上主义"这个词是画家对其先锋艺术的统称）画作《白色上的白方块》，该作被认为是第一部真正意义上的单色画作（因为是严肃的），并且他的画风随后也在另一位俄国画家罗德琴科那里得到了延续。而在"二战"结束后的当代艺术的巨震过程中，有两位法国画家也因为自身所创作的单色画而蜚声海内外，那就是伊夫·克莱因的"IKB 蓝"（即 50 年代时的 International Klein Bleu），以及皮埃尔·苏拉热在 1979 年时推出的《黑色之外》系列作品。我们可以认为克莱因或苏拉热其实并不是在创造，他们所谓的作品只不过是以严肃的手法在那些蒙马特式的玩笑中加入了恶趣味。2014 年 7 月 24 日，苏拉热艺术馆在罗德兹正式开馆的消息登上了报端，而卢克·费里——前内阁部长，同时也是位哲学教授，则针对这一事件在《费加罗报》上发表了一篇充满了论战味道的文章（《苏拉热和当代艺术：从幽默到浮夸》）。文中，他将当代艺术视为世纪之交那种唯利是图又故弄玄虚的幽默艺术的复辟。在他看来，除了原创性之外，这种艺术一无是处。关于此番论战，我想我们也有必要引用一下他最终的结论。不管怎么说，这个结论至少将他所认为的问题说清楚了：

……克莱因、凯奇、马列维奇、苏拉热，这些人根本谈不上是在创造。他们所做的，不过是在唯利是图的范围内，对上个世纪那些原属于幽默范畴内，换言之，是更为深入的东西重新再利用了而已。真正的波希米亚式的笑会拥有其意义，它具有切实的哲学意义……将艺术转变为嘲笑的做法并不是一厢情愿，而是一种故意令人不快的手段，它将缺陷注入到了生活原本的波澜不惊当中，以此来尽可能地让这个世界再次亢奋起来——这样一来，幽默与现代主义就变得密不可分了。为了让这种毁灭性创新的核心逻辑能够将原本快乐的、朝气蓬勃的和富于魅力的欣喜逆转为沉重、附庸风雅和金钱至上，他们究竟做了些什么呢？

第十章
艺术家的笑

让我们回到刚才的话题上,先将那些充满怀旧气息的情怀放到一边(今天的笑总是会比昨天的笑更为明智、更为聪慧、也更加狡黠)。暂且抛开有关价值观的评判不谈(尽管这种评判很容易为人所接受),阿莱的玩笑和克莱因或苏拉热的单色画之间的相似性就已经很令人困扰了。为了撇掉这种有关玩笑的怀疑,仅仅求助于色彩和色素的变化深度是不够的。对于那些选择用单一色调进行创作的艺术家们来说,他们在色彩选择和色素构建上所倾注的心力,看上去也只是一种必须向艺术品市场和代理人做出的简单严肃的承诺而已,而另一些更为激进的艺术家们则会致力于进行商业性质的工业画创作,但无论在哪种情况下,真正具有重要性的艺术行为依旧是单色主义。此外,我们还要看到的是,滑稽模仿的出现(不相干艺术中的单色主义)是远远早于严肃的艺术创作的(马列维奇的画以及他的追随者们的作品),这与我们平时所认为的情况正相反。就好像一种具有明显的"滑稽"和"滑稽模仿"意味的艺术创作手段,换到了另外一种情境当中,就变得十足严肃了起来——甚至会被认为具有同克莱因或苏拉热的理论作品一致的隐喻意义或精神意义。相关的历史情境在其中所发挥的作用是无疑的:一个正在经历着"二战"的战后创伤的世界,与"美好年代"时那个快乐又富足的法国相比,二者之间是毫无相似性可言的。此外,艺术市场的国际化以及美国在艺术领域所施加的统治性影响力也是一个重要的因素:在北美英语地区,法语文化中那些惯常的嘲笑捉弄和玩笑式的怀疑主义是绝对没有任何市场的。然而在艺术的领域内,这却并不妨碍笑与严肃之间这种完全的可倒转性进行自我的审视——在原则的框架下,或是在某个纯理论性的问题中。

这一回，我再一次在弗洛伊德那里找到了第一个相对明确的解决方案。我们都还记得，在弗洛伊德看来，笑源自紧张神经的突然松弛。精神层面的抑制性的中断可以实现这种松弛感，要知道人的精神时时刻刻都是处于这种抑制效应之下的。而在"灵光妙语"当中，滑稽的松弛是由某一过程的高度集中导致的，该过程也一直是由两种在形式上或意义上彼此对立（因此是突兀的）的元素同时构成的。上述观点无论是针对笑的机制的认真分析，还是在解除抑制的理论层面，至少都是做出了贡献的。在弗洛伊德看来，笑在制造出笑点的人和爆发出笑声的人之间形成了一种互动关系，至于后者，弗洛伊德将之命名为"第三人"，以便与笑的目标对象相区别。既然笑是开始于对精力的节约，因此，至少在部分程度上，就必须要对那个制造出笑料的人，也就是那个努力让自己的文字游戏或搞笑过程一直在线的人加以限制。他的思维已经被这一过程所占满了，他太期待能够在笑声中完全放松下来了，从某种意义上来说，通过中间人来笑，其实是受到限制的。

关于这"第三人"（笑的人），弗洛伊德就如下的三个原则进行了区分，并且这三个原则在我看来就是核心原则：

对于这名第三人，当一股可能要松弛下来的全神贯注的精力即将被释放时，许多条件就需要得到满足，或者是成为它们应该成为的样子，因为这会产生积极的影响：1. 一定要确保这名第三人是聚精会神的；2. 一定要防止这名第三人在放松后又开始其他的心理活动，而不是彻底地松弛了下来；3. 这名第三人紧绷的神经（即将得到松弛）越是能够得到强化，越是能够被推向高点，其松弛的效果就越好。①

第一个条件是理所应当的，为了让第三人笑出来，就必须要让他有着同制造出笑料的人一样的期待，以及一样的精神抑制。如果缺少了这个，那笑的效果就一败涂地了。第三个条件，其实是重新提到了那个为康德、叔本华和斯宾塞所关切的问题："正常的"现实和滑稽元素之间的差距越是巨大、越是稍纵即逝，笑就越有机会变得重要，而这也正是弗洛伊德所强调的"简明"和"意外效应"的来由。至于这中间的第二个条件，弗洛伊德强调，不能让刚刚释放出来的能量旋即就被第三人挪作他用，也不能让其他的心理活动楔入笑的机制中，我们现在就来重点讨论一下。

有一个不小的风险：第二个条件和第三个条件会产生冲突。一方面，笑是与反差的强度成等比例关系的，对于突兀性机制的严格使用是一切笑的基础。另一方面，反差的效应即便显得有些过于空洞，但它打开了一个对感官进行扰动的空间，让（第三人的）专注的神经，以及他的想象力和情感看上去都被吸引了过去，以便让这种反差能够真正被理解、被接受。心理活动立即强烈的突然启动会把笑给冻结住。此外，弗洛伊德也发现了一个难点，尽管他并没有明说：在建议借助于意外机制来促进能量释放的同时，他也对那些

---

① 西格蒙德·弗洛伊德，《诙谐及其与潜意识的关系》，德尼·梅西耶泽，巴黎：伽利玛出版社，1988 年（1905 年初版），第 274 页。

过于令人迷惑的笑保持着警惕，因为这将要求这名"第三人"付出"大量的思维"精力。

　　再次回到当代艺术与笑的平行关系上，现在，我们可以用简单的字句对于这种关系加以描述了。这种关系建立在一种最大化的反差之上（在作品本身以及对现实或艺术所进行的习惯性呈现之间），在这个范围内，当代艺术可以被理解为一种极端形式的笑。没有任何一个幽默艺术家能够像那些超现实主义大师、抽象主义（或者说"新现实主义"）大师，或"波普艺术"（或者说是"信息主义"）大师们那样，可以在这样一番对所有规则所进行的潜在的、引人发笑的震动之中走得如此之远。不过，艺术的最大化的突兀性也可以引发出两种反应：要么是把笑激发出来，要么就是将艺术品自身的意义彻底打开，其所基于的理由甚至可以是自身的过度发展，直至一种象征性的、审美的或情感上的再度沉迷。它会让潜在的笑所曾拥有的那种力量为想象所服务，并为面前这种全新的、非凡的结构赋予价值。关于艺术的这种潜在的笑，我们可以将它称为"不合常理的笑"（就好比我们所说的那种不合常理的睡意，在某些时刻，我们的睡意是不安稳的，此时，正在酣眠的脑海中会穿插入许多的梦，给我们制造出一种醒着的幻觉）。

　　艺术等同于一种双曲性的笑：它是一种比任何形式的笑都要强烈的笑，至少差不多是这样；它又是一种错过的和失败的笑。出于同样的原因，我们也可以对当代艺术发笑，或者一本正经地玩弄审美情感的游戏，而这两种态度都是合理的。笑不一定是一种代表着无知、愚昧和轻蔑态度的（耻辱）印记，也不是向文化的法度卑躬屈膝的标志。发笑的人并非不懂得艺术的重要性现实的小白，而不笑的人也绝不是不愿把笑的能量释放出来的吝啬鬼。在这个快乐和情感认同的交点上，艺术会将我们每个人都置于"布里丹之驴"[1]的条件当中：我们唯一要做的，就像在这个故事中所提到的那样，就是要坚定地在两个选项之间做出抉择，至于我们的头脑是否清醒，其实并不是那么重要。说实话，谁又能真的了解自己的全部动机呢？

以马拉美为标志，超现实主义风格被引入了诗歌领域，并收获了一众效仿者（也就是说当代典型诗歌作品中的大多数），而诗歌的意思也变得难以理解了起来。至此，上述推论在诗歌领域也变得适用了。如果用简单而基础的方式加以描述的话，可以说，诗歌的情感从此便建立在了一种不稳定的、令人晕厥的效应之上，而这种效应的起源则正是那些晦涩难懂、令人费解的隐喻，并且它们是被刻意制造出来的。此前已经说过，隐喻会产生出一种差异，这种差异也会具有潜在的滑稽性。因为它所面对的是语言，也就是说是一种具有意义的媒介。而诗歌的读者会探寻这些字句背后的意义，因此首先映入他们眼帘的就是一种明显的突兀之感。如是的抉择对于当代艺术来说也是一样的。要么，读者们只能凭借那种不求甚解的朦胧感来发笑，所有的晦涩诗人都会经历这种滑稽模仿的笑，而马拉美一生当中的最佳理论作品之一《论文字的神秘性》也是为了对自身所遭遇的指控（低级的玩笑者[2]）进行辩护的；要么，读者们就

---

[1] "布里丹之驴"，指决策过程中犹豫不定、迟疑不决的现象，被称为"布里丹毛驴效应"。——译者注
[2] 斯特芳·马拉美，《论文字的神秘性》，收录于《全集》第二卷，贝特朗·马沙尔发行，《七星文库》，巴黎：伽利玛出版社，2003年，第229页。

要动用自身的智慧和想象来对文中的错综复杂加以理解。但这样的话，他们的心思就已经不在笑上面了。

我坚持认为，最为艰深的诗作，是那些充斥着滑稽而虚幻的画面感的诗文，甚至会更甚，因为庄严性总是会引发出一种挑衅的、亵渎式的快感。在此类的诗人当中，我想介绍的是一位当代诗人，他以其诗歌情境的深厚而享誉于世，他就是伊夫·博纳富瓦。博纳富瓦几乎用了自己一生的时间来扮演一名官方诗人的角色——假如这样的身份真的存在的话。我在这里所列举的是他最受欢迎的作品集中的一本：《写字石》（1965）。在这本诗集里，罕有且庄严的诗行在一张充满了谜之画面的幕布上，将一个个纯粹的、敏感的概念与突然的裂口——抽象思想那个不可捉摸的世界的裂口交织在了一起。该作以《夜之夏》作为开篇，这既是对夏日里怒放的大自然的歌颂，也是一首关于爱情的赞歌，既恢宏又不失神秘，向一名以"你"为称的女人娓娓道来。在夏日的天穹之下，在这奢华的夜里，"永恒升起在树木的果实之间 / 而我把果实献给你"。果实处在永恒的高度，大树也就会无限地伸长，而"我"把果实献给了爱人——这诗人真是个坏蛋，我会这样说。至于女人，她则被比作"船头""生命之船"，她"屈身在船头，任凭古老爱情的浪花拍打"[1]。真是坏透了，我还会这样说。尽管我是个波德莱尔主义者，但我还是不无兴致地发现了一连串有关于性关系的隐喻。可以说，这样的暗喻在这首晦涩的当代诗中比比皆是。弗洛伊德已就此指出过：笑

---

[1] 伊夫·博纳富瓦，《写字石》，巴黎：诗歌出版社/伽利玛出版社，1982年，第186至187页。——译者注

是用来揭示那些隐藏的意图的。在诗中，晦涩就等同于笑。因此，在它当中杂糅进一些有关于性的内容也是正常的，因为后者无法通过一些公开的描写被表现出来。因此我要承认，当代诗歌通过其艰深的外表，为自身烙上了一如宗教般庄严的印记，但这其实是一种欺骗，并且因此而毫不掩饰地笑出来是不丢人的，我同意这种说法。之所以说这并不丢人，是因为我所看到的只是一个玩笑，正如马拉美对指责他的人进行回击时所说的那样。同时，笑与艺术（或诗歌）的情感本就是孪生兄弟，我们也不应在它们中间分出什么等级。它们不可能是互不兼容的，事实上，它们彼此兼容得很好。

不过，一个具体的问题也随即出现了：这种美学的激进主义采取了最为极端的非具象化画面的表现形式，以及晦涩的文学创作风格，让我们反而与福楼拜或波德莱尔式的忧郁的讽刺风格渐行渐远了。在后者的风格中，与之相关的笑能够完美地与诗歌本身严肃的外表相兼容，甚至还会获得一定的意涵深度。当然了，艺术的幽默依旧能够在广泛的艺术或诗歌层面欣欣向荣，并让起源于19世纪的现代化艺术以及20世纪的先锋艺术中的批判精神贯穿始终。因此，在文学领域，乌力波组织的当代代言人们便从更为游戏式的、"非严肃的"创作风格以及语言的创新角度进行了尝试。然而，突兀的、晦涩的审美常常无法与显性的笑相匹配。相反，与之相伴的是一些解释性的语言，后者有时甚至会将艺术创作置于一种神圣的境地当中，只不过所采用的都是时下最应景的世俗化、唯美化的视角。在笑与艺术之间新近出现的这种失和不应该成为任何问题或丑闻，就当是艺术已无须通过笑来提供二者之间孪生关系的证明了。

笑的文明史
La civilisation du rire

笑的炼金法

　　关于上面所提到的孪生性，千万不要以为它指的仅仅是所采用的方法的相似性，这些方法会以惯常的呈现方式或表达方式产生一种极端化的反差效应。恰恰相反，现代艺术与笑的默契关系是通过二者的核心特质体现的。我们首先要牢牢地记住，在笑的三种基础性机制之中，除了突兀性和膨胀性之外，还有一个"主观性"，即将笑的注意力转移到发笑者本身的心理过程。我们之所以要笑，首先是基于一种将笑进行共享的默契感。黑格尔早在《美学》一著的核心内容中就提到过：艺术和文学的现代发展是建立在多个世纪以来的活力之上的，后者会倾向于将对于客体的创造性逻辑转变为对于主体自身的呈现。古典主义只会要求人们如实地将客观现实中存在的美加以呈现；与之相反的是，浪漫主义（或现代主义）则要求对于主体（的思想、感受和无意识）进行表达。

　　在过去几章中，我们已通过许多事例，证实了滑稽演员、幽默艺术家和讽刺艺术家们自身所拥有的强大吸引力，而到了20世纪的新艺术创作实践时，这一现象就更加显著了。从这时候开始，对于那些艺术新人或读者们来说，想要迅速地弄懂一幅画或一本书的意义，已经变成了绝对不可能的事，这就必然会让他们转而向艺术创作本身去寻求答案，去努力搞清楚艺术家们的意图和动机所在。换言之，就是要将想象力瞄准艺术家们自己，而不是他们那些高深莫测的作品。具体到诗歌来说，安德烈·布勒东曾在《超现实主义

第十章
艺术家的笑

宣言》一书中，针对其作品集《虔敬的山峰》中那些令人费解的诗作承认道："这些诗句是进行思想活动时紧闭的双眼，而这些思想是我从读者那里偷取来的。这不是我有意要舞弊，而是一种粗暴的爱。我生出了一种可能会与他们两相默契的幻觉，我越来越离不开这种感觉了。"在抽象艺术的层面，无论抽象本身有着怎样的程度或特质，对客体的解构和呈现的技术都已让艺术行为本身就成为一件真正的艺术品。如果没有同画家本人进行过思想交流，如果不能够像他一样将眼光延伸至色彩的神秘震动之中，我们就无法去对一幅单色画作加以审视，至少，笑都笑不出来。给画家所使用过的单一色彩贴上其专属标签的行为（比如克莱因的IKB蓝，比如苏拉热的黑色之外），证明了艺术品可以因其纯粹的物质性而与艺术家结为一体。尽管我们会笑，我们也是一直与艺术家们站在一起的。我们同时也会去质疑，就像卢克·费里那篇愤怒的文章那样——这是何其的玩笑啊！在这一过程当中，一如我们所看到的那样，拥有波德莱尔式现代感的系统性的讽刺只是其中的第一步。讽刺家们会用一种狡黠的、扭曲的眼光来看待自己与这个世界，不过这个世界总还是能够被轻易辨认出来的。那么在这之后的第二步，就需要将世界的这种画面感完全消除，并用一种晦涩的东西（艺术作品）加以替代，将它看作唯一的现实。这种黑暗且晦涩的存在是无法被照亮的，除非作者本人凭借想象力而有意为之。对此，左拉曾说过这样一句著名的话："我们能透过一部艺术作品的气质，窥见到它创作的一角。"[①] 我们不妨这样说，在当代艺术当中，所欠缺的也只是气

---

① 埃米尔·左拉，《沙龙的现实主义者》，收录于《事件集》，1866年。

质了。

　　让我们进一步扩大视野，将目光从艺术史扩展到人类学的层面。在本书的第一章中，我已经竭力向大家展示了这样两个公理。一方面，笑是发自一种为人类所特有的意识状态的，它使得人类可以客观地审视这个世界。换句话说，就是将世界视作一场映入眼帘的简单演出而已。另一方面，文化也是因为某个替换过程而得以定义的，即"呈现"对"现实"进行替换的过程。这样一来，笑作为一种人类学现象，也可以被认为是一个文化模型。我们知道，传统的艺术家们所做的其实就是一个简单的呈现动作，他们试图对这个世界加以准确无误的呈现，这甚至也可以说是古典艺术的核心原则。但到了 20 世纪，现代文学或现代艺术因当代艺术的发展而得以繁荣，它们最大的创新却在于其所追求的构思，它们所呈现的不再是这个世界（这总是会让作品显得费解），而是"呈现"的过程本身——文学所讨论的还是文学，而绘画所表现的也还是绘画的动作。这是属于"至上"的领地，对此，我们可以引用阿波利奈尔针对立体主义说过的一句名言：从此以后，"对新事物进行绘画（或描写）时所需的元素将不再是那些看到的现实，而是构思的现实"[1]。

　　由艺术家们在 19 世纪末所创造出来的"抽象"一词，指的是一种重大的变化。正如乔治·罗克在其专著《何为抽象艺术》[2]一书中所认为的，抽象首先指的就是将呈现的过程加以风格化，使其成

---

[1] 纪尧姆·阿波利奈尔，《立体派画家，美学的冥想》，巴黎：费古耶出版社，1913 年，第 119 页。
[2] 乔治·罗克，《何为抽象艺术》，收录于哲学文集《书页文集》，巴黎：伽利玛出版社，2003 年。

第十章
艺术家的笑

为形象表现的精华。对于印象派画家们来说，他们可以将光线与颜色进行组合，而立体派画家们则会选择用线条和体积来搭建画面。在风格化之后，抽象也意在从呈现的过程中脱离出来，并对目标客体加以抽象化，就好像是为一幅画（或一个画面）谋取到一个现实的身份一样——对社会的呈现会衍生出无尽的形态，而在这些形态所占据的空间内，抽象甚至也会因此变成唯一的真实物。不过，上述抽象过程是一种形象化定型的过程，或者说，是一种摆脱了一切形象化逻辑的纯粹的创造过程。抽象艺术的目标是探索到底是什么构成了笑的神秘感，这是一种呈现的行为，凭借在人类学层面的天然优势，它可以将眼前的现实降级为一种次级的意识。正如《贵人迷》里的汝尔丹好做散文但不知甚解一样，发笑的人自发地做出的行为，其实就是艺术家们通过造型艺术所实现的，他们也赋予了作品无尽的意义和价值。

许多艺术家都对这种演变关系了然于胸，作为致敬，他们也会刻意地在自己的作品中留下那些渐渐消逝的笑的身影。然而对于另一些人来说，他们则忽略了与笑之间的相近关系，因此，他们的作品也就走向了极其严肃的方向。不过，二者之间的差异其实是次要的，在对世界进行呈现的问题上，艺术和笑在人类学角度均享有天然的优势。说到底，笑究竟是不是借助于艺术品本身而被呈现出来的，这个问题并不重要。"笑的炼金法"是存在的，这里指的是它可以过渡到另外一种现实程度——要么是次级的，要么是高级的，可以从有生世界（动物或植物）的应激反应机制中得以部分地解脱。因此，审美的情感可以赋予这种反应的延缓形式和内容。1835年时，我们在本书中要介绍的最后一位笑学领域的研究学家，德国思想家弗雷德里希·费希尔对于超越了感性直接性的崇高加以了细化定义："那些因其对于意义的反抗而讨喜的存在是崇高的……"[1] 笑具有崇高性，费希尔的观点受到了康德的批判主义以及黑格尔的辩证法的启迪，因此他认为这种崇高性正是在（有限的）感性世界和个体思想的无限性的交点之上萌生的，并会迫使后者向感性的角度转向："……笑是崇高的，它的轮廓已经明晰了。因为，对轮廓的细化即意味着让感性的特质变得显性化，而感性的特质会很快地将无限性的表象加以消除。"[2]

不过，"细化的崇高"这样的定义，尽管也会像其他哲学风的格言一样，多少有些神秘的感觉，但不能超越到"笑的炼金法"这样的隐喻的合理性之外。艺术并不是笑的精髓，笑可以做到自我满足，它并不是艺术的没什么意义却颇受欢迎的变种，也不是艺术本身的退化，它不像艺术那样需要真正的艺术家们竞赛，以实现艺术本身的觉知。反过来，如果要坚持这种不合理性，直至将笑严肃地视为艺术的精髓，甚至认为只要会笑就能够成为一个艺术家的话，也是极其荒谬的。艺术有着属于自己的道路，它会将人类引入自身的情感层面。我们可以坚持这样一个温和的观点：艺术是向人类敞开怀抱的众多的领域之一，这是由于"笑的意义"的存在，而后者也是其在人类学角度拥有优势的原因所在。毫无疑问，它是最引人入胜的存在，然而透过其历史角色来看，它却不会是唯一的存在，也不会是最重要的。

---

[1] 弗雷德里希·泰奥多尔·费希尔，《笑与崇高：审美的构思》，艾斯巴涅译，巴黎：基枚出版社，2002年，第63页。
[2] 同上，第126页。

第三部分

现代的笑

第十一章
公共的笑

笑和公共空间

在《笑的文明史》的最后部分，显然，我们需要开始介绍常规意义上的笑的历史了。虽然我们会做一些发散性思考，但这一部分聚焦的主要还是从文艺复兴时期开始直至今日的现代欧洲。此外，要把在六个多世纪当中接替出现的各类形式的笑和实践统统压缩在一起。我想，即便是采用最为提纲挈领的方法也是做不到的。不过，针对上述主题的各种参考文献其实是一应俱全的。然而还要看到的是，时下各类有关笑的研究，大都是些国家级的研究项目，所侧重的也都是美术或文学的领域，并且会以特别名录的视角来向上述领域靠拢（诙谐、讽刺、幽默、挖苦等）。我们在这里所抱有的目的既是简单的，同时也是富于野心的：对笑的历史加以概述，它会帮助我们形成对一系列问题的清晰假设，比如历史的核心趋向、笑的表现及转变，以及笑与中世纪后西方世界的社会演变之间的关系。

对历史进行假设总是具有危险性的。在历史的每一页上，我们都会要求更多的细节，而反对这些假说的观点和例证也会越来越多。

当然，我们也还要考虑到那种可能的无知的存在。身为一名19世纪法国史的专家，我也不敢说自己对笑的文化是全部了然于胸的，更不要说其他历史时期了。不过，我们不应因为当今时代对于微历史和专项历史调查的偏爱就忘记一点，即历史本身也是一门艺术，一门对历史事件及相应解读加以筛选和分级的艺术。一名历史学家所真诚"介绍"的历史内容，其实均出自其自身观点的选择。这样的话，在其所提出的假说或在其个人视角当中所出现的那些历史演绎，也正是他想刻意告诉大家的内容。我想提出的第一个假设是，笑作为一种文化现实，是与集体内的经济结构、社会制度、政权模式以及沟通系统的类型密切相关的。① 这样说来，那些在前文中涉及的正式的概念，也就是帮助我对笑加以描绘的概念，就不再像那些补充性的特殊元素一样，只是这段历史进程的附属品了。它们也不再属于舞台的台前，不像艺术或文学的历史那样，会让审美的观念交相替代、彼此竞争，仿佛是在一场安徒生童话的木偶戏中演出一样——木偶们很可能会摆脱来自主人的操控。

就让我们从文艺复兴开始说起。毫无疑问的是，文艺复兴也是以笑的文化的惊人爆发为标志的。② 在此前的内容中，我已就时人对笑的着迷进行过阐述。在当时，这种迷恋无论是在精神领域还是在艺术领域都有着具体的体现。从思想史的角度来看，该现象出现的原因也是人所共知的：在15世纪到16世纪的文艺复兴期间，欧洲

---

① 关于其中的核心理论及方法论，参见阿兰·维扬，《文学史》，巴黎：科林出版社，2010年。
② 参见达尼埃尔·梅纳杰，《笑与文艺复兴》，巴黎：法兰西大学出版社，1995年。

第十一章
公共的笑

刚刚得以从中世纪的神权政治体系中解放出来。我们已经看到了喜剧在古希腊时期的发展，其原因正在于宗教节目的演变，此时，早期的宗教演出已经逐渐地走出了宗教的范畴。与之相似的是，笑在这一时期的繁荣（滑稽、讽刺、滑稽模仿等）所伴随的正是在公共领域内正在进行的那场声势浩大的世俗化运动，而后者也是现代欧洲历史的标志。新式的世俗文化可以愈发自由地享受自己的独立性，同时，它也会毫不犹疑地对过去曾经限制过自己的旧意识形态的枷锁予以公开的嘲讽。这种政教合一当局的摇摆不定，以及同一时期对人自身、人间的现状所展开的热情的研究，就是我们在19世纪时所称的"人文主义"。对于这个词，现在的我们已经是再熟悉不过了，以至于都已经忽略了这样一个问题——人文主义在当时的社会中，为什么会是一种不同寻常且具有教唆意味的存在呢（怎样才能够不以人的意志为转移呢）？笑是这个世界热情存在着的有机的证明：无论是在伊拉斯谟的《愚人颂》（1509），还是在洛朗·茹贝尔那本医学角度的论著《论笑》（1560）当中，对于文艺复兴所能够集聚起来的精神层面的热情和感性层面的狂喜来说，人文主义或许都是其最佳的标志。最终，向古希腊和古罗马时代的回归（古时候，并无信仰的人们可以享受一切的存在而并不关心《圣经》当中的上帝）得以让发笑者们与古时候的诗歌传统、喜剧传统和哲学传统再次联结到一起，而他们此后也从未间断地从中汲取着营养。

不过，这种快速的特征化却并没有提及那些能够同时让神权当局收缩势力并让笑的文化得以发展的具体情境——假如我们在"笑的文化"当中听说过它们的存在。一些（形式化、制度化的）文化产品或社会实践，以及与之相关联的特殊职业或学徒领域，它们的最终目的都是让人发笑。当然，整个文艺复兴时期都没能够产生出这样的笑，即自发的、自我的笑，即便没有超脱出家庭或亲密关系的范围，但也在整个时代当中代表了绝大多数切实发出过的笑。反过来看，它又赋予了笑真正的道德价值和艺术价值，并将它融合进了自身文化产品的等级体系当中，至少在基督教盛行的欧洲是这样的。从这个角度来说，我们也乐于将笑与性看作是一致的，因为它们都有着类似于痉挛的表象。性因其在生殖层面的关系而成为人类社会不可或缺的组成部分，但是也没有哪个社会会专门地开展情色或肉欲的教育，更不会有哪个社会能把它从亲密关系的范围内剥离出来并上升到社会法度的层面。如实地来看，享受性爱的自由与享受笑的自由常常是互相伴随的，对于当代的西方文化来说，笑与性的普遍存在或许正是其最具标志性的特点之一，并且无论在任何的情况下，也都是其最显而易见的特点。

让我们暂时忽略时代的独特性和不同的国家所具有的特殊性，尤尔根·哈贝马斯针对公共空间的出现问题所做出的经典分析，为笑的文化的发展提供了极具说服力的理论框架。在其论著当中，哈贝马斯进行了两种基础性的区分。首先是在公共领域，即严格地属于由国家（民选政府、军政府、世俗政府、宗教政府）的公共部门把控的领域和私人领域（独立于权力的机构和循环之外，个人之间可以沟通往来）之间进行的区分，继而是在私人领域的内部所进行的划分。哈贝马斯将私人范围（双重的私人范围），即人员之间的经济往来以及家庭圈子或亲密关系，同我们所说的公共范围区分了开来。在哈贝马斯看来，公共范围的对象首先指的应该是在精神和"文学"（具有更广泛的文化内涵）领域内所进行的讨论，并且公共范围后续会演变为政治的公共范围。事实上，公共范围（或者说"公共空间"）应该属于人际沟通（或私人沟通）的范畴，人们会主动放下自身的特殊需求（但个体的特殊利益反而是商品活动和情感关系当中最为主要的内容），以便能够就更为广泛的利益问题（艺术、文学，以及涉及精神、文化或政治等方面的一系列问题）进行探讨。公共范围事实上是私人领域的一个组成部分，它要求在掌权者所实施的纵向管控之外，让属于个人的那种自由而紧密的横向关系同样得以发展。①

然而对于共同领域来说，因其要负责对权力与约束进行实践，因此，它是绝对无法接纳笑的。对国王、士兵和神父们来说，他们是不会笑的。鉴于自身的职责所在，他们必然要严格地让自己保持严肃，至少是在履行公务的时候。有鉴于此，可以说除了私人领域之外，笑既没有权力也没有机会在其他领域内得以施展。这里的私人领域可以指私人范围的内部（家庭的或亲密的关系，不过我已说过，我在这里要将这种形式的笑暂且搁置不谈），或者指公共范围的框架内。那么这里我们就得到了第一个确认，并且这个确认在其他历史时期内也是同样有效的。一种笑的文化的繁荣（强烈的、持

---

① 所有的内容都总结为了如下几句话："国家与社会之间的边界是根本性的，它将社会领域和私人领域分割了开来。社会领域仅限于权力的范围，并且在其中还要加入法院的存在。至于私人领域，它还包括常规意义上讲的'公共范围'，因为它是建立在个人的基础上的。因此，在这个专属于私人的领域内，我们要区分出'私人范围'和'公共范围'。私人范围包括最狭义上讲的公民社会，也就是说可提供商品和社会劳动交换的范围，同时还包括家庭和亲密关系。至于政治公共范围，它则是出自自身的文学形式，由此而产生的公共观点也在国家和社会需求之间扮演着调节者的角色。"[尤尔根·哈贝马斯，《公共空间：作为资本社会构成方面的广告的溯源》，巴黎：巴约出版社，1993年（1962年初版），第41页。]

续的），需要以某个共同空间的提前确立为前提，它必须是一个强有力的自治空间，以便产生出属于自己的文化准则，并且会为非严肃思想的展开提供便利，但又不会将隶属于公共权力领域内的共生性质的"严肃"置于到危险的境地当中，因为非严肃的思想还需要与其保持共同存在的关系。当这样的公共空间还未形成的时候，比如说在传统的农业社会中，笑只能以间或性的方式脱离那个严格意义上属于私人性质的圈子，而这种间或性的机会就是那些特别的节日。这也就是狂欢节式的笑的由来。此时，我们可以认为公共权力是允许临时地破个例的——在短暂的时间内，笑可以侵入社会空间内，而严肃的必要性也会被临时搁置，以便在事后能够被继续变本加厉地实施。[1]

笑和城市革命

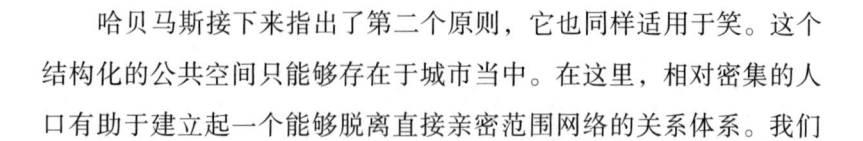

哈贝马斯接下来指出了第二个原则，它也同样适用于笑。这个结构化的公共空间只能够存在于城市当中。在这里，相对密集的人口有助于建立起一个能够脱离直接亲密范围网络的关系体系。我们

---

[1] 尽管稍显片面，且在历史上曾引起过争论，但米哈伊尔·巴赫金的书依然是狂欢节式的笑的开端。参见米哈伊尔·巴赫金，《弗朗索瓦·拉伯雷的作品以及中世纪和文艺复兴时期的流行文化》，安德雷·罗贝尔译，《如是》合集，巴黎：伽利玛出版社，1970年。

第十一章
公共的笑

可以验证一下它的用途：在外国人眼中标志着我们的国民精神面貌的法国精神（混杂着讽刺和轻浮），其实更确切地说是巴黎这个城市的标志（长久以来，我们的心中都有这么一种感觉，即"外省"的存在是笨重且幼稚的，尽管这个"外省"并没有明确的地理划分）；同样地，英式幽默其实指的是伦敦的风格，而纽约式的思维与全美其他地区相比，也是标新立异的[只有来自"西斯科"（即旧金山）的居民才被认为是可以与之较量一二的]；魁北克的笑，其实更确切地说是蒙特利尔式的。因此，我们所说的发笑的人，其实通常指的都是那些大城市的居民，来自首都地区的居民常常会以一种优越感自居，并对那些来自乡村或小城市的人抱以一种轻视的态度。类似的现象其实也不仅仅发生在首都地区，纽约的胆大妄为完全超过了华盛顿，蒙特利尔也盖过了魁北克，而巴黎，至少在旧王朝时代，其实也是与凡尔赛宫和宫廷对立的；伦敦也一样，它毫无争议的首都地位，其实也只是从1689年的"光荣革命"之后才建立起来的。不过，城里人的笑也有着两个对手，这其实也是城里人自己的农田：一方面是官方权力的阵营（哈贝马斯所认为的"公共领域"），它与权力的关系关于紧密，因此便不敢去笑；另一方面，则是来自外省的人，他们对自身的卑微感过于在意，以至于也无法笑出声来。

在大城市的笑与乡村或小城镇的拘谨之间的对立关系，其实也变成了一种滑稽的成见。从莫里哀的时代开始，这种成见便经常会在文学领域大量出现，比如巴尔扎克的《人间喜剧》。在《风俗研究》中，巴尔扎克对巴黎、外省和乡村加以了细致的区分。而在今天，这种旧论调也常常能够见诸幽默的短幕演出或流行院线当中。

331

不过抛开这些陈词滥调不谈,我们要看到的是,笑的文化是具有"城市革命"[1]的性质的——社会学者亨利·列菲弗尔在20世纪70年代提出了这个概念。该说法最早形成于20世纪50年代,也可以说是19世纪至20世纪工业化进程的结果。不过,它标明了自16世纪以来的城市—乡村关系的转变:从溯源的角度来说,城市化似乎就是现代欧洲文艺复兴时代之后的新式社会组织关系最显著、最特殊的特征,并且该特征也会逐渐蔓延至全世界。

根据这一原则,笑与城市生活之间的紧密联系会将我们带入人类学层面的背景中。我们还记得,笑是开始于个体与潜在的威胁环境之间的良性互动的,而城市正是一个拥有着极佳人口密度的交流空间。在这里,我们会不停地接触到不同的陌生人。一般来说,这里的人们彼此之间都是交叉的关系。但对于乡村而言,外来人就是个潜在的危险。我们会暗中窥视他们,我们会鉴别他们的好坏,并会给他们归类。与乡村不同的是,在城市生活中,不具名性是首要的原则。作为最佳的社交大杂烩,城市生活能够让人们的注意力获得相对的放松,而这也是笑得以成形的首要条件。此外,城市生活不仅仅让笑变成了可能,也让笑变得必要了起来。我们每天都会遇到许多与自己擦肩而过的人,如果说人们彼此都要处于对方的监视之下的话,城市空间内的生活也许很快就会变得令人窒息。从这个角度来看,笑便是一种自发的态度——城市生活的持续拥挤会制造出许多压力与侵略性,而笑则保护我们免受这些不安的袭扰。如果没有笑,群居生活就会变成一种持续的争斗。仿佛是一种无伤大雅

---

[1] 参见亨利·列菲弗尔,《城市革命》,巴黎:伽利玛出版社,1970年。

第十一章
公共的笑

的消遣品一样,笑会让我们以"玩笑的态度"来面对所有可能会导致的真正的冲突的局面。来自城市的人也会对自己进行自嘲,甚至于可能都有些过头了(这正是我们常常吐槽巴黎人的点之一)。不过,这种自嘲至少也让我们提前明白了,除非是另有他因,否则这种自娱自乐就足够令城市人感到满足了。

笑在人类学层面的第二个特质是,现实在笑这里会被视为一场简单的演出,并且会让发笑的人陷入沉思当中。在城市生活持续的接触过程中,人们会连续不断地扮演着演员和观众的角色。城市将生活变成了一出不停歇的戏剧,而笑的成因也会在每一个瞬间都变得不同。在《巴黎的忧郁》中,波德莱尔用"与众人共浴"这一说法来形容自己"在人群当中的漫步",以及他所感受到的那种享受城市的人来人往的态度:"并不是每个人都能与众人共浴的,与众人为伍是一种艺术,只有这样的人才能如鱼得水——仙女在他很小的时候就使他养成了追求装束与打扮、憎恨家室、热爱远游的习性。"[1] 不过,波德莱尔却没有说明这一点,或许他自己也并未意识到这一点:他对于人群的这般不羁的嗜好,其实是与其所投向众人的讽刺眼光密不可分的,在诗人笔下短短的字里行间,无不流淌着这种不显山露水的笑。对于那些自认为是这个世界的简单观众的人来说,他必须要为此而笑,尽管其代价是最为黑暗的绝望(即波德莱尔所称的"忧郁")。因此,群居生活的戏剧化就是城市生活的有机组成部分。有关于这一观点的命题和

---

[1] 夏尔·波德莱尔,《众人》(《巴黎的忧郁之七》),收录于《全集》第一卷,克劳德·皮舒瓦发行,《七星文库》,巴黎:伽利玛出版社,1975 年,第 291 页。

论证都体现在了《人间喜剧》中一部最为滑稽的小说当中——《不自知的喜剧演员》（1846）。在书中，严肃的外省人加宗纳，眼睁睁地看着两名画家莱昂和罗拉在自己堂兄弟的挑唆下从自己面前大摇大摆地走了过去。莱昂和罗拉是巴黎社会中最为别致的那类人，因此也就是"不自知的喜剧人"。正如我们所怀疑的那样，外省人回家了（在东比利牛斯地区），在那里他过得更为自在、更为快乐。

但加宗纳也忽略了一点，对于那两个在他面前大摇大摆走过的巴黎人来说，加宗纳自己也是个"不自知的喜剧演员"。之所以这样说，是因为城市生活创造了一个随机构成的群体，其组成部分同时也是机动的、非等级性的，其中的成员们总是会因为那些潜在的交互关系而被凝聚在一起。正是这些特点让城市的笑成为一种具有平等性、民主性和相对的自由性的媒介。19世纪末，社会学家加布里埃尔·塔尔德就已将人与人之间的交互性视为促使大型社会进步的动力。在其专著《模仿的定律》中，他将社会学特别建立在了一种心理学的原则之上：在他看来，模仿是一切社会在人类学层面的发动机。人类天生就具有一种互相模仿的倾向，而集体组织内的一切过程，其实都源自这种原始的倾向性。不过塔尔德也认为，随着社会形态变得更加复杂、更加平等、更加自由，模仿也就会愈加地趋向于互动性。一个人会模仿自己的上司，但两个彼此平等的人也会互相模仿——无论在什么层面，交互性都是民主化的主要动力。最后，塔尔德针对上述原则也提出了数个应用方案，尤其是他所称的"文雅"（或者说"礼貌"）："礼貌基本上只是恭维之中的一种相互性。"① 要知道,"文雅"这个词正是来自拉丁文中的"城市",这很重要。自由且随机的交互性是城市社交性的标志,现代的民主也具有同样的性质。这种交互性当中的礼貌也同样存在于笑的核心层面,它所扮演的是一个重要的角色,并对笑天然具有的冒犯倾向紧密地加以了限制,使得它不再是有害的。

笑与经济

无论在什么地方,只要经济活动变得更加紧密,商业交流变得更加密集,并且人员大量聚集的时候,城市就形成了。当商人、手工业者和其他必要的行业在一个稳定的组织内渐渐地自我形成起来的时候——人员与机构都是相对独立的,在精神和政治角度都拥有一定的权力(中世纪时封建领主的城堡和修道院),城市便发展起来了。在欧洲,该过程促进了城市资本社会的发展,并且根据哈贝马斯的分析,它也使得公共空间得以成形:"资本的公共范围首先可以被理解为由个体聚集成的公共群体的范围。公共群体会要求一个权力机构来管理这个范围,以便可以在商品和社会劳动交换的层面与之探讨相关的规则——这在本质上依旧是一个私人的领域,但

---

① 加布里埃尔·塔尔德,《模仿的定律》,巴黎:阿尔冈出版社,1895 年,第 411 页。

其重要性自此以后却是属于公共的范畴的。"[1]

作为笑的文化的结果，公共空间支持了商品社会的发展。古时候的相关例子便可以印证这一点：在国民文化异常发达的国家中，笑得到了显著的发展，同时其商业也占据着优势地位（与军队或宗教相比）。比如说在雅典和科林斯这两个面向大海的商业城邦当中，笑就要比在斯巴达来得更为普遍。同理，古时候地中海沿岸的社会，农业和商业是社会经济的主体，人们也显然要笑得多一些。尤其是对于犹太人的巴勒斯坦，以及后来的犹太人聚居区来说，那里的人们不仅会被烙上强烈的司铎文化的烙印，同时，投身于城市社会和城市经济的悠久传统也是他们的标志之一。从客观公正的角度来说，犹太式的幽默常常会被认为是一种针对种族隔离政策而做出的群体式的反应，甚至还包括"二战"时期的种族迫害和种族大屠杀。不过，如果犹太人群体长久以来都没有幽默这样一种文化组成的话，那么当他们在面对种族的苦难的时候，也就不会笑出来了。

我之前也提到了伦敦的笑、巴黎的笑、纽约的笑以及蒙特利尔的笑：这些都是繁荣的且能够积极拥抱商业的城市，它们也向人员和货物的自由流动敞开了大门。在巴黎，从 18 世纪时开始，笑便与一系列的存在关联了起来——买卖市场、手工艺人喧闹的小摊、郊区的小酒馆、大道咖啡厅和饭店、公共酒吧内五光十色的人群、音乐会咖啡厅以及夜场演歌厅等，而大众式的笑的快感也建立在节日、娱乐场所内的消遣，以及那些色彩斑斓的沿街橱窗和讨喜的商品的

---

[1] 尤尔根·哈贝马斯，《公共空间：作为资本社会构成方面的广告的溯源》，巴黎：巴约出版社，1993 年（1962 年初版），第 38 页。

第十一章
公共的笑

基础上。这便要求拥有一种娱乐的文化氛围和足以支持挥霍消费的经济结构,后者也一并要求拥有固定的城市空间和流动的人口,而相关的人员也正是为城市所吸引来的。那些充满了生机与活力的知名城市通常也都是商业流通的主要城市,它们能够容纳下各类的市场和展会,它们也会吸引来自各方的游客和移民集中到这里。

以此看来,城市的笑首先并不是指城市居民的笑(在部分条件下,它可以变成后者),相反,它一直都是一种属于消费者的笑。我们可以由此抛出一个十分令人咋舌的公式,虽然这个公式的成因和结果仍有待于时间去评估:无论在哪一个国家,也无论身处哪一个时代,大众式的笑的活力都是与其所对应的商品经济的发展程度呈正相关的。尽管商人们并不是第一个有权去笑的人,也不是唯一有权去笑的人,尽管商品经济本身也常常能变成为人所大笑的对象,但这种相关关系却是毋庸置疑的,同时也是使人困惑的。商品交换需要一种特定的关系模式,而该模式是建立在根据共同价值体系进行对话、协商和并加以承认的基础之上的。与粗暴力量的对抗,甚至是诉诸暴力的方式相比所不同的是,交易过程中的抗衡所采用的是更为间接和和平的方式。交易的对比过程要通过一个象征系统来加以实现,这个系统就是货币,或者是其他任何能够用于交易的实物。而对于笑来说,它本身也是一种用于抵御上述侵略性的手段,人们之所以要笑,也是为了能够免受攻击,或是为了规避那些企图攻击自己的意图。此外,借助滑稽的机制,人们也决定将现实看作一场简单的呈现,这也让笑变为了可能。因此,无论是在商业领域还是在笑的领域,都存在一种共同的原则,它既建立在人际关系的才干之上,同时也建立在象征物或画面这样的媒介之上。二者都致力于在（笑或买卖的）双方间达成一种妥协——就好像是一名出色的外交家，他在为参战国寻找准确的托词的同时，也还要用自己灵光一现的话来缓和紧张的气氛。

另外，与那些推崇牢固的公民同一性和贸易保护主义的军事国家相比，商业城邦所需的是人口的融合，贸易的市场中混杂着来自各个阶层的人群，而为了增加买卖双方的人数、获得更多的新面孔，这些城邦也需要向外国人进行开放。只有建立在流通基础上的经济活动才能够自发地为这种社会融合创造出条件，而社会融合也是笑最佳的催化剂之一。人们对于自我的笑是有节制的（笑与自恋之间存在着冲突性）。人们也很少会笑话一个完完全全的陌生人——要么是人们对他们知之甚少，因此笑不出来，要么就是这种笑本身就富于一种挑衅的色彩。人类群体中最具默契的笑存在于一种平衡性之上，即在同一性和相异性之间的平衡，并且这种平衡是可调节的。我之所以会笑一个人，是因为我已经对他足够熟悉了；而一个人之所以会笑我，是因为他知道我不会当真。如果以一种尽可能超脱出群体划分的眼光来看，公共空间内的笑其实是维持社会和平的最佳黏合剂，而商业的繁荣正为社会的稳定提供了经济条件。

笑预防了潜在的冲突，它真正地完成了一种教化的任务，以至于那些幽默家和讽刺画家们每次都不忘提上两句，认为自己的事业受到了威胁。不过，我们也同样可以确认，笑更多的是用来掩饰冲突的，它将社会现实变成了一种角色游戏，一种希望大众游戏其中的智慧。此外，它也将反抗的意涵给麻醉了。这也就是为什么在19世纪的法国大革命期间（1830年、1848年和1871年），共和派的斗士们会对笑抱有一种深深的敌意，他们认为它过于缓和——在他们看来，笑弱化了抗争的力量，并让他们早早地就抛弃了或是迷失了所坚持的价值。最终，当各类审查彻底失去了人心的时候，抗争式的笑终于渐渐地成为共和派斗争神话的一部分。革命者对于笑总是抱有一种深深的不信任感。如果说笑一直是经济的一种有效的辅助的话，我们也要看到，自当今时代的消费型工业兴起以来，笑的经济本身也是得到了繁荣发展的。它首先指的是那些生动的演出活动（喜剧、滑稽剧、哑剧、歌曲），接着是画面（讽刺画）、出版物，以及那些能够引人发笑的报刊，此外还有电影、视听媒体（广播、电视、网络），以及各类幽默衍生产品（餐具、服饰、创新小物件等）。笑是能够招揽顾客的，在力促各类相关产品大卖的同时，笑对自己所进行的推销也是合情合理的。

笑的复兴

笑的文化需要一个成熟的公共空间，也就是说，它需要一个社会组织，并且该组织要依托于商品经济的充分发展。这三个条件解释了为什么笑得以在文艺复兴时期重振旗鼓。更加确切地说，近现代的笑的历史是开始于12世纪的，所有的中世纪历史学家都倾向于认为，"公元12世纪的复兴"[1]正是开始于此时的，由于西欧世界

---

[1] "公元12世纪的复兴"的观点是查尔斯·H.哈金斯在其经典专著《十二世纪的复兴》（剑桥：哈佛大学出版社，1927年）中提出来的。

笑的文明史
La civilisation du rire

在 13 至 15 世纪时所遭受的灾难（农业危机、黑死病、百年战争），它的影响受到了阻碍和延迟。这一时期也同样是以欧洲城市的繁荣和发展为标志的，其中，新兴的资产阶级与城市的主流阶级保持着紧密的关联。而在封建领主的城堡当中，这一时期内也出现了宫廷生活的繁荣，并且这种繁荣也逐渐地转向了娱乐与文化的层面，文化的发展不再是神职人员的特权。当然了，宫廷并不是哈贝马斯所指的公共空间，但它让一种自由、欢快的人际关系在传统的军事活动的框架内成为可能。同时，与杂耍演员、行吟诗人和吟游诗人们相比，小丑则更受掌握着权势的国王或领主们的青睐[1]，其中，有一个名字在法国是相当出名的：15 世纪时，特里布莱先是成为法王雷内的御用小丑，接着又成为弗朗索瓦一世的小丑，维克多·雨果为此还专门创作了一部戏剧《逍遥王》（1832）。至于那些武功歌，尽管它们歌颂的都是一些英雄事迹或神话传说，但它们也会在插曲当中融入一些玩笑的成分，或多或少都算是一种滑稽，哪怕不是的话，至少也算是一种微笑的、高级的轻快。

不过，笑的繁荣尤其体现在了以资产阶级或人民大众为受众的作品当中。它们以当时的社会作为公开讽刺的目标，尤其喜欢以可笑的贵族和荒淫无度的僧侣们为对象。此类讽刺作品通常有两种形式：韵文故事，比如 12 世纪时的让·博戴尔和鲁特博夫，以及戏笑剧，比如 15 世纪时的《帕特林师傅的闹剧》。至于《列那狐的故事》，它则对贵族政治所独有的武功歌和宫廷文化进行了欢乐而又滑

---

[1] 参见莫里斯·勒维，《权杖与癖好：宫廷小丑的历史》，巴黎：法亚尔出版社，1999 年。

第十一章
公共的笑

稽的讽刺。后来，由教堂所组织的年末宗教狂欢节日"愚人庆典"[1]也因其毫无禁忌的氛围而遭到了禁止，尽管它曾一度得到教廷的宽恕。"愚人庆典"自诞生后愈发流行，它为各种形式的放纵、酒欢和猥亵提供了处所，而这些行为与两千年前的酒神节和农神节几乎是如出一辙的。为此，维克多·雨果的《巴黎圣母院》（1831年）也曾试图以十足的浪漫主义手法再现那种淫荡的、放肆的，甚至是凶残的笑声。

在此番快速的浏览过程中，第二个阶段所涉及的是文艺复兴时期的意大利。此时，意大利以其卓越的条件一举成为欧洲文艺复兴的模板与动力：与商业直接相关的经济的高度繁荣，金融资本主义的出现，在狭小的土地上所集中出现的那些强大而富足的城邦（威尼斯、米兰、佛罗伦萨、热那亚、罗马、那不勒斯、比萨、费拉拉、帕多瓦、帕尔马、帕勒莫），由著名的贵族家庭及高阶神职人员所引领的光鲜的宫廷生活（如博尔吉亚家族和美第奇家族），尤其是在那些教皇国内，包含有贵族阶层、资产阶级和人民大众的持续的社会融合，甚至民众也能够在这种持续的节日气氛中受到些许的熏陶。许久以来，对于那些荒诞的、不顾廉耻的笑来说，意大利似乎都是一个天堂般的收容所，尤其是对于那些泛滥的生活式的笑。在长达四个世纪里，欧洲的精英们都是前往意大利去学习如何娱乐的。在他们看来，意大利似乎能让贫穷变成一种奢

---

[1] 关于愚人庆典，参见哈维·考克斯，《愚人庆典》，巴黎：瑟伊出版社，1971年；以及马克斯·哈里斯，《神圣的愚蠢：愚人庆典的新历史》，伊萨卡和伦敦：康奈尔大学出版社，2011年。

求。同法王们的小丑一样,意大利的弄臣们也跻身到了亲王们的庭院之中,直至成为弗朗科·萨凯蒂的《三百物语》中的主人公(贡内拉)。就像安娜·丰特斯·巴拉托所指出的那样,贡内拉作为一个小丑,他"时时刻刻都陪在领主的身边辅佐着他,他与领主之间保持着一种默契的、互为补充的关系……不过,他不会一直栖身于一个王府内,而是一个来回巡游的佛罗伦萨人,他会向各个府邸推销自己这种特殊的'食品'并以此赚钱,那就是笑"[1]。我们之前已经介绍过了卡拉齐兄弟在16世纪时所展示的讽刺画艺术。而在文学领域同样,来自佛罗伦萨的薄伽丘以其《十日谈》为短篇小说提供了新式的样本,也为爱情这一主题提供了多重的变化(在西方文化中,爱情是笑的第一元素),此外该作也揭示了神职人员的不良行为。《十日谈》的内容讲的是在黑死病大流行的时候,有十个人(三男七女)前往了乡村地区,每天都由一个人负责给大家讲述一个与道德有关的故事,而这些故事也大都与两性关系有关。在希腊语中,"Décaméron"这个词指的是十天的时间,循此逻辑,玛格丽特·德·纳瓦尔——薄伽丘的模仿者,不过该创作过程后来因为作者本人的去世而终止了——也创作了她的《七日谈》(意为"七天",该作品集包括七十二部小说)。

《十日谈》作为一个模本,它所包含的一些结构性的组成部分,在19世纪绝大部分的现实主义作品当中也还存在:笔调的轮替(笑有时会伴随着真情实感,有时又会与粗俗下流为邻)、谈话的背

---

[1] 安娜·丰特斯·巴拉托,《弄臣和佞臣》,引自《我们取笑谁?我们取笑什么? 文艺复兴时期的笑和嘲讽》,安娜·丰特斯·巴拉托发行,巴黎:新索邦大学出版社,2004年,第42页。

第十一章
公共的笑

景（快乐的小伙伴们互相讲故事，以此来作为消遣）、道德层面的意图、社会危机。这部表面上看似波澜不惊的轻文学作品在文艺阶层内尤其流行，这一群体对人文主义最新的价值十分敏感。不过，无论是在过去还是在今天，笑的文化的最佳受众还是存在于戏剧领域的，露天舞台和戏剧大厅会将发笑的人们聚集到一起。来自意大利的艺术喜剧沿袭了意大利当地的古老传统，尤其是借鉴了意式狂欢节中的各类面具的使用（比如威尼斯狂欢节），而来自威尼斯的剧作家鲁赞特（1496—1542）有时会被认为是该式喜剧的鼻祖。这种喜剧确定了小丑模仿表演的规则（因此也就能够十分容易地推广到意大利以外的地方），同时更让一众的搞笑人物风靡一时，其中包括阿勒金、潘塔隆、斯卡拉穆奇、卡比丹、斯卡宾，以及来自那不勒斯舞台的波利奇奈尔。

从 16 世纪开始，这种现代的、不拘束的笑，这种得以在舞台上、书本里和图画中以各种形式同现实主义的嘲笑和滑稽可笑的幻想结合到一起的笑，以意大利北部地区为起点，随着商业和艺术的对外辐射而扩散到了整个欧洲大陆。它跨过了莱茵河的农田，囊括了法国的大部分地区，并一直挺进到了荷兰和英格兰。与此同时，随着欧洲国家中人文主义者的思想论战以及宗教纷争的发端，这种笑也日益变得稳定了起来，甚至借助于伊拉斯谟和拉伯雷的作品的影响，成为哲学与神学领域的核心争端之一。此外，在那些呼吁对天主教进行改革的人士的身侧——这部分教职人员希望能够撼动教权的墨守成规——我们也自然而然地发现了笑的身影。而里昂，凭借其得天独厚的地理位置（远离巴黎的大学和王权的监视）和在出版领域的强大活力，一举成为这场抗争运动在法国本土的中心地。

正是在这里，拉伯雷于 1532 年发表了他的《巨人传》。如果说，身在日内瓦的加尔文是在孜孜不倦地从宗教真正的虔敬中寻找出庄严的话，那德国境内的路德主义者和反路德主义者们就已经将笑用作一种彼此攻讦的武器了。他们把笑大量地用在了那些小册子和图画之上，而神圣帝国时期高度发达的印刷术也保证了此类印刷品的大量传播。最后，再举一个轻松些的例子，抒情诗在这一时期的发展也为相关游戏手法的运用提供了便利。尽管它们对古时候的韵律诗进行了挖潜，但并不妨碍诗歌本身所包含的恶意。在杰出的 16 世纪文学专家米雷耶·于颂看来（我很乐于这样称呼她），神秘诗人露易丝·拉贝那本著名的爱情十四行诗诗集，不仅仅是一本女性情欲诗的启蒙，其实也是一本由里昂一帮博学的诗人们所联手炮制出来的作品集。

我们此番浏览最后的落脚点是英格兰。从百年战争时期开始，英格兰在经济和政治层面均获得了迅猛的发展，并且在伊丽莎白一世统治期间达到了巅峰。此后，英格兰经历了一系列的战争（在大不列颠地区、在欧洲舞台以及在新殖民地地区），我们在这里就不做讨论了。不过我们要看到的是，国力的强大一方面让英格兰摆脱了来自罗马教廷的精神束缚（亨利三世于 1533 年正式宣布英国教会为正统），另一方面也让一个自由的君主制王朝早早就得以成形了。在两次革命后（1641—1649 年革命和 1688—1689 年革命），英王室相对于议会而言，权力得到了极大的削弱。换言之，资产阶级和伦敦的城市阶层得以从中受益。从英格兰的复兴当中，我们看到了有关笑的两个基本趋势：一方面，那些投身于精神和政治领域的人文主义者们都会撰写出一些讽刺性的作品，直至权力的最高层：比如杰弗雷·乔叟，身为高级外交官的他写就了《坎特

第十一章
公共的笑

伯雷故事集》，后者也被视为英国版的《十日谈》；一个世纪后，托马斯·莫尔（亨利三世的大臣，在1535年时因反对与罗马教廷决裂而被处死）在1516年时出版了《乌托邦》，该书被认为是乌托邦式文学的范本，其对理想之城的梦幻描写其实正是对现实中的英格兰所进行的辛辣的讽刺。与文学相伴的还有戏剧，得益于伦敦这座大都会本身的活力，大众戏剧也获得了非凡的生命力，使得喜剧的许多重大创新得以在这一时期被搬上舞台。"小丑"形象的诞生与日益的优雅化就是在英格兰实现的。"小丑"从早期那种蠢笨可笑的土里土气的丑角，转变为18世纪时的马戏的形象（也就是游戏杂耍的形象），而这或许是受到了来自意大利的"艺术喜剧"的启发。此外，顺便要说的是，电影荧幕中那些滑稽形象（比如说查理·卓别林）也是源自英式喜剧中那些古老传统的，并且在19世纪时汉隆·李的狂怒哑剧身上得到了进一步的发展。最后，介于人文主义者的别出心裁和大众舞台所倚仗的效应之间，就剩下伊丽莎白式的喜剧了，它以本·琼森和莎士比亚为代表，也是欧洲喜剧两大基本趋向中的另一个趋向。与此同时，在西班牙也出现了由洛佩·德·维加所倡导的"新式喜剧"，后者也主张在同样元素的基础上进行具有原创性、吸引力的融合。然而在法国，基于对经典教义和社会规仪的尊重，可以说在整个"旧体制"的时代，法国在上述问题上是裹足不前的。这并非是对类似于传统玩笑的狂放式的滑稽（表现在演员的身姿、台词和舞台场景上）故意轻视，而是相对于其他国家而言，彼时的法国很难做到将其融入更为文雅的喜剧范畴内，后者向往的是一种严肃而有所节制的形式，因此它更难以与已然广为流行的笑兼容到一起。

拉伯雷：法兰西的笑学大师

关于拉伯雷，我们已经提到过好多次了，但现在，我们还是要聊一下他。尽管他笔下的巨人们时至今日还是耳熟能详的，甚至"很庞大固埃"这个形容数量的形容词在今天就是"庞大"这个词的另一种惯常说法，但拉伯雷本人在法国文坛上并没有获得与其相称的地位。拉伯雷的书属于能够让人产生隐喻联想的类型（书中的许多选段都入选了学校教材，并且这些选段还都是经久不衰的），人们说不上真的有读过它们——我所指的是带着兴趣的读书，就像今天我们读其他文学作品时一样，而不是基于一种所谓的文化义务的情感，因为这会提前把读者的快乐感和惊喜感给剥夺掉。人们之所以没怎么读过他的书，我想是与作者的用语有关的，拉伯雷作品中的那些话，既精力旺盛又陈旧过时，让我们很难去读懂他真正的意思。并且即便是读懂了，有哪些内容是作者的创造，又有哪些内容是属于法国历史的范畴，我们也很难界定出来。不过，蒙田的作品又何尝不是如此呢？但他的《随笔集》时至今日也经常能够获得人们的关注，它不仅会被当作一种生动的哲学参照，同时也会被视为法兰西文学的开山之作，至少是在散文的层面。然而我们也要看到，二者之间是存在年代差距的：作为拉伯雷的第一部作品，他于1532年创作完成的《巨人传》要比初版的《随笔集》（1580）早了近半个世纪。如果可以的话，应该说拉伯雷才是法国历史上首个文学家，或者说是开山

第十一章

公共的笑

作者。在 19 世纪众多现代文学大家比如巴尔扎克、雨果、福楼拜的眼中，拉伯雷就是法国历史上伟大的天才，是绝对的标杆，也让其他作家们相形见绌。

其实，拉伯雷的天才属性是表现在作家们的眼中的，而不是在学校教育的过程中（第三帝国时期是个特例，彼时，社会对那些反神权主义斗士们还是温柔相待的）。这其实是一个好的征兆，真正的艺术家们是不会欺骗自己的。然而具体说来，拉伯雷的作品其实也没能从笑的厄运中得以幸免——官方文化总有一种根深蒂固的想法，认为笑是一种不得体的行为（笑显得过于出于器官的本能，它太过不恭敬，并且无论具有怎样的形式，都差别不大）。或者说，即便我们给拉伯雷留有一席之地，也是为了把他降格为一种怪诞的、别致的滑稽（比如高康大所列举的那些怪异的擦屁股方式！），或是为了让它看起来并无冒犯之意，因为已经提前向它灌输了严肃的思想。接下来就有了拉伯雷在他想象中的特莱美修道院中的教化式的空想，以及对修道院里那一句充满了自由意味的箴言的评价"随心所欲，各行其是"，这与同时代的诸多教育大家们的思想是相当契合的（路德、伊拉斯谟、比代、夸美纽斯、洛约拉等）。而反过来看，我们的注意力也会很快地转移到修道院中人们的消遣方式上，这些娱乐也被认为是院内教育的一部分：男人们玩弄着棍子，女人们"手上的活计好，善于女工"[①]。言外之意是，男人们的棍子会在两手之间来回操弄，

[①] 弗朗索瓦·拉伯雷，《巨人传》，收录于《全集》，米雷耶·于颂发行，《七星文库》，巴黎：伽利玛出版社，1994 年，第 149 页。

笑的文明史
La civilisation du rire

或者是在女人们的针线盒里。我们要看到，这可不是什么为了活跃院内气氛而进行的欣快的描写，而是在有关教育的陈述当中所开的一个"荤"玩笑。拉伯雷之前对于厕纸的描写并没有什么问题，因为只是一个无足轻重的小插曲，但在这里，用手和针暗自作比的玩笑却将文中原本严肃的描写口吻顷刻间就毁掉了。不过，相比之下，也没有什么比拉伯雷的这三重创新更严肃的了。

与意大利的彼得拉克和荷兰的伊拉斯谟相比肩的法国作家拉伯雷，是欧洲人文主义的第三大巨星。不过，在那个诗歌仍属于贵族文化的年代，博学而又富于艺术气息的诗人彼得拉克所能够代表的也只是属于宫廷的人文主义。至于伊拉斯谟，他则是个博学的神职人员（也就是我们今天所说的智者），而他所进行的斗争也是仅限于神学的范围内的（大学的鼻祖）。无论是彼得拉克还是伊拉斯谟，他们都没能与自 12 世纪起延续至彼时的文学形式真正地斩断联系。而对于拉伯雷来说，尽管他也是一名神职人员（方济各会成员，后来因本笃会高质量的教育而加入了本笃会），但他致力于为大众创作虚幻的文学作品。如果我们认为文学所指的就是那些得以在公共空间内流通的文章的话（与仅在专业人员范围内进行的那些私人交流或有限的流通相反），那么对法国来说，拉伯雷就是现代文学的创始人，这是能够与深受法国教育当局所控制的强大的书本内容相抗衡的文学。还要强调的是，现代文学是诞生于笑的爆发的。在本书视为基本前提的哈贝马斯的空间理论的框架下，笑与发笑者双方在权力领域的公共空间内是处于对立关系的。米哈伊尔·巴赫金针对拉伯雷所进行的著名研究让狂欢式的笑从此变得流行起来。① 这种笑通常是由中世纪的乡村生活传统演变而来的，不过这一局部正确的观点却失掉了问题的核心。与该观点恰恰相反的是，拉伯雷所做出的创新贡献，正是他所说的大众的笑——这里的"大众"，或多或少指的是城市里的那些读书识字的资产阶层。当然了，这些人的文化根源和想象根基依旧是那些古老的农民风俗，又怎么可能会有其他的出处呢？不过，这却不妨碍拉伯雷通过写书来将开创式的现代文学引入公共空间。同样的话，也许对薄伽丘来说也是一样的。不过，《十日谈》本身的创新之处尚且只是一种轮廓，即对亲密的谈话 [在一个"安乐所"内发生的，与其他的人并不相关] 所进行的一种虚幻的理想化。拉伯雷则不一样，他则通过不断地写书来构建自己的艺术作品（一共写了五本书，后因拉伯雷本人的去世而中断了）——真实而宏大的、富有野心及毁灭性的艺术作品。

因此，对于与神权教会不断斗争的人文主义来说，拉伯雷赋予了它滑稽的史诗。他这本好笑的巨著也是一部斗争的作品，它将笑与神学之间的永恒纷争，即生命的情感与抽象的思想之间的斗争转变为了一种艺术。关于这个问题，维克多·雨果在戏剧《威廉·莎士比亚》（1865）中说得比谁都透彻，因为雨果本人在19世纪时所从事的也是同样的斗争，尽管此时的敌人已然改头换面，并在今天依然健在——官方言论中那些阴暗的敌意像七头蛇那样，会一直不断地出现。雨果在其关于"平等人地区"的文章的部分内容当中，

---

① 参见米哈伊尔·巴赫金，《弗朗索瓦·拉伯雷的作品以及中世纪和文艺复兴时期的流行文化》，安德雷·罗贝尔译，《如是》合集，巴黎：伽利玛出版社，1970年。

列举了人类文明史上处于主导地位的那些天才们,即荷马、埃斯库罗斯、鲁克丽丝、尤维纳利斯、塔西佗、但丁、塞万提斯和莎士比亚,然而他唯一提到的法国人却只有拉伯雷一个,将其他众多的法国文学大师们给抹去了(拉辛、莫里哀、拉·封丹等),要知道这些大师们才是官方文化所真正敬仰的对象。在他为上述名人写下的数页激情的赞颂中,我偶然发现了这样几句话:"……拉伯雷就是高卢,而提到了高卢就会提到希腊,因为雅典的趣味与高卢的滑稽在骨子里都是一致的品位……每个天才都有其自己的创造或发现,而拉伯雷的新点子就是肉馅……罗马教廷死于消化不良,而为它填了馅儿的正是拉伯雷自己,因为这是巨人才可以消受的量。庞大固埃的快乐并不比朱庇特的快乐少多少。可以看作上颚对下颚,君王和教士们的上颚负责吃东西,而拉伯雷的下颚则负责笑。任何一个看过拉伯雷作品的人都会目睹这一前所未有的对立感——喜剧的面具紧紧地盯着神权政治的面具。"[1]

拉伯雷喜欢笑,因为无论从哲学角度还是内心角度看,他都对人充满了爱。其炽烈的情感、天赋的力量,都在对那些试图对此极力否认或畏惧的神权秩序进行着反抗。不过,拉伯雷的这种爱只针对他自己,以及与之亲密无间的那个纯粹的自由。他对于自己所欣赏的理想毫不掩饰,这可以说是一种智慧吗?抑或是真正的艺术所在?此外,这也是巨人庞大固埃所认为的道德,拉伯雷在《第五书》中对此加以了表述。经历了从《第三书》就开始的漫长的历险

---

[1] 维克多·雨果,《威廉·莎士比亚》(1864),收录于《评论》,让·皮埃尔·雷诺主编,收录于《书》集,巴黎:拉封出版社,1985年,第278至280页。

后,巴努奇、庞大固埃以及其他的众人们终于来到了这场求索之旅的终点:圣瓶大殿——这显然是对现实中的圣杯所进行的滑稽模仿。最后,祭祀巴布带领着巴努奇来到了圣杯面前,它被安置在了一汪晶莹剔透的泉水之上。她往泉水里面扔了一个"我不知道是什么"的东西,书中说道,接着,那里的水便沸腾了起来,"只听见冒出了这样一个声音——'Trinch'"。"Trinch",巴布解释道,就是"喝"的意思。于是,她又继续补充道:"只有喝才是人的本能,不是笑。"[①]笑声与美酒的等同性是西方文化中一个永恒的主题。在拉伯雷看来,对于美酒的赞颂并不只是一个最后的转身,也不是酒后的平庸笑话,更不是《圣经》当中那些狂欢式的滑稽模仿。与那些各式各样幻象(宗教、灵师、理想主义)的解药相比,拉伯雷式的笑远不止于此。它首先是对于一种哲学信念的确信,而这一信念也催生出了道义上的必要性。这一信念是一种绝对的内在性,是绝不会妥协的。无论在何种情况下,它强调"当场并立刻"的至上性,以及存在于世间的至上性,这是充实且幸福的。以此,它也对任何能够改变它的存在加以了罪名。(那些卓越的事物,但更包括所有能够提供所谓的参照的抽象思想,但以什么样的名义呢?)由此而产生的道义上的必要性,即笑的权力,并且是绝对的权力。

[①] 弗朗索瓦·拉伯雷,《第五书》,收录于《全集》,米雷耶·于颂发行,《七星文库》,巴黎:伽利玛出版社,1994年,第833页。

第十二章
古典时代的笑的管理

笑和准则

凭借作者本人的才华和贡献者（洛伦佐·德·美第奇）的力量，以及书中内容的魅力，尼克罗·马基雅维利的《君主论》（1532）对文艺复兴的精神加以概括：统治国家的君王们需要人文主义者们的辅佐（既具有聪明才智，同时也是高级官吏），他们不但懂得，而且也喜欢发动战争；同时，他们还要负责调停人民之间的矛盾（"马基雅维利主义"的要义）。不过，行使权力却是掌权者们的一种消遣，他们的个性是如此反复无常，以至于会像大手笔装饰自己的宫殿那样无所顾忌地施加暴力。而在至少两个世纪后的下一个阶段，现代国家逐渐成形，它们得以建立的基础，正是透明、理性且不以人的意志为转移的行政和法律体系。在当代国家治理体系出现之前，这种以规章秩序为基础的国家应是普遍的选择，它们对人文主义者们在法律层面的核心关切加以明确和延续——民权本身就是宗教科学的世俗化版本，而秩序国家也是由此而生的。

当然了，旧式的军事-神权国家依旧是强大的存在。那些能征善战的人总是会位居社会的高层，而宗教的纷争也能够引发出一系列令人难以置信的暴力冲突，12世纪时的国际冲突便是如此。在法国，宗教战争让整个国家一度陷入了火光和血泊之中，直至君权以国家天主教的名义展开了强力的镇压，为了维护耶稣会而对冉森派信徒加以迫害，废止南特敕令（1688）的做法也导致了新教徒的流亡。然而，尽管各国之间存在的差异是不难想象的，但历史发展的大趋势仍旧是国家的行政化，从而获得一般意义上的资产者和平民精英们的认可和协作。依据"国教唯一，国教唯王"）的原则，这样的国家几乎都是建立在一种宗教国家化的基础上的。因此，超自然框架的宗教信仰依旧是维系整个国家的强力纽带。然而这还远远不够，向王权的归顺以及将信仰皈依于一个更具超验性的宗教秩序，这些还不足以说服民众遵从于社会秩序。法律—司法的标准应该被人们所接受并深入人心，同时还要深入到社会的深层次结构，至少对那些致力于将其投入实践的人来说是这样的。这属于理性的范畴——学术的理性和思辨的理性，精神的理性和时间的理性，以及审美的理性。

  这种新式的秩序赋予了笑一个重要的任务，虽重要，但同时也是模糊的。国家的最佳化运行会催生出一个新的概念，我们可以以一种矛盾的说法将其称为自愿的顺从。臣民们总是会顺从一个为其所认可的权威，毕竟民主化的时代彼时还未来临。这种顺从感会因为精神层面的认可而得以强化，但其所服从的对象不仅仅是权力本身（宗教和军队一直具有这样的权威），同时还有他们所倚仗的司法—道德体系。因此，臣民们应该具有一定程度的自由性和批判的精神，至少是以潜在的、临时的方式，以便能够拥有将其抛弃掉的能力，并且他们的抛弃更会让现代的君主国家显得不可动摇，这是

第十二章
古典时代的笑的管理

何其的不可思议。从哲学的角度来看，这两个阶段的过程完美地描绘出了笛卡尔的双曲式怀疑机制：一次性地怀疑一切，为的是以后不再怀疑（尤其不要再怀疑上帝或国王）。在宗教领域，上述现象导致了耶稣会教义的出现，而这也是所有庞大的天主教王朝得以统治社会的理论基础和工具。耶稣会并不要求思想和心灵的绝对认同（尤其是与严格的冉森主义不同，如果不使用新教主义这个说法的话），不过，作为同这种相对自由的交换，它要求信众们忠诚地皈依（首先是教会，继而是国王）。说到底，它要求将个人的自由意志延伸至社会生活的各个方面。在基督教的道德层面，这种自由意志应赋予信众们在善与恶之间进行徘徊的权利和能力，以帮助他们更加坚定地走上那条（唯一的）正确的道路。不过，自由意志也是有其局限性的：王权会暗中加以戒备，防止有人走入歧途。

在这一新式的背景之下，笑就成为社会不可或缺的纽带，因为它既肯定了个人的快乐，同时又归属于发笑者们这个群体。旧体制越是要求那种极端的庄严隆重——一种胆怯式的庄严，因为它导致不了任何的结果，现代国家的社会组织就越是能从这种集中式的笑中获利，并恰如其分地将其加以运用。以往，智者们是不会笑的，他们顶多是微微颤动下身体，因为他们知道上帝正在看着自己。而现在，在人与人之间，用笑来开启话端成为一种有助于健康的简单方式。因此，一个社会的人首先应该是一个会笑的人：他懂得笑的规矩，他也会尊重这些规则。笑更是进入了礼仪的范畴，并在公共空间内发挥了作用，以保障秩序的良好运行。对于一个不会笑的人来说，太过善于口才、太过情真意切会轻易地凸显出自身无力获得社会位置、无力自得其乐的现实。其无法抑制的意愿也很可能会令

355

自我有损于群体的和谐。而笑则不然，它是一个人赋予集体的一种保证。

不过，笑并不是无所谓的。这种显示出自身与社会规则相融合的笑，也应该严格地显示出自身与后者的相符性。社会性的人会笑，但这种笑同时也应该是一种开化的笑。因此，在那些关于礼仪教养的手册中就会明确地写明，身处良好的阶层中，笑到底该遵从于怎样的守则。正如我们所猜测的那样，其余的陪衬都是中世纪的笑遗留下来的东西——过于大众、过于粗俗、过于挑衅，也过于官能化。我们的讨论首先从了解笑的生理表现开始。我们不能笑得过猛，也不能笑得失控。开口大笑是绝对不允许的（尤其是对女性来说！），因为在这种狼吞虎咽般的画面背后，给人留下的是另外一种淫荡的形象。正如多米尼克·贝特朗所写的那样，其有关古典时代的笑的研究与我的许多结论是一致的，我也引用了其书中的许多细节："基于对不自知的冲动的鉴别，良好的教仪是禁止女性张口大笑的。"[1] 最好的笑会将双唇向两耳拉抻（就好像是微笑一样）并露出牙齿，仅此而已；同样地，"嘿嘿"也要比"哈哈"或"吼吼"来得更好。此外，笑也是一种尤其需要区分出性别的行为：男性是负责搞笑的，而女性是负责发笑的。既然笑是"造物们无力掌控悲伤或愉悦的情感时的特别象征"[2]，人们又怎么能控制自己呢？反过来说，除非"明显违反了性别的角色"，否则女性是不会惹人发笑

---

[1] 多米尼克·贝特朗，《论古典时代的笑》，艾克斯：普罗旺斯大学出版社，1995年，第161页。
[2] 同上，第156页。

的（至少是主动地）："尽管一种活泼的幽默可以让与，或者说是强加给女性来实施，但严格说来，我们还是要无差别地谴责任何让女性来负责惹笑的想法。"①

同理，对于那些口出妙语的人来说，他们是绝不能因此而洋洋自得地笑的。如果因此而笑了，这便是个十足的低级趣味，也表露出了自己无非是自恋的猥琐心态。一般来说，一个发笑的人必须要受到一种双重限制：他既要笑，但又不能笑得太过。在多米尼克·贝特朗看来，这就是一柄悬在发笑者头上的达摩克利斯之剑："笑所要求的逻辑是一种缓和的强制。作为一柄达摩克利斯之剑，笑确保了让社会对于个体的要求能够直达人心。"②因此，放声大笑的动作中一直存在着一种自行审查的过程，时至今日，在孩子们的游戏中还留有这一过程的影子："我抓你，你抓我，谁先笑就打谁一下！"事实上，无论在什么时候，"这都是一个将不合理的行为加以合理化的过程。对于笑和玩笑的掌控，要与来自外界的纪律性信号保持一致，旨在从细节层面规范人际关系"③。

笑的这种社交性不仅决定了它的模式（依据"既不能过多也不能过少"的严格原则），也决定的它的对象。为了让社会的准则深入人心，笑应该将其作用力覆盖到道德和行动的范畴内。它首先针对的是人们的行为，即所有显见的违反社会准则的行为。在人际关系的框架内，笑确保了对道德习惯的管理，但不会以生硬、侮辱

---

① 多米尼克·贝特朗，《论古典时代的笑》，艾克斯：普罗旺斯大学出版社，1995年，第159页。
② 同上，第150页。
③ 同上，第121页。

性的方式加以惩处，相反，它的可信服力还是非常高效的。这正是德拉布吕耶尔在《品性论》中所认为的笑：一系列的肖像组成了一份不可接受行为的清单，而我们不想成为被其他人取笑的对象。因此，这种功能相对于惩罚来说，更多的是一种预防。另外，笑首先针对的是公共空间。它不会对王权或宗教展开抨击，因为它们（原则上！）是处于社会舞台之内或是之上的。因此，笑在本质上是横向的，是在平等人之间展开的。一方面是出于谨慎，另一方面也是基于对健康的互动关系的考虑。嘲笑一个比自己等级高的人无疑是危险的，然而笑话一个低于自己的人却容易得多。不过，这同样也是被社会教仪所谴责的地方。

事实上，笑对于优雅性的考虑其实是与其他社会礼仪一致的。这也就是为什么，快乐的笑（轻柔的、克制的、自控的）与前文提到过的国王的小丑们（文艺复兴时期君王宫廷内的代表人物）的自由自在可以形成鲜明的对比。小丑们可以拿一切人进行取笑（甚至是国王本人！），不过，他们也会用自身极富表现力的滑稽表演来对这种大不敬的意味加以中和。这样一来，无论是对自己还是对他人，小丑们都无须再掩饰这种过度的表现了。恰恰相反的是，宫里的小丑们反而被视为粗鄙文化在文艺复兴时代尚未消失的证明。而新式的笑与之相比，则懂得自我克制，且从不会过火——无论是在形式上还是在本质上。以滑稽剧编剧作为自己事业开端的莫里哀，最后却成为一名芭蕾喜剧的作家，这得益于他与音乐家吕利的合作，两人一起为凡尔赛宫的王室节日奉献了上述演出。就这样，旧时国王的小丑们，现在变成了娱乐的专家。

严肃的笑的顶峰

说到底，古典时代的笑无论在什么情况下都必须要屈从于唯一的权威——绝对不能脱离严肃的意味。相对于真正的笑，这种不完全的、胆怯的笑甚至也让波德莱尔愤怒不已。如果笑都不敢让自己变得有趣，它又如何能有趣呢？在冰冷的严肃性和灿烂的笑之间，我们将无可避免地陷入一种由强制或畏惧调和出来的温水当中。对于严肃的笑的执念属于发笑者本人不当的潜意识，其表现就是文学作品中那些有关于笑的核心的导向。尤其是法国，其对于社会规则的服从（教仪手册、谈话的艺术、礼仪准则等）无疑是欧洲境内最为严苛的，以至于法式的优雅可以流行于四方，直至被英式的礼节所代替。

荒谬的言行、粗鄙的滑稽、可笑的夸大，如是形式的笑被视为最后的恶趣味，从而遭到了摒弃。这种摒弃的做法旨在将欢乐和可笑的成分从合法文化的范围内剔除出去。比如说意式戏剧，尽管它从17世纪开始就已经在巴黎落地，并让"艺术喜剧"当中的夸张表演为人所熟知，但它后来也像莫里哀的作品一样，逐步演变为大型歌剧，直至在1779年最终定型为了喜剧歌剧。可以说，除非能够以更为常规或缓和的形式表现出来（说白了，就是重复效应的各种变种），否则膨胀式的笑就不再有存留空间了。类似的预警（甚至是更加灾难性的）对于突兀式的笑也是一样的，只不过突兀性与笑其实是共存的关系——人们可以对笑的突兀性予以认可，不过前提在于它必须是可理解的，而不能真的变成一种让人看不懂的存在——如果是这样，理性就失去了根基了。

事实上，笑在任何情况下都会被要求具有意义，它须满足理性的最低限度的需求。因此，那些不服从沟通规则的笑以及让语言变得毫无意义的笑，也会被排除出笑的范围。这样的话，对于那些象声词、那些搞笑的杂拼诗，以及那些在内容上毫不相关的喋喋不休来说，即便它们都是为大众所喜爱的笑的形式，我们也要将其抛弃了，除非是在某些逆向使用的场合下。对于那些双关语和有关词义的文字游戏（声音的或图形的），我们通常都会抱有一种鄙视的态度，因为它们阻碍了语言交际的效果。我们还记得，双关指的是借助于原意群中的音素，来重构出新的词或新的词组，以尽可能地达到出其不意效果的做法。比如说法语中的副词"从前"（auparavant）[1]，一些固执的玩笑者总是会不由自主地说"这是个中国词"；而同样地，当你关心询问别人的健康状况时，对方没准也会回答说"yau de pôele"[2]。对此，索绪尔已经讲得很清楚了：语言的双重发音（词义与发音之间的联结）是所有语言体系的根基，而这也正是双关语能够形成语言且能用于交流的可能性所在。同理，古典的修辞学著作也要求所有的灵光妙语都必须以思想为基础，也就是说，要建立在语义而不是发音的基础之上。于是，他们放弃了操弄语音的做法，放弃了那种孩子式的"变形词"，就好像是成年人还未长大一样。

---

[1] 由法文 au, para, avant 几个词关联组合而成。——译者注
[2] 法文"你好吗？"（Comment vas-tu?）的后接词，全句为 Comment va tu yau de pôele?，意为"炉子管怎么样？"，后代指对"你好吗？"的回答，或直接代替"你好吗？"。——译者注

第十二章
古典时代的笑的管理

不过，如果笑连一点点儿的出格之举都做不到，那它也无法用来呈现了。莫里哀的戏剧作品都包含着夸张的效果，以及那些没头没尾的对话和机缘巧合的误会。不过，这至少仍属于戏剧的范围，为此，尽管笑在长达数个世纪的古典时代受到了严格的管制，但它仍可以为之降低自己的门槛，因为戏剧本身是拥有一个巨大的优势的：它在舞台和观众之间维持着一种界限，虽无形，但从定义上看，确实有一道不可逾越的界限。因此，剧院内的笑无法对现实生活构成威胁，要知道后者可是社会管控的主要对象。当然了，我们也是期望为喜剧设立边界的，不过相对之下，一种能稍稍越界的喜剧却更佳，这总比在上流社会的沙龙中发出一阵大笑好很多。就好像是正当现实在社会空间内被上纲上线时，笑的虚拟呈现的作用却已更新了自己的流程一样（在小说或戏剧当中）。通过比较，我们可以追溯中世纪的狂欢节所具有的独特性和不稳定的作用：在节日当中，不单单一切放纵是被允许的，同时，嘲笑的氛围也会感染每一个人。古典的喜剧对笑加以了规范（使其遵从于社会教仪的要求），将其限定在了舞台之上，但狂欢节则不然。虽然狂欢是毫无限制的，但在平日里，它面临着严格的限制。

此外，即便是在笑的诡计的虚拟框架内，笑也从未忘记自身应实施道德说教的责任：莫里哀的戏剧总是都会给观众们带来一堂堂生动的道德实践课——无论其所涉及的内容是政治的、夫妻的、宗教的、经济的，还是世俗的等。如果没有了规范，也就谈不上笑了。无论是散文还是诗歌，无论是戏剧还是小说，也无论是书信还是谈话，古典时代一直都是讽刺的巅峰期（类型、笔调或"模式"）。不过这里存在着一个前提条件，即讽刺本身应该是能够得到尊敬的。正是在这样的背景之下，沿袭自高级拉丁诗文（贺拉斯、柏修斯、尤维纳利斯）的讽刺果断地对原词中的"y"①予以了摒弃，因为这同希腊神话当中的讽刺太过于相近了，而这种近似性是难以得到人们的尊重的。在马图林·雷尼埃（与布瓦洛一样，都是文学体裁大师）看来，讽刺是由构思稳固的亚历山大体诗构成的，对话的本性和语调并不会影响诗文的构思。此外，在对现实进行了一番并无好意的描绘之后，讽刺还要负责以格言警句般的且容易记住的说辞，向观众们传递一种具有教化意味的信息——尤其要让学校的学生们记住。事实上，讽刺既是一种诗学学习的过程，也是一种道德教育的工具。它是"伦理正确"的主要宣传手段，后者在讲求服从的旧体制时代中所扮演的意识形态的角色，同当今言论中"政治正确"的说法是类似的。

讽刺超出了在诗歌艺术中被严格定义的诗歌体裁，并渗透到了各式各样的文学类型之中。莫里哀的戏剧作品中到处都散布着这种诗文化的箴言，它们充满了民众的智慧。类似的格言警句，在拉·封丹的寓言中，在赛维尼夫人的作品中，以及在拉罗什富科的《箴言录》中都数见不鲜。事实上，就古典时期的文学作品来说，除非是上升到了悲剧高度，否则从结构角度上看，它们都属于讽刺的类型，也就是说，是不会通过笑来进行道德说教的，即那些建立在美德与丑恶之上的笑。讽刺不仅拥有极高的大众性，也拥有十分的崇高性，因此，亚里士多德有关丑陋的笑的理论已经无法

---

① "讽刺"在法文中的最早写法为"satyre"，后演变成"satire"，如今两词通用。
　　——译者注

第十二章
古典时代的笑的管理

让它感到满足了。这种论调对阿里斯托芬式的沉重来说是有意义的，但对于莫里哀式的五幕喜剧来说却是无效的。莫氏令人肃然起敬的五幕剧的表现力是无可挑剔的。有两句拉丁格言可以用来对这种讽刺文学的作用加以框定。第一个格言出自17世纪时的新拉丁派诗人让·德·桑蒂尔。关于喜剧，他这样说道："它通过笑来纠正风气。"另一个格言则是伟大的贺拉斯所说的："通过笑来诉说真相。"[1] 事实上，一切对于讽刺的解读都是基于真相和道德之间的关联，而其中起到衔接作用的就是笑。对于真相的要求（即现实主义）通常会对作家所自有的某些便利性加以禁止，即对于滑稽的超现实加以施展的便利性，但在实践的过程当中，在笑的必要性（再次强调，这里需要一种最低程度的突兀和夸张）和真相的要求之间所留有的真实余地却又是极其狭窄的——至少像那个时代里的民意所表现出来的那样，常常令人难以把握。反过来看，讽刺家们表现出来的真挚性，以及他们完成的再造任务（从职业角度看，讽刺家们会拒绝掩饰，也不会为了向别人讲述事实而故意讲求什么方式方法），都会帮助他们部分地免受强加到文学层面上的教仪的桎梏。多米尼克·密特朗为此也指出："作为承袭自古时候的规定，贺拉斯的那句'笑着讲述事实'（ridendo dicere verum）为滑稽作家们定义了一种强制的类型，但也部分地解除了以往强加于笔端的禁忌。"[2]

---

[1] 事实上，贺拉斯的原文是"ridendo dicere verum"（《讽刺》，第一卷，1，24节），不过意思是一样的。
[2] 多米尼克·贝特朗，《论古典时代的笑》，前文引用，第138页。

然而我们也知道，笑究其本质，其实是带有违抗色彩的，它的天性就是为了挣脱强加给它的种种限制。笑之所以能让人快乐，正在于那种自鸣得意的兴奋感，精神分析学领域有一个极具暗示性的词或许可以形容这种现象："边缘性"。即便是最受控制的讽刺家们，也不会满足于一直扮演一个"蟋蟀杰明尼"那样的角色——亲切地对你进行关于社会秩序问题的说教，认为自己应该服务于社会秩序，并且在大多数的时间里，他也确实这样做了。对于讽刺家们来说，他们或多或少都会对这所谓的社会秩序加以反抗，只不过程度上的轻重不同罢了。而这也是针对莫里哀的那些（有些无聊的）争议的来源：莫里哀是不是一个只服务于王权意识形态的顽固的奴仆呢？还是说，他其实是在悄悄地对权力统治进行着反抗斗争？我们要看到几个问题。一方面，抛开极权政治体制不谈，即便是最为专制的政权也都不是铁板一块，它总能够利用一部分人来对抗另一部分人，比如说用王权党来对抗宗教信众，用国王自己来压制巴黎的资产阶级，用资产阶层来反抗王公侯爵们等。另一方面，讽刺的笑的社会角色（熟稔社会的规则）和它自身的批判潜力之间所具有的矛盾性也形成了结构化的背景，由此也会引发出持续的紧张对立——但对于观众们或是读者们来说却是开心的。

此外，也会有讽刺家意外地将讽刺的矛头直指权力的最高层，即国王本人。不过这样的话，他所采用的方法就必须非常谨慎。在这里，我们列举一个这样的例子，这名作家是路易十四时代伟大的古典文学作家之一，同时也是一个名副其实的反对派，他就是拉·封丹。在《寓言》的第一卷中，作家抛出了一篇简短的小寓言故事，《死神和不幸者》，不过，这篇小故事看上去只是给后来的小学教育提供了一个简单的道德课的素材而已：一个"不幸的人"呼唤"死神"，而死神也如约而至。不过，这个"不幸的人"很快又对活着重新燃起了希望，他不想死了。最后，拉·封丹用了一句类似于格言的话结束了故事，这句话引用自一个叫"梅瑟纳斯"（Mécénas）的人 [我们今天统一直称他为"梅塞纳"（Mécène）]：

你可以让我残疾，缺胳膊少腿，得风湿病，但只要让我活下去，这就够了，我就心满意足了。
啊！死神，愿你永远远离我们，大家对你只有这个心愿。

然而在《拉·封丹寓言》的最后，作家又加入了一篇差不多一模一样的故事，并且他也曾说，这篇故事的构思情节是参照了《伊索寓言》的。这一次，呼唤死神的是一名穷苦的樵夫，他背上背着一捆柴。听到了召唤后，死神同样迅速地赶到了，并问他有什么可以效劳的：

请你再帮助我，背起这捆柴火，不要耽搁。

这两个故事非常像：只不过在第一个故事当中，作家并没有表明这个"不幸的人"的社会身份（而在《伊索寓言》中，它所指的是一个穷人），并且故事的语调也是极其感人的（相比之下，在第二个樵夫的故事中，作家的笔调就有些搞笑了）。不过，拉·封丹为什么要同时写下两个故事呢（尽管以其良好的修养和独具的谦和，拉·封丹认为伊索的故事比自己的好很多）？其实，他这样做是必须的，"只有这样，才能让樵夫的故事看起来不是那样的突兀"

（也就是说，不要让那个樵夫看起来过于特别）。此外，他在书中也提到了，"他借用了'梅瑟纳斯'的话，这句话既漂亮又简洁，让他无法抛弃"。拉·封丹没有给出打开这一番双重寓言构思秘密的钥匙，不过他自己也明确地说过了，这把钥匙是存在的。因此，我们就需要破译一下他的用意了。事实上，拉·封丹是路易十四时期大权在握又无比富有的财政总管（即首相）富凯的宠臣，后者在1661年时突然遭到了逮捕，随即受到了审判。富凯本人对艺术与文学是持保护态度的，他的作为其实正是书中所提到的那个"梅塞纳"。因此，拉·封丹借用了"梅塞纳"的话，他所看重的不仅仅是这句话的价值，同时也有其背后的出处。"梅塞纳"是"梅瑟纳斯"的直系名字，以此，作家可以以隐秘的方式对他的"梅塞纳"加以声援。这样看的话，故事中的那个"不幸的人"显然也不是一个穷人，但他的声音是悲伤的，因为拉·封丹对于富凯的哀痛是情真意切的，正像他在鼓励身陷囹圄的富凯时所说过的那样。

类似这样的正面的抗争，在旧体制时代的君主制法国其实是极其少见的。但反过来，它也为我们提供了一种对所有讽刺文学作品加以解读的阅读模式。在一个被严格管制的社会当中，公共言论须遵守当局规定的社会规范，任何说出口的话都是要负责任的。不过，对古典绘画的解读可以帮助我们在解读寓言故事时也能够得心应手。我们需要找出那些隐藏着核心意义的寓意所在，它们有时只存在于最微小的画面细节当中。不过，那种意味深长的讽刺寓言也是存在的，它要求读者们在阅读的过程中找出其标志，并要带着一种怀疑和深入的眼光来找出隐藏的钥匙和信息。同时要指出的是，讽刺家们这样做，并非一定是为了要对权力加以欺骗。要知道，来自当局的文化审查并没有我们想得那么愚蠢，并且讽刺的智慧在两相抗衡的过程中，也不一定是会占据上风的。如果有人非要这样想，那绝对是幼稚的。其实，在那些文化管制国家，甚至是专制国家当中，反对也是被允许的，只不过前提是要遵守相关的规则。具体来说，当局会要求人们不要公开地进行抗议，并且也会为此规定一定的形式。与拉伯雷式的狂欢式的笑不同，讽刺的笑是一种细致的、含沙射影的笑，并且会系统地催生出"间接肯定"和"淡化描述"这样的表现手法，而它们也正是古典文化的特征所在。

"碾碎贱民"

"碾碎贱民"：伏尔泰通过这种反向讽刺的方式，将矛头指向了宗教中"荣耀的"上帝，并且以更加针对的方式，指向了天主教教会。尽管古典时期的笑在道德层面受到了全方位的管控，但它却在一直瞄准着天主教，这是笑与古典时代唯一一个永远无法调和的矛盾点。教会的各种人（本堂神父、教士、僧侣、耶稣会会士、主教、教皇等），在旧体制时代一直都是笑的攻击对象。我们甚至可以将该现象视为笑的定义的一部分，这在其他宗教文化中是绝无二例的。犹太式的幽默中也有许多关于犹太教教父的故事，但其中并没有太多讽刺的意味，人们可以拿教父们的忠厚开玩笑，就好像是我们对自己年迈的父母亲开玩笑时那样，都是毫无恶意的。在英式文化传统中也是一样，人们对于牧师和"尊敬的神父"们也会开涮，不过所笑的都是其看似庄重的外表下的那颗憨直的心，因此，这种玩笑也是亲切的。因此可以说，猛烈而又集中的反神权的讽刺，在表面上看应该是那些奉行天主教文化的国家所独有的特点，并且相较于其他宗教，针对天主教的讽刺在亵渎和侮辱神明的时候也要容易得多。此外，抛开宗教问题不谈，这里也充斥着一种可以扩展至笑的整个领域的暴力性在其中，其原因也是非常简单的。笑，依据"通过笑来纠正风气"这句话的描述，可以对道德品行加以约束。它可以在嘲笑吝啬鬼、妒忌鬼和书呆子们的同时，希望他们能够别那么多疑，能够变得更加地顺从，更加地谦逊。然而对于教会来说，它们在讽刺家眼里则是无可救药了。因此，笑只要尽可能地使坏就行了，这样才能赢得更多的分数，就像拳击场上的拳手们一样。在一个任由礼仪规范来对社会关系加以框定的世界里，只有反神权的笑才能够展现出笑的纯暴力性的一面。

为什么要这样针对天主教呢？我想原因可能是这样的：宗教改革旨在将宗教信仰个体化和精神化，在基督教因宗教改革而遭到了削弱的时候，天主教会却做出了一个相反的选择，它先是将自己定义为一种世俗的神权，此举也得到了欧洲大陆各主要君主制国家的强力支持；紧接着，将虔诚的信众们从宗教的神秘主义中部分地解脱出来（也可以说是不再允许他们这样做），但反过来又要求他们臣服于教会的权威，不仅仅将其视为一种精神的源泉，同时也视为现世的权威。天主教不只是希望人们加入，它首先建立起了一种力量的关系，它会将意志强加给信众们（以一种严厉的方式，如果需要指出的话），但同时也赋予了批判精神一定的自由。而这种相对的自由正好就是一

第十二章
古典时代的笑的管理

个缺口。顺着它，笑，便可以长驱直入，对教会展开了进攻，包括神职人员、宗教典仪、各种仪式，包括语言修辞，也包括各种宗教处所。其中的一个例子就是反耶稣主义，在长达近三个世纪的时间里，它一直都是反神权运动的核心。耶稣会其实有着教育的理想，它通情达理，也在智慧层面真正做到了开化。不过它的过错在于，它看起来就是一支无形的军队——不但属于教皇，同时也渗入了社会精英们当中。这样的话，它自身的品质也就转而成为缺陷。毕竟，人们从中看到了它实施渗透和控制的证据。从这个角度来看，旧体制时代的反耶稣会主义同当今世界的反美主义是类似的。

然而，尽管教会与权力走得很近，但它没有与权力混同。权力，国王的专属，并包含世俗的行政机构。反神权的笑在有关自由的话题上受到挫败时，就成为人们用以发泄的途径。此外，尽管教会敬爱上帝，谴责无神论，但教会也没有同上帝混同到一起。在18世纪时的启蒙运动中，当哲学和科学的发展撼动了宗教权威的理论基础时，反神权主义也是一种对官方学问加以攻击的便捷手段。这里要指出的是，天主教与英国国教是不一样的，天主教从不干涉人们对科学的探索，只要后者不去冒犯那块专属于神学的领地即可。因此，怀疑式的笑和反神权的笑便历经了笑的整个的近现代史进程，至少在法国是这样的。在旧体制时代，反神权的笑听起来有点像一首熟悉的小曲，在它的背后是讽刺的喜剧、小说和诗歌。不过，在基于如下三种动机的情况下，它也会爆发出雷鸣般的声响。

首先是对各种放纵和猥亵场景的影射，对于两性间禁忌的各种违犯，以及关于风流韵事的滑稽内容。它令人感到不快，但也刺激了人们的想象。比如夏尔·索莱尔笔下的弗朗雄，在作家于1623

年出版的同名小说中,就亲历并见证了一段艰险的探险旅途,其中也不乏一些春梦;而关于西拉诺·德·贝格拉克,据我所知,他的《月亮王国和帝国里的滑稽故事》(1657)是法国文学史上头一回(但是否是第一次,我并不确信)对男人之间的"某种"关系加以隐晦描写的作品。至于狄德罗的《修女》(1796),它则在修女的外表下掩藏着情欲游戏的内容,而这本就是一个言之不尽的话题。已经列举了这么多赤裸裸的例子了,至于萨德的小说里那些让人瞠目结舌的名场面,我想就不用多说什么了吧。

此外,就像夏尔·索莱尔和西拉诺·德·贝格拉克在作品中所表现的那样,反神权的笑在当时也是唯一想象着人们能够前往月亮、太阳或其他行星上旅行的存在,对神学中有关宇宙的世界观可谓是又开了个玩笑。因此,在那些放纵的作品或启蒙时期的作品当中,持续出现了一股伪科学的幻想的潮流,而对于其中所包含的亵渎宗教道德的意味,当今的读者们恐怕已经再难感受到了。以儒勒·凡尔纳为代表的19世纪的科幻作品,它们所伴随的是工业革命时代接二连三的科技大爆炸。而在旧体制的时代,这种放荡不羁的自由想象,却是以戏谑放肆的形式同惯常的基督教式的神奇魅力相对抗的(基督教是唯一的权威,但神话里的那些神奇故事除外,不过神话故事对于宗教而言,依旧是远古时代的产物)。

伏尔泰也是如此。在《小巨人》一书中,伏尔泰讲述了两个外星人(分别来自天狼星和木星)的星际旅途。不过要知道,伏尔泰在这场直接的、系统的且咄咄逼人的反神权斗争当中可是个英雄般的存在。在其多产的作品当中,几乎所有的话题最终都要落脚到宗教身上,而伏尔泰也会把针对宗教的斗争引入到各个层面——神学、政治、伦理、哲学等。伏尔泰反对战争的荒谬，但他首先会对这一恐怖的"穷凶极恶行为的神奇之处"加以揭露。在他看来，战争中的"每一个长官都会在杀死自己的同类之前歌颂自己的战旗，并郑重地祈求上帝保佑自己"，而对于"人们集体实施的各种残忍，比如谋反、叛乱、抢劫、圈套，在城市内设埋伏，盗窃和谋杀"，传教士们却都是鼓励的。因此，"人们是时候起来反对这些罪恶了"。伏尔泰也反对奴隶制，而这是为了凸显出教会说一套、做一套的虚伪——教会一方面大规模地施行奴隶制，而另一方面又称"吃两个半铜钱的羊肉就是大罪"[1]。孟德斯鸠也同样反对奴隶制，在其《论法的精神》（1748）中，有一篇专门控诉奴隶制的文章《黑奴的奴隶》。其中，孟德斯鸠就运用了类似伏尔泰的方法进行抨击，只不过其讽刺意味更为辛辣："他和蔼地说道：'我们是不可能将这些人（黑人）当成是人的，如果我们这样做了，我们也许就不再相信自己也是基督徒了。'"[2] 读者们可以自己捋一下这个推理：毫无疑问，黑人也是人，而法国人就是基督徒，只不过基督教已经不是原来的那个基督教了。

我们看到了，反神权的讽刺其实不是一柄套着皮头的花剑——只供娱乐用，却不会伤人（一如亚里士多德所理解的那样），相反，它着实是一个增强攻击的暴力性和效率的好手段。虽然它一直彰显着一种一成不变的刻板印象，但它在联系起攻击者和被攻击者的同时，也会尽可能地给对方造成伤害，以至于在读者们的脑海中，一

---

[1] 伏尔泰，《论战争》，《小型哲学词典》，日内瓦，1764年，第210至211页。
[2] 孟德斯鸠，《黑奴的奴隶》，《论法的精神》第二卷（I, XV, 5），日内瓦，1748年，第69页。

旦想起了一个这样的例子，其他的例子便也会接踵而至了。我们清楚，伏尔泰在 19 世纪时已经成为各个进步领域的象征。随着教会势力在拿破仑落败后的反扑和波旁王朝的复辟，自由的资产阶级都会在自家的图书馆里陈列伏尔泰作品的全集——有点儿像 50 年代的法国知识分子，那时的他们都会读马克思的著作。而在大革命后一个半世纪的时间里，反神权式的挖苦也成为政治讽刺画的主旋律之一。1830 年，法王查理十世就成了被针对的对象：画中，人们给他穿上了耶稣会会士的衣服；而在路易·菲利普于 1848 年逊位之前，法国也爆发了一场反耶稣会的声势浩大的运动。紧接着，讽刺家们又针对法兰西第三共和国开始了凶狠的指控，他们指控神父们的贪得无厌，指控神父们对性行为的不健康好奇心，更指控横行在学校里的恋童行为。此时，天主教的坍塌和法国社会的深刻变革都让拉伯雷式的笑突然就过时了。

被视为重要艺术的精神

关于旧体制时代的上流社会人士，尽管他们从来都不属于严格遵从教规的那类人，但他们也从未卷入到那些反对神权的斗争当中。在王国的体制内，神职人员依旧是社会的首要阶级，也为王国的运行培养了大量的高层人士。上流社会则相反，它所寻求的是以幽默为消遣的生活，以至于那种混合了讽刺、精致、想象力和贵族式傲慢的别致的笑的艺术，成为法式文化在欧洲范围内的标志。这种法式文化独特性的成因既是社会性的，同时也与政治因素有关。17世纪的法国，集权制君主体制日益强化，整个国家为一个强势的行政机器所掌控，后者也代表着绝对王权（至少在原则上是这样）的统治抓手。因此，法国自身的发展变革是与别国不尽一致的，比如说英国。在英国，国家的现代化进程很快就引发了一场自由化运动，使得上流社会越来越多地参与到了权力的行使层面。一方面，是公共领域（为精英资产阶级和贵族所控制）内的社会繁荣；另一方面，是为掌权者所严密把守的权力阶层的弱化。二者之间的对比是异常鲜明的。在这样的条件下，笑就同时兼具诉求和代偿的功能。事实上，此时的笑对于一个无法在本属于自己的政治领域施展拳脚的社会阶层来说，已经变成了一种精致的工具。他们会通过笑来宣示自身的存在，也会以此来培养自身的抗争精神。而在真正的斗争到来之前，这种笑都会以讽刺这种相对次级的形式存在。

尤其是，无论是让自己笑还是让他人笑，都是一种快速彰显自己出身优越性的方法。对于此时的贵族阶层来说，他们在外省的领地逐渐被国家兼并（或者说被剥夺了他们在自身封邑内的特权），他们也由此成为受国家所管制的对象。而自从失去了旧时因军功而得以封荫的传统特权，贵族圈子就开始以考究的社交模式作为彰显自身高贵属性的主要手段。一切礼仪都有着其规程，就像是给一个集体典礼统一地编了舞，而任何人想要掌握它们，就必须要经历一个长期的上流社会教仪的学习过程。这也就是为什么18世纪的法式的笑是与当时的贵族文化有着紧密的关联的。与资产阶级不同，后者的职业活动（交易活动或法律活动）更加要求严肃与严谨。[1] 事实上，上流社会的笑意会将国王所要求的宫廷规范，也就是"礼仪"，延展至贵族的圈子内。抛开真正的权力行使问题不谈，王权的礼仪会详细地落实到那些肉眼可见的标识和既定的动作上，以至于在宫廷内如何站立和行走，都有着明确的规定。不过，尽管王权会强调庄重，对于那些已经失去了封邑特权的贵族们来说，他们则会用一种相反的方式来代替这种庄重性：那就是笑的仪式感——与传统的日式茶道一样，都是美妙而又难以捉摸的。

谈话的艺术是上流社会礼仪的核心，在这里，笑话也被定义为了"风趣"——不过，这里的笑话无论何时都有着一种分寸感，它会满足于一种"柔软"的灵性，让严谨的用意一直处于可见的范围内，但也是一种有距离的风趣。上流社会中最高级的乐趣在于"优雅的打趣"[2]——一种可以将精致的调侃扩展至任一话题的方法。同时，对于那些肤浅的小聪明，对于那些看似漫不经心但又一针见血的谈话方式，它也是并不拒绝的，至少在理论上是如此。我们要承认，在缺乏影音手段的时代，对于这种曼妙思维的芭蕾而言，我们仅能够透过文字的再现来了解它。[3] 然而这种能与思想和语言齐平的口头的剑术，其实也已经极具意义了。若要掌

---

[1] 关于上述贵族文化，参见诺尔贝·艾利亚斯，《风俗的文明》，皮埃尔·冈尼泽尔译，巴黎：口袋书出版社，2002年（法文初版：1973年；原版：1939年）。

[2] 参见克里斯托弗·马丁，《戏谑的笑（17至18世纪）》，收录于《笑的审美》，阿兰·维扬主编，楠泰尔：巴黎第十大学出版社，2012年，第121至151页。

[3] 关于上述贵族文化更为细致的评估，参见安东尼·利尔蒂，《沙龙世界：巴黎18世纪的社交》，巴黎：法亚尔出版社，2005年。

握上流社会的规则,就要先从调皮的讽刺和狡黠的话外音开始学起。这样的方法也同样存在于沙龙聚会时的各类小短诗当中,比如说小讽刺诗,它会通过仅用几行诗就组成一句玩笑话的方式,让发笑的人站到自己这边。这样看的话,这种挖苦的玩笑就一定不能有过重或过于恶毒的意味在里面。另一个当时很流行的词是"揶揄"①,这种"揶揄"的做法也是一定要具有一种平衡性的。为了引用几个文学大家的例子,我们分别列举一下拉辛送给普拉顿的话,他在1694年创作了戏剧《日尔曼尼库斯》,以及伏尔泰评论弗雷隆的话:

> 我何其同情日尔曼尼库斯的命运!
> 他为了宝贵的品德又付出了怎样的代价?
> 受尽了残忍的蒂贝拉的迫害,
> 因叛徒皮松的出卖而身陷囹圄,
> 而他最后的痛苦,
> 就是得到了普拉顿的歌颂。

> 某一天,在山谷的底部,
> 一条蛇咬了让·弗雷隆一口。
> 你猜怎么着?
> 蛇最后断气了?

---

① 伊丽莎白·布基纳,《揶揄的世纪(1734—1789)》,巴黎:法国大学出版社,1998年。

笑的文明史
La civilisation du rire

　　除了这些讽刺短诗之外，当时还流行一些被改成了诗的字谜或谜题（谜语），也就是"限韵诗"（一种上流社会的游戏，参加者需要根据给定的韵脚词，即兴创作出一首韵诗）。这种笑以对其中的隐喻和暗示性加以破解为前提，同时更对参加者的语言能力提出了要求——它可以随时随地地对小圈子内的默契性加以检验。而对于那些不熟悉规则，或者说将规则用得一塌糊涂的玩家来说，他们就很可怜了：他们会成为绝对的恶和绝对的罪孽的牺牲品，而一旦被扣上了这样的帽子，他们也就难以从中摆脱出来了。那就是"可笑"——如果你被大家认为是可笑的，那你就将被永远地踢出这个上等人说笑的圈子了。"非直接"是这个圈子内的规矩，这要比任何时候都来得明显。所有的话都必须要藏起来、委婉地说，且永远不要试图将自我强加到这个群体的圈子内。沙龙式的交谈有点儿像是踢足球：千万不要把球一直控在自己的脚下，恰恰相反，要把球在本方的队友之间传起来。总之，在这本要求尊重整体节奏的曲谱中，最为差劲的品位和最可笑的事，无疑就是那些过于情真意切的话，它们听上去，就好像是一场精彩的交响乐中出现的那些没完没了的走调声一样。在18世纪时，有一个人正是这种没品的不当举止的代表人物：他来自加尔文主义盛行的日内瓦共和国，也受尽了上流社会的揶揄之苦，他就是让-雅克·卢梭，一个与伏尔泰式的嘲弄正好相反的人。

　　不过，再有规矩的社会也需要发泄的出口，在上流社会那些得体的人群之外，也还有这样的地方：它们大门紧闭，它们声名狼藉，只接受男人们的光临。在这里，那些贵族名流们可以真正地放浪形骸，毫不在意笑的美丑——这与人们脑海当中18世纪的优

第十二章
古典时代的笑的管理

雅形象是截然不同的。历史学家安东尼·德·拜克①是首个将彼时的贵族们酒后"大笑"的形象展示给世人们的学者。在当时,名流们通常都以秘密的滑稽模仿组织的形式进行聚会,比如说"无边圆帽团"和"凳边社团"。他们会常常光顾那些巴黎郊区的小酒馆,比如让·朗博诺所开的那个著名的酒馆。与平时在上流社会当中所要遵守的那些条条框框不同,在这里,他们发明了一种叫作"蠢人晚餐"的游戏:这些贵族们会聚在一起进行聚会,并会以另外一个天真幼稚的人为对象开涮。根据记述,似乎有个名叫普安西奈·德·西弗里的人就曾不幸地成为大家嘲笑的对象,不过巧合的是,这位西弗里先生的儿子却正是一位对笑有着深刻研究的专家。总之,这些人重新恢复了那种几乎没有任何诙谐意味在其中的笑(但不会比蠢笨的笑更好笑,这一点我们是知道的!)。关于双关的手法,在所有多产的作家当中,我们可以以比艾弗尔侯爵为例。他先是对这些手法进行了细致的说明,随后又以作品集的形式将上述内容发表了出来,并且作品名也足以引发人们的联想:《写给泰雄侯爵夫人的信(1770)》《基尔修道院院长的爱国情感和有用思考》。在《写给泰雄侯爵夫人的信(1770)》中,作者明确指出,这位基尔院长是全院十三名成员中最为威严的。安东尼·德·拜克为此还专门列出了这些人的名单:弗赫尔神父、伊戈尔神父、马楠特神父、伊斯蒂尔神父、庞蒂古莱尔神父、皮尼昂神父、索纳奇神父、伊奥德神父、塞古特神父、昂多瓦神父、赛维昂神父、尼希厄

---

① 安东尼·德·拜克,《爆笑:18 世纪的笑的文化》,巴黎:卡尔曼-莱维出版社,2000 年。

神父和克鲁神父。[①] 优雅的精神是绝不会如此认真严肃的,显然,大革命已经不远了。此外还有斯戴尔夫人,作为旧体制时期上流社会文化的继承人和共和国新式学院的理论家,她在 1800 年时以可以预见且众望所归的方式,宣布了贵族式的笑的结束。一方面,这种"并不缺乏哲学意味"的嘲笑式的笑,在"那些生活严肃,并且相信真情实感和重要利益的人"那里,已经被严重地弱化了;另一方面,这种为"上流社会所习惯的精致而考究的笑"太过于精妙,以至于无法被所有人所理解。在这位内克先生(日内瓦的大银行家,并在巴士底狱被攻陷后成为法王路易十六的财政大臣)的女儿看来,共和国可能是严肃的,也可能不是[②]。

[①] 安东尼·德·拜克,《爆笑:18 世纪的笑的文化》,巴黎:卡尔曼-莱维出版社,2000 年,第 125 页。
[②] 斯戴尔夫人关于笑的相关理论在其《重要文学与社会机构之间的关系(1800)》一书的 2 个章节当中进行了呈现:《为什么说法兰西民族是欧洲最优雅、最有品位和最会玩笑的民族?》,以及《雅致、道德的文雅及其在文学和政治层面的影响》。

法兰西之恶？

事实上，共和国并没有变得很严肃。相反，笑依旧是法兰西文化的标志，这也是它在面对世界时引以为傲的地方。18世纪时，"精神"是精英们所追求的那种高度的雅致（彼时的法国人对英式的严肃和日耳曼式的庄重是抱有鄙视态度的）；而到了19世纪时，巴黎人又给全欧洲上了一堂有关于玩笑意义的课。时至今日也是一样，轻柔的香水和已经进阶了的讽刺艺术依旧是法式风情的独到之处，它们与那种无法效仿的法式优雅和洒脱一样，都是法国的魅力所在。司汤达在其有关于笑的笔记当中就曾指出：很显然，法国就是"笑的一部分"，而"活力、轻盈且又极端自负"的"法兰西民族……似乎就是故意在笑的"。[1]然而要看到的是，这里所指的并不是真正意义上的"法兰西式的活泼"，一如我们常常以理想化的视角所认为的高卢式的笑那样——还未被标准化。它其实指的是在面对现实和各种各样的约束时的一种嘲讽。

然而，这种民族性（挪揄别人的独特嗜好）不仅很早就在法国之外的地区为人所知，它也通常被人们视为一个很严重的问题。德国思想家洪堡在1798年写给作家席勒的一封信中就曾说过这样一句话，以此来说明法国人从根本上就无力激发出那些严谨且高贵的

---

[1] 司汤达，《论笑》，安东尼·德·拜克出版发行，巴黎：里瓦奇出版社，2005年，第90至91页。

思想："真正地懂得自己是不可能的，原因也很简单。他们'法国人'不仅没有思想，对于表象之下的意义也完全没有概念；纯粹的意志，也就是我们常说的'我'，以及对于'自我'的觉知，所有的这些对于他们来说，根本都是无法理解的。"[1] 斯戴尔夫人在其小说《科里纳还是意大利》（1807）中，也同样使用了意大利式的情节对欧洲进行了一番简单的对比。其中，关于法国人，斯戴尔夫人认为他们的讽刺既肤浅又自负。在她看来，法国人的特点尤其体现在会集中精力对一切与自己不一样的东西（一切不是法国的东西）加以鄙视。因此，对于发生在自身之外的那些重要的事，他们就会系统性地有所缺欠，并会将自己固执地蒙蔽在那种高高在上的幻觉之中。

这种不知悔改的讽刺所指的，是不是就是法兰西之恶呢？又是怎样的历史原因导致了法国的这种排他性的存在呢？1976年，拥护戴高乐主义的政治家阿兰·佩依菲特凭借《法兰西之恶》[2] 获得了广泛的关注。在他看来，他所认为的"法国之恶"指的是官僚主义的过度集权，以及国有的统制经济——总之，政府统治下的法国太像路易十四的那个王朝时代了。不过，这两种不同的"恶"显然是需要一番对比的。一切就好像是，长期饱受无法逃脱的社会和政治管制之苦的法国人，潜意识里就已经习惯于逃避了，并且是以一种自嘲的方式。紧接着，一旦养成了习惯后，他们就会对所有的东

---

[1] 由冈瑟·奥斯特勒所引用，《外国人在巴黎的两种适应方式：威尔海姆·冯·洪堡和弗雷德里希·席勒的文化对比模型》，收录于《语文学Ⅲ》，米歇尔·艾斯巴涅和迈克尔·维尔纳主编，巴黎：人文社会科学之家出版社，1994年，第35页。
[2] 阿兰·佩依菲特，《法兰西之恶》，巴黎：法亚尔出版社，1976年。

第十二章
古典时代的笑的管理

西进行嘲讽,从而逐渐形成了一种在今日极容易辨认出来的国民性格。在此情况下,这种讽刺的升级版本反而就成为一种对位——主动地彰显了法国人的自由精神,以及对于墨守成规的理智拒绝。它对应着一种对真实的反抗精神(要求每个人严肃地、全身心地投入)所做出深层次的放弃,而这同时也是一种无力的,仅仅只有装饰性的对应关系。

请允许我讲述一个亲身经历的故事。十多年前,我与一位来自突尼斯的女同僚聊了次天。其间,为了给谈话寻找点儿话题,我向她提了个问题,想知道在她看来,那些应邀前往突尼斯的大学教员们(美国的、德国的、法国的等)都是怎样的,言外之意,我想请她做一个对比。不过,她的回答却令我十分震惊,其尖锐的声响至今仍回荡在我的记忆里:"法国人很卑鄙!"我先是惊住了,但在不断地追问之下,我终于明白了,她所指的这种"卑鄙",其实就是我通常引以为傲的那种微笑的、高高在上的姿态所传递出的讽刺。过去,我曾有过一年的留美学习经历。那时候,我也曾同其他来自法国的同学们一样,对美国人那种让人接受不了的直来直去印象颇深。相应地,我们也会聊到我们法国人所特有的那种犀利的讽刺,并会一致地带着一种洋洋自得的态度。可以说,这位突尼斯的女同僚让我第一次意识到了,这种想象之中的优越性其实也是一种国民的顽疾。她的回答令我不能平静,说实话,我也从未停止过对于这个问题的思考。

讲求务实的美国人会用一种方式来形容这种病,他们先是在行为心理学的角度,而后又在专业管理技术的领域内进行了分析。基于对个体或社会心理的观察,美国人认为,良好的人际关系模式应该建立在一种"坚定的自信"的基础上,也就是说要持有这样一种态度:既要表达出自己的观点并捍卫自己的立场,同时又不与他人发生任何形式的情感互动(尤其是冲突性的互动)。[①]一个坚定的人从不会让自己生气,但也决不放弃自己的信念。与之相反的是,那种"不坚定性"则会通过如下三种负面的行为表现出来:挑衅、屈从,以及间接的操纵。与"不坚定性"同属一类的还有那个人尽皆知的综合征,即"法国人的喋喋不休"——不去进行平和、有效的抗议,反而是做些无用的絮叨。至于精神和讽刺的自嘲,其实也是"不坚定性"的一个特征:它们会用计谋去算计别人,会在接受对方观点的同时,利用嘲笑来获得一些令自己满意的补偿,并深深地希望讽刺能在最后时刻让他们看上去是个胜利者。

我们并没有夸张,面对这种讽刺的精神,我们没有理由去逢迎,只能去苦修。在这里,我们要学习的是笑的基本的矛盾性,它既不好也不坏。这是一种防御的机制,其具体使用还要依据环境而定。对于个人而言,就是指人际环境;而对于人民来说,指的就是历史。这也就是为什么,笑的方式或许是各类文化身份中最稳定,也最有特色的了。无论是法式的笑、意大利式的笑、英式的笑,还是美式的笑,它们都有着真实的特点。而一旦这些特性形成了,它们也就难以发生波动了,因为人们会拒绝任何的变化,同时也会自发地维持这种特性,以便能够从中不自知地重拾起自己的形象。对

[①] 关于"坚定的自信"的概念,参见约瑟夫·沃尔普,《相互约束的精神治疗》,红木城:斯坦福大学出版社,1958 年;罗伯特·E. 阿尔伯蒂和迈克尔·L. 埃蒙斯,《自信表达心理学》,圣路易斯-奥比斯波:因派克出版社,2001 年。

于法式的讽刺来说，它很令人震惊的一个点，就在于其之所以会形成的独特背景——古典时代专制的君主制王朝。在这样的背景下，个人与王权的关系就是一种模糊的关系，既奴颜婢膝，又善于嘲讽。而在此后的时代中，无论发生怎样的政治变革，这种关系一直都是存在的。这种持续性至少证明了：近四个世纪以来，无论个人与权力之间的关系（说白了就是一种由来已久的屈服于权力的关系，只不过被包装了起来）在外表上发生了怎样的变化，（本质上）它都不像我们所以为的那样多变。

第十三章
民主时代的笑

幽默：自由的笑

集权式现代国家（部分是）世俗化的国家，依据清晰且明确的法律法规进行管理。自这些国家纷纷建立以后，在欧洲境内就出现了如下两种趋势：首先，民众的力量更好地参与到了国家权力的行使过程中；其次，国家的民主化进程逐步启动，并且经过了几个世纪的发展后，逐渐形成了今天以直接普选为基础的代表民主制。这一过程的第一阶段有着诸多的标志：公共空间的强化（即哈贝马斯所指的公共空间）、社会辩论的扩大和多样化（甚至是在社会精英的内部，尤其要得益于报纸媒体的作用），以及借助于议会活动的发展而形成的社会政治化运动。上述社会自由化的进程最先兴起于17世纪的英格兰，尽管常常会遭到各种各样的社会抵制，它依旧在长达两个世纪的时间里成为西欧各国历史的核心议题。第二阶段的发端要早于工业革命的爆发。但显然，工业革命的发展强化并加速了该阶段的历史进程——在该阶段，社会各阶层均被囊括在了一个旨在保障资产阶级利益的自由的体制内。我们可以看到，这一时期的立法机构也日益变得民主化，尤其是在保障选举机制的运行以及为公共辩论提供必要条件的方面。这些变化最终催生出了今日的"广泛民主"，即西方工业资本主义所主张的广泛式经济在政治层面的具体表现。

当然了，这种历经了长期社会历史考验的自由模式的胜利，并不意味着世界因此就彻底走向美好了。它没能灭除那些依旧强大的抵制力量，而经济的自由主义也同样导致了新式的支配和掠夺模式的出现，并且相较于旧时代的传统模式，这些新生物虽然来得高效，但也可能更具毒性。反过来看，这一时期的社会权力的行使，已不再取决于君王的开明统治或是他们的暴力性，而是依托于一种群体认同的形式；而与之对应的是，此时的抗争，甚至是斗争的形式（以宪法或革命的形式）也发生了变化，它们先是要通过理念上的斗争取得个人以及民众的觉醒，也就是说，都必须首先要在意识形态领域获得胜利。

政治生活层面所发生的这些新变化也让社会角色——即笑的意义——发生了根本性的、不可逆的变化。在专制体制下，笑是一种服务于游击战的武器。当用它来实施进攻时，我们可以给别人造成最大化的伤害，同时承担最小的风险。嘲讽就是这样一种进攻性的武器，而讽刺则是用来进行防御的手段。这也正是为什么伏尔泰的思想具有一种笑盈盈的恶意，但在骨子里又是极其高效的：面对着一场无情战争中的敌人，我们是不会同他们做出任何妥协的。相反，如果一个人可以自由地参与到一场公共的辩论当中，并通过自身的觉知和责任来做出自己的选择，同时也能够依据为公众所认可的流程来对群体的基本意志施加影响的话，那么一旦过程的发展与其预期不符，他就要亲自面对那些笑的责罚。不过显然，相比于对付其他人，一个人对于自己肯定是会更加宽容的，他总是会在这种自嘲式的笑当中对自己加以呵护，并在感到受伤的同时，也会暗自地对自己施以微笑。笑已不再是一种武器，而更多的是一种自我疗愈的手段，它为人们悄悄地指明了正确的方向。至少，当一个人对自己身处的社会的缺陷进行抨击的时候，他会留心保证自己不会遭到孤立，并承担自己相应的责任。因此，笑所显示出来的是群体内的一种默契的理智性，是一种快乐且又被提前软化了的智慧：笑已经提前被幽默所触及了。

幽默其实不是别的，它正是在自由的社会中能够自然而然与笑相匹配的一种形式。有了它，自由的公民们在民主式的辩论中就有了能够对掌权者加以严肃抗争的手段了。如果他们想笑，他们就会在政治争辩的同时笑给自己看（笑自己的个人行为或社会行为），但并不会对自身以外的目标对象加以具体指明。如果说幽默一直是以这种说不清、道不明的特点而闻名的话，[1]我想这就是其原因之一（其他的原因我们很快也会讲到），因为幽默并不像滑稽、嘲讽或讽刺那样，属于笑的基本分类或基本程式。从技术角度看，幽默是建立在与讽刺一样的间接机制、倒转机制和缓和机制上的，这一点我们需要承认。不过，这同时也导致了它们的核心区别：与一个被讽刺的对象所不同的是，一个实施幽默的人显然是不会被自己给骗了的。幽默其实是建立在这种空隙和这种半讽刺中间的，它需要对自我有着充分的认知，而这也是幽默的特性所在。

---

[1] 关于对幽默的分析，参见让-马克·穆拉，《幽默的文学意涵》，巴黎：法兰西大学出版社，2010年。

关于这一点，伯格森曾说过一句著名的话，该论断以精妙的对称性既说明了问题，同时又颇具吸引力："当我们在陈述一个东西应有的样子的时候，假装相信这就是它，这个过程就是'讽刺'；而反过来，当我们在细致描绘一个事物的样子的时候，假装相信它就是所有的事物应该有的样子，这个过程就是我们常说的'幽默'了。"①应该说，这句话是部分正确的，不过还要解释一下这么说的理由。我们都知道，讽刺其实是对别人加以抨击时的一种掩饰的手段。实施讽刺的人不可以满脑子都是直言不讳的话，而是要一如他所期待的那样编造出一个假象（即伯格森上文所说的"应有的样子"），并尽可能地让别人明白，这不是真的；但实施幽默的人是不会骗自己的，他所说的就是事情本来的样子，只不过看上去却只是在将就而已。除此之外，讽刺与幽默之间也有着众多的区别，既细微也没什么意义，毕竟幽默本就是讽刺的一个类型，它有着特定的精神指向，也有着特定的社会背景。19世纪的德国浪漫主义讽刺要求对现实加以高级的理解，如果从法国传统的讽刺意义上来看的话，德国的浪漫主义讽刺就是一种更加近似于幽默而不是讽刺本身的类型，尽管让·保罗②所主张的幽默的概念并不能够对讽刺加以代替。

围绕着幽默的概念所产生的模糊性，还涉及一个常见的错误。后者将某一个常用词的具体使用同它本身所具有的一些特殊的观念

---

① 亨利·伯格森，《笑》，《加德里奇》汇编，巴黎：法兰西大学出版社，1989年（1900年初版），第97页。
② 有关幽默的理论由让·保罗加以了发展，参见《审美初级教程》，1804年。

第十三章
民主时代的笑

混淆在了一起，而二者之间的区别却正是这个词一直予以严格区分的地方，它也在尽全力对二者之间的关系进行协调——但显然，这是不可能做到的。我们要么只能以抽象的、理论的方式对幽默加以定义（就像我刚刚所做的那样），要么就列举出这个词的不同使用情境，但也要对上述两个步骤之间所产生的所有失控的干扰保持警惕。具体来说，有两个词汇层面的问题会进一步干扰幽默的版图。

首先要看到，今天的"幽默"这个词，尤其是"幽默家"这个词，其概念是很宽泛的：事实上，当今时代的许多幽默家，比如媒体所称的那些幽默家，他们所实施的其实是一种社会性的嘲讽，甚至是一种带有挑衅和鄙视的笑，这些做法与严格意义上的幽默是没有任何关系的。"幽默家"从词义角度看，指的是一种专业性的笑，他们以幽默之名同公众交流，以此来激发出自己的快乐。这样看的话，它既与喜剧式的滑稽（由演员所表演出来的）不同，也与通过手势或姿态进行表演的小丑们或滑稽专家们不同——他们的搞笑效果主要是通过肢体而不是通过语言来表达的。对于各种类型的幽默人士来说，他们的工作就是要当众说出一些妙句，而不必在乎这些话具有怎样的性质。在笑的形式的范围内，幽默所扮演的角色与抒情诗在德国浪漫诗歌体系内的角色是一致的（抒情诗与露天剧场或剧院内的模仿表演是对立的）。因此，幽默囊括了一切非模仿式的口头滑稽的形式（即非虚构的），不过，这并不意味着"幽默家"所指的意思就只能是那些通过说话来展示幽默的人，一如抒情诗中的"我"所指代的并不一定非是自己一样。通过与受众之间独特的默契性的作用，幽默建立起了一种对幽默者自身有益的模糊性（就好像是拉马丁或缪塞的读者们，他们会情不自禁地在诗人身边想象

389

出另一个与之亲密无间的形象出来）。这样看来，将幽默视为抒情诗的一个滑稽变种，或者说，视为一种具有抒情意味的笑的表现形式，其实是不过分的。①

　　造成这种模糊性的第二个成因要基础得多。"幽默"（humour，法语旧作"humeur"）这个词并不是一个法文词，而是英文词。其所具有的滑稽和诙谐的意味，是在17至18世纪中的英格兰这一特有的背景下所产生的，以此为起点，英式幽默得以在英语文化圈内发展并流通（先是英国，接着是美国）。长期以来，法语都忽略了幽默的存在，至少说，一直都将它看作英国的产物。在埃米尔·利特雷所编写的《法语大词典》（1872年）中有这样一段描述：幽默是"一个英文词，指的是想象的快乐，具有滑稽的意味"。在该词典的第八版，也就是《法文大辞典》（1932—1935）中，"幽默"依然被称为"英语外来词"，是"一种兼具快乐感和严肃感的讽刺形式，具有情感性和嘲讽性，看上去尤其具有英式思维的特点"。"幽默"此后就变得平凡了起来，这或许也是因为北美文化所具有的影响力。尽管幽默有着自己光荣的祖先（即大不列颠这一冷漠的冷面笑匠），但最终，法式幽默的源头是美国，而这一持续的误会也让相关的分析变得更加复杂了。总之，尽管模仿了英语文化圈的幽默范例，但法式幽默的相关观念与英国人或美国人有着很大的不同——它更加地受限，更有甚者，它是更加不确切的。此外，专家

---

① 关于抒情诗与幽默的关系，参见阿兰·维扬，《浪漫诗人和幽默家的形象，反之亦然：主观化的诗歌元素》，出自S. 西尔奇，É. 皮耶和A. 维扬主编，《生动的语言艺术：近现代的歌词和谈话》，瓦朗西纳：瓦朗西纳大学出版社，2006年，第17至28页。

们为此而进行的理论辩争也是不着边际的：大家的争论都错误地以"幽默"这个词的意涵为中心了，并且每个人都在自说自话。从结果上看，尽管大家都竭尽心力地试图对它进行定义，但结局只能是无可避免地遭遇到预期的失败。

很英国范儿

为了将幽默看得更为清楚一些，在其他层面的问题分析完了之后，我们还要简单地回顾一下这个词的历史渊源，这也是不无必要的。事实上，"幽默"首先指的是希波克拉底（公元前4世纪）和加里安（公元2世纪）所定义的四种体液（humeur），在它们的作用下，人类具有了四种基本的性情，决定了每个人的心理状态。这四种体液分别是：胆汁、黑胆汁、痰和血液，它们决定了人们的四种基础的性格：胆汁质、抑郁质、黏液质、多血质。16世纪末的英国戏剧家本·琼森将其高度地集中到了人自身的层面，分别在这四种性格与喜剧之间建立起了对应的关系，继而又推广到了欧洲的戏剧舞台之上。我们都还记得，莫里哀的戏剧《恨世者》（1666）的全称是《恨世者或多情的狂躁人》。不过，这些远古时期或中世纪的医学解释，我们就先暂且放下不谈了，因为它们很快就被科学所淹没了。不过，这种官能性的特质——也就是天然的特质——也可以与笑发生关系，这倒是很有意思的发现。法式的嘲讽所针对的是道德层面的罪恶，显然，这些罪恶都该遭到谴责，并且还要受到规正。不过，面对生理上与生俱来的性格特质，我们又该如何抨击呢？又该如何指正呢？从医学的根源角度来看，幽默的概念是与人类对于自然的顺从，以及人自身对于现实的平和接受有关的。尽管现状可能会令人不快，但也要微笑着听天由命。

我们接着说。在接下来的阶段里，幽默便不会再纠结于自身的定义（我们也不可能再听之信之了），而是会注重于人物自身行为的夸张和荒谬性。或者更确切地说，也不仅仅是荒谬性（过于好怒、过于天真、过于冷漠、过于狂躁等），而是针对这种荒谬性的快乐的觉知。"幽默"（这里指的是真正的幽默，并不是希波克拉底或加里安所认为的那些体液）是建立在一种双重性的基础上的。也就是说，它是在荒谬人物本身的移情心理和由此而产生的亲切的距离感之间建立起来的。幽默是一种结合了移情式的认同感和理智的批判性的混同体。具体到社会生活中，它在其源头国英国（至少，通过形成于18世纪的英式刻板可以得出这样的结论）会表现为一种冷漠，即在面对其他人的不完美和自身的不幸时所表现出来的冷漠，并且人们还会抱有一种宿命论——他们会通过那些看上去取之不尽的自嘲和主动疏远的办法来面对。

在虚拟的作品当中，首先能够因此而受益的就是那些被呈现出来的形象。通常，他们所指的并不是一个冷漠的人，而是一个富有同情心的怪人，一个热情、暴脾气的天真的人，并且，他性格中的那些好的方面也会让人感到很可笑。不过，他身边的那些人（在英国的幽默文学作品中，通常指的就是那些有着属于自己的条条框框和怪癖，并且性情刻板的有钱人）尽管有着自己的毛病，但也会在人性的角度获得加分——因为在一个（多少显得）自由的社会里，所有人其实都是一体的，那种团结互助的情感应优先于对人性的最终审判。这样的话，一如我们在嘲讽式的小说中所谈到的"滑稽的现实主义"那样，我们也同样定义出一种"幽默的现实主义"，在这里，观察者们的清醒的笑是与那种欣快的温情主义有一定区别的。

当然了，一个幽默家首先应是一个作家，他控制着剧中的人物和背景，并会同读者们建立一种精神上的默契。然而，幽默的人物会像看上去的那样天真吗？他们当真清楚自己那些怪癖由何而来，并会产生出怎样的结果吗？我们要知道，最高等级的幽默都意在延续一种怀疑性，并赋予人物潜在的幽默能力和一种无法言明的无知的智慧——只能够通过人物的（好的）行为来显现出来。与依托于反向和反相原则的古典讽刺相比，幽默的哲理性正在于它总是能够与相反方达成妥协，或者是让它们超过自己。我们可以拿著名的小说人物萨缪尔·匹克威克来举个例子：匹克威克因查尔斯·狄更斯的知名小说《匹克威克俱乐部后传》（1836—1837）而闻名，在法国，该作的名字被简化翻译为了《匹克威克历险记》。在书中，同名主人公匹克威克拥有着这样的形象：一个有着固定收入的英国勇士，热爱生活的舒适；喜好美食，并且有着浑圆的身材；他乐观的善心有些近乎孩子般的天真。不过随着剧情的发展，这位勇敢的人身上的天真气，最终看起来也像是一种真正的智慧了。甚至于，匹克威克凭借着这种智慧，最终同"俱乐部"内的其他成员们一起改变了这个世界。

从概括的角度来看，英式幽默可以被总结为四幅画面。第一

笑的文明史
La civilisation du rire

幅画所展现的是18世纪时英国的著名幽默作家们的画像，并且在整个欧洲的范围内，他们也是现代文学出版物的发明者，以及小说文学的革新者：其中包括亨利·菲尔丁的《汤姆·琼斯》、约瑟夫·艾迪生和理查德·斯蒂尔于1711年创办的《旁观者》杂志。此外还有奥利弗·戈德史密斯的《威克菲德的牧师》，以及劳伦斯·斯特恩的《项狄传》。应该说，尽管英式幽默一直是微笑的，且有着老好人式的作风，但它保留了自身的社会批判性和写实描绘的功能，也见证了1688年光荣革命后的英国社会的深刻变革，而这些变革正包括社会的自由转型、经济的繁荣、殖民帝国的发展，以及资产阶级文化的统治地位。不过，接下来的第二幅画面却是非常之不同的：它所对应的是一种幽默的冷漠，尤其是在经济和海洋霸权高度成熟的维多利亚时代，这也正是英式傲慢的象征，以至于在英国以外的国家（尤其是在法国），人们对于英式思维都是持抵制态度的。事实上，这种冷面笑匠式的幽默在19世纪中所扮演的角色，与18世纪时法国贵族式的讽刺是一样的：它们都是一种彰显自身社会地位的标志，同时也是一种优越感的符号，而笑（刻意矜持的、掩饰的）则加重了这种阶级化的循规蹈矩。有句话或许可以对世人眼中的这种幽默加以概括，不过我对这句话的可信度有些存疑："您是利文斯顿教授吧，我猜？"1871年，当新闻记者亨利·斯坦利见到了已在坦桑尼亚深处消失了多年的探险家利文斯顿时，他这样问道。在文学领域，作家杰罗姆·K. 杰罗姆在1889年时出版的小说《三人同舟（还有一条狗）》就是一部可笑的作品，它讲述了三个人在泰晤士河上的一场旅行。该作成为当时最著名的幽默畅销书，也展现出了英式冷漠荒诞可爱的另一面。而在辛辣作品的角度，威廉·萨克雷于 1848 年时出版的《斯诺布斯之书》就是一部具有社会反省意味的幽默大作，该书中的许多文章还发表在了英国大型讽刺报纸《笨拙》上。此外，英式的冷幽默也自然地在戏剧层面获得了繁荣发展，比如说奥斯卡·王尔德或萧伯纳的嘲讽喜剧，其中就囊括了作者本人针对社会现实所提出的一系列的尖锐反驳和灵机妙语，它们为深刻且煽动式的矛盾艺术提供了一个戏剧化的版本，而这种风格也正是通过英国戏剧家吉尔伯特·基思·切斯特顿的作品而得以流行的。

与此同时，或许是考虑到这种刻意疏远式的幽默太过于稀松平常了，作为应对，英式幽默索性把表达的界限和无理的边际彻底推向了纯粹的"无厘头"（nonsence），在法语的角度，我们只能近似地以"无意义的"（non-sens）和"荒诞"（absurde）这两个词来进行解读。事实上，这个词在这里所指的意义与其说是针对理性和道理在哲学角度的批判（举个例子，一如我们在谈论一场"荒谬的戏剧"时所听到的"nonsence"一样），其实它更多的是指对孩童式的预理性的想象空间的全面侵入，并且与逻辑上的"无意义"相比，它也更近似于波德莱尔的超自然主义或超现实主义。这种无厘头式文学作品的起源其实就是孩子们口中的打油诗（儿歌或是小诗，通过文字游戏、双关语或回声等创作形式生成，通常是既没有头也没有尾的）。在 19 世纪时，两位毫无争议的无厘头诗歌大师分别是爱德华·利尔，他于 1846 年创作了《荒诞书》，和路易斯·卡罗，他于 1876 年创作了《猎鲨记》。其中，路易斯·卡罗的作品充满了令人眩晕的狂热和诗歌文字的双关，让人们只能选择其原文作品进行阅读。

至于最后一幅画面，它所展现的是英式幽默借助于20世纪的新媒体所进行的创新：先是在电影领域，伊灵制作公司在"二战"结束后陆续推出了一系列的黑色幽默电影，比如《仁心与冠冕》（1949）、《师奶杀手》（1955）等。随后从60年代开始，众多极具挑衅性，甚至有点儿垃圾化的幽默电视作品也开始进入了观众们的视野。对于这些作品，我们就不一一列举了，不过它们却在电视荧屏当中催生出了令人头晕目眩的创新节目和喜剧明星（尤其是班尼·希尔和罗温·阿特金森——也就是我们熟知的"憨豆先生"），其中就包括《蒙提·派森的飞行马戏团》所创造的喜剧神话，以及新近由戴维·威廉姆斯和马特·卢卡斯所联合推出的《小不列颠（2003—2006）》系列。

共同体的笑

随着"共同体的笑"这一概念的提出，英国历史学家本尼迪克特·安德森以极具说服力的方式为自己的观点进行了辩护。他认为，社会的共同体——尤其是社会民族——是通过一个漫长的群体身份自动呈现的过程而形成的，这要比成员们彼此之间的联结关系或他们所共同经历的生活来得更重要：一个民族之所以会有自己的特色，是因为它本身就是这样认为的，只有这种想法才可以解释为什么共同体内的团结互助可以抵抗由空间（在国土广袤的国家里

第十三章
民主时代的笑

和时间（得益于民族历史认知的持续性，甚至也可以是一种民族主义的认知）造成的疏远。反过来看，由于笑在社会学和人类学的思想体系中是持续缺席的，因此，安德森在上述认知的架构当中并没有提及笑所起到的首要的参照作用。在一个群体的内部，默契的情感氛围是必不可少的，而笑则是其中一种基础但又不可替代的形式。我们之所以能证明某种笑是属于某一个共同群体的，正是因为我们可以因为同一件事情而发笑。此外，在文化实践的范畴内，这也是笑比较难于向外推销的原因。除了一部分喜剧演员（通常也都是那些好莱坞所捧红的国际巨星）外，大众式的笑是很难超越出民族的界限的。这不仅仅是因为外国人很难从中找到一致的参照物，也是因为从原则上看，笑本身就是用来确认一个民族内部的身份认同性和凝聚性的手段。

幽默是这种群体式的笑的首要内容。作为一种武器，嘲讽会被应用到一些意识形态冲突或社会冲突的场合，它激发或维持了群体的分化和对立。而幽默则相反，它的原则只有一点：一种能够与群体内成员们相亲近的快乐的默契感，总要比一种与大家相对立的感情要好。借助于笑的作用，它促使每个人都能够超越纷争的范畴，而在一个法治国家的内部事实也确实是如此的。在我们刚刚所提到的英格兰，幽默就是笑的一种特殊形式。在此期间，王国也完成了国家统一的进程（1707年的《联合法案》标志着大不列颠联合王国的诞生）。我们也同样可以认为，标志着英国人精神个性的强烈的岛国心态在面对欧洲大陆时，也让幽默成为一种强烈的全民共识。不过，在那些并不具备民族国家形态的共同体中，幽默的情感维系作用是更为强烈的。这种共同体或是低于国家层面的，或者就

397

笑的文明史
La civilisation du rire

是分布在多个国家之间（在多国的边境地区，或是以散居的形式分散至各国）。对于这样的群体来说，政府（指的是国家层级的政治权威）是永远游离于其之外的。一方面，群体内为了争权夺利而产生的内部冲突会大为减轻，而幽默在人际之间的联结能力也会被拉满；另一方面，既然法治国家的概念在共同体内是缺失的，那么，通过其他一切间接形式来强化群体内的联系性就显得十分必要（即通过笑的形式）。

在法语文化圈内，魁北克和比利时的幽默就是特别好的例子：在"无声革命"期间，魁北克式的幽默（比如说它的歌曲）在面对加拿大境内的英语群体时就成为魁北克人身份自觉的象征，而它也因此而走红，尤其是在蒙特利尔的"嬉笑节"期间（开始于1983年）。比利时式的幽默（其实特指的是瓦隆地区）的特征是自嘲，借助于自嘲，它意在与法兰德斯以及身边的那个讲法语的邻居法国加以区别。在英语国家当中，无论是乔纳森·斯威夫特还是塞缪尔·贝克特，以及我们刚刚提到过的萧伯纳，我们都不难发现这种典型的爱尔兰式幽默的存在，它既包含英式冷幽默的挑衅意味，同时也充斥着一种苦涩和悲伤。共同体内的笑永远是弱势者（或者说，至少是那些看起来是弱势群体的人，或是害怕自己成为弱势群体的人）对强势者的笑，它涉及的是一种力量的对比关系，并会倾向于对共同体之外的群体有利。而笑的嘲讽性，也会让人产生将上述力量关系进行逆转的幻觉。这样说的话，法国也是一样的。在法国，也有许多社会层面上不怎么发达的地区，在那里也有着各式各样的幽默。笑让那里的人们在文化的层面上形成了聚力，尤其是在面对帝国的国都巴黎的光辉的时候。因此，至少是从20世纪初期开始，法国人非常喜欢的城市马赛就成为一种极具特色的笑的发源地（由于马赛人说话时的口音），从这里也走出了许许多多的戏剧明星、荧屏影星和歌剧巨擘（最早时有莱姆和费南代尔，后来有埃利·卡库，今天也有帕特里克·博索和迪杜夫）。最近，丹尼·伯恩的电影《欢迎来北方》（2008）收获了巨大的成功，它让"北方式"的幽默（Chti，法国北部居民）——法式幽默和比利时式悲情幽默的一个变种——变得无比地令人着迷。

不过当然了，共同体式幽默的概念通常指的都是笑的变种，它们常常来自移民族群，因此能够被人们快速地辨识并接受。笑的群体化进程大都要归因于美国文化所发挥的作用。从起源看，美国就是一个移民国家，就像一个持续进化的文化大熔炉那样，并且与法国相比不同的是，美国人并不寻求将移民们的自有文化进行同化，也不想消除他们彼此间的区别。以纽约为中心，美国向各种移民文化敞开了大门，其中就包括爱尔兰式幽默、意大利式幽默和波多黎各式幽默等各式各样的幽默。尤其是非洲裔美国人的幽默——随着殖民时代大量非洲奴隶被贩卖至美国而一并出现，更是一种能够引爆美国内部族群冲突的潜在的笑的形式（也是为社会所接受的唯一一点）。这种"黑人"的笑先是流行于黑人的贫民窟内，后来又进入了大众媒体的层面。它既是这些被压迫的少数族群为自己发声的一种方式，同时也是对潜在的族群对立进行管理的方式。此外，或许是因为美国的霸权地位及其文化的冲击性，这种族群式的笑在法国也得以流行了起来。其中心是马格里布地区的外来移民群体（突尼斯、摩洛哥、阿尔及利亚），而不是来自撒哈拉以南的非洲地区的移民群体（在他们当中，流行着更具暴力色彩和冲击性的说唱，对于年轻人来说，这种形式更能联结情感）。这是一种郊区的笑，一种"北非二代移民"的笑，在二十多年的时间里，加梅勒·杜布兹一直是这种笑的领军人物，由他创立的"加梅勒喜剧俱乐部"自2006年以来便成为界内的旗舰。

需要说明的是，在加梅勒·杜布兹的"北非二代移民式"社群主义、丹尼·伯恩的"北方式"社群主义（伯恩的父亲是一名阿尔及利亚人，母亲则来自北方），以及迪杜夫的"马赛式"社群主义之间，其实是没有区别可言的。不过，作为克莱蒙人费尔南·雷诺的主要喜剧来源之一，这种奥弗涅地区标志性的外省主义能否被一并称为社群主义呢？也许不能，因为50年代时的法国依旧还很乡村化，我们在人群中能够找到许多父母亲或是邻居人物的漫画形象，或者也可以说，他们就是我们所称的那种"普通的法国人"。说到底，对于这种"共同体式的笑"来说，它唯一的一个毫无争议的特性就在于，它是以委婉的方式面向于那些移民族群的，而并不是面向某一个特殊的群体（我们每个人除了自身的国民属性之外，还隶属于部分特定的社会群体，大家会因为职业关系、斗争活动或娱乐爱好等原因而走到一起）。

此外，也不要把这种共同体式的笑的新颖之处说得有多么夸张。笑永远是具有两面性的，它既可以"赞同"，也可以"反对"，它取决于发笑者在其针对的外部目标身上所应用的刻板印象。传统上来说，这样的目标通常都是外国人，人们会通过各种嘲讽或滑稽模仿的办法来取笑他们。过去的三十年里，演员米歇尔·里布的幽默事业在法国取得了辉煌的成功，因为他非常善于模仿中国人和非洲人的口音，甚至是他们的肢体动作。而在同一时期，对比利时人、德国人，以及对来自马格里布地区或海湾国家的阿拉伯人加以逗乐的行为，也是很常见的。事实上，这种针对其他国家的人民，甚至是其他民族的人民身上的特性加以说笑的做法，在今天看来就近似于一种仇外的心理，并且也会因"政治正确"的问题而遭到批判。不过看起来，共同体式的笑目前已经取代了那种仇外式的笑的位置。现在，能够因自身的特点而发笑，并也让别人发笑的人，反而变成了那些外国人，至少是那些部分程度上已经融入法国社会之中的外国人，他们以此来同那些以往曾暗自取笑过他们的人进行对话。总之，对笑的两大组成元素——默契性和挑衅性进行调和的过程是非常敏感的，对于那些因笑的群体化（这是今天有关笑的几大陈词滥调之一）而感到懊恼的人来说，他们应该再好好地考虑一下了。

我们最后要聊一聊一种最古老，同时也是最引人入胜的群体式的幽默，那就是犹太式幽默。根据我们对犹太人社群是法治国家内部的亚群体的看法，或是这一群体本身时而表现出来的一些形式，比如罗马人摧毁了耶路撒冷的神庙后散居在世界各地的"没有了土地的人"（至少是在1948年以色列国正式建国前），我们可以认为，犹太人的幽默是一种共同体式的笑，或者说，它同英式幽默一样，是一种纯民族性的标志。事实上，英国和犹太是幽默在世界范围内的两大主要源泉，它们同样都久负盛名，但在表现形式上又是截然相反的：一方面，英式幽默一直得益于英国人自身的个性及其傲慢的岛国心理（幽默在英国式冷漠和英国之外的世界之间划开了一条看不见的鸿沟）；另一方面，对于犹太人而言，幽默既是一种族群内彼此认同的符号，也是一种独特文化倾向的表现形式，更是同散居地内的其他民族彼此同化、彼此沟通的手段——可以说,幽默是犹太人普遍人性的证明。

  我们有必要对现代犹太史上的两大主要阶段加以清晰的区分。直到最近的时期,犹太族群内的幽默和族群外的幽默在表现形式上都是迥然不同的。在族群内部,共同的社会或宗教行为将人们联结在了一起,我们也可以在一众不变的人身上发现他们所特有的怪癖(比如犹太教教士、感情专制的母亲、牵线搭媒的人)——总之就是,大家有着共同的文化基础,人们也喜欢在彼此之间开些善意的玩笑。西格蒙德·弗洛伊德在其发表于1905年的著作《诙谐及其与潜意识的关系》当中就曾大量提及了上述现象,而朱迪斯·斯托拉·桑道尔也在其散文集《选定的笑》[①]中列举了许多相关的例子。不过在族群之外,我们可以毫不夸张地认为它是一种属于犹太人的真正的专业特长,这是与族群的出身背景完全不相干的。正是基于这种特长,美国喜剧电影收获了许多杰出的犹太裔影星(从查理·卓别林到伍迪·艾伦,还有马克斯和恩斯特·刘别谦兄弟),以及众多默默无闻的从业人员(电影编剧、对白编剧、喜剧段子手等)。从30年代的犹太人迫害运动时起,大量的欧洲犹太人逃往了美国,参与到美国电影发展进程中的犹太人的数量由此开始激增。同样地,自"美好时代"开始,法式幽默的许多主角人物也是犹太人所担当的,只不过他们既没有这样承认过,其犹太身份也没有被辨别出来:最知名的影星包括特里斯坦·贝尔纳、皮埃尔·达克,以及皮埃尔·达尼诺,他

---

① 朱迪斯·斯托拉·桑道尔,《选定的笑》,巴黎:伽利玛出版社,2012年。

的《最佳销售》和《棕榈滩的故事》这两部作品可称为是法文版的英式幽默。怎么样，够吃惊的了吧？不过还有更吃惊的事实在后面。身为幽默家以及那个时代当之无愧的幽默问题专家，罗贝尔·艾斯卡尔皮在其发行于1960年的那本有关于幽默的小书里，竟然都没有提及犹太式幽默的一个字，反而是将幽默的核心地位给予了英式的幽默传统。不过也正是在这一时期，那种属于犹太式的群体式的笑，开始在笑的文化中为大众所熟知，首先是因纽约地区的犹太裔族群而得以在全美发展了起来，随后又扩展到了法国。受惠于北非地区的西班牙裔犹太人在阿尔及利亚独立和阿以战争（1948年和1967年）后的连续移民潮，犹太式的幽默（一开始被认为是一种"黑脚①们"的幽默）逐渐地在电影领域，比如《真假大法师》《真的不骗你！》《混合婚姻》和滑稽舞台上（罗贝尔·卡斯特尔、米歇尔·布吉纳、埃利·卡库、帕特里克·蒂姆西特、艾力·瑟蒙）变成了一种专属于犹太人自己的特长。

法式的笑：在讽刺与幽默之间

"黑脚"式的幽默为法国的喜剧传统所带来的全新变化是不难理解的：这是一种友好而富于情感的默契关系，双方会通过对于玩

---

① "黑脚"，特指在阿尔及利亚的欧洲人，尤其是法国移民。——译者注

笑的共同爱好而彼此交流，而将笑与情感融合在一起也正是幽默的特质。当然了，费南代尔、布尔维尔和费尔南·雷诺已经被深深地刻上了"有人情味"和"感人至深"的烙印，这恰恰也是因为他们恰到好处地运用了天真的傻瓜这一常规的表现手法。就好像是说，为了能够变得富有人情味，法式的笑必须要有一定的愚笨和可笑的成分在其中一样。我们会因为布吉纳的表演而笑，因为在他的台词和手势动作背后，我们感受到了一种更高层级的善意，而这正是观众们孜孜以求的地方。我们也会因为布尔维尔和米歇尔·西蒙（法式喜剧电影中最具人气的影星）而笑，但又无法控制自己不去笑他们，并且还会在笑当中掺进一丝嘲讽的意味，更有甚者，甚至是同情。此外，原本出身自歌剧领域的罗贝尔·拉穆赫也在战后的电影作品中引入了一种融合了感情活力的法式幽默，比如《爸爸、妈妈、女仆和我》（1954），他也是执此手法的唯一一人。不过后来，拉穆赫还是回归到了滑稽剧和大兵闹剧的传统层面，并推出了《第七连》这一系列的流行电影，而其中的第一部作品就是于1973年上映的《第七连去哪儿了？》。

关于这一问题，我们其实已经说过好多次了：法式的笑的真正传统其实并不是幽默，而是嘲讽。其中，史蒂芬·基永、尼古拉·博多和加斯帕·普鲁斯特在过去的几年里，一直在为了"嘴炮之王"这一宝座而在媒体上激烈地竞争着——所谓的"嘴炮"，其实指的是一种挑剔的艺术，它会以那些公众人物为目标，尽可能地对他们加以戏谑，并不停地制造出可笑的场景。但他们并不是什么所谓的幽默家，他们只是借助于新式的载体继续实践着过去的讽刺人物画而已，而讽刺画在19世纪的讽刺画报中也是被大规模使用的一种表现形式。同样地,我们也看到了,讽刺演员迪奥多内[①]的官司已经上升到了国家的层面,甚至成为一件令人头疼的司法事件。他自导自演了许多反犹太主题的短剧,并且以最不忌惮的方式集中了一切的反犹太火力来宣示自己的主张。迪奥多内可能是好笑的,他甚至也常常如此——在当代所有的"单人秀"演员中,迪奥多内在其他专业人士或批评家们的眼里,属于那种天赋异禀的类型。但反过来说,他挑衅式的语言暴力又让他的幽默表演变得无法令人理解。事实上,他的表演路数正沿袭了纯粹的法式嘲讽的传统——通过笑的粗暴性和过分性,甚至是那种极富感染力的狂喜来伤害别人,有时甚至会让人无法接受,但又绝不会让他们感到害怕。不过,对犹太人的嘲讽已经被排除在外了,至少对那些非犹太裔的人来说是这样的。虽然有些迟,但是"二战"期间欧洲境内的犹太人所遭受的迫害,依旧激发出了犹太人在民族问题和政治问题上的觉醒。基于此,以往对他们所发出的那种伤人却不用负责的嘲笑从此就不再会被接受了。从这个角度来看,迪奥多内就是一个法外之徒,至少说,他以偏执且好战的姿态用笑打了擦边球,并试图要突破那些既定的底线——这也是笑的天职。总之,迪奥多内的问题并不在于那些表象,即他的嘲讽意味看上去似乎有些过分、有些不合适、有些咄咄逼人,要知道克劳奇的表演可是同时兼具这三者于一身的。迪奥多内的问题在于他这番好斗姿态的性质,因为它挑战了法律和道德的底线。但如果仅从滑稽的专业角度来看,这并不妨碍对其艺术造诣所进行的评价。

[①] 迪奥多内,法国喜剧演员和政治活动家。——译者注

笑的文明史
La civilisation du rire

事实上，真正的幽默传统在法国的缺失是有其历史原因的，对此我也曾数次地强调过：作为一个君权天赋的专制王朝，至少在大革命之前，法国对社会或政治层面的自由化倾向一直都是持明令禁止的态度的。正是这种倾向促进了英式幽默的发展，后者也是与古典的笑的嘲讽且好斗的天性相对立的。甚至在1799年之后，拿破仑一世的第一帝国的建立（现代欧洲史上第一个极权体制）、两个王朝的兴替、第三帝国的回归（拿破仑三世）以及三场革命的兴起，所有这些历史事件，均赋予了笑一种对当权者进行政治抗争和公开反抗的任务。自然而然地，也只有在第三帝国建立后，随着法国正式步入了民主化的时代，能够让幽默（同时指这个词本身及其所代表的意义）正式登上法国历史舞台的所有政治条件才最终得以形成。由此，那些笑的专家们便部分地离开了政治的角斗场，转而开始了自嘲，并对法国这个小资产阶级的共和国加以嘲笑。小酒馆、对小毛病的争吵、官方的讲话、神父与小学教员们的无聊纷争、巴黎人与外省人的矛盾：所有这些场景均构成了法式幽默亲切而又滑稽的外表，我们可以在杂耍剧场内那些荒诞的歌曲中、幽默家们的灵机妙语中（特里斯坦·贝尔纳、皮埃尔·维伯、阿尔弗雷德·卡普斯、儒勒·雷纳尔）、两次世界大战之间的电影作品比如《马里乌斯》《范妮》《恺撒》《托帕兹》《心跳》（尤其是巴纽的电影，捧红了费南代尔和莱姆）、报纸专栏、讽刺画像中，以及在报刊的讽刺小短文当中找到它们的存在。

实际上，笑的文化向幽默领域的变革，最先是发生在报刊媒体上的。提到这个，我们就要提到一本属于诗人和酒吧艺人们的杂志。它同样诞生于蒙马特高地，而在那里所开的一间酒吧，后来也

第十三章
民主时代的笑

很快地就让整个巴黎都为之堕落、为之沉迷,有一本杂志值得我们特别地说上几句——《黑猫》(1882—1897)。这本杂志最初由一位来自拉丁区的诗人(埃米尔·古铎)所创办,而在1886至1891年,被誉为"第三共和国"式幽默的奠基人之一的阿尔丰斯·阿莱又接手了该杂志的运营。1894年4月24日,儒勒·雷纳尔(阿莱的友人和仰慕者,同时也是一位幽默家)因为怜悯阿莱本人的凄惨命运而在日记中这样写道:"他应该一直保持着自己憨憨的样子,双手拍着自己的肚子,听着先来的人对他嘟囔着'这样的东西好笑吗!',但他自己却从不发牢骚。"事实上,阿莱只是笑的永恒宿命的牺牲品,他的名字也只存在于那些收录着各类笑话、金句和趣味不佳的双关语的书中——与真正意义上的文学,或者说我们心目中的文学还相去甚远。对于19世纪的那些文学大家们来说,阿莱永远是位列末座的,甚至他的作品都被学校的课本给删去了。原因很简单,尽管他的作品远比看上去的还要精妙和深刻,但它们毕竟只是纯粹地以笑为主旨的。

从1883年起,阿莱开始了在《黑猫》杂志上的写作,并且在成为主编之前(1886年至1891年),他也是该杂志的明星作家。阿莱公开发表了许多蹩脚诗,以及各种被改成了诗的小花招。不过,他最得意的还是报纸专栏,在那里,他会以散文的形式发表一些简短的虚构故事,并用最佳的或是最蹩脚的文字游戏来拼凑出那些最为荒诞的故事起伏——所有的故事都带着一副既欢乐又无动于衷的腔调,很快,这就被视为一种人尽皆知的"阿莱风格"。阿莱在他所有的文章里都注入了一种带着酒精味道的忧郁的快乐感,而他自己也成为这种被推向极致的神秘主义思想的使用大师,我们姑

407

且称之为"玩世不恭主义"。以这种玩世不恭的幽默为起点,也产生了一种真实的诗学情感。对此,画家阿克塞尔森(阿莱笔下的一个虚拟代言人,他的这番话发表在了一个名字十分应景的报纸专栏上——《笑话》)认为,它融合了"永恒的梦幻和笑话的欢乐气氛",其中的快乐感具有一种尚未成型的超现实主义的味道,并且也是"十分虚幻的"。①

不过,作为法式思维的象征,讽刺到底是在何时,又是在何种条件之下才变成了幽默的呢(伴随着由此而带来的自知)?其实,这一转变过程既不是一蹴而就的,也不是完全实现了的。我们只能认为,随着政治紧迫性的远去(通过民主化进程中的放弃和信任),法式的笑当中那些不甚粗俗的魅力便可以从传统的自嘲之中显现出来了。对于这一决定性的变化过程,作为讽刺式攻击的核心理论家和实践者,夏尔·波德莱尔做出了一番惊人的见证。

就像我们所看到的那样,在1857年和1861年的两个版本当中,《恶之花》全篇都渗透着作者本人的恶念,以及那些模糊而又狡黠的字句。在诗中,除了波德莱尔自己,没有什么是一成不变的:权力、宗教、社会、自然,它们都不行。而在《恶之花》之后几年出版的《巴黎的忧郁》中,诗人显然也没有停止对上述恶意的继续。在其中的《狗与香水瓶》一篇里,诗人想象出了一条狗,它惊恐而恼怒地冲诗人狂吠,因为诗人让它闻了一口最好的香水的味道,而这条狗真正喜欢的却是粪便的味道!对该诗的解读同样适用于波德

---

① 阿尔丰斯·阿莱,《笑话》,《奥坦全集》,收录于《书》集,巴黎:拉封出版社,1985年,第9页。

莱尔自己：这只喜欢粪便味的狗，所指的就是波德莱尔的读者们；而文中的香水，代表的又是波德莱尔诗歌当中的那些精妙的架构；至于粪便，它反映的则是读者们的文学品位，或许，它也正是公众在1857年对《恶之花》展开批判时所真正寻找的东西。可以说，即便是怀着最大的恶意去写作，这首散文诗恐怕也是登峰造极的。不过，同样是在《巴黎的忧郁》中，却还有另一首意味截然相反的诗，它就是《疯子与维纳斯》。这一回，在阳光明媚的天气里，一个"头上系着有铃铛的尖角帽"的疯子，正抬起水汪汪的双眼，注视着维纳斯的雕像。不过，维纳斯显然不为所动，只是用她那"大理石的眼睛"显示着自己的无动于衷。在这里，这位不顾大自然真正的美感，反而只是徒劳地因这大理石雕像——即维纳斯——的美好情感而想入非非的荒谬的疯子，指的其实就是波德莱尔自己，他借此来调侃自己罢了。

在这本集子里，我们还可以找到其他的一些例子。在几年的时间里，诗人变老了，他的身体越来越不好（甚至在《巴黎的忧郁》出版的前一年，波德莱尔就撒手人寰了），他也无力再去斥责这个世界了。波德莱尔已变得顺从，他知道自己与这个世界的斗争已经提前输掉了。也可能，连他自己都不再相信这场斗争的合法性了。我们是否可以说，恶是发自诗人自身，尤其是他那种病态的恶毒本性？在《凌晨一点》当中，尽管诗人重新露出了鄙夷的讽刺家的面孔，但在文章的最后，他却用感人肺腑的笔触真诚地祈愿道："神主上帝！请赐予我恩惠，让我写下几行美丽的诗吧，来证明给我看，我不是最没落的那一个，我也不比我所鄙夷的那些人更低等。" 1869年，《巴黎的忧郁》最终付梓，一年后，共和国便宣告成立了。由此，一直以讽刺的缄默形式示人的幽默，也正式步入了文学的殿堂之内。随着时间的推移，阿莱成为波德莱尔压缩在自己作品中的那种幽默的直接继承人（属于直白地搞笑的类型），他并没有公开地放弃自己所醉心的讽刺。尽管讽刺依旧是法式的笑最常用，也是最倾向于使用的武器，我们还是可以感觉到它向幽默以及自嘲的方向所进行的转变。当然了，波德莱尔并不是这一过程当中唯一的人物，甚至他自己可能都不清楚这一点。不过，至少他的作品可以标志着该现象的肇始，这也让对于诗人的记忆变得庄严了起来。

因此，法式幽默在历史上无疑是存在这样一个"第三共和国时刻"的，现在回看，那时的往事仿佛已经是一句长长的题外话了。这种温和的幽默在面对第三共和国的倒塌时，在面对敌占及合作时期的模棱两可时，以及在意识形态急剧冲突的冷战的氛围里，其实都是毫无抵抗能力的。笑的再次革新开始于巴黎的夜总会，在那里，由二人组合表演的无厘头式滑稽和唇枪舌剑大行其道（罗杰·皮埃尔和让·马克·狄波、让·普瓦雷和米歇尔·赛罗、让·皮埃尔·达拉和菲利普·努瓦雷、皮埃尔·达克和弗朗西斯·布朗什等）。此后，戴高乐将军在殖民战争的混乱氛围和宪法危机的情势下再次掌权，紧接着，法兰西第五共和国宣告成立，左派亲证了专制主义的回归，但这也使得旧式的嘲讽传统得以再次复兴，无论是在遣词用句还是在画面感的角度，都书写下了最为壮丽的历史一页。这时的法式嘲讽拥有了一种全新的表演形式，后者也在1968年之后的日子里红极一时：克劳奇和罗曼·布戴耶就是在那间最著名的咖啡剧院"卡宴剧院"里开始了自己的职业生涯的。

笑的美国化

　　无论是法式的风趣或德式的浪漫中的讽刺，还是英式或犹太式的幽默，它们作为一种民族性的笑，或多或少地都经历了一个漫长的发展过程。在此期间，它们也都曾与笑的美式变种接触过。不过，只强调这些变种的存在就显得舍本逐末了：不管笑在美国有着怎样的变化，整体上看，发端自20世纪初期的美式的笑已逐渐地成为笑在世界范围内的主流，它也将自身的标准、程式和借鉴性输出给了世界上其他的地方。美式的笑的这种霸权性首先要归因于美国文化自身强大的穿透力和先进的媒体流通能力，以及它能够为满足大众的消费需求而创设必要条件的能力。不过，美国现代的消费主义却不是美式的笑的成因，它只是为后者在世界范围内的传播提供了便利而已。美国文化席卷全球的浪潮开始于20年代时第一代好莱坞影星的风靡，而这种欢快风格的电影也让"扬基"（yankee）式的笑的最初形态变得流行了起来。从18世纪开始，美利坚就与笑有着一种特别的联系，它以其特别的方式将笑盘结在了美国历史的周围。此后，美国又将它视为本土多元文化的一剂神奇的调味品，在美式英语中，幽默不再是"humor"（英国写法），而是"humour"（美式写法，多加了一个字母"u"；美式英语在所有来自于英国且带有"or"字母组合的词中都新加了一个"u"），因此，此"幽默"（humour）便不再是彼"幽默"（humor）了。相较于英式的幽默，美式的幽默更加贴近人性当中的自信与可爱，它或许并没有那么的矫揉造作，但更能为所有人所赞同。也正因为如此，尽管法国自身有着辉煌的讽刺传统，却还是选择在最近的几十年里向美式的幽默靠拢。美式幽默恰好是在1968年后的讽刺浪潮之中兴起的，它的新近到来与传统的法式讽刺形成了明显的对比，这也侧面导致了时下许多有关法式的笑的追思。

不过，美式的幽默也有着一个极大的美德，即达尼埃尔·华约所强调的那种美德，对此，我在这里稍微作以讲解。在华约看来，美式幽默具有一种"民主的内核"[1]："那些美国的开拓者和拓荒者，或者用一种更能贴近于我们的说法来说就是一般的美国人，如果他们的确存在的话，总是会向喜剧当中投下民主的憧憬。"[2]背负着这样憧憬的美国人，最初只是那些从大老远来到此地拓荒的农民，与远在宗祖国的那些同胞们相比，他们自身的文化水准并不是那么的入流，而民主的期许也是为了用来谦虚地表达出（也即自嘲的出处）他们自身作为农民的骄傲感。要知道，欧洲各地的笑可都是用来彰显自身的社会地位的（英式的冷笑和法式的诙谐），或者是用来放肆地尽兴的（狂欢式的笑），而美式的笑则不同，它对各式各样的差异都可以接受，但不会接受因阶级或出身的不同而导致的冲突："它的突兀性并不是想在不同的社会阶级之间制造对立。在那些好笑的故事当中，从没有哪一个有钱人会被某个粗鲁的农民给取笑了，恰恰相反，这些笑话对于那些刚刚来到美国这片土地上的人

---

[1] 达尼埃尔·华约，《美式幽默：扬基的清教徒》，里昂：里昂大学出版社，1990年，第101页。
[2] 同上，第28页。

来说，正是他们得以融入社会的一个幸运的元素。"[1]基于这个理由，可以说，一位来自美国的幽默家，他骨子里其实还是个外国人。因此，对于讽刺或嘲讽所要求呈现出的那种咄咄逼人的样子，他注定是不会接受的：

毫无疑问，社会对于幽默家的志向与成长所起到的作用是决定性的。在一个各种禁忌都很容易被灭除的畅行无阻的社会里，他们会活得更加舒服一些。相反，嘲讽所存在的场合必定是一个具有强烈的阶级化色彩的社会。在那里，各种各样的教条会占据专制的地位，而人们也会对那些给自己带来了深深的束缚感的阻碍加以反抗。也是在那里，讽刺家的辛辣与尖锐会取代幽默家微笑的和善，而好斗的思维也会在人际关系的相对性面前占据上风。[2]

基于上述特质所产生的就是一种实践的美德，它是质朴的，能够接受自身的缺点与不足。与支撑哲学式的讽刺的那种精巧的形而上学相比，它或许不够有吸引力，但能够迅速地被人们投入实践当中。如果可以的话，我们不妨拿加里·库伯的笑作为其代表。身在远西部地区的他在面对各种危险时，脸上都会现出一种不安且带着点不自然的微笑。在宗教领域也是一样，18世纪时的清教徒们也会借助于幽默的手段，来谦恭地显示出自身与完美神圣之间的距离：

---

[1] 达尼埃尔·华约，《美式幽默：扬基的清教徒》，里昂：里昂大学出版社，1990年，第101页。
[2] 同上，第17页。

笑的文明史
La civilisation du rire

为了给魔鬼的领域划定边界并将它们驱逐出人间，清教徒们被要求扎根于世间，并自愿地顺从于此。尽管他们会取得胜利，但他们不被允许为此而大加歌颂。为了抑制这种对自己公开自夸的企图，清教徒会通过笑来控制自身的骄傲心理。[1]

由此可见，幽默是不会与严肃相冲突的，相反，它在某种程度上还是后者的条件。也正因如此，无论是在电影荧屏上还是在报刊媒体中，幽默感也成了那些美国英雄们身上不可或缺的存在，同时更是他们与众不同的标志。美式的幽默也同样会拥抱那些不同，要知道这些不同正是美式幽默的给养来源：先是不同地域之间所存在的差别，毕竟，美式的笑的文化一开始充满了地域特色（新英格兰地区的幽默、大南部地区的幽默、中西部地区的幽默、得克萨斯地区的幽默等）；接着是不同社群文化间的差异——从19世纪末时开始的庞大的移民潮让美国成为一个多元文化的国家。

从内在的角度来看，这种幽默是一种善良且友好的幽默，它让世界变得更美好，它缓和了人际矛盾关系，更预防了冲突的发生。这并不是什么两相情愿的伪善，幽默本身就暗自承载着一种社会功能，即优化个人与群体之间的交流并增进彼此间的理解的功能。因此你会看到，当两个法国人正凑在一起讲笑话的时候（他们会因为一起嘲笑另外一个人而变得非常默契），两个美国人却在用那些幽默的段子为彼此间的聊天增添笑料（每个人都乐在其中，以显示出

---

[1] 达尼埃尔·华约，《美式幽默：扬基的清教徒》，里昂：里昂大学出版社，1990年，第41页。

自己对于对方的善意)。这种近乎柔软的笑也是美国评论作家马克斯·伊斯特曼在其《享受笑声》(1936)一书中的主旨思想。他全部立论的出发点,都旨在对那些以"恶毒""自私""傲慢"(总之,就是人与人之间的侵略性)等字眼对笑加以分析的理论进行驳斥。这样看的话,他所驳斥的对象也就同样包括了弗洛伊德的那种具有倾向性的笑,以及伯格森所认为的麻醉论。当然了,人类生来就是具有恶意和攻击性的,不过伊斯特曼认为,人们没有必要通过笑来满足自己这种天然的倾向。如果他们在这么做的同时还是笑着的,那也是为了减轻其中的恶意,是一种游戏和玩笑的模式,并不会产生什么更具破坏力的后果,也不必过于拿它们当真。面对那些反对自己观点的人,伊斯特曼这样辩解道:

那些对我的幽默理论持批评态度的人,至少是那些用嘲笑理论来反对它的人,都将人类自身过于温柔的天性归罪到了我的头上。甚至,将笑的科学看作一种传播光和温柔的手段也是错误的……批评我的人没能理解的地方在于,如果他们想通过自私的残酷性来理解笑,他们就必须要证明,幽默的笑相对人类的普遍行为而言,有着更多的自私性和更多的严酷性。关于这一点,我很想请他们来证明一下。[1]

由此可见,笑的特点并不在于它的攻击性,而是那种我们称为"游戏的幽默"的存在,或者说就是幽默。以此为基本出发点,伊

---

[1] 马克斯·伊斯特曼,《享受笑声》,皮埃尔·金艾斯蒂埃译,巴黎:法国高等教育出版社,1958年,第27页。

笑的文明史
La civilisation du rire

斯特曼进一步认为，幽默所具有的那种有趣的、快乐的距离感，即被推向了最高程度的疏远感，正是一种美式的特色，也可以说是美国文化一个最常见的组成要素："事实上，美国已在某个特定领域内本能地释放了想象力并培育了情感，这个领域就是幽默……马克·吐温和亚伯拉罕·林肯——两位以幽默作为核心意识的人物——在世人的眼中之所以是最具代表性的两个美国人，这也不是偶然的。"① 幽默的这种快乐的作用与嘲讽是正好相反的，同时，与波德莱尔或福楼拜式的阴郁的讽刺（几近于是悲剧意味的）相比较来说也是相反的，更遑论由法式的超现实主义所孕育出的那种黑色幽默了。美式幽默生来所具有的就是一种快乐的无忧无虑，这也决定了美国的家庭喜剧或情感喜剧所具有的魅力。为此，伊斯特曼还试图用美国人民的青春活力来加以解释："因为我们（美国人）拥有一个年轻的民族所应有的精力和丰富的活力。"②

最后，美式幽默的活力并非在于对现实世界的批评，而是让想象力在足够令人兴奋的虚幻场景中恣情徜徉。在伊斯特曼看来，正是幽默为欧洲中世纪的吟游诗人们的抒情诗提供了美国化的版本："笑的想象力，或者我倾向于称为'诗意的幽默'，并非仅仅占据了一个开始。事实上，在美国文化这一短暂的历史当中，它已经接近于中心位置了。美国文化史的另外一个特征就是幽默的吟游诗人们，因为美国所拥有的不仅仅一个笑的神话，它也有着属于自己的

---

① 马克斯·伊斯特曼，《享受笑声》，皮埃尔·金艾斯蒂埃译，巴黎：法国高等教育出版社，1958年，第110页。
② 同上，第119页。

行吟诗人。他们不会为大家唱歌,而是会把大家逗笑。"[1] 维多利亚时代的英国产生了无厘头的原则,不过后者实际上只是用来给孩子们取乐或用来搞怪的工具而已。然而到了美国这里,这种无厘头的技术就成了获取虚构的快乐的方法,因为如果我们沉浸在故事当中,我们就不会在乎它是真的还是假的了:"正是这两股潮流的混合——原始想象力的活力和成年人对无厘头的偏爱,赋予了美式幽默独特的芳香。"[2]

18世纪时,这种十分流行的虚构故事是以"yarn"这种形式存在的——一种没完没了的荒诞故事。后来,它被命名为"tall tale"[3]。(我们可以这样想象一下,把一个来自马赛的故事无限地放大,并移植到美国文化的包装和氛围当中。)在19世纪的后半叶,马克·吐温将这种荒诞故事完全地引入了文学当中,从而继承了幽默这一长久的传统。同时,这一传统也是美式喜剧电影的基础程式,从中我们可以见到那些失控的冲动、连贯的荒诞,以及那些纯粹的不可思议的场景(但也属于笑的范围内)。身为作家,马克·吐温也从中发现了一种属于美国的特色,即"幽默故事",它与英式的"滑稽故事"或法式的"诙谐故事"是不同的,并且还要

---

[1] 马克斯·伊斯特曼,《享受笑声》,皮埃尔·金艾斯蒂埃译,巴黎:法国高等教育出版社,1958年,第115页。

[2] 同上,第117页。

[3] 意为"荒诞不经的故事",指基于历史人物或民间英雄,并夸大事情经过或结果的故事。这类故事的特色在于想象力,而非文学意涵。这类故事是美国民间文学的基础之一。——译者注

高于后两者。[1] 我们会惊异于马克·吐温的"荒诞故事"和阿尔丰斯·阿莱（有时也会被当作法国的马克·吐温）的"玩世不恭"之间的比较，因为他们都善于对笑的那些不足以为信的故事进行创作。在两者之间，我们无法证明直接的作用关系的存在，然而一个可见的共同之处在于，两人的幽默天赋都与相似的历史进程重合了，而后者也见证了社会向民主化的演进。对于马克·吐温来说，他身处的是南北战争结束的时代；而对于阿尔丰斯·阿莱而言，则是共和国的姗姗来迟——它在大革命爆发后一个世纪才得以创建。可以说，在民主的自由主义的天地里，法国与美国相遇了。法国借鉴了美式的幽默，并由此而重新创造出适合自己的群体式幽默。在1886年时，法国又将一尊自由女神像赠予了美国。直至今天，这种幽默（通过各种各样的想象被加以运用）最终成了自由全球化的微笑的面具。

---

[1] 参见马克·吐温，《如何讲故事》，德尔芬·路易·迪米特洛夫译，出自《白象失窃记》，巴黎：集萃出版社，2010年，第851至856页。

第十四章
媒 体 的 笑

笑与媒体革命

　　从文艺复兴发展至今的这四个世纪里,公共文化空间的出现是首要标志。在它之后,原本负责社交及交流功能的空间向议会政治和民主政治空间转型,而伴随着上述转变同步发生的,则是政治领域逐步面向社会大众的开放过程。不过,这个演变的过程如果少了一个核心的主角——报纸,是不可能会发生的。在哈贝马斯看来,报纸拥有如此重要地位的原因是非常实际的。[1] 当公共空间内的参与者人数过多,且不具有社交性的圈子无法再维系人际关系,或者说无法保证新思想的传递时,就需要一个更加便利的手段来确保沟通,需要一个新的信箱来汇总匿名的信件,而具有周期性特征的报纸——每个人都可以定期地于其中找到这些内容,正扮演了这样的角色。

---

[1] 参见尤尔根·哈贝马斯,《公共空间:作为资本社会构成方面的广告的溯源》,巴黎:巴约出版社,1993年(1962年初版),第53页。

起初，人们创设报纸只是为了得到一个简单的媒介手段。报纸是一种周期性发表的书信集，借助于这样的形式，在群体内的信息流通就更加方便了。在法国，这也正是泰奥弗雷斯特·雷诺多在1631年开办《公报》的初衷。不过，作为简易媒介的报纸，却在社会生活方方面面拥有了越来越重要的地位，例如活跃社会讨论、动员民意、参与文学或精神生活、为文化活动赋值和传递商业信息等。渐渐地，报纸成了社会生活的核心，也成了后者不可或缺的因子。在报纸中，除了较为专业性的内容之外，人们也会期待上面的消息和社会花边新闻。关于世界现状、政治或社会新闻，以及文化生活这类信息，公众正是通过报纸而得以了解的。久而久之，特别的专栏出现了，它们或是为公众提供特殊方面的信息（金融信息、艺术信息、科学知识等），或是针对特定的受众而开立的（女性、儿童、各种行业的人士等）。

时间来到了20世纪。欧洲已经进入了我们今天的媒体时代，这也引发了史无前例的巨震，因为它根本性地改变了人们与周遭世界之间的关系。① 在此之前，消息的传播标准还是对现实的即时感知。在农业型的社会里，农民的生活被圈定在了他们劳作的土地上，圈定在了他们出入的村子里，以及四下的乡村景象当中。超出了这个范围，他们就要服从于权威，或者是听信那些流言蜚语。但在报纸出现后，个体与外部世界的关系，或者说个体之间的关系，都会因那些致力于信息流通的传播机构或传播行为而得以提前明

---

① 关于媒体的演变历史，参见多米尼克·哈利法、菲利普·雷涅、玛丽·埃芙·特朗蒂和阿兰·维扬主编，《报纸文明》，巴黎：新世界出版社，2012年。

第十四章
媒体的笑

确。很快地,信息的传播就变得如此平常、如此不可或缺了,它几乎已经变成了一种看不见的存在。报纸的读者们会认为自己已经了解了事实,但其实他们所见到的只不过是报纸所呈现出来的内容而已。直到20世纪,通过那些沟通问题的理论学者们的阐述,我们才对媒体逻辑在当代社会中所扮演的核心角色有了最终的认知。1964年,加拿大学者马歇尔·麦克卢汉用一句著名的论断对此加以了总结:"媒介即讯息。"[1]换言之,信息的内容——一般来说会吸引读者们全部的注意力,是完全由传播管道的性质所决定的。

这就是最基本的原则。更加确切地说,自19世纪开始,媒体的持续发展和技术变革一共经历了三个阶段。在近一个世纪的时间里,印制报纸一直都是社会上唯一的新闻媒介,并且随着大规模印刷手段的应用,以及电报和图像技术的发展,它也在"美好时代"的时光中收获了自己的黄金阶段。可以说,人们获取消息的主要途径还停留在阅读的层面。但在第一次世界大战结束后,模拟通信手段(广播和电视)成为这一时期最伟大的发明,它们使媒体具备了一种对公众的侵入能力和操纵能力,要知道极权主义就是因此而获益的。此外,广播电视手段在争取新闻时效性的问题上也具有决定性的进步,而卫星技术手段在60年代的应用,则让时效性更加地登峰造极了。最终,网络以及Web 2.0的出现成为媒体发展的最后一个阶段。直到1994年时,德国的社会学家尼克拉斯·鲁赫曼还依旧认为,大众媒体的主要特征就在于"消息的收发者之间没有任

---

[1] 参见马歇尔·麦克卢汉,《理解媒介》,让·巴雷译,巴黎:霍顿·米夫林·哈考特出版社,1968年。

何的互动性"[1]。事实上，互联网的出现已经打破了这种互动性的藩篱。借助于网络（比如今天我们所见到的社交网络），互动性大众媒体的设计就成了可能——这种媒体形式使得人际互动更为密切，这其实是与传统形式的媒体相反的。

上述的回顾是必要的，因为媒体的存在逻辑已经撼动了笑的文化，或者说，它已经将其惊人地放大了。对于此前几章中所提到的那些现象来说（尤其是程式化幽默的支配性），它们当中的很大一部分都是媒体分区作用的直接产物，而在世界的范围内，这种分区也是愈加收紧的。媒体在笑的方面所拥有的使命简单而又无法逃避。它是社会的沟通体系，作用在于用呈现的内容来替换事实情况。而笑则是人类学的机制，它的作用对象是人类个体，但也会导致同样的替换效果。媒体的狡猾之处在于，它会装出一副帮助人们了解事实真相的样子，而发笑的人却清楚，在他面前出现的不过只是一个简单的呈现而已（也这是他们让自己发笑的原因）。这样的说法或许有人会不同意，但是两者之间的边界又是很脆弱的。一方面，那些对某一事实加以取笑的人也都明白，他们的笑多少都与事实本身有关（这就是嘲讽的原则）。另一方面，媒体也拥有两重必要性：一个是消除自身的存在感；另一个，恰恰相反，则是凸显出自身高效的调和能力。关于前者，媒体会致力于制造一种幻觉，凡是接收到了媒体信息的，都能够立即触及新闻事件本身。尤其在重大灾难事件、意外事件和即时性新闻事件发生时，媒体的这种错觉

---

[1] 尼克拉斯·鲁赫曼，《大众媒体的现实》，弗莱文·勒·布特译，巴黎：迪亚芬娜出版社，2012年，第8页。

效应就会变得更加敏感了起来。英语中将此类新闻称为"突发新闻",这是一种极具暗示性的说法,就像事件本身已经侵入了媒体当中一样。新闻事件所具有的这种近乎神奇的即时性的特点,我们将其称为"耸人听闻"。至于媒体的第二个必要性——与媒体惯常的监督作用相匹配,它则相反,它意在凭借自身媒介的角色使公众们更熟络,并维持他们的媒体使用习惯,公众在媒体中获得的快乐感也会为此提供助力。媒体式的快感是以潜在的笑和新闻背后的幽默为标志的,虽然媒体本身一直是一副新闻沟通式的腔调,但在此基础上,它也会在部分时刻以极为特别的方式来制造一种过度敏感的状态,而这也是"耸人听闻"意在收获的效果。

在笑的漫长的历史长河中,媒体时代的到来标志着一个重大转折的出现,这或许也是它最为重要的转折,至少是在摆脱了中世纪的神权体系之后的时代里。今天,上述转折具体体现在了各类幽默家和搞笑人士在广播、电视以及网络媒体上的大量涌现。不过,该现象绝不是刚刚才出现的,早在19世纪时,人们就已经在浩如烟海的搞笑报纸、嘲讽杂志和讽刺画报面前犯了选择困难症了,反而是那些刊载着严肃正经内容的报纸媒体,它们的数量却远没有人们想象中的那么多,并且在它们的版面上,虽然头版的部分会被贴上政治新闻或国际新闻,但余下的部分,在当时被称作"一楼(亦有'底层'之意)",都会被各种文化文章占满,并且这些文章的笔触和腔调无不是戏谑和讽刺的,更不用说那些搞笑的花边新闻或是笑话了。事实上,每家日报都会拿出一半的篇幅来刊载这些"不正经的"或是令人发笑的内容,这是"专栏编辑"们为读者们所奉上的

423

特色菜。后来，电影在报纸之后也登上了历史的舞台。起初，美式的欢乐电影所具有的强大吸引力让笑收获了风靡全球的影响力。广播也不示弱，在两次世界大战期间的美国，广播也迅速地成为主流的媒体形式之一。时至今日，几乎所有的节目，甚至是节目内容本身——专栏、"小糖片"、讽刺小短文等都被重重地添上了幽默的色彩，至于其程度到底有多深，其实没必要再强调了。在 50 年代的法国，当各大电台——公立频道和"外围频道"（后改称为私立电台）之间的竞争日趋白热化的时候，它们就会纷纷请出那些幽默大家为自己站台（这些人要么为电台增加了知名度，要么就是在媒体上博了眼球）。这些明星包括皮埃尔·达克、弗朗西斯·布朗什、让·雅南、雅克·马丁、皮埃尔·德普罗热、克劳奇和洛朗·鲁切等，但更具标志性的其实还是主持人所扮演的特殊角色（登上了电视荧屏）。一个善于逗笑的主持人的脑子里会一直备着些笑话和幽默段子，他会在节目中毫不生硬地把它们讲出来，并用一种极具感染力的欢快氛围来包装自己的节目。可以说，电视台继承了以往广播电台的操作，但它又对此加以了强化，同时加入了属于自己的创新（视频笑料集、搞笑人士竞赛、笑话集、其他搞笑频道等）。

最后要说的就是网络。多年来，互联网的每一次发展都会成就一个专属的强力笑星，他们会把自己的搞笑视频、笑话以及自己的照片贴到网上去，他们还会对网络上所流行的东西进行模仿。网络时代的新意，不仅仅使得大量的搞笑表演可以通过互联网自由地进行传播，同时，它也将笑——甚至是自己平日里的笑融入了媒体流通的形式。从现在开始，那个幽默演员们先是在舞台上尽力表演，而后才能被媒体所认可的时代一去不复返了，很快地，人们茶余饭后的谈资将全部出自 YouTube 或是其他搞笑网站。应该说，幽默的发展历程与歌曲是一样的。在过去那个录音技术尚未出现的时代里，唱歌的乐趣——无论是平日里自己唱歌还是当众唱歌，仅限于社会生活领域或舞台表演当中。而在录音技术出现后，尤其是通过视听媒体的大规模传播，歌唱音乐也一举成了 20 世纪最为流行的文化形式之一，并几乎完全进入了媒体领域。与虚构的滑稽（先是戏剧，接着是电影）相比，幽默其实是在自主化的方向上倾注了更多的精力的，但它经历了大规模的媒体化。今天，互联网的存在让所有的幽默菜鸟们都可以对那些既有的笑话或表演方法加以重复模仿，在一定程度上，我们可以将其看作一部巨大的笑的卡拉 OK 机，尽管互联网完全不是什么实体化的存在。

滑稽模仿的支配地位

媒体的作用就是对世界加以呈现并使其流通。它要将所有一成不变的东西，将那些画面以及思想加以标准化。借助这些标准，人们便会产生一种感觉，即我们会本能地觉察到现实情况。不过，这里还存在着一个必要条件，而它也是常常为我们所忽略的地方：为了确保媒体自身的发展，就需要将它呈现的现实世界包装得更具吸引力。要变得更加讨喜，更加有趣，甚至有时也可以是更加焦虑，反正只要别那么平淡就可以了。媒体系统为了确保自身存在的合理性，更为了维护日常生活中一直保有的支配性地位，应尽其全力为这个世界赋值，比方说它面向消费者的那些广告宣传；而媒体层面的笑也是一样，它也无法与这种必要性相抵触。媒体式的笑正是媒体为保持其自身的吸引力所采用的基本工具之一。

  正是基于如上的原因，滑稽模仿成了媒体式的笑的矩阵形式。之所以这样说，是因为滑稽模仿并不会消除世界本身的严肃性，相反，它需要借助这种严肃性来达到自身的滑稽目的。一个绞尽脑汁模仿大人的孩子是不会审视自己的行为的，否则模仿本身也就没什么笑点了。滑稽模仿对于媒体所呈现出来的世界起到了加倍的快乐效果。它会事先让发笑者们清楚自己是在滑稽模仿，也会让他们欣然接受，因为这毕竟属于相对随意且不会造成负担的范畴。它核实并强化了大家对于现实世界的认知，一如被媒体领域所程式化了的那些认知。而面对那种将个体凝聚在群体内的隐形社会协约，滑稽模仿也为之提供了一个较低但却很有趣的版本。对此，中世纪的教会是心知肚明的，因此它也在一定程度上允许了狂欢式的滑稽模仿的存在，要知道这可是在宗教领域的内部。当然了，滑稽模仿也可以包含一些嘲讽的意味在里面：儒勒·爱德华·穆斯蒂克的《格鲁兰》——Canal Plus 电视台的当红节目之一——既模仿了一个想象中的公国（摩纳哥？卢森堡？列支敦士登？），同时也对法国的政治生活进行了嘲讽。并且，节目中那些沿袭了某些杂志传统的拙劣滑稽，更让其对政治的抨击变得无比辛辣。不过，尽管滑稽模仿拥有如此咄咄逼人的表象，但它最终是用来缓和冲突的。"格鲁兰公国"的"总统"欢乐地承袭了戴高乐将军（身高和鼻子）和巴斯特·基顿（不锈钢式的严肃）的基

第十四章
媒体的笑

因——其实是个善良的人，一如"公国"内那些像法国人一样爱酗酒的子民们一样。

因此，滑稽模仿的机制在结构上是双重性的。表面上，它会让被针对的对象们脸上无光，对此，那些为了能够维持自身的全能统治而竭尽全力的专制政权们是无法容忍的。然而实际上，滑稽模仿却又赋予了其对象价值，以便能够让滑稽的效果得以最大化的展现。人们总是会拿教授、领导、政治人物和明星们开涮，因为滑稽模仿的笑就是为了捅破他们的一本正经的形象的，不过即便如此，它也会包含一些神圣的意味。就其自身而言，滑稽模仿的笑既是最难以抵御的，也是最微不足道的。对于家长们来说，当自己的孩子正在开心地模仿自己并乐此不疲时，如果他们真的被惹怒了，那他们也就真的输了，因为自己作为家长的权威性也就显得无力了。滑稽模仿会不可避免地让一本正经的沟通发生偏移，从而让所谓的交流变得无法实现。在骨子里，滑稽模仿具有某种颠覆性。但为了什么而颠覆呢？这又有着怎样的意义呢？滑稽模仿是一种中空的破坏行为，也是一只傲慢无礼的陀螺，一旦被加以运用，就会让其他所有事物都靠边站。

对于媒体来说，滑稽模仿是自身头脑清晰和健康的证明。在模仿的同时，它也会低声地承认，现实其实已经被它改造为了一场演出。正如那句基督教的箴言所说，承认罪恶就已经得到了一半的宽恕，便可以继续完成自己的祈祷了。不过，如果媒体那种刻板的滑稽模仿被做过了头，它所呈现出来的现实就成了一个木偶的世界。事实上，媒体的行为一直是在两个极端之间游走着的。首先是对于个体们进行的纯粹的操纵。这得益于媒体在意识形态方面的塑

427

造力，它可以实现这一点，并且这种操纵行为最终会变成一种极权化的企图。其次是滑稽模仿的系统性的偏离。这其实也是操纵行为的一种，因为其所呈现的现实已经被视为一种滑稽原料，只要它愿意，现实就可以被重新解构，也可以被重新修饰。滑稽模仿在媒体层面的外溢会遭到政治人物们习惯性的批评，在后者看来，这样做反而将原本严肃的内容回避了。而广大的公众们，在媒体所组织的这场盛大的滑稽模仿的节日里，他们已经习惯于坐在剧院里放声大笑了。至于那些被丢在了后台的社会现实，他们应该严肃地加以觉知，以便社会的民主机制能够良好地运行——他们或许也不会一脸严肃地对它施以尊重。

滑稽模仿很早就侵入了媒体的领域。在法国，首个见诸报端的此类文化事件也许就是维克多·雨果和他的朋友们于1830年2月25日推出的戏剧《艾那尼之战》了，该剧所引起的轰动最终成了一次集体性的媒体事件。雨果通过这出悲剧流露出来的极具教唆意味的审美观，遭到了媒体强烈嘲讽，同时也引发了媒体的兴致。它在戏剧领域催生出了真正意义上的滑稽模仿，后者也一个接一个地登上了论战的舞台[①]。作为伟大的文学明星（在文学作家依旧能够成为明星人物的时代），雨果也一直是滑稽模仿的忠实客户，一如在他之后的左拉那样。从19世纪开始一直到今天，媒体式的滑稽模

[①] 参见西尔维·维勒当，《艾那尼的滑稽模仿》，1999年4月10日。另，《艾那尼》首场在法兰西剧院演出后不久，巴黎街头就出现了不少街头剧，其中有一出运用雨果浪漫主义手法，将"艾那尼"这个名字的字母拆散重组，来讽刺古典主义诗艺清规戒律的迂腐可笑。"N, I, NI ou le Danger des Castilles", "Harnali ou la Contrainte du Cor." 这些人名的拆解和重组并没有特定的用意，而仅仅是"像雨果那样"，以求得"文字表达的自由"。——译者注

仿一直以各种人为目标，或者说是那些拥有着广泛的声望和知名度的人：画家沙龙里的明星画家们（第二帝国时期的库尔贝）、马拉美以及他的晦涩诗人帮、电影人物（招牌演员及其那些成名电影）、政治人物（取之不尽的资源！）、体育明星等。而经历了第三帝国时期的文学模仿之后，视听媒体对滑稽模仿的采纳也催生出了一种全新的特殊职业——模仿家。60年代时，作为戴高乐将军的模仿者和仰慕者，亨利·迪索——法兰西戏剧院的受薪演员——还只是一个简单的初学者。但随后，广播和电视荧屏上的滑稽模仿却捧红了属于自己的明星人物（提耶里·勒·吕绒、伊芙·勒高克、帕特里克·塞巴斯蒂安、尼古拉·冈特鲁普、洛朗·杰拉），这些人非凡的人气正是由他们带给大家的那种原始的、退化的快乐感所带来的。通过这样一种中间性的角色，他们可以重新体验到童年时代模仿老师的快感，因此，模仿演员们所收获的就是观众给予的那种具有感谢和钦佩意味的垂爱。而在年少时代，这也正是大家给予班里那个最机灵调皮的孩子的奖赏。

不过，鉴于滑稽模仿的真正作用在于以间接的方式使媒体获得价值，并使其具备调节的功能，因此，最直接也是最有效的手段就是规避那些过程，直接用媒体式的自我滑稽模仿代替对现实的滑稽模仿。这样一来，它在完成了对相关目标的"去神圣化"的同时，也为自己封了神。在当代的视听媒体文化当中，向"自我滑稽模仿"转型的过程是显而易见的。幽默家们或职业模仿家们会渐渐地将目光从那些传统的目标们（政治人物、歌唱家、喜剧演员等）身上移开，转而直接对媒体的专业人士展开攻击。因此，物以类聚，人们在揶揄自己的同时，也在彼此抬升身价。喜剧团体"碰

笑的文明史
La civilisation du rire

碌之辈"曾在 Canal Plus 电视台推出过一个标志性的喜剧新闻栏目《无用之人》，得益于四位幽默演员的四重奏（尚塔尔·卢比、多米尼克·法鲁加、布鲁诺·加雷特，尤其是阿兰·夏巴），一种全新的节目形式得以成型。应该说，该节目首先应算是自我滑稽模仿在电视荧屏上的一种欢乐的呈现。而《木偶新闻》[1]也是一样，尽管它曾是一档讽刺栏目，但节目内容是建立在对电视新闻的滑稽模仿的基础上的。该节目的主持人是无与伦比的"PPD"，即"PPDA"帕特里克·普瓦夫·达尔沃（1975 至 2008 年为该栏目的金牌主持人）的木偶形象。此外，法国另一档可与美国的《周六夜现场》相媲美的节目《Canal 精神》，从 1975 年起就开始为世界各大电视台的幽默脱口秀节目提供各式的灵感，而它的节目风格也可以被总结为一种普遍化的自我滑稽模仿。或者可以这样说，滑稽模仿在这里与自我滑稽模仿紧密地重叠在了一起，以至于来自其中一方的讽刺暴力会迅速被另一方的幽默自嘲消除——至少在表面上看是这样。在频道发展的黄金年代里，这样的组合也让节目取得了非凡的效果。此外，二者之间的交错关系也是媒体式的笑的两种补充性的特征：滑稽模仿所针对的是呈现出来的现实，而自我滑稽模仿则是呈现的过程本身，一如语音和语义是语言符号不可分割的两个部分一样。

在最初的时候，媒体的笑是遵从自我滑稽模仿的基本过程的。19 世纪时那些数不清的"小报"上——我们对那些讽刺报刊稍加

---

[1] 在这里我使用的是过去时，我写作本书的时候是 2015 年 9 月 1 日，此时《木偶新闻》已经被降级为一档收费节目，从而成为 Canal Plus 频道的"过去时"了。

第十四章
媒体的笑

轻蔑的称法——就充斥着（几乎全部是）这样的自我滑稽模仿的内容：杂交的模仿作品、对各家报纸的滑稽解读、对主流报刊的讽刺模仿、几乎没任何伪装的神话故事等。当然了，在那个新闻管制依然存在的时代，相比起挪揄政权当局，记者们更倾向于自嘲，因为这毕竟更加便利一些。不过，哪怕是新闻自由法案已经施行了（1881年），这种模仿的游戏却依然在进行。阿莱式的幽默在本质上也是一种自我滑稽模仿——阿莱会自诩为知名记者，对那些想象出来的采访内容加以答复；他也会出门采访，并开辟出一个假的读者来信的专栏。此外，他还会同那些想象出来的兄弟或同谋者们一起参与到那些恶意的论战当中等。至于皮埃尔·达克，他的《带骨髓的骨头》也是对新闻报纸的滑稽模仿（一种严肃的模仿，但涉及反纳粹主义的媒体论战）。新近的还有"哈隆组"，故意创造出几份假报纸：*Le Monstre*，意为"怪兽"，滑稽模仿了 *Le Monde*（《世界报》）；*L'Aberration*，意为"荒谬"，滑稽模仿了 *Libération*（《自由报》）；*Le Figagaro*，"费加加罗"，滑稽模仿了 *Le Figaro*（《费加罗报》）；Gorafi，"Figaro"的变形和变音，它延续了对平面媒体进行模仿的传统。

说实话，与规模庞大的媒体式的自我滑稽模仿相比，对报纸的滑稽模仿在今天看来只能算作一种近乎奇闻轶事的现象。前者在当今的大众文化之中居于核心位置，尽管悬念、历险和恐惧会被认为是三种主流的类型。无论是最常规的西部片，还是"超人"当中最震撼的镜头，抑或是对《星球大战》的无数次翻拍，他们都包含一种自我滑稽模仿的标志，因为我们清楚，那些与观众们真心交流且默契无间的瞬间是以对虚构情节的暂时性破坏为代价的，并且最后

431

都会对情感的支配起到强化的作用。① 在视听媒体中，自我滑稽模仿是散布在各处的，并非只存在于那些专门的模仿节目当中，比如皮埃尔·达克的欢乐广播剧《弗拉克斯》（同弗朗西斯·布朗什搭档）《拈花惹草》（同路易·罗格诺尼搭档）、皮埃尔·德普罗热或拉法埃尔·梅泽拉里的疯癫采访，以及各种滑稽模仿节目，等等。大多数这样的节目都散发着一种自我滑稽模仿的芳香，它会提前显露出趣味的本意，并将观众们远程地吸引到这种玩笑对话的快乐中。对真人秀节目来说也是一样，尽管它们存在的基础是人们初级的行为机制，但如果它们对那些过度的节目效果并不清楚，并且也不就那些无下限的节目安排进行预告的话，观众们也就不会去看了。这样做也会让媒体式的自我滑稽模仿的基本原则变得一无是处——媒体沟通的行为是建立在既定的游戏规则之上的。对于这些规则，每个人都是清楚的，并且每个人也都知道大家对此是清楚的。自我滑稽模仿是游戏重新开始和继续的必要条件。笑并不像伯格森所说的那样，是"安置在生命体上的机械运动"，而是生命体对机械运动的补偿，就好像是说，生命越是具有机械性，就越应该试着去笑，以防止各个零件被卡住。

---

① 关于滑稽模仿与虚构情感之间的悖论关系，参见马修·勒图诺，《体裁中的笑和体裁的笑》，引自《现代的笑》，阿兰·维扬和罗瑟琳·德·维尔讷夫主编，楠泰尔：巴黎第十大学出版社，2013年，第161至175页。

笑的产业

最后要说的内容也是一个核心的问题，即经济框架内的笑。为什么这样说呢？因为经济与文化事业的融合是消费型资本主义的题中之义。我们是否可以认为，体育经济的惊人发展得益于当下人们对于体育运动的热衷呢？还是正相反，体育运动的发展才是各类消费型体育产业蓬勃发展的前提条件呢？同样地，美食和厨艺的走红，是否是社会进步的结果？还是说，食品经济在农副食品工业之外，需要开辟新的收入来源呢？其实，笑在我们的日常消费之中也是占有一席之地的，我们有理由这样猜测：与其他的文化产业相比，笑的产业性也是具有决定性作用的。

事实上，只要从整体的角度看，我们就会发现，笑的多样性发展空间也许（也显然地）正是当今时代最为重要的文化产业。[1] 法兰克福学派认为，对笑的产业的定义需要与不同类型的文化产品和文化工具（报纸、电影、电视等）相吻合。然而，文化实践是跨行业的，同时也是多媒体形式的，与具体的目标指向相比，它所反射出来的更多是人类学整体层面的倾向和期待（虚构故事、游戏、信息、旅行、肢体消耗等）。得益于这种多样性，笑在消费型经济当中就显示出了活力：不仅仅其地位在它所代表的各类滑稽产品和消

---

[1] 关于笑的产业的定义，参见西奥多·W. 阿多诺和马克斯·霍克海默，《启蒙的辩证法》，伊莲娜·考夫霍尔兹译，巴黎：伽利玛出版社，1974 年（1944 年初版）。

笑的文明史
La civilisation du rire

费市场中是优越的,同时,它也具有为普遍的经济活动提供便利的能力,并能够促使其开花结果。尽管大家对此并没有清晰的认识,但笑实际上已经成了大众消费型经济的必要条件。

我们先从最显著的地方——那些以大众的笑为核心目的和明确目的的文化实践的清单说起。其中最为古老的形式是舞台演出及其相关的衍生形式。对于戏剧来说,滑稽领域首先涉及的就是我们通常意义上讲的喜剧(古典喜剧、滑稽剧、哑剧、轻喜剧、大道喜剧等)。在19世纪中叶,这份清单当中还要加上那些提供节目表演的咖啡厅和音乐厅。在这里,笑的成功都是能够得以保障的,至少在战后,一众作词家、作曲家、翻译家对其进行了极力的推广,也出现了一些知名的欢乐歌曲和轻柔歌曲的明星(保卢斯、德拉南、吉奥杰斯、马约、特奈等)。至于在音乐厅里,我们也要计入那些具有搞笑色彩的节目:派托曼[1]、小丑、故事艺人、魔术师等。而在"二战"结束后,则又出现了酒吧式的笑和咖啡剧院的笑,它们可以充满全部的演出大厅(甚至是法兰西体育场,幽默家让·玛丽·毕加尔就曾在2004年6月在这里演出过)。

在印刷品领域,报纸在19世纪时是笑的主要传播手段,尤其是讽刺画。不过,大众畅销书出版业在20世纪上半叶的出现,也在笑的领域内激发了一股浪潮,各种幽默故事集、轻浮笑话集,以及搞笑故事大全纷纷出现了。这还没算上那些具有"好的幽默"内

---

[1] 派托曼,意为"放屁狂人",是法国知名放屁师约瑟夫·普耶尔的艺名。普耶尔拥有卓越的腹肌操控能力,能随意地用直肠吸入和吐出空气,以"肠风"制造各式各样的声音。——译者注

容的书，它们都有着指定的作者，并且这些作者们也大都是些报纸的撰稿人——在媒体层面有着自己忠实的读者。在法国，幽默书籍市场因此涌进了大量的低俗笑话，大家会以一成不变的形式来创作故事，但这些笑话所沿袭的其实还是那种旧式的讽刺传统（即"彰显法国人缺陷"的笑）。1926年出版的《乐天派丛书》就是这种丛书式的笑的典型代表，至于那些新颖的书名，我们就不做评论了，直接列举就好：《神父的故事》《旅行推销员和主人的桌子的故事》《单人女士包厢》《最佳犹太故事》。今天，"卡兰巴"牌糖果从1969年起就开始在它著名的棒棒糖的外包装上贴上各种笑话，不过，这种做法也正在慢慢地退出历史的舞台。曾经写在小册子里和日历上的笑话如今都已经走向了电子媒体，而广播和电视频道当中的幽默专栏或喜剧小品如今则成了它们的载体。可以说，笑的文化已几乎完全与印刷品脱离了关系。当然了，文字层面的笑还是存在的，不过其形式也已变得越来越文学化了。它的受众群体也越来越窄，并且读者们所热衷的也是那种精妙的讽刺和文字游戏，而不再是那种直白且泛泛的笑了——说白了，这是一种小众的笑。与它类似的还有诗歌的笑，相关书籍的发行量不大，但它在自己的小圈子里是极其兴盛的。此外还有歌曲，在录音技术和视听技术兴起的时代，它使上个世纪的诗歌式的笑得以在新的载体上延续。

事实上，自从两次世界大战之间的时候起，新式技术的出现就已经为笑创建出了一个最具活力的产业体系，并聚集了无与伦比的观众人气。其中首先要说的就是电影工业，尤其是那些喜剧明星们，他们引领了好莱坞电影的发展。当然了，电影大片几乎都是动作电影或剧情电影，但笑因其直接的文化身份的原因，一直在维持民族电影产业发展的过程中扮演着最为重要的角色，它也与来自美国和其他国家的大片形成了竞争关系。上述情况对于法国和意大利的电影工业而言就是真实的状况，而从某种程度上来说，英国电影所面临的也是同样的局面。依据法国电影票房 2015 年时的数据统计，在法国历史榜单排名前十的电影中，只有一部动作片《速度与激情2》，并且还是最后一名，而其他的九部则都是喜剧电影，并且很多还是老电影：《欢迎来到北方》《不可触碰》《虎口脱险》《埃及艳后的任务》《时空急转弯》《唐·卡米罗的小世界》《岳父岳母真难当》《暗度陈仓》《艳阳假期 3》。在电影之后，广播电视领域也开辟了一种全新的明星形式，后者更激发了笑的经济的深刻转型。其中的许多明星有的本身就是真正的幽默家（过去有雅克·马丁，现在有洛朗·鲁切）。但在大多数情况下，他们指的都是那些主持人——他们主持节目时的活泼调皮和尖锐想法，都是为了尽可能多地吸引观众或听众。以此看来，金牌主持人在某种程度上也是一种商业品牌。与此同时，他们也会以其他的形式开展自己的活动，其中就有许多人开办了自己的制作公司。在这类媒体式的幽默明星当中，我在这里仅以年份的顺序罗列出一些名字：菲利普·布瓦尔、提耶里·阿迪逊、帕特里克·塞巴斯蒂安、克里斯托弗·德沙瓦、纳吉、亚瑟、西里尔·哈努那。可以说，电视台直接参与到了与酒吧和咖啡剧院的竞争当中，它也会"发掘"出那些幽默天才，并会根据自身的节目需要来对他们提前进行培养。从 1980 年开始，法国的电视台就通过推出一系列大型流行栏目开始了上述工作，比如吉·卢克斯的《课堂》《闲聊小剧场》《加梅勒喜剧俱乐部》，以及洛朗·鲁切的《笑就是了》。

第十四章
媒体的笑

不管这些节目有着怎样的类型，也不管它们运用了怎样的媒体平台，其最为重要的创新之处在于，从19世纪起，（通过各种方法）"逗别人笑的本事"本身也成为一个行业，它被认可为一种高尚的艺术表演形式，并因此而获得相应的酬劳。在文艺复兴时代，小丑们也从事着类似的行当，但古典时代的社会环境对他们其实是排斥的，认为他们过于粗俗了。我们也可以说，他们过于"中世纪"了。此后，唯一被接受的节目形式就是喜剧，因为笑只能够在一个虚拟的空间内流通——我们希望喜剧演员们为我们带来快乐，但他们首先是被付费进行演出的。在剧院之外，"诙谐"和"幽默"也会对社会生活加以点缀，或者在文学作品中加入些许的刺激，不过，被行为准则加以了严格限制的笑却无法成为一种完全的职业行为。而在工业时代，文化的发展会以专属的、无过滤的方式直接对笑的机制加以挖掘。无论是在19世纪时专门购买那些"搞笑的报纸"，还是坐在剧院里观看一场荒诞艺人或幽默艺人的演出，其实目的都是一样的：我们都想收获到笑的快感，也都想感受到笑给我们所带来的那种身心上的松弛感。

我想，与之相比，一些人观看某些节目的唯一目的，也是获得一种纯粹的官能上的满足感。但其实从广义的角度来看，现代社会的消费主义对于这种肢体快感的大众化是持鼓励态度的：食品、酒水、性、体育，此外还有笑——在文化产业和媒体产业兴盛的时代里，笑也同其他的快感一样，成为一种文化产品，但这并没有让它丧失自身的基本特性。笑的大众化赋予了笑最简单的表现形式，使它能够适应最广大民众不同的口味和需求。其中，视觉的笑沿用了滑稽剧（手势、鬼脸、快乐的姿势）的相关技术，而视听媒体则将

437

继承自19世纪报纸的玩笑艺术加以了现代化（电话恶作剧、隐秘相机、各种故弄玄虚，这些方法也许是不怀好意的，但多少也都没什么太大的恶意）。此外还有双关，尽管在法式的"诙谐"当中，双关的手法再平庸不过了，但它在今天成为一种基础的元素，它与那些同音不同义的游戏、黄段子和滑稽模仿一样，都属于同一个类别。

的确，对于以效率性为主要目标，并且为了保证效率怎么做都不过分的笑来说，它是绝不会在实现方法上吝啬的。不过在这一结构化的背景之上，还要另外加入一条与笑的经济有关的原因。媒体的笑的盈利方法既不像喜剧演出那样有着直接的收入，也没有相关的旁系效应。对于舞台上的幽默演员们来说，如果仅从钱财的角度来看，他们所在意的也只是演出的报酬。但站在媒体的角度则相反，幽默家与主持人的作用有点像超市里的广告产品（或推介员），他们会将客户们（观众们）吸引到自己所属的媒体和节目当中来。这也就是为什么对明星媒体人的招募一直都是广播电台和电视台的战略投资，因为它们可以从这些人身上的幽默光环中受益，其最终影响的就是这些机构本身的人气和广告收入。其实，这种现象在19世纪时就已经出现了：报纸的读者们先是会迫不及待地读阿尔丰斯·阿莱的专栏文章（那时的他就是吸引力和人气的标志），当然，他们也会把报纸上的其他文章读完。这也正显示了媒体层面的幽默人所处的模棱两可和不合常理的地位：他们通常都是不可或缺的，然而对于媒体自身的传统任务（新闻告知、辩论等功能）来说，他们又常常处于一种边缘化和从属化的地位。除非我们能把幽默和新闻结合到一种全新的媒体形式——娱乐化资讯当中，它是一种来自美国

第十四章
媒体的笑

的舶来品。可以这样说，它正是17世纪"寓教于乐"这句格言在当今时代的全球化版本。

上面说到的这种不合常理的现象，其实比看上去还要显著。为了说明这个问题，我们可以暂时把目光调转到19世纪时数以千计的"小报"上面。应该说，尽管它们是"小报"，但其中也不乏相关艺术家和天才人士的作品。只不过，其中绝大多数的内容都是些空洞和没完没了的讽刺，比如一直拿女人和有钱人开涮，比如一直在自我滑稽模仿和假新闻之间打转。放到今天的读者眼里，这简直就是在毫无意义地浪费精力！然而这样想就大错特错了，毕竟，这些看上去毫无建树的杂乱文章，却在近半个世纪的时间里一直不断地累积，一直不断地发展，正是由于它们的坚持不懈，巴黎式的诙谐以及它的大道喜剧和剧院喜剧才能够真正地流行起来。在此基础上，巴黎的奢侈品消费、咖啡馆、饭店、著名的过道，都通通得以闻名了——这正是我们今天所称的"现代化"，它也让巴黎成了"19世纪之都"。巴黎自身这种集大成的地位，以及它在经济领域带来的影响，其实是与它那种傲慢式的幽默气质分不开的。正是这种幽默的氛围孕育了巴黎作为世纪之都的景象，也让这座城市一直不停地进行自我提升，而读者们对此却是一无所知的，我想即便是对于那些记者们来说，他们也是毫无概念的。

在大众媒体的时代，这就是"笑的产业"所具有的真正的功用——大规模的广告业。虽然肉眼看不见，但广告的影响力是无处不在的，并且从经济的角度来看也是无可替代的。正是笑（融合了洒脱、想象力和嘲弄意味的笑）给大型的商业城市（威尼斯、伦敦、巴黎、纽约等）带来了声誉，因为笑促进了买卖和消费，在商

439

业的沟通领域，笑的这种作用也一并得到了验证。不过，奢侈品交易的过程倒是个例外，因为大额的资金支出需要有一种庄重感，因此通过幽默和滑稽来打广告的行为是几乎不存在的。相反，我们需要做的，是让那些真挚的话语迅速地涌上心头，并向客户们婉婉道来——我们得吸引那些老主顾们出钱消费，更要在大献殷勤的同时不忘调侃上自己几句。不过，这些毕竟还都是些局部的问题，与其背后的真实想法相比，它也是片面受限的。人类学家阿尔贝·皮耶特曾将人们的这种"算了吧"、不惧怕周遭环境的能力称作"跟随性"[1]。我们知道，笑是人类自身松弛能力的一种最为初级的表现，不过，这种精神状态也同样是我们对于消费者们的期待：不因自己的目的去行动或思考，停下来，将目光转向所有的商品；对于面前的这种引诱自己消费的场景毫不惧怕，先是让自己放轻松，进而再松开钱包的拉绳并最终买下商品。笑就是在这样一种机制下促进消费行为的，它消除了纯商业交易本身所暗藏的那种暴力性的特征。对于资本社会的消费主义来说，它正需要对这种面对外在环境的松弛性大加利用。笑在媒体沟通和广告宣传中无处不在，它是对经济行为默认接受的不可或缺的催化剂，它让社会整体（甚至是整个世界）陷入了享受消费的欣快当中，也让消费者放松了警惕。人们的"选择依赖性"由此变成了一种简单的社会被动性，但笑的效率性在上述交易的过程中是毫发无损的，并且很可能又被提升了。

---

[1] reposité，由法国人类学家阿尔贝·皮耶特所提出的人类行为概念，有"想休息，不想再耗费心力"的意味，同时也有"依赖""指望"之意。暂译为"跟随性"。
　　——译者注

第十四章
媒体的笑

普遍的笑

写到这里，本书的内容也临近尾声。纵观全书的创作，我从动物学和人类学的相关主题开始写起，一直写到了幽默在当代社会所具有的各种形式，这中间也跨越了笑近两千年的哲学史和艺术史。因此，我们可以得出关于笑的艺术的第一个结论，即以慎重的态度，希望人们不要对笑给人留下的那种撕裂的、混乱的，以及不可避免的没落的印象过于夸大。笑已经成为一种媒体现象，一如其他一切与媒体有关的东西一样，笑也是为媒体所牢牢控制的。关于笑的危机性，这可以说已经成为一种老生常谈了。只要时下的新闻对此有需要，那种论调就会再度出现。甚至那些最为老练的历史学家对此也是持放任态度的，并且，历史研究的长期性也常常会迷失在当代社会的氛围里。对于我们每个人来说，从生至死的几十年时间是我们仅有的能够与历史亲密接触的机会，并且简单说来，这也是我们仅有的与时间亲密接触的机会。如果其中没有什么重要的事情，也即核心的事件发生，这对于我们来说是难于接受的。然而从定义的角度来看，历史的第一个真相就在于核心世界的不存在性，因为它并不属于历史的范畴。

至于笑，从其原始的和本初的特性来看，很显然，它所反射出来的是永恒的人类学的底色，并且相较于那些理由——我们对笑的本质表现持相信态度——它的变种们其实更为无关紧要。以此来看，有关于笑的没落的假说就变得很荒谬了。笑是人类的自然现象

笑的文明史
La civilisation du rire

（就像打哈欠、流泪一样），严格说来，谈论它的价值是没有意义的。笑既不是文学，也不是艺术，它低于或超过任何文化评价。我们相信，昨天的永远都是最好的，只要将自己置身于19世纪的那些讽刺报纸中（在那里不断流通着的，都是些猥亵且不尊重女性的笑话，其实是极其乏味的），只要能看到那些老喜剧电影——粗俗的电影，很容易就会被忘掉——中的主人公们就足够了。另外，我们也不需要感到吃惊，更无须抱怨，笑出自一种群体式的需要，在这里，人们需要体验到一种共同的松弛感。这种群体式的快感并不是吝啬的，它也没理由变得如此。这也就是为什么笑的艺术（不管怎么说，我们还是把笑当成了一种艺术，这是基于那些滑稽艺术家们的存在）是既珍贵又脆弱的，它需要持续地与那种无声的冲动，即审美的冷淡相抗争，尽管笑本身就是诞生于此的。

不过，现在我们也要承认，新近的历史表明，笑的全球化具有强大的活力。笑的全球化起始于古典时期，那时候，欧洲喜剧已经有了固定的角色类型（吝啬鬼、嫉妒鬼、忧郁易怒的人、冒充好汉的人等）；而到了19世纪时，它又通过报纸讽刺画在世界范围内的流通得以继续。不过，笑的全球化进程的蓬勃发展时期是在20世纪，其中，以图像画面为核心的新式媒体的发展为其提供了助力，毕竟图像显然要比文字更容易输出，因为它不涉及不同语言之间的障碍问题。依据这样的原则，电视在笑的全球化的过程中所起到的作用就比广播更为有力一些，由此看来，美式欢乐节目所具有的非凡人气就成了笑的全球化的真正起点。不过，无论是过去还是现在，没有什么媒体形式是可以与互联网相比的：成百上千万的笑话、图片和视频可以通过网络进行即时的、横向的，甚至是病毒式

第十四章
媒体的笑

的扩散。这是一种大众化的流通，无论是从社会体量来看，还是从地理规模来看，都是史无前例的。以此，笑便继体育和电子游戏之后，成为后工业时代全球化进程的第三大推广因子，"笑、肌肉、游戏"也成了古罗马时代"面包和马戏游戏"的现代化版本。

上述全球化进程导致了两个显著的后果，并且也是两个彼此相关联的结果。第一个结果在于对笑的方式方法所进行的惊人的简化，即对不同文化的特殊性和不同语言的精妙性的规避。美式滑稽其实是从其自身的职责当中汲取到力量的，也就是说，它要让那些来自五湖四海的美国移民们都能够笑出来。而到了今天，上述挑战也变成了一种世界性的问题。今天的笑愈加依靠于图像和那些原始的活力，并且它也愈加向滑稽剧、手势的笑和肢体的笑这样的传统进行回归。此外，与这种简单化进程同步推进的还有统一化进程。我们之前说过，笑是民族身份最佳的催化剂之一，这样的话，对于世界各国民众均具有普遍价值的笑就会得到更多的推广。可以说，既然前有"世界音乐"，那么后面就有"世界幽默"，它们都跨越了民族的界限。事实上，法国社会中有关笑是否会衰落的那些空洞的讨论隐藏着法国人的一种忧心，即传统的法式的笑正面临着与世界性的笑的全面竞争——那种传统的嘲讽的、挑衅式的笑越来越无法与现今的"幽默文化"调和了，因为美式文化所具有的影响力是压倒性的。

不过还要提到一点，如果我们对这种统一性的力量过度夸大的话，就大错特错了。恰恰相反，自由式消费主义的要义正在于多样化的文化实践，也就是说，要让潜在的消费市场变得多样化，以此来共同促进大众消费、奢侈品交易和各种恶作剧消费。依据发笑的人所属的不同的社会文化背景，笑的类型也是多种多样的（高级的笑、中等的笑，以及毫无文化修养的笑）。毕竟，笑的这种整体式的分布正显示出了笑和自由主义之间所具有的紧密关系，而后者恰恰是当今社会全球化的动力。当呈现的意识涉足被呈现的现实当中的时候，笑便产生了。在自由经济的体制内，金钱是不会因其所代表的对象而具有价值的——交易的价值要胜过使用的价值。自由主义所依托的是代表式的民主机制，它需要将具体的活动委托给那些职业的代表去完成。具体到媒体文化中来看，所有的事实都必须要经过媒体呈现的棱镜才能够展现出来。以此说来，"全球化"这个词所指的就是这种广泛的代表性（经济的、政治的、文化的）所具有的支配地位，而笑于其中也有着两种对称的效应。

从积极的方面看，笑是可以用来规避纷争的。除非是陷入了危机的情境当中，否则，当今世界的暴力性是不可以通过直接冲突的形式表现出来的。原则上，我们在面对分歧时应该借助谈判和协商的方式解决，而笑则正是这种社交互动和受限式自由的润滑剂。与之相反的是，暴力则是所有不懂得笑也不想笑的人所犯下的错误，他们因此也被排除在了共同的人性的范畴之外，因为他们没有"幽默感"（比如说，热衷于服从）。然而，在这个具有普遍代表性的世界里，笑也同样变成了一种进行群体掌控的工具，而这也是居伊·德鲍在1967年时所命名的"表演式社会"的诉求。其实在我们当代社会的运行中，还潜藏着一种"幽默正确"，它比"政治正确"来得更为隐性，也更为强烈，并且"幽默正确"显著的共识性也会打消掉所有那些暴力的念头。毕竟，笑着的人是不会付诸暴力的，我们也因此可以将其运用到对社会运动的控制当中。我们的

第十四章

媒体的笑

社会越是复杂，人们在群体活动当中所扮演的角色越是交叠，被媒体领域所塑造的笑就越是能够成为一种普遍的沟通模式。可以说，与旧体制时期法国社会的那种亚里士多德的"诙谐"或英式的"幽默"相比，它也是一种对等物，只不过它所属的是一种全球化、大众化的文化背景。我们没理由再去想象另外一种演变过程，不过，我们仍然可以带着困惑去等待它的到来。

这种笑基于人类的一种能力，即能够在自身和现实之间加入一种呈现的能力，这首先是为了抵御来自现实世界的危险。不过人类为了自身的乐趣，也会选择到这种呈现之外来观察现实世界的真实景象。然而，如果连呈现自己也变成了现实，如果人类无法从这种永恒的镜像游戏中脱身，甚至如果人类对此是毫无知觉的，那笑又将变成什么样子呢？并且又会有什么意义呢？作为在19世纪时参与了欧洲历史上首个媒体浪潮的人物，福楼拜对于这个充满了矫饰和造作的世界是愤愤不平的："报纸是一种取之不尽的笑话的来源，在这上面，人们效忠着国家，人们热爱公共道义，人们的笔锋沉重却又思想轻浮。"甚至于，他不无讽刺地总结道："好像只有《沙里瓦里》和《丹达玛尔》这样的讽刺报纸（当时的讽刺报纸的名字）才是不好笑的一样。"[1] 在对现实世界的伪严肃进行了揭露之后，福楼拜感到了满足（心满意足，不过他也承认，这过于简单了）。不过，即便这个世界的喜剧都胡乱地成为笑，那又有什么用呢？假如笑已不再是人们思维清晰的象征，而是他们

---

[1] 古斯塔夫·福楼拜，《情感教育》（1845年版），收录于《全集》第一卷，《七星文库》，巴黎：伽利玛出版社，2001年，第1043至1044页。

笑的文明史
La civilisation du rire

无力回归现实——未加呈现的现实——的标志，那笑的高效之处又体现在了什么地方呢？

笑与人类的文明开化之间的关联性（这也是本书开篇时的立意），并不能够推导出严肃性一直就是野蛮的这一论断。其实，笑也是拥有一种柔和的极权意味在其中的，只不过它藏得要更深一些。有的时候，我们也是需要这种严肃性的存在的，这是为了重新赋予笑人类学层面真正的使命，即保持与现实世界的距离，只是为了更好地观瞻这个世界。

参考文献

1. 笑的主要研究著作年份清单（至 1914 年）

ca. 380 av. J.-C. – PLATON, *Le Banquet*.
ca. 370 av. J.-C. – Platon, *Philèbe*.
ca. 335 av. J.-C. – ARISTOTE, *Poétique*.
ca. 325 av. J.-C. – ARISTOTE, *Rhétorique*.
55 av. J.-C. – CICÉRON, *De oratore*.
ca. 95 – QUINTILIEN, *L'Institution oratoire*.
1511 – ÉRASME, *Éloge de la folie*.
1532-1564 – François RABELAIS, *Pantagrul, Gargantua, Tiers Livre, Quart Livre, Cinquième Livre*.
1579 – Laurent Joubert, *Traité du ris*.
1649 – René DESCARTES, *Les Passions de l'âme*.
1651 – Thomas HOBBES, *Léviathan*.
1677 – Baruch SPINOZA, *Éthique*.
1758 – Jean-Jacques ROUSSEAU, *Lettre sur les spectacles*.

447

1768 – Louis POINSINET de SIVRY, *Traité des causes physiques et morales du rire, relativement à l'art de l'exciter.*
1790 – Emmanuel KANT, *Critique de la faculté de juger.*
1800 – Mme de STAËL, *De la littérature considérée dans ses rapports avec les institutions sociales.*
1804 – JEAN-PAUL, *Poétique, ou Introduction à l'esthétique* (chapitre 6 : «Du risible»; chapitre 7 : «de la poésie humoristique»).
1819 – Arthur SCHOPENHAUER, *Le monde comme volonté et comme représentation.*
1818-1829 – Georg Wilhelm Friedrich HEGEL, *Esthétique.*
1823 – STENDHAL, «Du rire. Essai philosophique sur un sujet difficile», *Mélanges d'art et de littérature*, février 1823.
1823-1825 – STENDHAL, *Racine et Shakespeare.*
1827 – Victor HUGO, *Préface de Cromwell.*
1828 – Georg Wilhelm Friedrich HEGEL, *L'Ironie romantique: compte rendu des «Écrits posthumes et correspondance» de Solger.*
1840 – Paul SCUDO, *Philosophie du rire*, Paris, Poirée, 1840.
1841 – Søren KIERKEGAARD, *Le Concept d'ironie constamment rapporté à Socrate.*
1853 – Karl ROSENKRANZ, *L'Esthétique du laid.*
1855 – Charles BAUDELAIRE, *De l'Essence du rire et généralement du comique dans les arts plastiques.*
1859 – Alexander BAIN, *Les Émotions et la volonté* (P. L. Le Monnier [trad.], Paris, Alcan, 1885).
1860 – Herbert SPENCER, «La physiologie du rire», *dans Essais de morale, de science et d'esthétique* (trad. française, Paris, Germer Baillière et cie, 1877).

1862 – Léon DUMONT, *Des Causes du rire*, Paris, Durand, 1862.

1872 – Charles DARWIN, *L'Expression des émotions chez l'homme et les animaux*.

1873 – Ewald HECKER, *Physiologie et psychologie du rire et du comique* (*Physiologie und Psychologie des Lachens und des Komischen*, Berlin, Dummler, 1873).

1882 – Friedrich NIETZSCHE, *Le Gai Savoir*.

1896 – Théodule RIBOT, *La Psychologie des sentiments*, Paris, Alcan.

1898 – Theodor LIPPS, *Comique et Humour* (*Komik und Humor*, Hamburg, Voss).

1900 – Henri BERGSON, *Le Rire*, Revue de Paris.

1902 – Ludovic DUGAS, *Psychologie du rire*, Paris, Alcan.

1902 – James SULLY, *Essai sur le rire* (L. et A. Terrier [trad.], Paris, Alcan, 1904).

1905 – Sigmund FREUD, *Le Mot d'esprit et sa relation à l'inconscient*.

2. 笑的人类学、哲学及心理学书目

Paule AIMARD, *Les Bébés de l'humour,* Bruxelles, Mardaga, 1988.

Paule AIMARD, *Les Jeux de mots de l'enfant*, Villeurbanne, Simap-éditions, 1976.

Mahadev L. APTE, *Humor and Laughter : An Anthropological Approach*, Ithaca, Cornell University Press, 1985.

Ziv AVNER et Jean-Marie DIEM, *Le Sens de l'humour*, Paris, Dunod, 1987.

Françoise BARIAUD, *La Genèse de l'humour chez l'enfant*, Paris, PUF, 1983.

Edmund BERGLER, *Laughter and the Sense of Humour*, New York, International Medical Book Co., 1956.

Henri BERGSON, *Le Rire*, Paris, PUF, coll. «Quadrige», 1989 [1900].

Michael BILLIG, *Laughter and Ridicule: Towards a Social Critique of Humour*, London, SAGE Publications, 2005.

Éric BLONDEL, *Le Risible et le dérisoire*, Paris, PUF, 1988.

Bonjour gaieté. La genèse du rire et de la gaieté du jeune enfant, Paris, éditions ESF, 1987.

Anne BOURGAIN, Christophe CHAPEROT, Christian PISANI, *Le Rire à l'épreuve de l'inconscient*, Paris, Hermann, 2011.

Elenore Smith BOWEN, 1964 [1954], *Return to laughter*. Natural History Library Edition, New York, Doubleday Anchor.

Elenore Smith BOWEN, *Le rire et les songes*, Paris, Arthaud, 1957.

Roger CAILLOIS, *Les Jeux et les hommes*, Paris, Gallimard, 1957.

Marie-Laurence DESCLOS, (dir.). *Le rire des Grecs. Anthropologie du rire en Grèce ancienne*, Grenoble, Éditions Jerôme Million, 2000.

Jean DUVIGNAUD, *Le Propre de l'homme, histoires du comique et de la dérision*, Paris, Hachette, 1985.

Jean DUVIGNAUD, *Rire, et après. Essai sur le comique*, Paris, Desclée de Brouwer, 1999 [édition revu et augmentée du *Propre de l'homme*].

Robert ELLIOT, *The Power of Satire : Magic, Ritual, Art*, Princeton, Princeton Université Press, 1960.

Nelly FEUERHAHN, *Le Comique et l'enfance*, Paris, PUF, 1993.

Jean FOURASTIÉ, *Le Rire, suite*, Paris, Denoël/Gonthier, 1983.

Sigmund FREUD, *Le Mot d'esprit et sa relation à l'inconscient*, Denis MESSIER (trad.), Paris, Gallimard, 1988 [1905].

Freud et le rire, A. Willy SZAFRAN et Adolphe NYSENHOLC (éd.), Paris, Métailié, 1994.

Jennifer GAMBLE, "Humor in apes", *Humor*, 1961, no. 14, **pp.** 163-179, Charles GRUNER, *The Game of Humor: A Comprehensive Theory of Why We Laugh*, New Jersey, Transaction Publishers, 1997.

Johan HUIZINGA, *Homo ludens : essai sur la fonction sociale du jeu*, Paris, Gallimard, 1951 [1938].

Humor and Children Development, Paul E. MCGHEE (éd.), New York, Routledge, 2013 (1989).

Vladimir JANKELEVITCH, *L'Ironie*, Paris, Flammarion, 1964.

Francis JEANSON, *Signification humaine du rire*, Paris, seuil, 1950.

Søren KIERKEGAARD, *Le Concept d'ironie constamment rapporté à Socrate*, Paul-Henri TISSEAU et Else-Marie JACQUET-TISSEAU (trad.), Paris, Orante, 1975.

Arthur KOESTLER, *Le Cri d'Archimède, l'Art de la découverte et la découverte deL'Art*, Paris, Calmann-Lévy, 1965.

Sarah KOFMAN, *Pourquoi rit-on? Freud et le mot d'esprit*, Paris, Galilée, 1986.

Alexander KOZINTSEV, *The Mirror of Laughter*, Richard MARTIN (trad.), New Brunswick, Transaction Publishers, 2010.

Jacques LACAN, «Fonction et champ de la parole et du langage en psychanalyse», dans *Écrits*, Paris, Seuil, 1966, pp. 237-322.

Philippe LACOUE-LABARTHE et Jean-Luc NANCY, *L'Absolu littéraire. Théorie de la littérature du romantisme allemand*, Paris, le Seuil, 1978.

Charles LALO, *Esthétique du rire*, Paris, Flammarion, 1949.

Steven LÉGARÉ, *Les origines évolutionnistes du rire et de l'humour*, Mémoire de maîtrise ès sciences en anthropologie, université de Montréal, 2009.

Octave MANNONI, *Un si vif étonnement. La honte, le rire, la mort*, Paris, Seuil, 1988.

Rod A. MARTIN, *The Psychology of Humor : An Integrative Approach*, Amsterdam, Elsevier, 2007.

Paul E. MCGHEE, *Humor: It's Origin and Development*, San Francisco, Freeman, 1979.

Olivier MONGIN, *Éclats de rire. Variations sur le corps comique*, Paris, Seuil, 2002.

Jaak PANKSEPP et Jeff BURGDORF, J. 2003. "'Laughing' rats and the evolutionary antecedents of human joy", *Physiology and Behavior*, 2003, no. 79, pp. 533-547.

Inès PASQUERON de FOMMERVAULT, «*Je ris donc je suis*». *Le rire et l'humour au carrefour de deux processus identitaires : socialisation et individuation*, mémoire bibliographique de master d'anthropologie, université d'Aix-Marseille, 2012.

Albert PIETTE, L'Acte d'exister. *Une phénoménologie de la présence*, Marchienne-au-Pont, Socrate éditions Promarex, 2009.

Albert PIETTE, *Fondements à une anthropologie des hommes*, Paris, Hermann, 2011.

Albert PIETTE, *Propositions anthropologiques pour refonder la discipline*, Paris, Pétra, 2010.

Jean PIAGET, *La Formation du symbole chez l'enfant : imitation, jeu et rêve, image et représentation*, Neuchâtel, 8ᵉ éd., 1994 [1945].

Robert R. PROVINE, *Le Rire, sa vie, son œuvre*, Jean-Luc FIDEL (trad.), Paris, Laffont, 2003.

Helmuth PLESSNER, *Le Rire et le Pleurer*, Paris, éd. de la MSH, 1995 [1941]."Rires d'Afrique", *Africultures*, no. 12, novembre 1998.

Alfred R. RADCLIFFE-BROWN, «On joking relationships», *Africa*, 1940, no. 13, pp. 195-210.

Jon E. ROCKELEIN, *The Psychology of Humor: A Reference Guide and Annotated Bibliography*, Westport, Greenwood Press, 2002.

Henri RUBINSTEIN, *La Psychosomatique du rire*, Paris, Paris, Laffont, 2003.

Daniel SIBONY, *Les Sens du rire et de l'humour*, Paris, Odile Jacob, 2010.

Éric SMADJA, *Le Rire*, Paris, PUF, coll. «Que sais-je?», 1993.

Michel SOULÉ (éd.), *Bonjour gaieté. La genèse du rire et de la gaieté du jeune enfant*, Paris, éditions ESF, 1987.

Hubertus TELLENBACH, *La Réalité, le comique et l'humour. Suivi des Actes du Colloque «Autour de la pensée de Telllenbach»*, Y. Pelicier (éd.), Paris, Économica, 1981.

The Nature of Play: Great Apes and Humans, Anthony D. Pellegrini et Ptere K. Smith (éd.), New York, The Guilford Press, 2005.

David VICTOROFF, *Le Rire et le risible*, Paris, PUF, 1952.

Friedrich VISCHER, *Le Sublime et le Comique. Projet d'une esthétique*, Michel Espagne (trad.), Paris, Kimé, 2002.

Donald W. WINNICOTT, *Jeu et réalité: l'espace potentiel*, Paris, Gallimard, 1975 [1971].

3. 笑的美学及诗学书目

Paul ARON, *Histoire du pastiche*, Paris, PUF, 2008.

Charles BAUDELAIRE, *De l'Essence du rire et généralement du comique dans les arts plastiques* (1855), dans *Œuvres complètes*, Claude Pichois (éd.), t. 2, Paris, Gallimard, «Bibliothèque de la Pléiade», 1976, pp. 525-543.

Laurent BARIDON et Martial GUÉDRON, *L'Art et l'histoire de la caricature*, Paris, Citadelles & Mazenod, 2006.

Ernst BEHLER, *Ironie et modernité*, Paris, PUF, coll. «Littératures européennes», 1997.

Alain BERENDONNER, *Éléments de pragmatique linguistique*, Paris, Minuit, 1981.

Wayne BOOTH, *A Rhetoric of Irony*, Chicago, the University of Chicago Press, 1974.

Noël CARROLL, *Comedy Incarnate: Buster Keaton, Physicah Humor and Bodily Coping*, Malden (USA), Blackwell Publishing, 2007.

Marc DACHY, *Dada et les dadaïsmes*, Paris, Gallimard, coll.«Folio», 2011.

Jean-Marc DEFAYS, *Le Comique*, Paris, le Seuil, 1996.

Jean-Marie DEFAYS et Laurence ROSIER, *Approches du discours comique*, Dolem-breux, Mardaga, 1999.

Emmanuel DREUX, *Le Cinéma burlesque ou la subversion par le geste*, Paris, L'Harmattan, 2007.

Lionel DUISIT, *Satire, parodie, calembour. Esquisse d'une théorie des modes dévalués*, Anma Libri, 1978.

Jean EMELINA, *Le Comique, essai d'interprétation générale*, Paris, CDU-SEDES, 1991.

Robert ESCARPIT, *L'Humour*, Paris, PUF, 1987.

Franck EVRARD : *L'Humour*, Paris, Hachette «Supérieur», 1996.

Max EASTMAN, *Plaisir du rire*, Pierre Ginestier (trad.), Paris, SEDES, 1958.

Robert FAVRE, *Le Rire dans tous ses éclats*, Lyon, PUL, 1995.

Gérard GENETTE, *Palimpsestes. La littérature au second degré*, Paris, le Seuil, 1982.

Gérard GENETTE, *Figures V*, Paris, le Seuil, 2002.

Daniel GROJNOWSKI, *La Muse parodique*, Paris, Corti, 2009.

GROUPAR, *Le Singe à la porte. Vers une théorie de la parodie*, New York, Peter Lang, 1984.

Pierre GUIRAUD, *Les Jeux de mots*, Paris, PUF, coll. «Que sais-je?», 1976.

Philippe HAMON, *L'Ironie*, Paris, Hachette, 1996.

Violaine HEYRAUD, *Feydeau, la machine à vertiges*, Paris, Classiques Garnier, 2012.

Werner HOFMANN, *La caricature de Vinci à Picasso*, Paris, Gründ / Somogy, 1958.

L'Ironie, *Poétique*, 1978, no. 36.

Linda HUTCHEON, «Ironie, satire, parodie. Une approche pragmatique de l'ironie», *Poétique*, no. 46, 1981, pp. 13-28.

Michaël ISSACHAROF, *Lieux comiques ou Le Temple de Janus. Essai sur le comique*, Paris, Corti, 1990.

Denise JARDON, *Du comique dans le texte littéraire*, Paris-Gembloux/Bruxelles, Duculot/De Boeck, 1988.

Pierre JOURDE, *Empailler le toreador. L'incongru dans la*

littérature française, Paris, Corti, 1999.

Catherine KERBRAT-ORECCHIONI, *La Connotation*, Lyon, Presses universitaires de Lyon, 1977.

Catherine KERBRAT-ORECCHIONI, «L'Ironie comme trope», *Poétique*, no. 41, 1980, pp. 108-127.

Ernst KRIS, *Psychanalyse de l'art*, B. Beck, M. de Venoge et C. Monod (trad.), Paris, PUF, 1978.

Charles MAURON, *Psychocritique du genre comique*, Paris, J. Corti, 1970 [1re éd. : 1964].

Michel MELOT, *L'Œil qui rit, Le pouvoir comique des images*, Paris, Bibliothèque des arts, 1975.

Florence MERCIER-LECA, *L'Ironie*, Paris, Hachette supérieur, 2003.

Georges MINOIS, *Histoire du rire et de la dérision*, Paris, Fayard, 2000.

Christian MONCELET, *Les Mots du comique et de l'humour*, Paris, Belin, 2006.

Olivier MONGIN, *Éclats de rire. Variations sur le corps comique*, Paris, le Seuil, 2002.

Violette MORIN, «L'histoire drôle», *Communications* no. 8, pp. 102-119.

Jean-Marc MOURA, *Le Sens littéraire de l'humour*, Paris, PUF, 2010.

Douglas C. MUEKE, *Irony and the Ironic*, New York, Methuen, 1982.

Harold NICOLSON, *The English Sense of Humour and Other Essays*, Londres, Constable & Co., 1956.

Lucie OLBRECHTS-TYTECA, *Le Comique du discours,* Bruxelles, éd. l'Université libre de Bruxelles, 1974.

Marcel PAGNOL, *Notes sur le rire*, Paris, Fallois, 1990 [1947].

Laurent PERRIN, *L'Ironie mise en trope : du sens des énoncés hyperboliques et ironiques*, Paris, Kimé, 1996.

Jacek PLECINSKY, *Le ludisme langagier*, Torun, 2002.

Jonathan POLLOCK : *Qu'est-ce que l'humour?*, Paris, Klincksieck, 2001.

Christian PRIGENT, *Ceux qui merdRent*, P.O.L., 1991.

Walter REDFEN, *Calembours, ou les puns et les autres*, Berne, Peter Lang, 2005.

Elisheva ROSEN, *Sur le grotesque. L'ancien et le nouveau dans la réflexion esthétique*, Saint-Denis, PUV, 1991.

Daniel SANGSUE, *La Relation parodique*, Paris, Corti, 2008.

Jean SAREIL, *L'Écriture comique*, Paris, PUF, 1984.

Pierre SCHOENTJES, *Poétique de l'ironie*, Paris, le Seuil, 2001.

Dan SPERBER et Deirdre WILSON, «Les ironies comme mention», *Poétique*, no. 36, 1978, pp. 399-412.

Véronique STERNBERG-GREINER, *Le Comique*, GF-Flammarion, coll. «Corpus», 2003.

Alain VAILLANT, *Le Rire*, Paris, Quintette, 1991.

Le Witz. Figures de l'esprit et formes de l'art, Christophe VIART (éd.), Bruxelles, La Lettre volée, 2002.

4. 笑的文学史书目

Colette ARNOULD, *La Satire, une histoire dans l'histoire*, Paris, PUF, coll.«Perspectives littéraires», 1996.

Mikhaïl BAKHTINE, *L'Œuvre de François Rabelais et la culture populaire au Moyen Âge et sous la Renaissance*, Andrée ROBEL (trad.), Paris, Gallimard, coll.«Tel», 1970.

Michèle BENOIST, *La Fantaisie et les fantaisistes dans le champ littéraire et artistique en France de 1820 à 1900*, Septentrion (Thèse à la carte), 2001, p. 728.

Sandrine BERTHELOT, *L'Esthétique de la dérision dans les romans de la période réaliste en France (1850-1870). Genèse, épanouissement et sens du grotesque*, Paris, Champion, 2004.

Dominique BERTRAND, *Dire le rire à l'âge classique. Représenter pour mieux contrôler*, Aix-en-Provence, Publications de l'université d'Aix-en-Provence, 1995.

René BOURGEOIS, *L'Ironie romantique*, Grenoble, Presses universitaires de Grenoble, 1974.

Élisabeth BOURGUINAT, *Le Siècle du persiflage (1734-1789)*, Paris, Presses universitaires de France, 1998.

Patrick DANDREY, *Molière ou L'Esthétique du ridicule*, Paris, Klincksieck, 1992.

De qui, de quoi se moque-t-on? Rire et dérision à la Renaissance, Anna Fontes BARATTO (éd.), Paris, Presses de la Sorbonne nouvelle, 2004.

La Dérision au Moyen Âge, Elisabeth CROUZET-PAVAN et Jacques VERGER (dir.), Paris, PUPS, 2007.

2000 ans de rire. Permanence et Modernité, Presses universitaires de l'Université de Franche-Comté, 2002.

Sophie DUVAL et Marc MARTINEZ, *La Satire*, Paris, Colin, 2000.

L'Esthétique du rire, Nanterre, Alain VAILLANT (dir.), Nanterre, Presses universitaires de Paris Ouest, 2012.

La Fantaisie post-romantique, Jean-Louis CABANÈS et Jean-Pierre SAÏDAH (éd.), Toulouse, P.U. du Mirail, 2003.

Robert GARAPON, *La Fantaisie verbale et le comique dans le théâtre français du Moyen Âge à la Renaissance*, Paris, Colin, 1957.

Daniel GROJNOWSKI, *Aux commencements du rire moderne. L'esprit fumiste*, Paris, Corti, 1997.

Daniel GROJNOWSKI et Bernard SARRAZIN, *L'Esprit fumiste et les rires fin de siècle*, Paris, Corti, 1990.

Jeu surréaliste et humour noir, Jacqueline CHÉNIEUX-GENDRON et Marie-Claire DUMAS (éd.), Paris, Lachenal et Ritter, 1993.

Josef KWATERKO, *L'Humour et le rire dans les littératures francophones des Amériques*, Paris, L'Harmattan, 2006.

Albert LAFFAY, *Anatomie de l'humour et du nonsense*, Paris, Masson, 1970.

Françoise LAVOCAT, *La Syrinx au bûcher: Pan et les satyres à la Renaissance et à l'âge baroque*, Genève, Droz, 2005.

Jean-Jacques LECERCLE, *Philosophy of Nonsense: The Intuition of Victorian Non-sense Literature*, London, Routledge, 1994.

Matthieu LIOUVILLE, *Les Rires de la poésie romantique*, Paris, Champion, 2009.

La Littérature et le jeu du XVIIe siècle à nos jours, Éric FRANCALANZA (dir.), Eidolon no. 65, Bordeaux 3, 2004.

Daniel MÉNAGER, *La Renaissance et le rire*, Paris, PUF, 1995.

Philippe MÉNARD, *Le Rire et le sourire dans le roman courtois en France au Moyen Âge (1150-1210)*, Genève, Droz, 1969.

Philippe MÉNARD, *Les Fabliaux, contes à rire du Moyen Âge*, Paris, PUF, 1983.

Guillaume PEUREUX, *La Muse satyrique (1600-1622)*, Genève, Droz, 2015.

Walter REDFERN, *French Laughter: Literary Humour from Diderot to Tournier*, Oxford, Oxford University Press, 2008.

Bernadette REY-FLAUD, *La Farce ou La Machine à rire : théorie d'un genre dramatique. 1450-1550*, Genève, Droz, 1984.

Anne RICHARDOT, *Le Rire des Lumières*, Paris, Champion, 2002.

Le Rire, Lise ANDRIÈ S dir., *Dix-huitième siècle*, no. 32, 2000.

Le Rire moderne, Alain VAILLANT et Roselyne de VILLENEUVE (dir.), Nanterre, Presses universitaires de Paris Ouest, 2013.

Romantisme, no. 74 («Rire et rires») et no. 75 («Les petits maîtres du rire»), 1991 et 1992.

Bernard SARRAZIN, *Le Rire et le Sacré. Histoire de la dérision*, Paris, Desclée de Brouwer, 1991.

Judith STORA-SANDOR, *L'Humour juif dans la littérature de Job à Woody Allen*, Paris, PUF, 1984.

Alain VAILLANT, *Baudelaire poète comique*, Paris, Presses universitaires de Rennes, 2007.

Alain VAILLANT, *Le Veau de Flaubert*, Paris, Hermann, 2013.

Alain VAILLANT, *L'Art de la littérature* (3e partie: «La passion du rire»), Paris, classiques Garnier, 2015.

5. 笑的文化史书目

A History of English Laughter, Manfred PFISTER (éd.), Amsterdam, Rodopi, 2002.

Antoine de BAECQUE, *Les Éclats du rire : la culture des rieurs au*

XVIIIe siècle, Paris, Calmann-Lévy, 2000.

Victor Bourgy, *Le Bouffon sur la scène anglaise au XVIe siècle*, Lille, Presses universitaires de Lille, 1969.

Élisabeth BOURGUINAT, *Le Siècle du persiflage. 1734-1789*, Paris, PUF, 1998.

Louis Cazamian, *The Development of English Humour*, Durham (North Carolina), Duke University Press, 1952.

Simone CLAPIER-VALLADON, «L'homme et le rire», dans *Histoire des mœurs*, t. 3, Paris, Gallimard, «Bibliothèque de la Pléiade», 1991.

Christie DAVIES, *Ethnic Humour around the World : A Comparative Analysis*, Bloomington, Indiana University Presse, 1990.

Guy DEBORD, *La Société du spectacle*, Paris, Buchet-Chastel, 1967.

Norbert ÉLIAS, *La Civilisation des mœurs*, Paris, Calmann-Lévy, 1973.

Alain GÉNÉTIOT, *Poétique du loisir mondain*, Paris, Champion, 1997.

Daniel GROJNOWSKI et Denys RIOUT, *Les Arts incohérents et le rire dans les arts plastiques*, Paris, Corti, 2015.

Jacques HEERS, *Fêtes des fous et Carnavals*, Paris, Fayard, 1983.

Humor in America : A Research Guide to Genres and Topics. Lawrence E. Mintz (éd.), Westport, Greenwood, 1988.

Joseph KLATZMANN, *L'Humour juif*, Paris, PUF, coll. «Que sais-je?», 2008.

Jacques LE GOFF, «Rire au Moyen Âge», dans *Un autre Moyen Âge*, Paris, Gallimard, coll. «Quarto», 1999, pp. 1343-1356.

Gilles LIPOVETSKY, *L'Ère du vide : essais sur l'individualisme contemporain*, Paris, Gallimard, 1983.

Georges MINOIS, *Histoire du rire et de la dérision*, Paris, Fayard, 2002.

Nathalie PREISS, *Pour de rire ! La blague au XIXe siècle ou la représentation en question*, Paris, PUF, 2002.

Nelly QUEMENER, *Le Pouvoir de l'humour*, Paris, Colin, 2014.

Rire à la Renaissance, Marie-Madeleine FONTAINE (dir.), Genève, Droz, 2010.

Michel RAGON, *Le dessin d'humour : histoire de la caricature et du dessin humoristique en France*, Paris, Seuil, coll. «Points», 1992.

Daniel ROYOT, *L'Humour et la culture américaine*, Paris, PUF, 1996.

Daniel ROYOT, *L'Humour américain, des puritains aux Yankees*, Lyon, Presses universitaires de Lyon, 1981.

Stuart SIM, *Irony and Crisis: A Critical History of Postmodern Culture*, Cambridge, Icon Books, 2002.

Bertrand TILLIER, *À la charge ! La caricature en France de 1789 à 2000*, Paris, Éditions de l'Amateur, 2005.

图书在版编目（CIP）数据

笑的文明史 /（法）阿兰·维扬（Alain Vaillant）著 ; 胡茂瑾译 . -- 重庆 : 西南大学出版社 , 2024.7
ISBN 978-7-5697-2110-2

Ⅰ . ①笑… Ⅱ . ①阿… ②胡… Ⅲ . ①喜 – 研究
Ⅳ . ① B842.6

中国国家版本馆 CIP 数据核字 (2024) 第 020907 号

La civilisation du rire by Alain Vaillant
Copyright ©Original edition CNRS Editions, 2016
Simplified Chinese edition arranged through Dakai-L'agence.
All rights reserved.

笑的文明史
XIAO DE WENMING SHI

［法］阿兰·维扬（Alain Vaillant）著　胡茂瑾 译

选题策划：闫青华　何雨婷
责任编辑：王玉竹
责任校对：何雨婷
特约编辑：汤佳钰　陆雪霞
装帧设计：万墨轩图书｜彭佳欣　吴天喆
出版发行：西南大学出版社有限公司（原西南师范大学出版社）
　　　　　重庆市北碚区天生路2号　邮编：400715
　　　　　市场营销部电话：023-68868624
印　　刷：重庆升光电力印务有限公司
成品尺寸：148mm×210mm
印　　张：15.5
字　　数：384千字
版　　次：2024年7月　第1版
印　　次：2024年7月　第1次印刷
著作权合同登记号：版贸核渝字（2024）第153号
书　　号：ISBN 978-7-5697-2110-2
定　　价：88.00元

读者回函表 Readers WIPUB BOOKS

姓名：_____ 性别：____ 年龄：____ 职业：_____ 教育程度：____

邮寄地址：_____ 邮编：_____

E-mail：_____ 电话：_____

您所购买的图书名称：《笑的文明史》_____

您对本书的评价：

书　名：□满意　□一般　□不满意　　故事情节：□满意　□一般　□不满意
翻　译：□满意　□一般　□不满意　　装帧设计：□满意　□一般　□不满意
纸　张：□满意　□一般　□不满意　　印刷质量：□满意　□一般　□不满意
价　格：□便宜　□正好　□贵了　　　整体感觉：□满意　□一般　□不满意

您的阅读渠道（多选）：
□书店　□网上书店　□图书馆借阅　□超市/便利店　□朋友借阅　□找电子版
□其他 _____

您是如何得知一本新书的呢（多选）：
□别人介绍　□逛书店偶然看到　□网络信息　□杂志与报纸　□新闻
□广播节目　□电视节目　□其他

购买新书时您会注意以下哪些地方（多选）：
□封面设计　□书名　□出版社　□封面、封底文字　□腰封文字　□前言、后记
□名家推荐　□目录

您喜欢的图书类型（多选）：
□文学-奇幻小说　□文学-侦探/推理小说　□文学-情感小说　□文学-散文随笔
□文学-历史小说　□文学-青春励志小说　□文学-传记
□经管　□艺术　□旅游　□历史　□军事　□教育/心理　□成功/励志
□生活　□科technology　□其他 _____

请列出3本您最近想买的书：_____、_____、_____

请您提出宝贵建议：_____
_____

★感谢您购买本书，请将本表填好后，扫描或拍照后发电子邮件至wipub_sh@126.com，您的意见对我们很珍贵。祝您阅读愉快！

编辑 Editor 邀请函
WIPUB BOOKS

亲爱的读者朋友:

也许您热爱阅读,拥有极强的文字编辑或写作能力,并以此为乐;

也许您是一位平面设计师,希望有机会设计出装帧精美、赏心悦目的图书封面。

那么,请赶快联系我们吧!我们热忱地邀请您加入"编书匠"的队伍中来,与我们建立长期的合作关系,或许您可以利用您的闲暇时间,成为一名兼职图书编辑或兼职封面设计师,成为拥有多重职业的斜杠青年,享受不同的生活趣味。

期待您的来信,并请发送简历至 wipub_sh@126.com,别忘记随信附上您的得意之作哦!

译者 Translator 邀请函
WIPUB BOOKS

为进一步提高我们引进版图书的译文质量,也为翻译爱好者搭建一个展示自己的舞台,现面向全国诚征外文书籍的翻译者。如果您对此感兴趣,也具备翻译外文书籍的能力,就请赶快联系我们吧!

您是否有过图书翻译的经验:
□有(译作举例:_____) □没有

您擅长的语种:
□英语 □法语 □日语 □德语

您希望翻译的书籍类型:
□文学 □心理 □哲学 □历史 □经济 □育儿

请将上述问题填写好,扫描或拍照后发至 wipub_sh@126.com,同时请将您的应征简历添加至附件,简历中请着重说明您的外语水平。